分子筛催化羰基化反应

朱文良 刘中民 等著

化学工业出版社
·北京·

内容简介

本书以乙醇和乙醇酸甲酯制备技术为主线，系统阐述分子筛催化羰基化反应机理，深度剖析催化剂研发、放大与工业制备，以及反应器设计、产物分离与腐蚀性研究等关键工程化议题，完整呈现“实验室小试—中试—工业性试验—工程化应用”的全链条研发路径，构建了从基础研究到产业化深度融合的知识体系，并全面梳理本领域基础知识、发展脉络与前沿进展。

本书旨在帮助乙醇和乙醇酸甲酯生产企业的技术人员深入理解反应与工艺本质，助力工业装置运行优化与操作提升；同时也为相关科研工作者提供基础研究与工程实践协同创新的典型范例，以探索并推动技术成果向产业化高效转化。

图书在版编目（CIP）数据

分子筛催化羰基化反应 / 朱文良等著. -- 北京 : 化学工业出版社，2026. 2. -- ISBN 978-7-122-49926-4

Ⅰ. TQ426.99

中国国家版本馆CIP数据核字第2026465NB9号

责任编辑：李晓红　仇志刚　　　　装帧设计：刘丽华

责任校对：王　静

出版发行：化学工业出版社

（北京市东城区青年湖南街13号　邮政编码100011）

印　　装：北京建宏印刷有限公司

710mm×1000mm　1/16　印张23¼　字数454千字

2026年2月北京第1版第1次印刷

购书咨询：010-64518888　　　　售后服务：010-64518899

网　　址：http://www.cip.com.cn

凡购买本书，如有缺损质量问题，本社销售中心负责调换。

定　　价：198.00元

前言

含氧化学品广泛应用于化工、能源、医药、材料等诸多领域，是支撑国民经济发展的关键基础原料。金属催化羰基化反应（氢甲酰化反应和 Reppe 反应）和酸催化羰基化反应（Koch 反应）作为定向构建碳-碳键的高效策略，具有原子经济性高的特点，是含氧化学品制备的经典路径，部分技术已实现广泛的工业应用，可以有效弥补石油化工行业生产含氧化学品相对困难的不足，是具有战略意义的研究和产业化方向。

自 1938 年德国科学家 Otto Roelen 首次发现乙烯氢甲酰化合成丙醛以来，历经近百年发展，经羰基化技术制备的含氧化学品全球产能已突破 2000 万吨 / 年，成为重要的化学品合成技术。但该技术路线的进一步发展仍面临诸多挑战：金属催化羰基化反应主要依赖贵金属催化剂，酸催化羰基化反应采用液体强酸催化剂，且二者均属于均相催化体系，存在腐蚀及对设备材质要求高、反应对杂质敏感及原料净化条件苛刻、分离困难等共性问题。因此，开发高效的多相羰基化催化新体系和新途径一直是学术界和工业界的重要研究方向。

1984 年 Fujimoto 首次报道了丝光沸石（MOR）分子筛在无贵金属、无卤素条件下可实现甲醇羰基化反应；2006 年 Iglesia 报道了 MOR 分子筛高选择性催化二甲醚羰基化制乙酸甲酯；2009 年 A. T. Bell 报道了 Y 分子筛催化甲缩醛羰基化制甲氧基乙酸甲酯反应。这一系列创新性研究标志着分子筛催化羰基化反应新路线的开启。相较于金属和液体强酸均相催化体系，分子筛作为典型固体酸催化剂在羰基化反应中具有明显的优势，可有效解决传统羰基化反应存在的诸多不足。但早期的相关研究，在为数不多的实例如分子筛催化甲醇、二甲醚、甲缩醛及异丁醇等羰基化反应中，普遍存在催化活性低、失活快等问题，且反应条件相对严苛，尚未展现出实际应用的潜力。因此，在首次发现分子筛催化羰基化反应之后的较长时间内并未引起足够重视，相关研究也更多地停留在动力学和基本原理等基础科学研究层面。

中国科学院大连化学物理研究所（以下简称大连化物所）低碳催化与工程研究中心，长期致力于低碳小分子经碳链定向增长转化为含氧化合物的研究。经过充分分析论证，团队确立了分子筛催化羰基化反应的工业应用潜力，并围绕这一方向开展了系统的基础研究、应用基础研究及工程化研究，开发出具有自主知识产权的成套乙醇生产技术和乙醇酸甲酯生产技术。

- 二甲醚经乙酸甲酯制乙醇（DMTE）技术。团队研制出性能优异的二甲醚羰基化制乙酸甲酯的催化剂和乙酸甲酯加氢制乙醇的催化剂，在乙酸甲酯时空产率为 0.6 g/(g·h) 条件下，二甲醚羰基化催化剂的单程寿命达 16500 h（两年），并首创了二甲醚经乙酸甲酯制乙醇工艺技术路线，设计开发了相关反应器，形成了具有自主知识产权的成套技术，完成了世界首次二甲醚经乙酸甲酯制乙醇工业示范（10 万吨 / 年），在全球率先实现了 50 万吨 / 年煤基乙醇工业化和 60 万吨 / 年焦炉煤气制乙醇工业化，在技术指标、工业化进展、技术成熟度和可靠性等诸多方面，均处于世界领先水平。
- 甲缩醛经甲氧基乙酸甲酯（MMAc）制乙醇酸甲酯技术。以分子筛催化甲缩醛羰基化反应为核心，团队创新性地提出“甲缩醛经 MMAc 及其水解制乙醇酸甲酯技术”路线，研制出高活性、高稳定性的甲缩醛羰基化分子筛催化剂，在 MMAc 时空产率为 0.5 g/(g·h) 条件下，催化剂单程寿命达 11000 h。进一步通过实验室小试、中试、工程化研究及工业性试验，成功解决了从实验室到工业化过程中的关键技术及工程问题，为技术的大型化奠定了基础，并编制完成甲缩醛制乙醇酸甲酯工艺包。目前，大连化物所和企业紧密合作，全力推进 40 万吨 / 年煤经甲缩醛羰基化及其水解制乙醇酸甲酯项目。

本书由长期深耕于分子筛催化羰基化领域的科研团队与一线工程技术人员联合编著，紧密契合含氧化学品制备技术革新及煤化工产业升级的迫切需求。全书以乙醇和乙醇酸甲酯制备技术为主线，系统阐述分子筛催化羰基化反应机理，深度剖析催化剂研发、放大与工业制备，以及反应器设计、产物分离与腐蚀性研究等关键工程化议题，完整呈现“实验室小试—中试—工业性试验—工程化应用”的全链条研发路径，构建了从基础研究到产业化深度融合的知识体系，并全面梳理本领域基础知识、发展脉络与前沿进展。本书旨在帮助乙醇和乙醇酸甲酯生产企业的技术人员深入理解反应与工艺本质，助力工业装置运行优化与操作提升；同时也为相关科研工作者提供基础研究与工程实践协同创新的典型范例，以探索并推动技术成果向产业化高效转化。

笔者深刻认识到，分子筛催化羰基化反应的研究与产业化仍处于起步阶段。尽管该反应在原理上具有普适性意义，但已成功实现的工业实例尚且有限。当前，二甲醚经乙酸甲酯制乙醇技术已大规模推广，乙醇作为新兴战略产业的雏形初步显现；同时，甲缩醛经甲氧基乙酸甲酯制乙醇酸甲酯技术也将快速工业化。然而，要实现真正满足产业变革需求的技术突破，前路依然漫长。这不仅需要科研人员在基础研究持续探索，更有赖于“产学研用”各环节的深度融合与协同创新。本书的撰写正是基于这一初衷，期望能为分子筛催化羰基化技术的加速开发与工业应用高潮的到来贡献一份积极的力量。

本书由刘中民提议，朱文良、刘中民负责全书策划、统稿和审定，具体编写分工如下：前言、第8章，刘中民；第1章，朱文良，吴小锋；第2章，樊栋、刘红超、朱文良、田鹏；第3章，刘红超、刘勇、刘应春、裴仁彦、李新菊；第4章，刘汉英、王辉、刘红超；第5章，倪友明；第6章，刘应春、倪友明、李新菊、朱文良；第7章，房旭东、陈之旸；杨伟伟负责组织核对。

本书的编写与出版得益于多家单位的通力协作与大力支持。在核心技术研发方面，“二甲醚经乙酸甲酯制乙醇技术”由大连化物所联合陕西延长石油（集团）有限责任公司、延长中科（大连）能源科技股份有限公司及北京石油化工工程有限公司共同攻关完成。“甲缩醛经甲氧基乙酸甲酯制乙醇酸甲酯技术”由大连化物所独立研发完成。书中所呈现的技术成果，均源自上述单位的自主或协同创新。此外，本书部分内容直接提炼自相关技术的工业化实践，在此，我们谨向所有参与技术研发与工程化应用的单位致以诚挚的谢意！

本书系统梳理并整合了分子筛催化羰基化领域跨度多年的研究成果，内容涵盖基础理论、技术开发与工程实践多个层面。尽管编者在编写过程中力求系统性和严谨性，然而该技术体系本身复杂深邃，加之编者学识所限，书中疏漏与不足之处在所难免，诚盼各界同仁及广大读者不吝批评指正。

本书若能为分子筛催化羰基化领域的发展贡献绵薄之力，激发更多科研与工程技术人员投身其中，推动这一新技术路线的发展与应用，促使更多的科技成果在祖国大地上落地生根、绽放出产业变革之花，正是我们出版此书所寄予的深切期望。

著者

2025年12月

目录

第7章

分子筛催化涉及羰基化路径的小分子转化反应 319

第8章

结语与展望 358

第 1 章　羰基化反应概述

1.1　羰基化反应基本特征

羰基化反应（carbonylation reaction）是指在有机分子中引入羰基（C═O）的转化过程，通常以一氧化碳（CO）作为羰基源实现。通过此反应，可将相对简单的有机底物转化为含有羰基官能团、结构更为复杂且具有高附加值的化合物。羰基化反应是制备醛、羧酸、酯、酰胺等类型化学品的重要途径（图 1.1），涵盖范围广泛，包括但不限于烯烃、炔烃、烷烃、卤代烃等多种底物与 CO 在不同催化剂及反应条件下发生的反应。例如，在经典的氢甲酰化反应中，烯烃与 CO 和氢气（H_2）在催化剂作用下生成比原料烯烃多一个碳原子的醛，这不仅是工业上生产醛类化合物的重要方法，也是目前规模最大的均相催化过程之一。总体来说，羰基化反应具有原料易得、原子经济性高等特点。

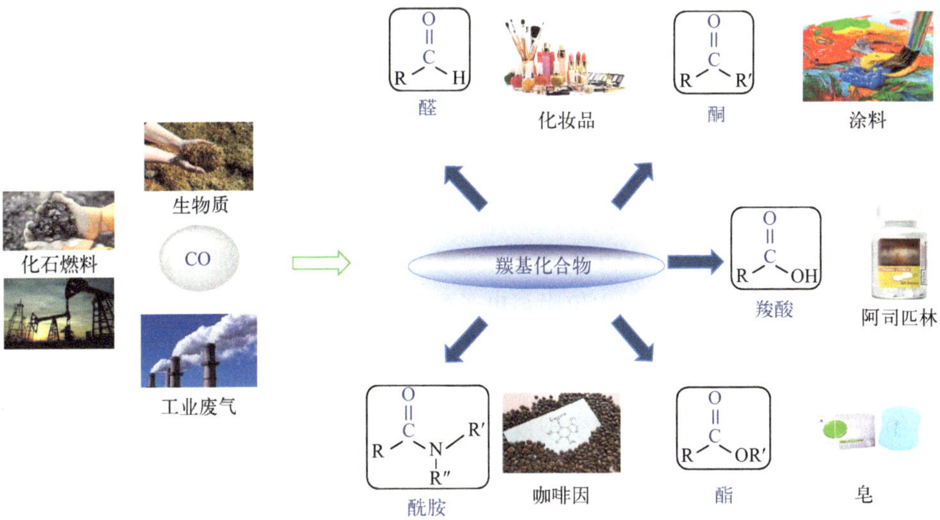

图 1.1　羰基化合成含羰基类产品

1.1.1 反应活性与选择性

1.1.1.1 底物活性差异

不同的底物在羰基化反应中表现出显著的活性差异。在不饱和烃类中，炔烃的反应活性高于烯烃。这是因为炔烃的 π 电子云分布更易受到亲电试剂的进攻，且其形成的中间体相对更稳定。对于卤代烃，卤素的种类和连接的烃基结构会影响其反应活性。例如，碘代烃通常比溴代烃、氯代烃更活泼，苄基卤和烯丙基卤由于其特殊的电子离域结构，在羰基化反应中也具有较高活性；在钯催化的卤代芳烃羰基化反应中，碘代芳烃在相对温和的条件下即可反应，而氯代芳烃往往需要更苛刻的反应条件和更高活性的催化剂体系（图 1.2）[1,2]。

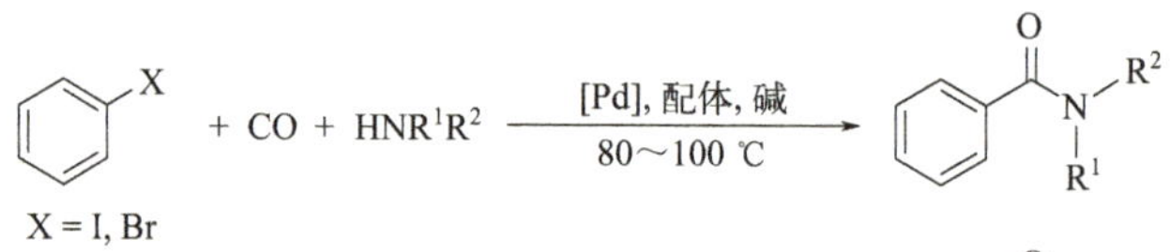

图 1.2 钯催化的卤代芳烃羰基化反应

1.1.1.2 选择性控制因素

羰基化反应的选择性包括区域选择性和化学选择性。反应的区域选择性主要取决于底物的结构、催化剂的配体以及反应条件[3]。例如在不对称烯烃的氢甲酰化反应中，产物醛可能存在两种区域异构体，即直链醛和支链醛。底物中空间位阻小的一端更容易受到 CO 和 H_2 的进攻，生成直链醛。催化剂配体的电子效应和空间效应也起着关键作用，大位阻富电子配体有利于提高直链醛的选择性。化学选择性体现在当底物分子中存在多个可反应位点时，能够选择性地使其中一个位点发生羰基化反应。例如，当分子中同时存在烯烃双键和醇羟基时，通过选择合适的催化剂和反应条件，可以实现仅对烯烃双键进行羰基化，而醇羟基不受影响（图 1.3）[4]。

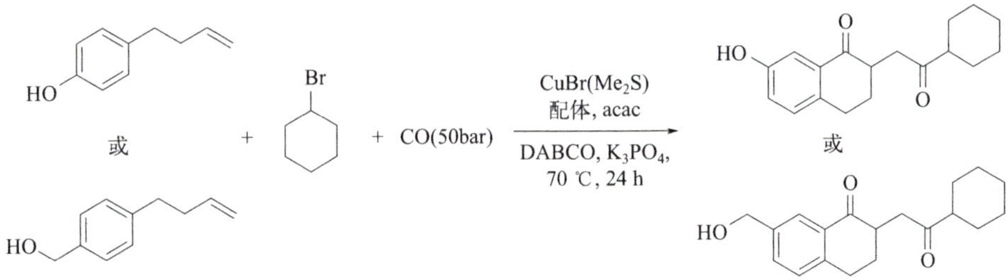

图 1.3　铜催化的羰基化

DABCO—1,4-二氮杂二环 [2.2.2] 辛烷；acac—乙酰丙酮；1 bar = 10^5 Pa

1.1.2　反应条件与催化剂

1.1.2.1　压力与温度

CO 压力对羰基化反应有着重要影响。较高的 CO 压力通常有利于反应向生成羰基化产物的方向进行。这是因为增加 CO 压力可以提高其在反应体系中的浓度，从而增加与底物分子碰撞反应的概率，同时降低作为羰基化逆反应的脱羰反应发生的概率。在一些工业羰基化过程中，CO 压力可高达数十个大气压（1 atm=101325 Pa）。温度同样是关键因素，不同的羰基化反应有其适宜的温度范围。升高温度能加快反应速率，但过高的温度可能导致脱羰等副反应增加，甚至导致催化剂失活。例如，在某些过渡金属催化的羰基化反应中，当温度在 80 ～ 150 ℃时，反应能够高效且高选择性地进行；当温度超过 200 ℃时，则容易出现催化剂失活、副反应增加或产物分解等现象。

1.1.2.2　催化剂类型及作用机制

过渡金属催化剂在羰基化反应中占据核心地位。常见的有钯、铑、钴、镍、铜等金属催化剂。以钯催化剂为例，其作用机制通常涉及氧化加成、配位插入、还原消除等步骤。例如，在卤代芳烃的羰基化反应中，首先卤代芳烃与零价钯（Pd^0）发生氧化加成，形成具有较高活性的钯（Ⅱ）中间体，该中间体与 CO 发生配位插入形成酰基钯中间体，最后与亲核试剂发生反应，还原消除生成羰基化产物的同时可将钯催化剂恢复到零价状态（图 1.4）。此外，配体的存在也极大地影响着催化剂的性能，它可以调节金属中心的电子云密度和空间环境，从而提高催化剂的活性、选择性和稳定性。例如，膦配体如三苯基膦及其衍生物，通过与金属中心配位，可显著改变催化剂的电子和空间结构，实现对反应活性和选择性的精准调控[5]。

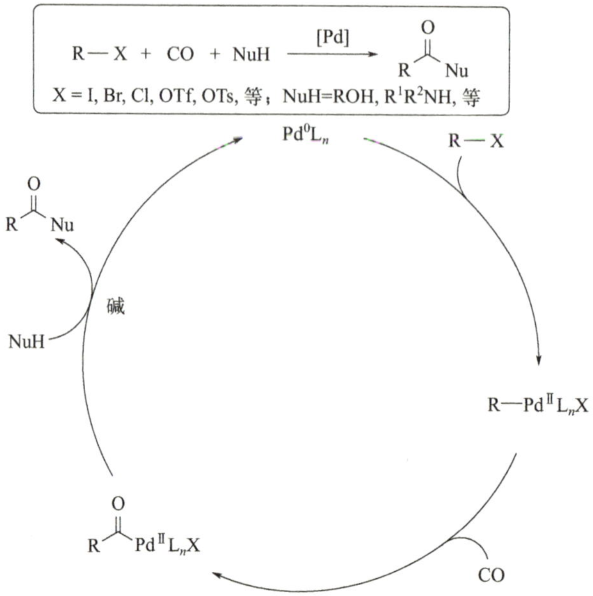

图 1.4 钯催化的羰基化机理

OTf—三氟甲磺酸酯基；OTs—对甲苯磺酸酯基；n—配体个数

1.1.3 一氧化碳捕获方式

1.1.3.1 过渡金属介导的捕获

过渡金属原子或离子具有价层空轨道，能够与 CO 分子中碳原子提供的孤对电子形成配位键。以钯、镍等过渡金属为例，在特定的配体环境下，其可以高效地捕获 CO。在一些催化体系中，零价过渡金属（如 Pd^0）先与含膦配体（如 PPh_3）形成稳定的配合物，CO 分子随后取代配体中的一个或多个位置，形成金属-CO 配合物。这种配位作用使得 CO 分子被固定在金属中心周围，不仅实现了 CO 的捕获，还为其后续参与羰基化反应创造了有利条件。例如在钯催化的羰基化反应体系中，$Pd(PPh_3)_4$ 可迅速与 CO 发生配位生成 $[Pd(CO)(PPh_3)_3]$，该配位作用显著提升了 CO 在金属中心微环境的富集度，促进其后续与底物的反应（图 1.5）。

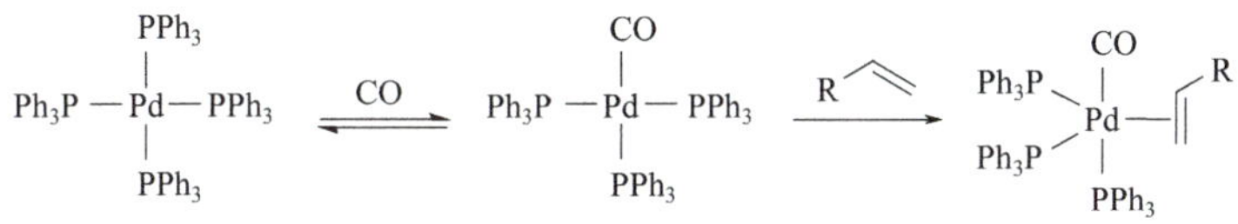

图 1.5 钯催化的羰基化反应体系中 CO 和底物配位

过渡金属介导的捕获方式具有较高的选择性和反应活性，能够在相对温和的条件下实现 CO 的捕获与活化。在有机合成中，尤其是在精细化学品和药物合成领域的羰基化反应过程中，这种捕获方式得到了广泛应用。该方法可以精准地控制反应路径，减少副反应的发生，提高目标产物的产率和纯度。

1.1.3.2 自由基捕获一氧化碳

自由基是具有未成对电子的高度活泼的化学物种。在特定的反应体系中，通过热解、光解或氧化还原等方式可以生成自由基。一些特定的自由基物种，如烷基自由基（R·），能够与 CO 分子发生加成反应。当体系中存在适当的引发剂（如过氧化物）时，会受热分解产生初级自由基，这些初级自由基与底物分子反应生成烷基自由基。烷基自由基的未成对电子具有强烈的成键倾向，可迅速与 CO 分子的 π 键发生加成，形成酰基自由基（R—CO·）。例如在某些光引发的羰基化反应中，光照使光引发剂裂解产生自由基，引发底物分子形成烷基自由基，进而捕获 CO 发生加成反应，生成酰基自由基中间体，该中间体可进一步参与后续的反应过程，构建含有羰基的目标产物（图 1.6）[6]。

自由基捕获 CO 的方法具有反应活性高、反应条件相对灵活的特点，在传统催化方法难以实现的羰基化反应中展现出独特优势。然而，自由基反应的选择性相对较难控制，容易发生副反应，需要通过精准调节反应条件（如反应温度、自由基浓度、反应时间等）以及选择合适的底物和添加剂来优化反应过程。对于反应选择性要求不高，但需要在温和条件下快速引入羰基的反应体系，如某些聚合物材料的合成过程，自由基捕获 CO 的方法具有一定的应用潜力。

1.1.3.3 负离子捕获一氧化碳

负离子通常具有较强的亲核性，由于 CO 分子中碳原子带部分正电荷（氧原子的电负性大于碳的），容易受到亲核试剂的攻击，因此特定的负离子能够与 CO 发生亲核加成反应，从而实现 CO 的捕获。例如，碳负离子（如格氏试剂中的烃基负离子 R^- 在一定条件下可看作碳负离子）可以对 CO 分子中的碳原子进行亲核进攻。当碳负离子与 CO 发生反应时，会形成一个新的碳-碳键，进一步生成酰基负离子中间体（R—CO⁻）。在后续的反应中，酰基负离子可以与其他试剂反应，转化为各种含有羰基的化合物。又如，在一些有机金属试剂（如锂试剂）存在的体系中，锂试剂与 CO 反应形成的中间体也涉及负离子对 CO 的捕获过程（图 1.7）[7]。

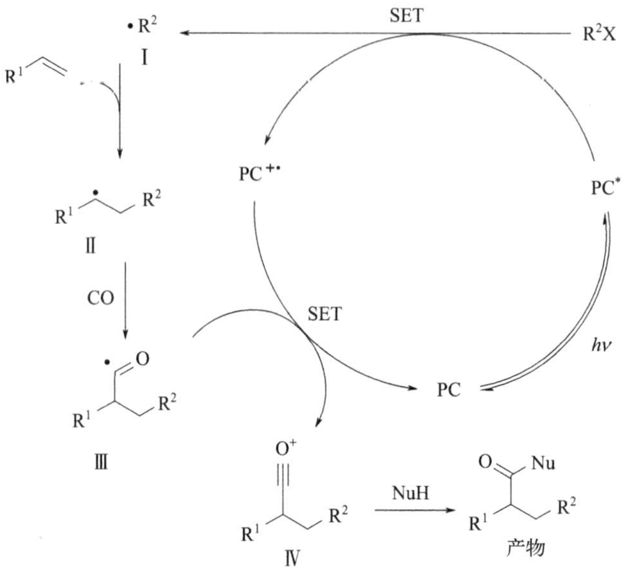

图 1.6　自由基羰基化反应历程

（PC—光催化剂；SET—单电子转移）

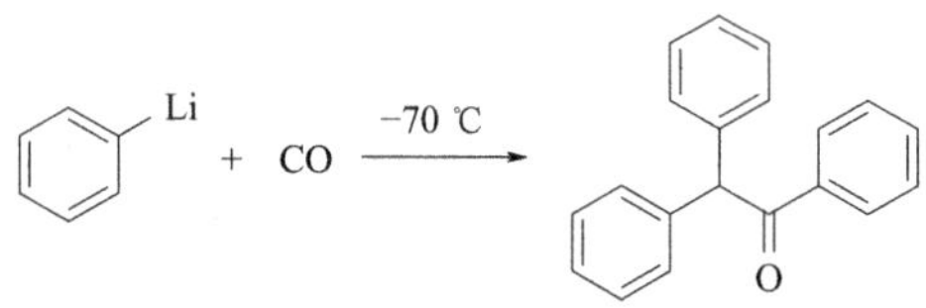

图 1.7　锂试剂与 CO 反应

负离子捕获 CO 的方法在有机合成中可用于构建复杂的羰基化合物结构，尤其在需要引入特定取代基的羰基化反应中具有重要应用。然而，该方法对反应条件较为敏感：由于碳负离子等亲核试剂通常具有较高的活性，易与体系中的其他物质（如水、氧气等）发生副反应，因此反应体系需要在无水、无氧等严格的反应条件下进行操作，这在一定程度上限制了其应用范围。

1.1.3.4 正离子捕获一氧化碳

正离子，特别是一些金属阳离子，虽然本身不能直接与 CO 发生传统的化学反应，但在特定的配体环境下，可以通过配位作用间接捕获和活化 CO。例如，一些高价态的金属阳离子（如 Fe、Co 等）与多齿配体形成配合物后，配体上的电子云分布会发生改变，使得配合物具有与 CO 发生相互作用的能力。CO 分子可以通过其 π 电子与金属阳离子-配体配合物形成弱的配位键，从而被捕获到配合物周围。这种配位作用不仅实现了 CO 的捕获，还可能导致 CO 分子的电子云分布发生改变，使其更容易参与后续的反应。在某些催化体系中，通过这种方式捕获的 CO 可以与体系中的底物分子发生反应，实现羰基化过程（图 1.8）[8]。

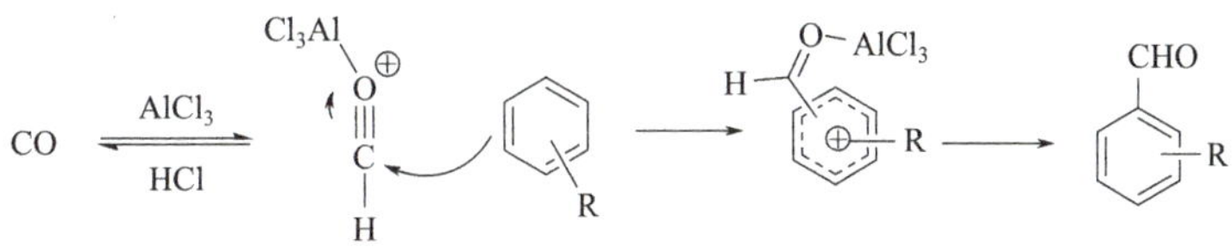

图 1.8 正离子捕获一氧化碳

正离子捕获 CO 的研究尚处于探索阶段，目前主要集中在探索新型的金属阳离子-配体体系，以提高对 CO 的捕获效率和反应活性。这种捕获方式在一些新兴的催化领域，如光电催化羰基化反应等领域，具有潜在的应用价值。通过合理设计正离子-配体体系，可以实现对反应条件的温和调控，为开发绿色、高效的羰基化反应工艺提供新的思路。分子筛催化的羰基化转化就是属于正离子捕获 CO 的过程。

1.2 金属催化羰基化反应及工业应用

1.2.1 氢甲酰化反应

氢甲酰化反应（hydroformylation reaction）是羰基化反应中最重要的工业过程之一，在催化剂作用下，可将烯烃、CO 和 H_2 转化为醛类化合物。自从 1938 年被德国化学家奥托·勒伦（Otto Roelen）发现以来，氢甲酰化反应已成为全球年产数百万吨化学品的关键技术，广泛应用于增塑剂、表面活性剂、医药中间体等领域[9]。

氢甲酰化反应的通式为：

(1.1)

产物为直链醛（正构醛）和支链醛（异构醛），比例由催化剂和反应条件决定。

在多数氢甲酰化反应中，铑催化剂被广泛应用。在该反应体系中，首先，零价铑（Rh^0）与配体（如 PPh_3）形成的具有一个配位空位的稳定配合物。然后，烯烃分子与铑配合物发生配位，形成 π-烯基铑配合物，这一步使得烯烃分子被活化。随后，CO 分子插入铑-碳键之间，形成酰基铑中间体，这是引入羰基的关键步骤。接着，H_2 分子与酰基铑中间体发生氧化加成反应，生成二氢-酰基铑(Ⅲ)中间体。最后，经过还原消除过程，释放出目标醛产物，并使铑催化剂恢复到初始的零价状态，完成催化循环（图 1.9）。在整个过程中，配体的电子效应和空间位阻对反应的各个步骤都有显著影响，通过调节配体结构，可以提高反应的活性和选择性[10,11]。

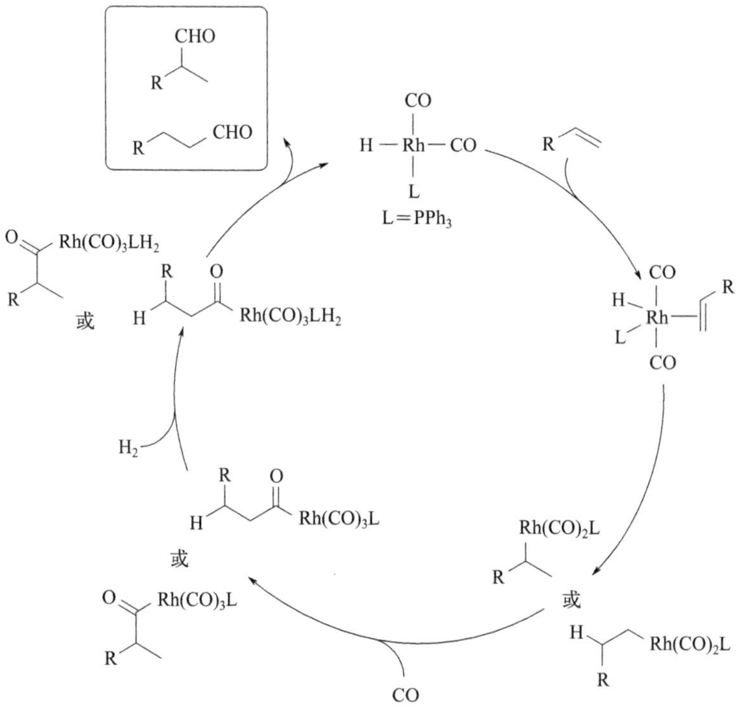

图 1.9 铑催化的氢甲酰化循环

在不对称烯烃的氢甲酰化反应中，产物醛的生成存在区域选择性，可生成直链醛（正构醛）和支链醛（异构醛）。反应的区域选择性主要取决于底物烯烃的结构、催化剂的配体以及反应条件。底物烯烃中空间位阻较小的一端更容易受到 CO 和 H_2 的进攻，从而生成直链醛。催化剂配体的电子效应和空间效应也起着关键作用。如铑催化的氢甲酰化反应常用双膦配体，因为双膦配体更易与铑形成螯合物，同时应注意控制配体用量，配体过量不利于形成线型分子。研究表明，刚性较强、咬角大的双膦配体更有利于形成正构醛[12]。

氢甲酰化反应最常用的底物是烯烃，不同结构的烯烃在反应中表现出不同的活性和选择性。末端烯烃由于其双键两端的电子云密度差异，在反应中具有较高的反应活性，且易于通过调节反应条件和配体来控制产物的区域选择性。而内烯烃的反应活性相对较低，且产物的区域选择性控制更为复杂。此外，炔烃也能作为底物参与氢甲酰化反应，生成具有共轭结构的不饱和醛。例如，乙炔在特定条件下进行氢甲酰化反应可生成丙烯醛。丙烯醛是一种重要的有机合成中间体，广泛应用于医药、农药、涂料等领域。

氢甲酰化反应的常用催化剂除了铑催化剂，还有钴催化剂[13]。不同的金属催化剂具有不同的活性和选择性特点。铑催化剂在较低的反应温度和压力下即可表现出较高的活性和对直链醛的选择性，但其成本相对较高。钴催化剂虽然成本较低，但通常需要较高的反应温度和压力，且产物中支链醛的比例相对较高。此外，配体的选择对于催化剂性能的发挥至关重要。常见的配体包括膦配体（如三苯基膦、三叔丁基膦等）、氮杂环卡宾配体等。这些配体通过与金属中心配位，调节金属的电子云密度和空间环境，从而影响反应的活性、选择性和催化剂的稳定性。例如，在一些新型催化剂体系中，通过设计合成具有特殊结构的膦配体，可显著提高催化剂对特定底物的活性和选择性，实现更高效、更精准的氢甲酰化反应过程。

在氢甲酰化反应过程中，反应温度和 CO、H_2 的压力对氢甲酰化反应的速率和选择性有重要影响。一般来说，升高温度可以加快反应速率，但过高的温度可能导致副反应增加，如烯烃的加氢反应、醛的缩合反应等，同时也可能影响催化剂的稳定性。适宜的反应温度通常为 80 ～ 150 ℃，不同的底物和催化剂体系可能有所差异。CO 和 H_2 的压力也需要精确控制，较高的 CO 压力有利于羰基插入步骤，提高反应速率和醛的产率，但过高的压力会增加设备成本和安全风险；H_2 压力的变化则会影响反应的选择性，适当提高 H_2 压力有助于提高直链醛的选择性。在工业生产中，通常根据具体的反应体系和目标产物，将 CO 和 H_2 的压力控制在一定范围内，如总压力一般为 1 ～ 10 MPa。另外，反应溶剂的选择对氢甲酰化反应也有影响。常用的溶剂包括甲苯、二甲苯等芳烃类溶剂，以及四氢呋喃、二氯甲烷等非质子性溶剂。溶剂的极性、沸点等性质会影响反应物和催化剂的溶解性、反应速率以及产物的选择性。此外，一些添加剂也可用于调节反应性能。例如，加入适量的 Lewis（路易斯）酸（如 $AlCl_3$）可以促进反应的进行，这是因为 Lewis 酸可以与配体或底物发生相互作用，改变反应体系的电子云分布，从而影响反应的活性和选择性。但添加剂的用量需要谨慎控制，过量的添加剂可能导致催化剂失活或引发副反应。

氢甲酰化反应的工业应用非常广泛。在药物合成方面，通过芳基乙烯不对称氢甲酰化反应，采用氮膦配体 / 铑催化剂，能以高区域选择性合成芳基乙烯衍生物（如 2-芳基丙醛），这些产物是布洛芬等药物的前体。该过程为药物合成提供了关键的中间体，有助于简化药物合成步骤，提高合成效率和产物纯度。在精细化工领域，混合丁烯通过双亚磷酸酯 / 铑催化剂体系催化氢甲酰化可生成戊醛。戊醛是重要的香料中间体，可用于合成多种具有特殊香气的香料化合物，这些香料化合物可用于调配香水、食品香精、化妆品香精等，以改善产品的气味和品质。在油脂化学品改性中，油酸甲酯氢甲酰化制备甲酰基硬脂酸甲酯，是生产生物基表面活性剂的途径之一。这种表面活性剂具有良好的生物降解性和环境友好性，在洗涤剂、清洁剂、乳化剂等产品中应用广泛，能够降低液体表面张力，提高产品的清洁、乳化和分散性能。另外，高碳烯烃（C_8 ～ C_{16} 烯烃）氢甲酰化可生成高碳醛，进一步氢化为如异壬醇等醇类。异壬醇是生产聚氯乙烯（PVC）增塑剂的核心原料，可增加塑料的柔韧性和可塑性，提高塑料制品的性能和应用范围。

在材料工业领域，氢甲酰化反应产物可作为合成树脂的原料。例如，乙烯氢甲酰化生产的丙醛，进一步转化为丙醇后，可用于合成某些聚酯树脂、聚碳酸酯树脂等。这些树脂广泛应用于塑料、涂料、胶黏剂等领域，可提高材料的性能和质量。此外，丁二烯通过氢甲酰化反应生成的己二醛，可用于合成尼龙 66 单体。尼龙 66 是一种重要的合成纤维和工程塑料原料，具有高强度、耐磨性、耐腐蚀性等优良性能，广泛应用于纺织、汽车、电子等行业。

在未来的发展中，在可持续性方面，氢甲酰化反应可用生物基烯烃（如植物油衍生物）替代石油化工原料。在催化剂循环利用方面，设计磁性可分离纳米催化剂（如 Fe_3O_4@Pd 核壳结构），或通过连续流动反应器（如微通道固定床体系）可实现催化剂的在线高效回收与循环利用，降低贵金属流失及工艺成本。

氢甲酰化反应作为羰基化学的里程碑，其工业化应用深刻影响了现代化学工业。随着催化科学与工程技术的进步，该反应将继续在绿色化学和实现碳中和目标中发挥核心作用。

1.2.2 氢羧基化反应

氢羧基化反应（hydroxycarbonylation reaction）是一类通过引入羰基（C═O）和羟基（—OH）生成羧酸的羰基化反应。其核心特征是通过 CO 与底物（如烯烃、炔烃、芳基卤代物等）在催化剂和亲核试剂的参与下，直接构建羧酸官能团。该反应在药物合成、高分子材料及精细化学品制备中具有重要价值[14]。

氢羧基化反应的反应通式为:

$$R—X \quad + \quad H_2O \quad + \quad CO \xrightarrow{Cat.} R—COOH \tag{1.2}$$

$$R\text{—CH=CH}_2 \quad + \quad H_2O \quad + \quad CO \xrightarrow{Cat.} R—CH_2CH_2COOH \tag{1.3}$$

$$R—C\equiv CH \quad + \quad H_2O \quad + \quad CO \xrightarrow{Cat.} R—CH{=}CHCOOH \tag{1.4}$$

氢羧基化反应机制为过渡金属催化循环。多数氢羧基化反应由过渡金属催化剂介导，以钯催化剂体系为例，其反应过程通常包含以下关键步骤：首先，零价钯（Pd^0）与配体形成稳定的配合物，随后与质子源（如水或酸）生成钯氢物种，接着与底物烯烃发生配位插入，生成有机钯配合物。其次，CO 分子插入钯-碳键之间，形成酰基钯中间体，这一步是引入羰基的关键步骤。接着，体系中的质子源提供质子，与酰基钯中间体发生反应，生成相应的羧酸物种，并使钯催化剂恢复到初始的二价钯（Pd^{II}）氢状态，完成催化循环（图 1.10）。在整个反应机制中，质子转移步骤至关重要。质子源提供的质子与酰基钯中间体的氧原子结合，形成具有亲电性的氧鎓离子中间体，使得羰基碳原子更易受到亲核试剂（如水中的羟基氧原子）的进攻。这种质子转移与亲核进攻的协同作用，决定了羧基的最终形成位置和反应的

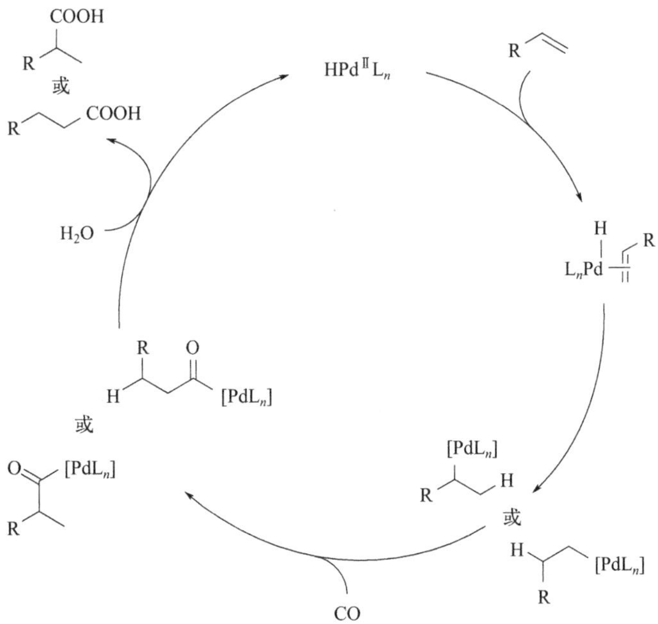

图 1.10　钯催化的烯烃氢羧基化反应机理[14]

选择性。同时，配体的电子效应和空间位阻对反应的各个步骤都有显著影响，通过调节配体结构，可以优化反应的活性和选择性。

烯烃，特别是末端烯烃，是氢羧基化反应中最常用的底物。由于双键两端电子云密度差异以及空间位阻的不同，它们在反应中表现出较高的区域选择性。不同取代基的烯烃会影响反应的活性和产物分布，例如，含有吸电子取代基的烯烃可能会降低反应活性，但有利于特定区域异构体羧酸的生成。此外，炔烃也可作为底物参与氢羧基化反应，生成具有共轭结构的不饱和羧酸。除了不饱和烃，一些含有活泼碳-杂原子键（如碳-卤键、碳-氧键等）的有机化合物也能在适当条件下发生氢羧基化反应，拓宽了底物的范围。

氢羧基化反应的催化体系的发展经历了三代演变，第一代使用贵金属配合物，虽然活性较高，但是成本高昂；第二代使用了铁、钴催化剂，有效降低了成本，但是产物选择性有待提高；目前，第三代多使用钯-铜协同催化体系，在提高区域选择性方面表现良好。配体设计方面，膦配体仍占有主导地位，常见的配体包括三苯基膦、三叔丁基膦等。此外，新型氮杂环卡宾配体在稳定性方面表现良好。这些配体通过与金属中心配位，调节金属的电子云密度和空间环境，影响反应的活性、选择性和催化剂的稳定性。

在药物合成方面，可以通过特定烯烃的氢羧基化反应，引入关键的羧基官能团，得到相应的羧酸中间体。该中间体进一步经过一系列反应，可用于合成洛伐他汀、辛伐他汀等药物。同时，氢羧基化反应也可用于制备喹诺酮类抗生素合成过程中的重要中间体，例如，以合适的卤代芳烃或烯烃为原料，通过氢羧基化反应引入羧基，再经过后续的环合、取代等反应，可合成出喹诺酮类抗生素。

在精细化学品合成方面，可以通过一些不饱和烃类化合物氢羧基化反应，生成羧酸类化合物。这些产物经过适当的转化可用于合成香料，例如，某些烯丙基化合物经过氢羧基化反应，再进行酯化等反应，可得到具有水果香气或花香香气的酯类香料，用于香水、食品添加剂、化妆品等领域。另外，高级烯烃通过氢羧基化反应生成相应的羧酸，再将羧酸转化为羧酸盐或与醇进行酯化反应，可得到一系列表面活性剂。例如，脂肪酸盐是常见的阴离子表面活性剂，广泛应用于洗涤剂、清洁剂等产品中，能够降低液体表面张力，提高产品的清洁、乳化和分散性能。

在材料合成方面，通过氢羧基化反应合成的二元羧酸，如己二酸等，是合成聚酯材料的重要原料。己二酸与二元醇（如乙二醇）通过缩聚反应，可制得聚己二酸乙二醇酯（PEA）等聚酯。这些聚酯具有良好的力学性能、耐腐蚀性和加工性能，广泛应用于纤维、塑料、薄膜等领域。此外，利用氢羧基化反应制备的碳酸二甲酯（DMC），可与双酚 A 等原料通过酯交换反应合成聚碳酸酯。聚碳酸酯具有高透明度、高强度、耐热性好等优点，常用于制造光学镜片、电子电器外壳、汽车零部件等。

氢羧基化反应通过高效、精准地构建羧酸类化合物，成为现代有机合成的重要工具。其核心优势在于直接利用 CO 作为 C_1 合成子，兼具原子经济性和官能团兼容性。未来研究将聚焦于绿色工艺开发（如 CO_2 替代、非贵金属催化）、立体选择性提升及复杂底物的普适性研究，进一步推动其在可持续化学和工业合成中的应用。

1.2.3 羰基化酯化反应

羰基化酯化反应（alkoxycarbonylation reaction）是指在有机化合物分子中引入烷氧基羰基（—COOR，其中 R 为烷基）的过程。该反应通常以烯烃、炔烃等碳-碳不饱和化合物或卤代烃、烯醇醚等为底物，与 CO 和醇（ROH）在特定催化剂及反应条件下进行，生成相应的酯类化合物。这种反应为酯类化合物的合成提供了一条重要途径，在有机合成、化工生产等领域具有广泛应用[15]。

羰基化酯化反应通式为：

$$\mathrm{R{-}X} + \mathrm{R'OH} + \mathrm{CO} \xrightarrow{\text{Cat.}} \mathrm{R{-}COOR'} \tag{1.5}$$

$$\mathrm{R{-}CH{=}CH_2} + \mathrm{R'OH} + \mathrm{CO} \xrightarrow{\text{Cat.}} \mathrm{R{-}CH_2CH_2COOR'} \tag{1.6}$$

$$\mathrm{R{-}C{\equiv}CH} + \mathrm{R'OH} + \mathrm{CO} \xrightarrow{\text{Cat.}} \mathrm{R{-}CH{=}CHCOOR'} \tag{1.7}$$

在过渡金属催化的羰基化酯化反应中，以钯催化剂体系为例，反应机理如下：首先，零价钯（Pd^0）与配体形成稳定配合物，该配合物与底物（如卤代烃）发生氧化加成反应，生成具有较高活性的钯(Ⅱ)中间体。随后，CO 分子插入钯-碳键之间，形成酰基钯中间体，完成羰基引入的核心步骤。醇分子中的氧原子继而亲核进攻中间体，释放酯类产物的同时，生成钯氢物种（$HPd^{Ⅱ}$）并最终通过还原消除再生 Pd^0 活性物种，实现催化循环闭合（图 1.11）。在特定反应条件下，酯化反应也可通过自由基机制进行。例如，在光照或过氧化物引发剂存在下，体系中产生自由基。以烯烃与 CO 和醇的反应为例，首先引发剂分解产生初级自由基，初级自由基与烯烃发生加成反应生成烷基自由基，烷基自由基与 CO 结合形成酰基自由基，酰基自由基再与醇分子发生反应，经过一系列步骤最终生成酯类产物。

羰基化酯化反应通常以烯烃，特别是带有不同取代基的烯烃为底物，其电子效应和空间位阻会显著影响反应的活性和选择性。例如，末端烯烃在反应中通常表现出较高的反应活性。卤代烃也是重要的底物之一，卤原子的种类和连接的烃基结构对反应活性有较大影响。典型的，碘代烃由于其 C—I 键相对较弱，在反应中活性较高，而氯代烃则相对较为稳定，需要更剧烈的反应条件或更高效的催化剂体系。此外，烯醇醚、炔烃等也能作为底物参与酯化反应，生成具有特殊结构的酯类化合物。

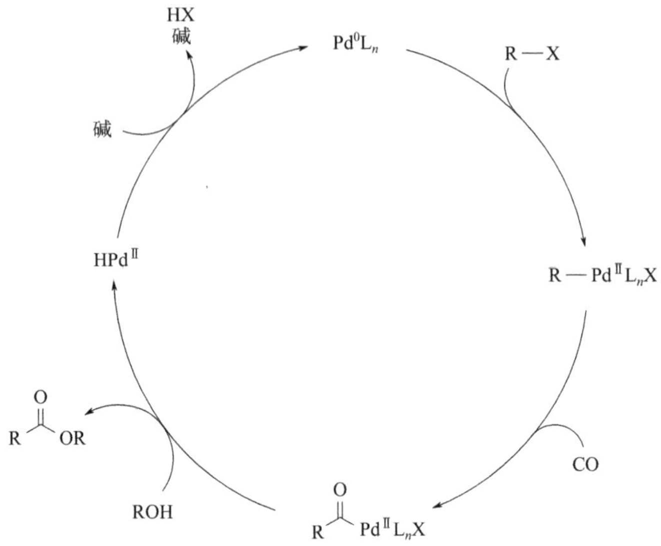

图 1.11　钯催化羰基化酯化机理

过渡金属催化剂作为酯化反应的核心活化介质，除钯基体系外，铑 (Rh)、钴 (Co)、镍 (Ni) 等金属催化体系均展现出应用潜力。各金属中心呈现差异化的电子构型特征，直接关联其催化活性与区域 / 立体选择性。例如，铑催化剂在某些底物的酯化反应中表现出较高的活性和对特定区域异构体酯的选择性；钴催化剂体系成本相对较低，在工业大规模生产中具有一定优势。此外，配体的选择对催化剂性能的发挥至关重要，常见的配体有膦配体（如三苯基膦、三叔丁基膦等）、氮杂环卡宾配体等。这些配体通过与金属中心配位，调节金属的电子云密度和空间环境，从而影响反应的活性、选择性以及催化剂的稳定性。

通过羰基化酯化反应，一些不饱和烃类化合物可以生成含有酯基的化合物。这些产物经过适当的转化可用于合成香料。此外，高级烯烃可通过羰基化酯化反应生成相应的羧酸酯，羧酸酯进一步转化可得到一系列表面活性剂。例如，脂肪酸甲酯通过羰基化酯化反应可以得到具有更好表面活性的酯类化合物，这些化合物可用于生产生物基表面活性剂。

材料工业领域，通过羰基化酯化反应合成的二元羧酸酯，如对苯二甲酸二甲酯等，是合成聚酯材料的重要原料。对苯二甲酸二甲酯与乙二醇等二元醇通过酯交换反应和缩聚反应，可制得聚对苯二甲酸乙二酯（PET）。PET 具有良好的力学性能、耐腐蚀性和加工性能，广泛应用于纤维、塑料、薄膜等领域，如用于制造饮料瓶、纤维织物以及电子设备的外壳等。由中海油化工与新材料科学研究院（北京）有限公司牵头开发的乙烯羰基酯化法制甲基丙烯酸甲酯（MMA）中试装置已成功运行。MMA 是一种重要的有机化工原料和化工产品，主要用于生产有机玻璃，也可用作树脂、胶黏剂、涂料等。该工艺以乙烯、甲醇、CO 和甲醛为原料，经两步法制得 MMA，具有原料价廉易得、生产流程短、装置投资较低等优点，是一条符合我国国情且具有原子经济性的绿色清洁工艺路线。

1.2.4 羰基化酰胺化反应

羰基化酰胺化反应（aminocarbonylation reaction）是通过 CO 介导的催化过程，将羰基（C═O）与胺类化合物直接结合生成酰胺键（—CONH—）的反应。相较于传统酰胺化反应（需羧酸活化或酰氯中间体），该反应避免了多步合成的繁琐流程，具有高原子经济性、低废物排放及广底物适用性的优势。其在药物活性分子、高性能聚合物及农用化学品工业生产中占据核心地位，例如尼龙单体、β-内酰胺抗生素及锂电池溶剂的规模化生产。

羰基化酰胺化反应通式如下：

$$R-X + NHR^1R^2 + CO \xrightarrow{Cat.} R-CONR^1R^2 \tag{1.8}$$

$$R-CH=CH_2 + NHR^1R^2 + CO \xrightarrow{Cat.} R-CH_2CH_2-CONR^1R^2 \tag{1.9}$$

$$R-C\equiv CH + NHR^1R^2 + CO \xrightarrow{Cat.} RCH=CH-CONR^1R^2 \tag{1.10}$$

羰基化酰胺化反应是一种极为关键的有机合成反应，它巧妙地将羰基引入与酰胺键构建这两个重要过程结合在一起。其核心在于亲电试剂、亲核试剂以及 CO 在合适催化剂的协同作用下，发生一系列复杂的反应，最终形成含有酰胺官能团（—CONH—）且带有羰基的化合物。从反应机理角度来看，以常用的钯催化体系为例，反应起始于零价钯（Pd^0）对亲电试剂［如卤代烃（R—X）］的氧化加成。在这个过程中，零价钯利用自身空的配位轨道，接受卤代烃中碳-卤键的电子对，使得碳-卤键断裂，形成二价钯中间体（$R—Pd_2L_nX$），此时钯的氧化态从 0 价升高到 +2 价。紧接着，CO 分子凭借其独特的 π-酸性，配位到二价钯中间体的钯中心，然后发生插入反应，即 CO 插入钯-碳键之间，从而生成酰基钯物种 [R—C(O)—Pd]。随后，亲核试剂［如胺类化合物（$R'NH_2$）］中的氮原子上的孤对电子对酰基钯物种中的羰基碳原子发动亲核进攻，氮原子与羰基碳原子形成新的 C—N 键，同时羰基的 π 键打开，电子转移到钯原子上，形成一个带有负电荷的中间体 [R—C(O)(NHR′)—Pd(X)]。该中间体经过质子转移过程，从反应体系中的质子源获取一个质子，使得氧原子质子化，转变为“—C(OH)(NHR′)—”结构。最后，经过还原消除步骤，钯原子上的两个配体（即与钯相连的烃基羰基-氨基部分和卤原子）之间发生分子内反应，形成酰胺产物 [RC(O)NHR′]，同时钯原子的氧化态从 +2 价降低到 0 价，再生的零价钯催化剂继续投入下一轮催化循环（图 1.12）。

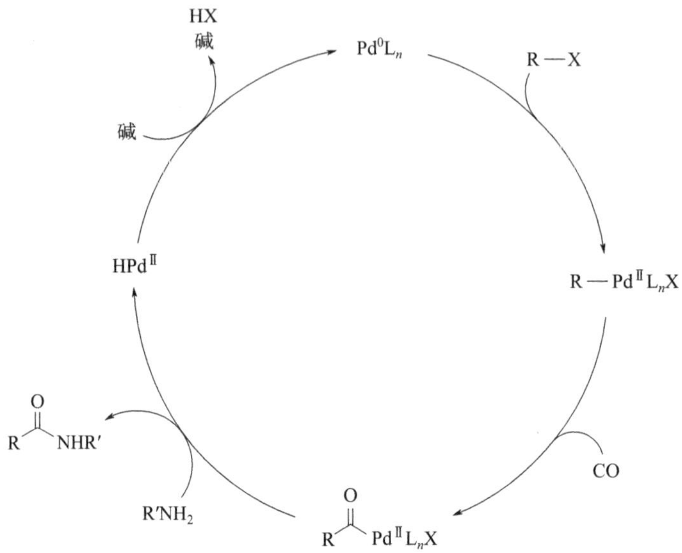

图 1.12　钯催化酰胺化反应机理

羰基化酰胺化反应类型多样，主要包括：

① 卤代烃参与的羰基化酰胺化反应。卤代烃是羰基化酰胺化反应中极为常见的亲电试剂。例如，在钯催化剂以及合适配体（如三苯基膦）的存在下，芳基卤化物［如溴苯（PhBr）］与 CO 和甲胺（CH_3NH_2）能够发生反应。反应过程中，零价钯首先与溴苯发生氧化加成，生成二价钯中间体 [Ph—Pd(Br)]。继而 CO 插入钯-碳键之间，形成酰基钯物种 [Ph—CO—Pd(Br)]。随后，甲胺对酰基钯物种进行亲核进攻，生成中间体 [Ph—C(O)($NHCH_3$)—Pd(Br)]。经过质子转移和还原消除等步骤，最终成功合成 *N*-甲基苯甲酰胺（Ph—$CONHCH_3$）。这种反应为制备各种结构多样的芳基酰胺类化合物提供了高效、可靠的途径，该类化合物在药物研发、材料科学等众多领域都有着广泛的应用。

② 烯基化合物参与的羰基化酰胺化反应。烯基化合物同样可以作为重要的反应底物参与羰基化酰胺化反应。在过渡金属（如钯、镍等）的催化下，烯基卤化物（如烯丙基氯 CH_2═$CHCH_2Cl$）或烯基硼酸酯等可以与 CO 和胺类化合物发生反应。以烯基卤化物为例，在特定的反应条件下，其首先与零价钯发生氧化加成反应，形成烯基钯中间体。CO 插入后生成烯基酰基钯物种，继而胺类亲核试剂进攻该物种，

经过一系列后续反应，最终生成含有烯基结构的酰胺类化合物。该反应体系不仅可精准构筑含碳-碳双键的酰胺骨架，同时赋予烯烃位点的选择性修饰功能，实现产物结构的多维编辑，为天然产物全合成及功能材料创制提供核心合成策略。

羰基化酰胺化反应在药物合成领域占据着至关重要的地位。酰胺基团作为部分生物活性药物分子的关键药效基元，羰基化酰胺化技术不仅能够精准地将酰胺结构引入目标分子中，而且还可以对分子的其他部分进行多样化修饰，以满足药物在活性、溶解性、代谢稳定性等多方面的严格要求。含有酰胺结构的药物可以通过卤代烃参与的羰基化酰胺化反应，以特定结构的卤代芳烃为原料，在钯催化剂和合适配体的作用下，与CO和特定结构的胺反应，高效构建出该药物分子的核心酰胺结构。相较于传统的多步合成方法，羰基化酰胺化反应路径显著缩短了合成步骤，减少了副反应的发生，极大地提高了产品的纯度和产率。经过后续的官能团修饰和纯化，可以获得目标药物。

在材料科学的前沿探索中，羰基化酰胺化反应展现出巨大的潜力。在高性能聚合物材料的制备过程中，通过将含有特定反应活性基团的单体进行羰基化酰胺化反应，可以合成含有酰胺键的聚合物。这些聚合物往往具有优异的力学性能、热稳定性以及化学稳定性。例如，在合成具有高热稳定性和高强度的聚酰胺类工程塑料时，可以利用二烯基化合物参与的羰基化酰胺化反应制备关键的单体。具体来说，以含有特定二烯结构的化合物为原料，在过渡金属催化下与CO和胺反应，通过精确控制反应条件，实现特定的环化和酰胺化过程，生成具有特定结构的单体。这些单体经过聚合反应制备出的聚酰胺材料，被广泛应用于航空航天、汽车制造、电子电器等高端领域，满足了这些领域对高性能材料的严苛需求[16]。

在香料、农药等精细化工产品的生产中，羰基化酰胺化反应同样发挥着不可或缺的作用。例如，烯基化合物参与的羰基化酰胺化反应，是将含有特定烯基结构的化合物与CO在过渡金属催化体系下和具有特殊结构的胺反应，以构建出具有特殊酰胺结构的羰基化合物。该类化合物经过进一步的修饰和加工，可制备出具有独特香气的香料产品，满足了消费者对高品质香料的需求。在农药生产方面，通过羰基化酰胺化反应制备具有特定活性的农药分子，能够增强农药对靶标的作用效果，同时减少对环境的不良影响。例如，一些新型的含氮杂环类农药，其关键的酰胺结构可以通过羰基化酰胺化反应合成。这种农药在保障农业生产的同时，符合现代绿色化学的发展理念，为农业的可持续发展提供了有力支持。

羰基化酰胺化反应通过将CO资源化利用与酰胺键构建相结合，为绿色合成高附加值酰胺化合物提供了高效路径。其在药物、高性能材料及农用化学品领域的工业化成功，彰显了催化化学对现代化学工业的深远影响。未来，随着非贵金属催化剂、CO_2转化技术及智能化制造的突破，该反应有望在碳中和与循环经济框架下实现更大规模的工业应用。

1.2.5 羰基化偶联反应

羰基化偶联反应（carbonylative coupling reaction）是一类通过引入 CO 将有机分子与羰基（C═O）官能团高效结合的催化反应。其核心特点是通过过渡金属（如钯、镍）催化，实现碳-碳键或碳-杂原子键的构建，同时引入羰基生成酮、酯、酰胺等高附加值化合物。此类反应结合了交叉偶联与羰基化策略，兼具原子经济性和官能团多样性，在药物合成、材料科学及精细化学品工业中占据重要地位。

羰基化偶联反应通常涉及过渡金属催化剂的参与。以钯催化的羰基化偶联反应为例，反应过程一般包括钯配合物对卤代烃或其他亲电试剂的氧化加成，随后 CO 插入金属-碳键形成酰基金属中间体，最后与亲核试剂发生偶联反应生成目标产物（图 1.13）。整个过程中，催化剂的活性和选择性对于反应的顺利进行以及产物的产率和纯度起着关键作用。

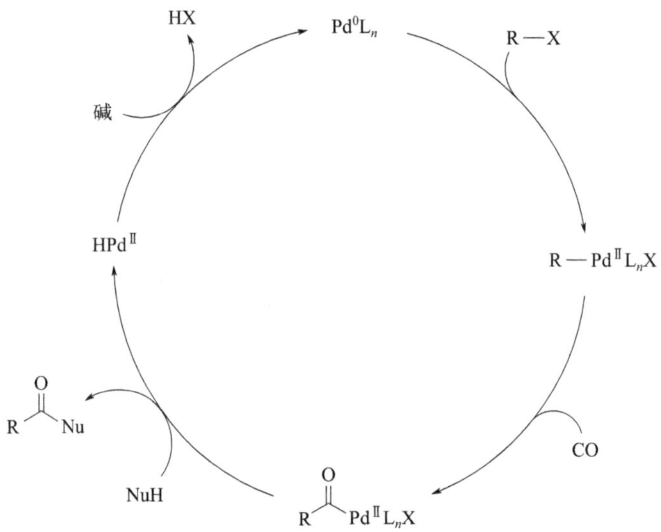

图 1.13 钯催化羰基化偶联反应机理

羰基化偶联反应种类比较多，常见反应类型介绍如下：

① 羰基化 Heck（赫克）反应。该反应是在钯催化下，卤代芳烃或烯烃与 CO、烯烃发生反应，生成 α,β-不饱和羰基化合物。例如，碘苯、CO 和乙烯在钯催化剂及合适配体存在下，可反应生成不饱和酮。反应过程中，钯催化剂首先与碘苯发生氧化加成，形成芳基钯中间体，CO 插入后再与乙烯发生迁移插入和 β-氢消除等步

骤，最终得到目标产物。此反应条件相对温和，底物适用范围较广，在香料、医药中间体合成等领域具有重要应用[17]。

② 羰基化 Suzuki（铃木）反应。羰基化 Suzuki 反应将芳基硼酸或烯基硼酸与卤代芳烃和 CO 在过渡金属催化下进行偶联［式（1.11）］[18]。其中芳基硼酸具有稳定性高、毒性低等优点。在反应过程中，钯催化剂与卤代烃氧化加成后，CO 插入，再与芳基硼酸发生转金属化和还原消除等过程，生成具有羰基的联芳基或烯基芳基化合物。这一反应在材料科学中，可以制备具有特殊结构的共轭聚合物材料。

③ 羰基化 Negishi（根岸）反应。该反应是指以有机锌试剂作为碳亲核试剂参与的羰基化偶联反应［式（1.12）］[19,20]。有机锌试剂与卤代芳烃、CO 在过渡金属（如镍、钯等）催化下发生反应。由于有机锌试剂的反应活性适中，使得羰基化 Negishi 反应在构建复杂碳-碳骨架方面表现出独特优势。例如，在合成一些具有生物活性的天然产物类似物时，能够精确控制反应位点和产物结构。

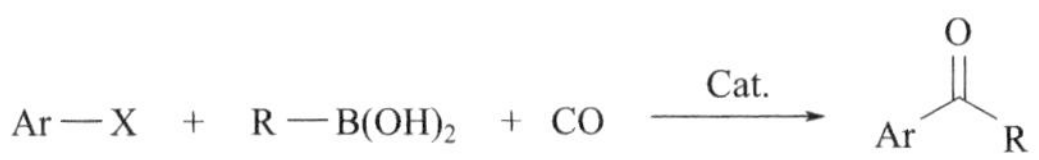

(1.11)

(1.12)

羰基化偶联反应的工业化应用很广泛。在药物合成方面，部分抗生素的侧链结构需要通过羰基化偶联反应来构建。利用羰基化 Suzuki 反应，将芳基硼酸与卤代烃及 CO 反应，可以精确地引入含有羰基的侧链基团。这种方法能够有效控制侧链的结构和立体化学，提高抗生素的抗菌活性和稳定性。在高性能聚合物材料制备方面，羰基化偶联反应同样占据重要地位。例如，在合成特种工程塑料聚芳酯的过程中，以带有特定官能团的烯烃和亲电的芳基卤化物为原料，在 CO 参与下，发生羰基化偶联，逐步构建出具有规整结构的聚合物链段。所制得的聚芳酯材料具备优异的力学性能、耐高温性能以及化学稳定性，被广泛应用于航空航天、电子电器等高端领域。通过工业化放大生产，利用羰基化偶联反应稳定、高效的特性，实现了聚芳酯材料的大规模供应，有力推动了相关产业的发展。另外，在香料、农药等精细化工产品的生产中，羰基化偶联反应也发挥着不可或缺的作用。采用羰基化 Sonogashira（薗头）偶联反应，将炔烃类亲核试剂与卤代芳烃在 CO 氛围及钯催化体系下反应，能够成功引入羰基官能团，构建出关键的香料分子结构骨架。该反应能够精准控制产物的结构与立体化学，确保香料产品中香气的纯正与独特性。在农药生产中，通过羰基化反应制备具有特定活性的农药分子，增强了农药对靶标的作用效果，同时减少了对环境的不良影响，符合现代绿色化学的发展理念，在精细化工产品的工业化生产中展现出巨大优势。

1.2.6 羰基化环化反应

羰基化环化反应（carbonylation cyclization reaction）是通过 CO 作为羰基源，在过渡金属催化下将线性底物（如烯烃、炔烃、胺或醇）转化为环状羰基化合物（如内酯、内酰胺、环酮或杂环）的关键反应。此类反应可以通过分子内或分子间的羰基插入与环闭合一步构建环状骨架，避免了传统多步合成的分离与纯化步骤，具有高原子经济性、高步骤效率及复杂环系定向合成能力的优势。其在药物、天然产物及高性能材料工业中占据重要地位，例如抗肿瘤药物、生物可降解聚酯及香料分子的规模化生产。

以钯催化的烯炔羰基化环化反应为例，在羰基化环化反应过程中，零价钯首先与底物中的碳-卤键或碳-金属键发生氧化加成，生成二价钯中间体。CO 随后配位到钯中心，并插入钯-碳键之间，形成酰基钯物种。此时，底物分子内的亲核位点（如双键、三键等）对酰基钯物种进行分子内亲核进攻，引发环化过程，形成环钯中间体。最后，经过还原消除步骤，生成环化的羰基产物，同时零价钯再生，继续参与下一轮催化循环。这一机理过程中，每一步反应的精准控制和协同进行，是实现高效、选择性羰基化环化反应的关键。

羰基化环化反应种类较多，常见反应类型如下：

① 烯炔羰基化环化反应。烯炔作为一类具有丰富反应活性的底物，在羰基化环化反应中应用广泛。例如，在合适的钯催化剂和配体体系下，烯炔与 CO 反应，可以选择性地构建出五元、六元甚至更大环系的不饱和羰基化合物。当烯炔分子中含有不同取代基时，通过调控反应条件，能够实现区域选择性和立体选择性的环化。这种反应为合成具有复杂结构的天然产物和药物分子提供了有力的手段，许多具有生物活性的萜类化合物、生物碱等的核心骨架都可以通过烯炔羰基化环化反应来构建。

② 二烯羰基化环化反应。二烯类底物在羰基化环化反应中也展现出独特的反应性。在过渡金属催化下，二烯与 CO 发生反应，能够形成多种环状羰基产物。通过改变二烯的结构、催化剂种类以及反应条件，可以实现不同环化模式的调控，如 [2+2+2] 环化、[4+2] 环化等。这些环化产物在材料科学领域具有重要应用，可作为单体用于制备具有特殊性能的聚合物材料。例如某些具有光致变色、电致发光等特性的高分子材料的合成，都可以通过二烯羰基化环化反应来制备特殊环状单体。

③ 烯基卤化物羰基化环化反应。烯基卤化物作为常见的有机合成原料，在羰基化环化反应中同样扮演着重要角色。在过渡金属催化下，烯基卤化物与 CO 和分子内的亲核试剂发生反应，经过氧化加成、羰基插入、环化以及还原消除等步骤，生成各种环状羰基化合物。这种反应具有较高的原子经济性和选择性，在药物合成

中，可用于构建具有特定结构的药物分子核心环系骨架。例如，一些具有抗菌、抗肿瘤活性的药物分子中，关键的环状结构单元可以通过烯基卤化物羰基化环化反应来合成。

④ Pauson-Khand（葆森-侃德）反应。Pauson-Khand 反应首先是炔烃与八羰基二钴反应生成炔烃-六羰基钴配合物，然后烯烃与该配合物配位，形成金属杂环戊烯中间体。继而 CO 插入金属-碳键，最后经过还原消除生成环戊烯酮产物，并使催化剂再生（图 1.14）。Pauson-Khand 反应在有机合成中具有重要的应用，尤其是在构建含有环戊烯酮结构的化合物方面。其可以用于合成多种天然产物、药物分子以及具有生物活性的化合物。例如，在一些复杂天然产物的全合成中，利用分子内的 Pauson-Khand 反应可以高效构建出关键的环戊烯酮结构单元，为后续的合成步骤提供基础。此外，通过对反应底物的设计和选择，可以合成出具有不同取代基和官能团的环戊烯酮衍生物，为有机合成化学提供了一种有力的工具[21]。

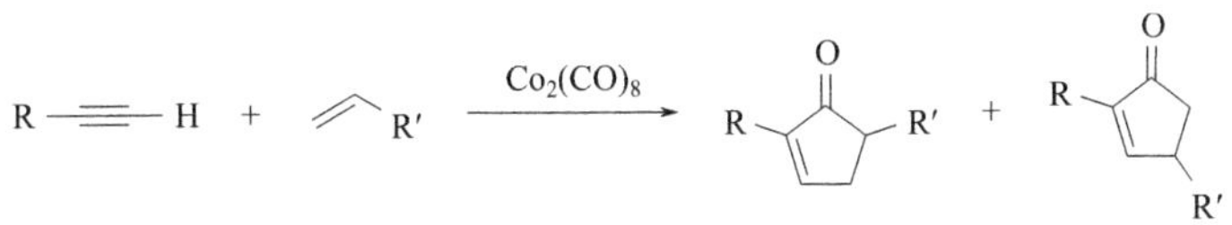

图 1.14　羰基化 Pauson-Khand 反应

羰基化环化反应的工业应用较广。在药物研发与生产中，羰基化环化反应发挥着极为重要的作用。通过采用烯炔羰基化环化反应，以特定结构的烯炔为原料，在钯催化剂和合适配体的作用下，与 CO 反应，高效地构建出该药物分子的核心环状结构。相较于传统的多步合成方法，此羰基化环化反应路径大大缩短了合成步骤，减少了副反应的发生，提高了产品纯度和产率。同时，在高性能材料的制备方面，羰基化环化反应展现出巨大的潜力。例如，在合成具有高热稳定性和力学性能的聚酰亚胺材料时，可以利用脂肪酸羰基化环化反应制备关键的环状二酐单体。具体地以脂肪酸为原料，在过渡金属催化下与 CO 反应，通过精确控制反应条件，生成具有特定结构的环状二酐。这些环状二酐与二胺类化合物经过缩聚反应，制备出的聚酰亚胺材料具有优异的耐高温、耐化学腐蚀以及高强度等性能，广泛应用于航空航天、电子电器等高端领域。通过工业化放大生产，利用羰基化环化反应稳定、高效的特性，实现了高性能聚酰亚胺材料的大规模供应，推动了相关产业的发展。另外，在香料、农药等精细化工产品的生产中，羰基化环化反应也发挥着不可或缺的作用。采用烯基卤化物羰基化环化反应，将含有特定烯基卤结构的化合物与 CO 在过渡金属催化体系下反应，成功合成出具有特殊环状结构的羰基化合物，该化合物经过进一步修饰和加工，可以生成具有独特香气的香料产品。在农药生产中，通过羰基化环化反应制备的具有特定活性的农药分子，能够增强农药对靶标的作用效果，并可降低对环境的不良影响。例如，一些新型的含氮杂环类农药，其关键的环状结构可以通过羰基化环化反应合成。这种农药不仅能保障农业生产的稳定进行，还符合现代绿色化学的发展理念。

1.3 酸催化羰基化反应

1.3.1 液体酸催化羰基化反应

在羰基化反应发展历程中，酸催化体系的研究起步早于金属催化。20 世纪 20 年代，H. Dreyfus（Celanese 公司）以 BF_3/H_3PO_4 为催化剂，辅以铜、银助剂，在 310 ℃、200 MPa 条件下成功实现了甲醇与 CO 直接合成乙酸。该团队于 1925 ～ 1928 年间开展了规模为 100 kg/d 的中试，获得甲醇转化率 40%、乙酸选择性 70% 的反应结果 [22]。尽管该技术因经济性等因素未能实现工业化，但为酸催化羰基化技术的发展提供了重要的理论与实践基础。

20 世纪 50 年代，Koch 等人通过系统研究，确立了 Koch 羰基化反应的概念。研究表明，在特定反应条件下，烯烃、二烯烃、不饱和酯、不饱和醇、二元醇及卤化合物等多种原料，均可经 Koch 反应高效转化为羧酸、羧酸酯等含氧化合物。目前，基于该反应原理的多种羰基化技术已成功实现工业应用，展现出良好的经济性与产业化潜力（见表 1.1）[23]。

表1.1 已经工业化Koch羰基化反应

技　术	催化剂	公　司
异丁烯羰基化制新戊酸	H_2SO_4	杜邦、埃克森、壳牌、巴斯夫
C_5 ～ C_{10} 烯烃羰基化制支链 C_6 ～ C_{11} 羧酸	H_3PO_4/BF_3	埃克森、壳牌

1.3.1.1 液体酸催化烃类羰基化反应

20 世纪 30 年代，杜邦公司率先发现，以 H_2SO_4、H_3PO_4 和 HCl 等强酸作为催化剂，烃类与 CO 可在 100 ～ 350 ℃、500 ～ 1000 bar（50 ～ 100 MPa）高温高压条件下发生羰基化反应。但由于反应条件过于苛刻，该技术进一步发展受到制约 [24-27]。

20 世纪 50 年代，Koch 和 Anthony 等[28,29]科研人员在酸催化烯烃羰基化领域取得突破性进展。他们创新性地提出酸催化烯烃两步法合成戊酸工艺：第一步，烯烃在酸性催化剂作用下与 CO 发生络合反应；第二步，生成的络合物经水解转化为羧酸。该两步法工艺显著降低了羰基化反应所需压力，已发展成为工业生产新戊酸、辛酸等支链羧酸的主流技术[30, 31]。

除异丁烯外，乙烯、丙烯、环己烯等多种烯烃经酸催化羰基化反应制备相应羧酸也被相继报道。研究表明，不同结构烯烃在强酸催化体系下均展现出羰基化活性。表 1.2 系统汇总了各种烯烃羰基化反应所采用的催化剂及其对应的反应结果。

表1.2 酸催化烯烃羰基化

原　料	催化剂	产　品	产率 /%
乙　烯	$HF+BF_3$	丙酸	30[32]
丙　烯	97% H_2SO_4	异丁酸	90[33]
异丁烯	$BF_3 \cdot 2H_2O$	新戊酸	90[34]
	HF	新戊酸	90 ～ 98[35]
1-戊烯	97% H_2SO_4	C_6 酸	约 91[32]
1-己烯	H_3PO_4	C_7 酸	87[36]
二异丁烯	82% ～ 88% H_2SO_4	异壬酸	50 ～ 90[37]
环己烯	98% $H_2SO_4+Ag_2O$	1-甲基环戊烷甲酸	84[38]

另外，饱和烷烃的高效转化是化学领域长期关注的焦点。与不饱和烯烃相比，饱和烷烃因 C—C 键和 C—H 键的高度稳定性，其转化通常需要高温、高压等苛刻条件。近年来研究表明，基于超强酸催化体系，饱和烷烃可在相对温和条件下实现羰基化反应，高选择性生成酮、羧酸等含氧化合物。1959 年，Friedman 等首次报道了以超强酸为催化剂实现饱和烷烃、异构烷烃及环烷烃等底物的羰基化反应，为烷烃资源的高值化利用提供了进一步深入研究的基础[39]。

1.3.1.2 液体酸催化醇类羰基化反应

在常规反应条件下，多数醇类化合物可通过羰基化反应高效制备相应羧酸。表 1.3 系统归纳了不同结构醇类的羰基化反应催化剂及反应结果。研究发现，随着醇类底物分子中碳原子数增加，其羰基化反应难度明显下降；甲醇作为单碳醇类，需在极端条件下才能实现羰基化制备乙酸。根据 Olah 等的研究成果[40]，甲醇与二甲醚在 $HF-BF_3$ 超强酸催化体系中可发生羰基化反应生成乙酸与乙酸甲酯。随着反应时间的延长及温度的升高，体系中乙酸生成量持续增加，二甲醚含量逐步降低。在 250 ℃条件下反应 6 h 后，乙酸甲酯产率可达 90%。

表1.3　酸催化醇类羰基化反应

醇	催化剂	产　物	产率 /%
甲　醇	BF_3/H_3PO_4 (76.5 ～ 112 MPa)	乙　酸	92[41]
乙　醇	$HF\text{-}SbF_5$	丙　酸	57[42]
异丙醇	96.8% H_2SO_4	异丁酸甲酯	75.6[43]
异丁醇	H_2SO_4	新戊酸	89[44]
1-戊醇	H_2SO_4/Cu^+	2,2-二甲基丁酸	62[45]
1-己醇	H_2SO_4/Cu^+	2,2-二甲基戊酸	60[28]
己二醇	H_2SO_4	2,2,4-三甲基丁内酯	33[46]
环己醇	H_2SO_4/Cu^+	1-甲基环戊酸	80[28]
1-金刚烷醇	三氟甲磺酸银	1-金刚烷甲酸	77[21]/64[47]

1.3.1.3　其他底物的液体酸催化羰基化反应

除烃类和醇类外，卤代烃、胺及醛等化合物的酸催化羰基化反应也相继见诸报道[13, 48]。Olah 等[48]研究发现，卤代甲烷可在 CuO/SbF_5 催化剂作用下与 CO 发生羰基化反应，生成乙酸甲酯，并生成副产物二甲醚、氟代甲烷等。另外，由于 C_1 化合物甲醛经羰基化、酯化和加氢制备高附加值产品乙二醇，杜邦公司建成年产 6 万吨 / 年乙二醇生产装置进行工业示范。由于反应体系存在严重腐蚀，该装置于 1968 年被迫关停[49]。甲醛酸催化羰基化反应为后续技术的开发提供了重要先例。

1.3.2　分子筛（固体酸）催化羰基化反应

1.3.2.1　分子筛概述

1756 年，瑞典矿物学家 Axel Fredrik Cronstedt[50] 首次在自然界中发现一类特殊矿物材料，因其在水中受热时呈现剧烈沸腾现象，遂将其命名为“沸石”(zeolite)。1932 年，Weigel[51] 通过实验研究证实，沸石晶体独特的孔道结构能够对不同尺寸的分子进行选择性筛分。基于这一特性，“分子筛”（molecular sieve）的概念由此诞生，为多孔材料科学领域的发展奠定了重要基础[52]。

由于天然分子筛存在纯度较低、孔径均一性差以及硅铝比（Si/Al）调节范围狭窄等固有不足，其大规模工业化应用受到显著制约。自 20 世纪 40 年代起，科研人员开始采用多种技术手段开展分子筛的人工合成研究[53]。美国联合碳化物公司、林德公司、埃克森美孚公司等机构通过系统深入研究，开发出一系列催化性能优异的分子筛材料，并成功将其应用于石油精炼与加工领域，涵盖催化裂化、加氢裂化、异构化、烷基化、脱水、加氢脱蜡及重整等核心工艺[49,54-58]；同时，在吸附分离领域，分子筛也被广泛应用于气体干燥、净化、分离、液相离子交换及其他工业过程[59-63]。近年来，随着煤化工产业的快速发展，分子筛在该领域展现出重要应用价值，其中 SAPO-34 分子筛已成为甲醇制烯烃（MTO）技术的关键催化材料[64]，而 MOR 分子筛则在二甲醚经乙酸甲酯制乙醇技术中发挥着不可替代的作用[65]。

分子筛是一类具有规则孔道结构的晶体材料，其骨架由 $[TO_4]$ 四面体通过顶点共享的方式周期性排列而成。如图 1.15 所示，每个 T 原子（主要为 Si、Al、P 等元素）通过共价键与四个氧原子相连，氧原子则以氧桥形式连接两个 T 原子，形成稳定的三维网络结构。作为分子筛骨架的基础构筑单元，$[SiO_4]$、$[AlO_4]$ 和 $[PO_4]$ 四面体在连接过程中严格遵循 Lowenstein 规则，即骨架中不存在直接相连的 Al-O-Al 键。在此规则约束下，铝原子周围需配位四个硅原子形成 Al(4Si) 结构，而硅原子则可与铝原子或硅原子相邻连接，从而保证骨架结构的电荷平衡与稳定性[66]。

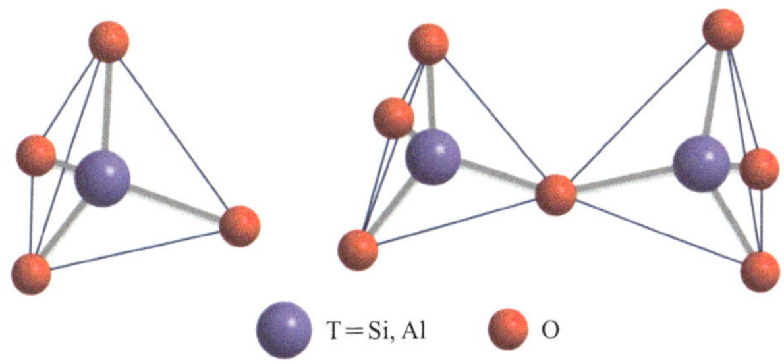

图 1.15　分子筛 TO_4 四面体模型

在 $[TO_4]$ 四面体结构单元中，中心 T 原子通常采用 sp^3 杂化轨道，以高价氧化态与氧原子形成共价键。其中，$[SiO_4]$ 四面体因硅原子的 +4 价特性呈电中性，而 $[AlO_4]$ 四面体由于铝原子的 +3 价属性带有单位负电荷，导致硅铝分子筛骨架整体呈现电负性。为维持骨架电荷平衡，需引入额外阳离子进入分子筛孔道与笼结构，常见的电荷补偿离子包括氢离子、碱金属阳离子、碱土金属阳离子以及有机模板剂阳离子等。当骨架负电荷由氢离子补偿时，所得氢型分子筛展现出 Brønsted（布朗斯特）酸性质，其酸性位点的分布与强度直接取决于骨架中铝原子的含量与空间分布[67, 68]。此外，在热活化过程中，两个相邻的羟基通过脱水反应形成三配位铝物种，该物种因具备空轨道可接受电子对，从而构成 Lewis 酸性位点（图 1.16），为分子筛催化反应提供多重活性中心[69]。

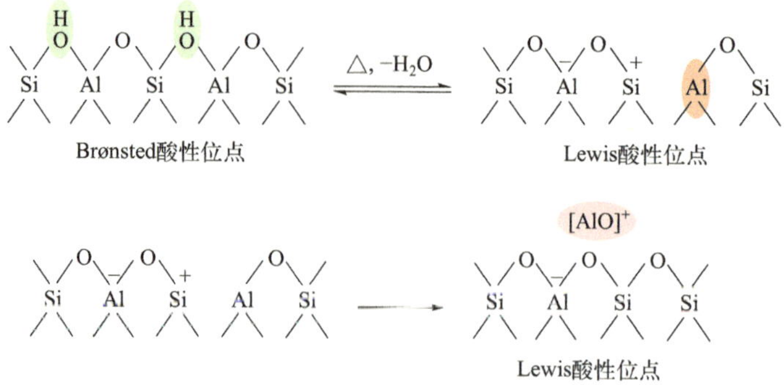

图 1.16 硅铝分子筛中 Brønsted 酸和 Lewis 酸形成的示意图[70]

分子筛的孔道结构由 *n* 个 T 原子（主要为 Si、Al、P 等）构成的环所界定。分子筛的孔道环结构丰富多样，除常见的 6 元环等小孔道体系外，还包括 8 元环、9 元环、10 元环、12 元环、14 元环、18 元环、20 元环以及 30 元环等。依据孔道环数的不同，分子筛可分类为小孔、中孔、大孔和超大孔分子筛。其中，小孔分子筛的孔道窗口由 8 个 [TO_4] 四面体组成，孔径约为 4 Å，典型代表有 LTA、SOD 和 GIS 型分子筛[71]；中孔分子筛的孔道窗口由 10 个 [TO_4] 四面体构成，孔径约为 5.5 Å，如 MFI 型分子筛；大孔分子筛的孔道由 12 个 [TO_4] 四面体围成，孔径约为 7.5 Å，包括 FAU、MOR 和 *BEA[50] 等类型。当构成孔道的 T 原子数超过 12 时，则定义为超大孔分子筛。在众多分子筛中，8 元环、10 元环和 12 元环孔道结构的分子筛最为常见。此外，分子筛的孔道体系具有一维、二维或三维的空间延伸特性[72]。截至目前，国际分子筛协会（IZA）已认证并赋予特定骨架类型代码（FTC）的分子筛材料共计 260 多种，为分子筛材料的分类、研究与应用提供了重要的基础依据[73]。经典分子筛 MOR、ZSM-35、ZSM-5 和 X/Y 的骨架结构如图 1.17 所示。

1.3.2.2 分子筛催化羰基化反应

（1）分子筛催化二甲醚羰基化反应

1984 年，Fujimoto 首次报道了 MOR 分子筛在无贵金属及卤素条件下可以催化甲醇羰基化反应，产物中发现少量乙酸和乙酸甲酯[74]。此发现原理上属于有别于金属催化的酸催化羰基化反应，但当时并没有引起重视。2006 年，Iglesia 研究团队报道了在无卤素及贵金属催化剂的条件下，酸性分子筛催化二甲醚羰基化反应的研究成果。研究表明，在 150 ℃的低温反应条件下，具有 8 元环孔道结构的 MOR 和 FER 分子筛展现出良好的催化性能，可有效催化二甲醚羰基化反应，乙酸甲酯选择性高达 98% 以上。相比之下，10 元环孔道结构的 H-ZSM-5 分子筛（Si/Al=12.5）

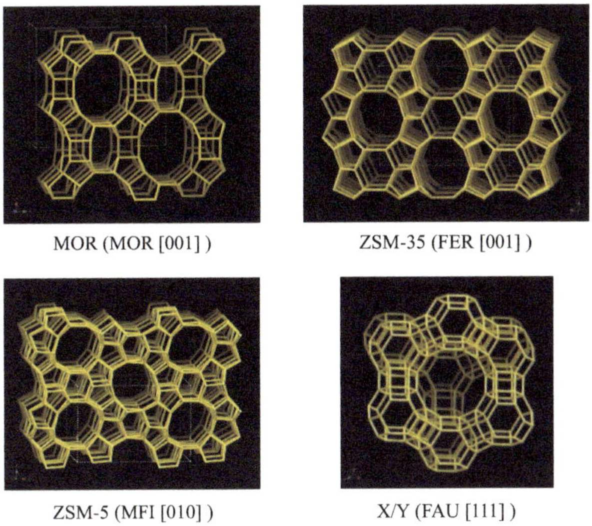

图 1.17　经典分子筛骨架结构图

括号里为分子筛结构代码及所给结构图片的晶体取向。例如 (MOR [001])，MOR 为结构代码，[001] 为晶体取向

仅生成少量乙酸甲酯；而具有 12 元环孔道结构的 H-USY（Si/Al=3）、H-BEA（Si/Al=12.5）分子筛及无定形 SiO_2 材料上几乎没有二甲醚羰基化反应发生[75]。进一步研究发现，二甲醚羰基化反应活性与分子筛 8 元环内 Brønsted 酸中心数量呈显著正相关性。基于此，研究团队提出了“8 元环孔道限域效应（confinement effect）”的概念，揭示了 8 元环孔道独特的过渡态择形催化机制，为 MOR 和 FER 分子筛在二甲醚羰基化反应中展现出的高活性与高选择性提供了理论解释[70,77]。该研究成果为开发高效、绿色的二甲醚羰基化催化体系提供了重要的理论基础。

Corma 研究团队基于理论计算方法，系统研究了二甲醚羰基化反应机理，揭示了该反应选择性的关键影响因素。研究表明，二甲醚羰基化选择性不仅受分子筛孔道尺寸调控，更与表面甲氧基的空间取向存在紧密关联。计算结果显示，仅 8 元环孔道内的 T3-O31 活性位点对羰基化反应呈现高催化活性，且在该位点上副反应得到有效抑制[78]。通过深入分析，研究团队提出假设：8 元环孔道独特的限域效应源自孔道氧原子与羰基化过渡态之间的远程弱静电作用，而在大孔分子筛体系中，由于活性位点与过渡态距离增大，此类静电作用显著减弱[79]。该研究从分子层面阐明了 8 元环孔道对二甲醚羰基化反应的选择性催化机制，为高性能分子筛催化剂的设计与开发提供了重要的理论支撑。

与 ZSM-35 分子筛相比，MOR 展现出更为优秀的二甲醚羰基化催化活性。然而，其 12 元环大孔道结构导致在二甲醚羰基化反应进程中易发生积碳，进而引起催化剂失活。针对这一问题，申文杰研究团队基于吡啶分子动力学直径介于丝光沸石 12 元环与 8 元环孔道尺寸之间的特性，开发出一种选择性毒化策略。通过利用吡啶分子定向毒化 12 元环孔道内的 Brønsted 酸性位点，有效抑制了反应过程中积碳的形成，显著提升了二甲醚羰基化催化剂的稳定性，为解决 MOR 分子筛催化剂的积碳失活难题提供了创新性解决方案 [80]。

中国科学院大连化学物理研究所低碳催化与工程研究中心长期致力于小分子化合物经分子筛羰基化反应制备含氧化合物的研究。研究团队通过系统的探索性研究和分析，认为分子筛催化二甲醚羰基化反应具有工业应用潜力，并提出了“二甲醚羰基化制备乙酸甲酯—乙酸甲酯加氢制乙醇”的工艺路线，并围绕该技术路线开展了系统的基础研究、工程化研究及工程化实践。

在分子筛催化二甲醚羰基化反应的研究中，该团队取得了一系列创新性成果。首先，开发了 MOR 分子筛的定向合成技术，通过精准调控合成条件，实现了酸中心在 MOR 分子筛 8 元环孔道内的定向落位，显著提升了催化活性 [81-83]；其次，针对 MOR 分子筛因 12 元环孔道酸性中心引发副反应导致失活的难题，采用化学修饰策略对其进行功能化改性，有效抑制了副反应的发生，突破了催化剂稳定性瓶颈 [84,85]；再次，通过系统优化分子筛的结构与性能，成功研制出高性能二甲醚羰基化催化剂，催化剂寿命超过 2 年，这也是分子筛催化的气固相反应体系为数不多的长寿命实例，为工业化应用奠定了坚实基础；最后，建立了催化剂的工业化制备技术体系，实现了催化剂的规模化生产。以上这些成果为二甲醚羰基化技术的工业化应用提供了重要的理论依据和技术保障。

在乙酸甲酯加氢反应的研究中，研究团队针对铜基催化剂共沉淀制备过程中存在的局部过热、物料偏析等技术难题，开发了创新性的制备工艺，实现了对催化剂前驱体物相结构、化学组成及铜物种晶粒尺寸的精确调控 [86,87]。基于此，成功研制出高性能乙酸甲酯加氢催化剂，并建立了工业化生产体系。此外，鉴于二甲醚羰基化与乙酸甲酯加氢反应具有强放热特性且对反应温度高度敏感的特点，团队开展了系统的工程化研究：通过优化反应器设计与工艺参数，开发出专用列管式固定床反应器及精准温度调控系统，该系统在工业示范装置及工业化生产装置中均实现了稳定运行，充分验证了技术的可靠性与稳定性。

进一步围绕工艺全流程，团队系统研究了产物分离、物料循环、热量交换及设备材质选择等关键要素，完成了工艺包编制，形成了可工业化的成套技术。2017 年，该技术实现全球首次工业示范应用；2022 年起，相继完成 50 万吨 / 年煤基乙醇及 60 万吨 / 年钢厂煤气制乙醇等多个大型工业化项目的建设与投产，证明了技术的先进性、成熟性、和可靠性。

截至 2025 年 12 月，二甲醚经乙酸甲酯制乙醇技术已签订 15 套工业装置技术实施许可合同，累计乙醇产能达515万吨/年，其中已投产7套，累计产能为265万吨/年。这是世界首例分子筛催化醚类羰基化反应制含氧化合物技术的工业化，具有原子经济性高、无腐蚀、可以直接生产无水乙醇等特点。该技术成功打破了传统乙醇生产对粮食资源的依赖，开辟了煤化工领域的全新技术路径，以此新技术为基础的乙醇新兴战略性产业的雏形已经显现。同时，该技术为煤炭资源的低碳化、清洁化和高效化利用提供了关键技术支撑，对优化能源结构、促进可持续发展具有重要的战略意义[88]。

(2) 分子筛催化甲缩醛羰基化反应

甲缩醛（$CH_3OCH_2OCH_3$，DMM）羰基化反应研究始于甲醛羰基化反应，其目的是制备乙醇酸甲酯，进而加氢制乙二醇。因为缩醛通常视作羰基的保护官能团，甲缩醛也被看作是一种以缩醛形式存在的甲醛。在早期研究中，甲醛羰基化反应在液相中进行，并以液体强酸，如硫酸、氢氟酸等作为催化剂[89]。为了解决反应体系强腐蚀性问题，使反应工艺更加绿色可控，一系列固体酸催化剂被用来替代液体强酸进行甲醛羰基化反应研究。Lee等[90]研究发现，在238 atm（24.1 MPa）、135 ℃反应条件下，Amberlyst树脂表现出极高的催化活性，乙醇酸甲酯产率超过80%。Barri以ZSM-5分子筛为催化剂进行甲醛液相羰基化反应，在200 ℃、8.0 MPa条件下，乙醇酸甲酯产率为47.7%[91]。孙颖等以杂多酸作为催化剂，以环丁砜作为溶剂，在4.0 MPa、120 ℃反应条件下进行甲醛羰基化反应，乙醇酸甲酯产率达到89.3%[92]。Bell研究组在液相条件下考察了不同甲醛前驱体，如甲氧基甲醇、多聚甲醛、三聚甲醛和甲缩醛对反应的影响，发现以甲缩醛作为甲醛源的反应可以获得最高的羰基化产物产率[93]。

2009年，Bell研究组首次报道了以高硅H-Y分子筛为催化剂、在3.0 atm（0.3 MPa）压力下进行甲缩醛气相羰基化研究，获得了高选择性甲氧基乙酸甲酯（MMAc）[94]。同时发现分子筛孔道/笼的大小对反应的选择性有很大的影响，其中具有超笼结构的FAU分子筛表现出了较高的MMAc选择性[95]，并在此研究基础上提出了甲缩醛羰基化反应机理[96,97]。中国科学院大连化学物理研究所刘中民团队采用不同拓扑结构的分子筛和负载型有机磺酸催化剂，深入研究了甲缩醛羰基化反应，系统考察了分子筛拓扑结构、催化剂酸强度、醚的种类对醚类羰基化反应的影响，在优化条件下甲缩醛转化率高达95%，且MMAc选择性为88%，并在此基础上对固体酸催化醚类羰基化反应机理进行了深入研究[98]。

在乙二醇产能过剩的产业发展态势下，全球范围内针对甲醛/甲缩醛羰基化反应研究的关注显著减少。现有文献报道多聚焦于分子筛催化甲缩醛羰基化反应的特征解析与机理探究等基础研究层面。另外，已有的研究普遍存在反应条件严苛、酸性分子筛催化剂活性低、失活速率快等不足，尚未展现出明确的工业化应用潜力。自2009年首次报道以来，甲缩醛羰基化反应长期停留在基础科学研究阶段。

刘中民团队通过系统性探索与创新性研究，发现酸性分子筛在催化甲缩醛羰基化反应中具有工业化应用潜力，并据此提出甲缩醛羰基化、水解制备乙醇酸甲酯的全新技术路线。针对甲缩醛羰基化关键反应，研究团队开发出具有高催化活性的分子筛催化剂，构建气液固三相反应体系，并通过优化反应工艺参数，显著提升甲缩醛羰基化反应效率。所研制的甲缩醛羰基化催化剂使用寿命超过 11000 h，且具有良好的再生性能。基于定型催化剂与实验室小试研究结果，团队进一步开展中试，取得了良好结果，为该技术的工业化应用奠定了坚实基础；针对甲氧基乙酸甲酯水解反应，研究团队研制了高活性分子筛水解催化剂，并采用气固相反应体系，在低水 / 酯比条件下实现了甲氧基乙酸甲酯水解反应的稳定运行，催化剂寿命大于 8000 h，且具有良好的再生性能。在此基础上，研究团队对反应器设计和放大、产物分离、选材等关键工程问题开展系统工程化研究，突破了实验室技术向工业应用转化的瓶颈，并通过工业性试验，对催化剂性能和工艺路线进行了全面验证，获取了工艺包编制所需的关键数据，并完成工艺包编制。目前，中国科学院大连化学物理研究所已与企业合作开展 40 万吨 / 年煤基甲缩醛经甲氧基乙酸甲酯制乙醇酸甲酯工业示范的前期准备工作。

甲缩醛经甲氧基乙酸甲酯制乙醇酸甲酯技术为煤、钢厂煤气、天然气、生物质及 CO_2 等多元化原料制乙醇酸 / 乙醇酸甲酯提供了创新性技术路径。该工艺原料来源广泛、工程放大可行性强，具备实现大规模工业化生产的显著优势。在技术特征层面，整个工艺全程采用分子筛催化剂体系，无需添加卤化物助剂，且反应条件温和，可有效规避传统甲醛羰基化工艺高压和强腐蚀带来的技术难题，可显著降低运行成本与设备投资成本。同时，所采用的工艺技术与反应器有成熟工业经验可以借鉴，为工业放大提供了可靠的工程基础，能够有效解决乙醇酸 / 乙醇酸甲酯传统制备方法中成本高昂的核心问题。此外，该技术路线中间产物甲氧基乙酸甲酯是高附加值化学品，产品结构可根据市场需求灵活调整，进一步提升了技术的经济可行性与市场适应性。该技术的开发与应用，为含氧化合物的绿色合成与资源高效利用开辟了新方向。

(3) 其他分子筛催化羰基化反应

相较于烯烃，醇类化合物形成碳正离子的动力学速率相对迟缓，这一特性可有效抑制二聚及多聚副反应的发生，从而显著提升目标产物的选择性，为气固相羰基化反应的实现提供了支撑。2003 年，Li 等报道了 H-ZSM-5 分子筛催化叔丁醇羰基化反应的研究成果。在 200 ℃、9.0 MPa 反应条件下，叔丁醇经羰基化反应合成 2,2-二甲基丙酸的产率可达 90.8%，主要副产物为异丁烯及其低聚物。此外，H-ZSM-5 分子筛在该反应体系中展现出较好的催化活性，且在 120 h 连续反应过程中保持良好的稳定性。研究人员认为，H-ZSM-5 分子筛的良好性能归因于其适宜的孔道尺寸，能够有效促进羰基化反应的发生[99,100]。此外，Sano 等报道了环状醚类化合物的羰基化反应研究，以 H-ZSM-5 分子筛为催化剂，在 35.0 MPa 的高压反应条件下成功实现三聚甲醛与 CO 反应合成 1,3-二氧戊环-4-酮[101]。这些研究成果为醚类化合物羰基化反应技术开发提供了重要的理论与实践基础。

1.4 小结

羰基化反应作为有机合成领域的核心转化过程，其本质是通过定向引入羰基，实现从烯烃、炔烃、醇、环氧化合物、胺类及卤代烃等基础原料向醛、酸、酯、酸酐、酰胺等高附加值含氧化学品的高效转化。这一反应体系在精细化工、医药及材料合成等国民经济关键领域具有不可替代的地位。当前，金属催化羰基化反应仍是该领域的主流技术，其中氢甲酰化反应作为规模最大的均相催化过程，其年产能已突破 1000 万吨醛类产品。然而，羰基化技术的进一步发展仍面临诸多挑战。开发高效的多相羰基化催化新体系一直是学术界和工业界的重要研究方向。

作为固体酸催化剂的典型代表，分子筛凭借可调变的酸性位点分布与孔道限域效应，在羰基化反应中展现出独特的催化特性。例如，MOR 沸石依托其特殊的 8 元环孔道与 Brønsted 酸性位的协同作用，在二甲醚羰基化反应中实现了乙酸甲酯的高选择性合成；而 Y 分子筛则通过其超笼结构与强酸中心的匹配，成功催化甲缩醛羰基化制备甲氧基乙酸甲酯。这些研究揭示了分子筛孔道的限域效应和酸性位的协同机制在羰基化反应中的适用性，开启了分子筛催化羰基化反应新路线，为含氧化合物的定向制备提供了新思路。但早期分子筛催化羰基化反应研究局限于基础科学研究层面，相关研究结果和工业化要求相去甚远。

中国科学院大连化学物理研究所在分子筛催化羰基化反应领域开展了系统的基础研究、应用基础研究及工程化研究，开发出具有自主知识产权的成套二甲醚经乙酸甲酯制乙醇技术和甲缩醛经甲氧基乙酸甲酯制乙醇酸甲酯技术，其中乙醇技术已经实现大规模工业化，各项指标均处于世界领先水平。这两项分子筛催化羰基化反应技术的工业应用，不仅打破了传统羰基化反应对均相催化体系的依赖，而且开启了分子筛催化羰基化反应的新领域，为 C_1 化学领域低碳小分子化合物制备高附加值的含氧化学品提供了全新的技术路线。

参考文献

[1] Wang P, Yang J, Sun K, et al. A general synthesis of aromatic amides via palladium-catalyzed direct aminocarbonylation of aryl chlorides[J]. Org Chem Front, 2022, 9(9): 2491-2497.

[2] Schoenberg A, Heck R F. Palladium-catalyzed amidation of aryl, heterocyclic, and vinylic halides[J]. J Org Chem, 1974, 39(23): 3327-3331.

[3] Seayad A, Ahmed M, Klein H, et al. Internal olefins to linear amines[J]. Science, 2002, 297(5587): 1676-1678.

[4] Zhao F, Gu X W, Franke R, et al. Copper-catalyzed 1,2-dicarbonylative cyclization of alkenes with alkyl bromides via radical cascade process[J]. Angew Chem Int Ed, 2022, 61(49): e202214812.

[5] Wu X F, Fang X, Wu L, et al. Transition-metal-catalyzed carbonylation reactions of olefins and alkynes: a personal account[J]. Acc Chem Res, 2014, 47(4): 1041-1053.

[6] Li Q, Wang L C, Bao Z P, et al. Photoredox-catalyzed carbonylative acylation of styrenes with Hantzsch esters[J]. Chem Commun, 2024, 60(35): 4656-4658.

[7] Wittig G. Synthesen mit lithiumorganischen verbindungen[J]. Angew Chem, 1940, 53(23-24): 241-247.

[8] Gattermann L, Koch J A. Eine synthese aromatischer aldehyde[J]. Ber Dtsch Chem Ges, 1897, 30(2): 1622-1624.

[9] Franke R, Selent D, Börner A. Applied hydroformylation[J]. Chem Rev, 2012, 112(11): 5675-5732.

[10] Breit B, Seiche W. Recent advances on chemo-, regio- and stereoselective hydroformylation[J]. Synthesis, 2001, 2001(1): 1-36.

[11] Pruett R L, Smith J A. Low-pressure system for producing normal aldehydes by hydroformylation of alpha olefins[J]. J Org Chem, 1969, 34(2): 327-330.

[12] Casey C P, Whiteker G T, Melville M G, et al. Diphosphines with natural bite angles near 120° increase selectivity for *N*-aldehyde formation in rhodium-catalyzed hydroformylation[J]. J Am Chem Soc, 1992, 114(14): 5535-5543.

[13] Heck R F, Breslow D S. The reaction of cobalt hydrotetracarbonyl with olefins[J]. J Am Chem Soc, 1961, 83(19): 4023-4027.

[14] Kiss G. Palladium-catalyzed Reppe carbonylation[J]. Chem Rev, 2001, 101(11): 3435-3456.

[15] Haynes A, Maitlis P M, Morris G E, et al. Promotion of iridium-catalyzed methanol carbonylation: mechanistic studies of the Cativa process[J]. J Am Chem Soc, 2004, 126(9): 2847-2861.

[16] Tian Z Y, Cui Q, Liu C H, et al. Rhodium-catalyzed [4+2+1] cycloaddition of in situ generated ene/yne-ene-allenes and CO[J]. Angew Chem Int Ed, 2018, 57(47): 15544-15548.

[17] Schoenberg A, Bartoletti I, Heck R F. Palladium-catalyzed carboalkoxylation of aryl, benzyl, and vinylic halides[J]. J Org Chem, 1974, 39(23): 3318-3326.

[18] Ishiyama T, Kizaki H, Miyaura N, et al. Synthesis of unsymmetrical biaryl ketones via palladium-catalyzed carbonylative cross-coupling reaction of arylboronic acids with iodoarenes[J]. Tetrahedron Lett, 1993, 34(47): 7595-7598.

[19] Stille J K. The palladium-catalyzed cross-coupling reactions of organotin reagents with

organic electrophiles[J]. Angew Chem Int Ed, 1986, 25(6): 508-524.

[20] Wang Q, Chen C. Nickel-catalyzed carbonylative Negishi cross-coupling reactions[J]. Tetrahedron Lett, 2008, 49(18): 2916-2921.

[21] Khand I U, Knox G R, Pauson P L, et al. Organocobalt complexes. Part Ⅱ. Reaction of acetylenehexacarbonyldicobalt complexes, $(R_1C_2R_2)Co_2(CO)_6$, with norbornene and its derivatives[J]. J Chem Soc, Perkin Trans 1, 1973, 9: 977-981.

[22] 姚逸民 . 化工百科全书 : 第 2 卷 [M]. 北京 : 化学工业出版社 , 1991.

[23] Peng J-B, Geng H-Q, Wu X-F. The Chemistry of CO: Carbonylation. Chem, 2019, 5(3): 526-552.

[24] Carpenter G B. preparation of carboxylic acids: US1924763A[P]. 1933-08-29.

[25] Woodhouse J C. Process for ester production by carbonylation: US2868813A[P]. 1933-01-13.

[26] Larson A T. Preparation of carboxylic acids: US2448375[P]. 1948-08-31.

[27] Larson A, Vail W. Preparation of carboxylic acids from olefinic hydrocarbons, carbon monoxide, and steam: US1924765[P]. 1933-08-29.

[28] Koch H, Gilfert W. Carbonsäure synthese aus olefinen, kohlenoxyd und wasser[J]. Brennstoff-Chem, 1955, 36: 321-352.

[29] Anthoxy N. Process for preparing carboxylic acid anhydrides: US4002677[P]. 1977-01-11.

[30] 赵修华 , 郭坤敏 , 宋一兵 , 等 . Koch 羰基化反应合成羧酸及其工业应用前景 [J]. 化工进展 , 1999, 18(6): 23-26.

[31] 陈国英 . 液相催化科克合成特戊酸及其动力学研究 [D]. 天津 : 河北工业大学 , 2002.

[32] Koch H, Huisken W, Möller K E, et al. Verfahren zur herstellung von carbonsäuren aus olefinen, kohlenoxyed und wasser: DE942987[P]. 1959-06-18.

[33] American Cyanamid Co. Procédé perfectionné pour la synthèse et l' isolement des acides aliphatiques, inférieurs: FR2135729A5[P]. 1972-11-27.

[34] Bahrmann H, Cornils B. New syntheses with carbon monoxide[M]. Berlin: Springer-Verlag, 1980.

[35] Koch H. Production of carboxylic acids fromolefins: US2831877[P]. 1958-04-22.

[36] Moeller K E. Process for producing carboxylic acids from olefins, carbon monoxide and water: US3061621[P]. 1962-10-30.

[37] Anderson J E. Process for carboxylation of iso-olefins: US3167585[P]. 1965-01-26.

[38] Souma Y, Sano H. Carbonylation of alcohols, olefins, and saturated hydrocarbons by CO in the Ag(Ⅰ)-H_2SO_4 system[J]. Bull Chem Soc Jpn, 1974, 47(7): 1717-1719.

[39] Friedman B S. Carbonylation of saturated hydrocarbons: US2874186[P]. 1959-02-17.

[40] Bagno A, Bukala J, Olah G A. Chemistry in superacids. 8. Superacid-catalyzed carbonylation of methane, methyl halides, methyl alcohol, and dimethyl ether to methyl acetate and acetic acid[J]. J Org Chem, 1990, 55(14): 4284-4289.

[41] Maksimov A L, Losev D V, Kardasheva Y S, et al. Carbonylation of methanol and dimethyl ether in ionic liquids. Pet. Chem, 2014, 54: 283-287.

[42] 米田徳彦, 高橋孝吉. 超強酸を用いる有機反応に関する研究 [J]. 北海道大學工學部研究報告, 1978, 91: 53-68.

[43] Schultz H S. Preparation of esters by carbonylation of alcoholss: US3449408[P]. 1969-06-10.

[44] Falbe J, Cornils B, Meis J, et al. Verfahren zur herstellung von carbonsäuren aus alkoholen: DE1793369A1[P]. 1972-07-12.

[45] Souma Y, Sano H. The carbonylation of alcohols catalyzed by Cu(Ⅰ) carbonyl[J]. Bull Chem Soc Jpn, 1973, 46(10): 3237-3240.

[46] Benedictis A D, Furman K E. Preparation of carboxylic acids: US2913489[P]. 1959-11-17.

[47] Mori H, Mori A, Xu Q, et al. Koch carbonylation using silver trifluoromethanesulfonate[J]. Tetrahedron Lett, 2002, 43(44): 7871-7874.

[48] Olah G A, Prakash G S, Sommer J, et al. Superacid chemistry[M]. New York: Wiley, 1985.

[49] Lee S Y, Kim J C, Lee J S, et al. Carbonylation of formaldehyde over ion exchange resin catalysts. 1. Batch reactor studies[J]. Ind Eng Chem Res, 1993, 32(2): 253-259.

[50] Cronstedt A F. Rön och beskrifning om en obekant bärg art, som kallas zeolites[J]. Akad Handl Stockh, 1756, 18: 120-130.

[51] Weigel O, Steinhoff E. Adsorption of organic liquid vapors by chabazite[J]. Z Kristallogr, 1925, 61: 125-154.

[52] McBain J W. The sorption of gases and vapours by solids[J]. J Phys Chem, 2002, 37(1): 149-150.

[53] Barrer R M. Synthesis of a zeolitic mineral with chabazite-like sorptive properties[J]. J Chem Soc, 1948: 127-132.

[54] Shi J, Wang Y, Yang W, et al. Recent advances of pore system construction in zeolite-catalyzed chemical industry processes[J]. Chem Soc Rev, 2015, 44(24): 8877-8903.

[55] Csicsery S M. Shape-selective catalysis in zeolites[J]. Zeolites, 1984, 4(3): 202-213.

[56] Khouw C B, Davis M E. Shape-selective catalysis with zeolites and molecular sieves[J]. Am Chem Soc, 1993, 517: 206-221.

[57] Weitkamp J. Zeolites and catalysis[J]. Solid State Ionics, 2000, 131(1-2): 175-188.

[58] Armor J N. New catalytic technology commercialized in the USA during the 1980's[J]. Appl Catal, 1991, 78(2): 141-173.

[59] Yang H, Xu Z, Fan M, et al. Progress in carbon dioxide separation and capture: a review[J]. J Environ Sci, 2008, 20(1): 14-27.

[60] Boyd G E, Schubert J, Adamson A W. The exchange adsorption of ions from aqueous solutions by organic zeolites. I. Ion-exchange equilibria[J]. J Am Chem Soc, 1947, 69(11): 2818-2829.

[61] Adamson A W, Myers L S. The exchange adsorption of ions from aqueous solutions by

organic zeolites. Ⅱ. Kinetics[J]. J Am Chem Soc, 1947, 69(11): 2836-2848.

[62] Boyd G E, Myers L S, Adamson A W. The exchange adsorption of ions from aqueous solutions by organic zeolites. Ⅲ. Performance of deep adsorbent beds under non-equilibrium conditions[J]. J Am Chem Soc, 1947, 69(11): 2849-2859.

[63] Ketelle B H, Boyd G E. The exchange adsorption of ions from aqueous solutions by organic zeolites. Ⅳ. The separation of the yttrium group rare earths[J]. J Am Chem Soc, 1947, 69(11): 2800-2812.

[64] 刘中民 . 甲醇制烯烃 [M]. 北京 : 科学出版社 , 2015.

[65] Grad, P. Debut of a Coal-to-ethanol Plant [EB/OL]. [2017-05-01]. https://www.chemengonline.com/debut-coal-ethanol-plant/.

[66] Loewenstein W. The distribution of aluminum in the tetrahedra of silicates and aluminates[J]. American Mineralogist: Journal of Earth and Planetary Materials, 1954, 39(1-2): 92-96.

[67] Shamzhy M, Opanasenko M, Concepción P, et al. New trends in tailoring active sites in zeolite-based catalysts[J]. Chem Soc Rev, 2019, 48(4): 1095-1149.

[68] Haag W O, Lago R M, Weisz P B. The active site of acidic aluminosilicate catalysts[J]. Nature, 1984, 309(5969): 589-591.

[69] Kazantsev M S, Luzgin M V, Stepanov A G. Carbonylation of dimethyl ether with CO on solid 12-tungstophosphoric acid: in situ magic angle spinning NMR monitoring of the reaction kinetics[J]. J Phys Chem C, 2013, 117(21): 11168-11175.

[70] 甄开吉 , 王国甲 , 毕颖丽 , 等 . 催化作用基础 [M]. 北京 : 科学出版社 , 2004.

[71] Baerlocher C, McCusker L B, Olson D H. Atlas of zeolite framework types[M]. Amsterdam: Elsevier, 2007.

[72] 徐如人 , 庞文琴 , 霍启升 . 分子筛与多孔材料化学 [M]. 北京 : 科学出版社 , 2015: 43.

[73] Structure Commission of the International Zeolite Association. International Zeolite Association-Structure Commission. Zurich: International Zeolite Association, 2023-02-16 [2025-09-22]. https://www.iza-structure.org/index.htm

[74] Fujimoto K, Shikada T, Omata K, et al. Vapor phase carbonylation of methanol with solid acid catalysts[J]. Chem Lett, 1984, 13(12): 2047-2050.

[75] Cheung P, Bhan A, Sunley G J, et al. Selective carbonylation of dimethyl ether to methyl acetate catalyzed by acidic zeolites[J]. Angew Chem Int Ed, 2006, 45(10): 1617-1620.

[76] Bhan A, Iglesia E. A link between reactivity and local structure in acid catalysis on zeolites[J]. Acc Chem Res, 2008, 41(4): 559-567.

[77] Bhan A, Allian A D, Sunley G J, et al. Specificity of sites within eight-membered ring zeolite channels for carbonylation of methyls to acetyls[J]. J Am Chem Soc, 2007, 129(16): 4919-4924.

[78] Boronat M, Martinez-Sanchez C, Law D, et al. Enzyme-like specificity in zeolites: a unique site position in mordenite for selective carbonylation of methanol and dimethyl ether with

CO[J]. J Am Chem Soc, 2008, 130(48): 16316-16323.

[79] Boronat M, Martínez C, Corma A. Mechanistic differences between methanol and dimethyl ether carbonylation in side pockets and large channels of mordenite[J]. Phys Chem Chem Phys, 2011, 13(7): 2603-2612.

[80] Liu J L, Xue H F, Huang X, et al. Stability enhancement of H-mordenite in dimethyl ether carbonylation to methyl acetate by pre-adsorption of pyridine[J]. Chin J Catal, 2010, 31(7): 729-738.

[81] Yuan Y, Wang L, Liu H, et al. Facile preparation of nanocrystal-assembled hierarchical mordenite zeolites with remarkable catalytic performance[J]. Chin J Catal, 2015, 36(11): 1910-1919.

[82] Cao K P, Fan D, Zeng S, et al. Organic-free synthesis of MOR nanoassemblies with excellent DME carbonylation performance[J]. Chin J Catal, 2021, 42(9): 1468-1477.

[83] Cao K, Fan D, Gao M, et al. Recognizing the important role of surface barriers in MOR zeolite catalyzed DME carbonylation reaction[J]. ACS Catal, 2021, 12(1): 1-7.

[84] Liu S P, Fang X D, Liu Y, et al. Dimethyl ether carbonylation over mordenite zeolite modified by alkyimidazolium ions[J]. Catal Commun, 2020, 147: 106161.

[85] Liu S, Liu H, Ma X, et al. Identifying and controlling the acid site distributions in mordenite zeolite for dimethyl ether carbonylation reaction by means of selective ion-exchange[J]. Catal Sci Technol, 2020, 10(14): 4663-4672.

[86] 张放 . 碱土金属对铜基催化剂结构及乙酸甲酯加氢制乙醇性能影响研究 [D]. 大连 : 中国科学院大连化学物理研究所 , 2021.

[87] 吕新新 , 刘勇 , 裴仁彦 , 等 . 一种用于连续制备纳米材料的反应器 : CN220425323U[P]. 2024-01-30.

[88] 中国科学院大连化学物理研究所 . “二甲醚经乙酸甲酯制乙醇技术” 项目荣获 2024 年中国石油和化学工业联合会技术发明奖特等奖：新闻动态・头条新闻 . 大连：中国科学院大连化学物理研究所，2024-12-31[2025-09-22]. http://dicp.cas.cn/xwdt/ttxw/202412/t20241231_7512620.html

[89] Shigeto S. Process for producing carboxylic acids: US3911003[P]. 1975-10-07.

[90] Lee S Y, Kim J C, Lee J S, et al. Carbonylation of formaldehyde over ion exchange resin catalysts. 1. Batch reactor studies[J]. Ind Eng Chem Res, 1993, 32(2): 253-259.

[91] Barri S A I, Chadwick D. Carbonylation of formaldehyde with zeolite catalysts[J]. Catal Lett, 2011, 141: 749-753.

[92] Sun Y, Wang H, Shen J, et al. Highly effective synthesis of methyl glycolate with heteropolyacids as catalysts[J]. Catal Commun, 2009, 10(5): 678-681.

[93] Celik F E, Lawrence H, Bell A T. Synthesis of precursors to ethylene glycol from formaldehyde and methyl formate catalyzed by heteropoly acids[J]. J Mol Catal A: Chem,

2008, 288(1-2): 87-96.

[94] Celik F E, Kim T J, Bell A T. Vapor-phase carbonylation of dimethoxymethane over H-faujasite[J]. Angew Chem Int Ed, 2009, 48(26): 4813-4815.

[95] Celik F E, Kim T J, Bell A T. Effect of zeolite framework type and Si/Al ratio on dimethoxymethane carbonylation[J]. J Catal, 2010, 270(1): 185-195.

[96] Celik F E, Kim T J, Mlinar A N, et al. An investigation into the mechanism and kinetics of dimethoxymethane carbonylation over FAU and MFI zeolites[J]. J Catal, 2010, 274(2): 150-162.

[97] Shapovalov V, Bell A T. Theoretical study of zeolite-catalyzed dimethoxymethane carbonylation to methyl methoxyacetate[J]. J Phys Chem C, 2010, 114(41): 17753-17760.

[98] 刘世平 . 固体酸催化醚类羰基化研究 [D]. 大连 : 中国科学院大连化学物理研究所 , 2015.

[99] Li T, Tsumori N, Souma Y, et al. Highly active and stable performance of catalytic vapor phase Koch-type carbonylation of tert-butyl alcohol over H-zeolites[J]. Chem Commun, 2003(16): 2070-2071.

[100] Xu Q, Inoue S, Tsumori N, et al. Carbonylation of tert-butyl alcohol over H-zeolites[J]. J Mol Catal A: Chem, 2001, 170(1-2): 147-153.

[101] Sano T, Sekine T, Wang Z, et al. Synthesis of 1,3-dioxolan-4-one from trioxane and carbon monoxide on HZSM-5 zeolite[J]. Chem Commun, 1997(19): 1827-1828.

第 2 章 分子筛催化二甲醚羰基化反应

2.1 引言

羰基化反应是合成气转化制含氧化学品的重要途径，主要包括金属催化羰基化反应和酸催化羰基化反应，其中部分反应已在工业中得到应用，特别是金属催化的氢甲酰化反应。但这两种反应均属于均相催化体系，不仅存在产品分离困难、催化剂回收难、设备材质要求严苛的问题，运行成本也较高。因此，开发高效的多相羰基化催化体系一直是羰基化研究领域的前沿课题。

1984 年，Fujimoto 等[1]首次报道了丝光沸石（MOR）分子筛在无贵金属和卤素参与的条件下可催化甲醇羰基化反应，并在产物中检测到少量乙酸与乙酸甲酯。这一反应过程属于固体酸催化范畴，为无贵金属参与的多相催化提供了新的思路，但由于产物选择性较低，未引起广泛关注。直到 2006 年 Iglesia 等[2]报道了 MOR 分子筛催化二甲醚羰基化制乙酸甲酯的研究，产物选择性超过 98%，为非金属催化多相羰基化体系的研究奠定了重要基础。然而，该研究仅聚焦于反应特征、机理与动力学等方面，且所使用的 MOR 分子筛活性低、失活快，反应条件苛刻，未显示出实际的工业应用潜力。因此，在相当长的时间里，分子筛催化二甲醚羰基化反应主要停留在基础科学研究阶段。

分子筛催化二甲醚羰基化反应构建了一个全新的催化体系，涉及多个反应路径。除主反应路径外，二甲醚极易在 MOR 孔道内生成芳烃类“烃池”中间体，从而引发副反应并导致催化剂快速积碳失活。同时，催化剂表面吸附的“含氧中间物种”也可能引发副反应，形成不可逆的积碳，导致催化剂的稳定性降低。因此，研制高活性、高稳定性的二甲醚羰基化催化剂需要克服一系列关键科学和技术难题：①为提高 MOR 催化效率，需先明确分子筛酸性位点分布及其与羰基化反应的关系，发展提高羰基化催化位点比例的方法；②为提高催化剂稳定性，需明确主、副反应与催化剂稳定性的关系，并规避副反应的发生。

中国科学院大连化学物理研究所低碳催化与工程研究中心长期致力于分子筛催

化二甲醚羰基化反应体系的研究，围绕分子筛材料的合成、改性与性能优化，取得了一系列具有原创性的研究成果。在分子筛合成方面，系统研究了 MOR 晶化过程，揭示了铝原子落位选择控制原理与晶体生长机制，发展了 Brønsted 酸性位点优先落位于 8 元环的定向合成新技术；通过调控有机结构导向剂体系，建立了复合多级孔和纳米片状 MOR 分子筛的可控合成方法，显著提升了分子传输效率与催化稳定性；进一步利用分子筛孔道择形吸附原理，在不降低传质效率的前提下，有效屏蔽了 12 元环孔道内对羰基化反应不利的酸性位点，实现了对反应路径的空间选择性调控。上述系列研究成果不仅在材料合成方面实现了酸性位点微环境的精准调控，还在反应性能方面解决了二甲醚羰基化反应中存在的催化剂活性低、选择性差与易失活等核心问题，为该反应体系走向工业应用提供了坚实的催化材料基础与理论支撑。

2.2 分子筛催化二甲醚羰基化反应机理

2.2.1 二甲醚羰基化制乙酸甲酯反应热力学研究

二甲醚羰基化制乙酸甲酯反应热力学和反应机理研究密切相关。二甲醚羰基化反应过程原料相对简单，仅包含了二甲醚和 CO。但是二甲醚和 CO 在分子筛上的反应网络极其复杂，涉及了多个不同的反应。首先，二甲醚和 CO 在酸性分子筛上能够发生羰基化反应，生成乙酸甲酯；其次，二甲醚在酸性分子筛上易发生脱水反应，生成烯烃、芳烃、汽油、柴油等烃类产物；最后，产物乙酸甲酯容易进一步转化为烃类。此外，在羰基化反应体系中，原料、中间体以及产物之间容易发生耦合反应，导致反应体系更加复杂多变。由于反应体系过于复杂，表 2.1 仅给出了二甲醚羰基化反应体系原料、目标产物乙酸甲酯及烃类副产物的基本热力学数据。

表2.1 二甲醚羰基化反应体系下原料、目标产物及烃类副产物基本热力学数据

组分	$\Delta_f H^{\ominus}_{298.15}$ /(kJ/mol)	$\Delta_f G^{\ominus}_{298.15}$ /(kJ/mol)	$c_p=A+B\times T+C\times T^2+D\times T^3+E\times T^4$				
			A	B	C	D	E
二甲醚 (CH_3OCH_3)	−184.1	−112.5	34.67	7.03×10^{-2}	1.65×10^{-4}	-1.77×10^{-7}	4.93×10^{-11}
一氧化碳 (CO)	−110.5	−137.1	29.56	-6.58×10^{-3}	2.01×10^{-5}	-1.22×10^{-8}	2.26×10^{-12}
乙酸甲酯 (CH_3COOCH_3)	−411.5	−325.4	10.29	7.73×10^{-2}	-4.34×10^{-5}	-1.23×10^{-8}	-1.42×10^{-12}
丙酮 (CH_3COCH_3)	−248.0	−174.0	−12.26	4.61×10^{-3}	-3.35×10^{-4}	1.18×10^{-7}	-1.53×10^{-11}

续表

组分	$\Delta_f H^{\ominus}_{298.15}$ /(kJ/mol)	$\Delta_f G^{\ominus}_{298.15}$ /(kJ/mol)	$c_p=A+B\times T+C\times T^2+D\times T^3+E\times T^4$				
			A	B	C	D	E
氢气 (H_2)	0		25.40	2.01×10^{-2}	-3.85×10^{-5}	3.19×10^{-8}	-8.76×10^{-12}
水 (H_2O)	−241.8	−228.5	36.54	-3.48×10^{-2}	1.17×10^{-4}	-1.30×10^{-7}	5.25×10^{-11}
甲烷 (CH_4)	−74.8	−50.8	34.94	-3.99×10^{-2}	1.91×10^{-4}	-1.53×10^{-7}	3.93×10^{-11}
乙炔 (C_2H_2)	227.4	209.9	19.36	1.15×10^{-1}	-1.24×10^{-4}	7.24×10^{-8}	-1765×10^{-11}
乙烯 (C_2H_4)	52.4	68.1	32.08	-1.48×10^{-2}	2.48×10^{-4}	-2.38×10^{-7}	6.82×10^{-11}
乙烷 (C_2H_6)	−84.0	−32.8	28.14	4.34×10^{-2}	1.89×10^{-4}	-1.91×10^{-7}	5.33×10^{-11}
丙炔 (C_3H_4)	184.9	194.4	27.56	1.20×10^{-1}	-6.06×10^{-6}	-4.07×10^{-8}	1.51×10^{-11}
丙烯 (C_3H_6)	20.0	62.8	31.30	7.24×10^{-2}	1.94×10^{-4}	-2.16×10^{-7}	6.30×10^{-11}
丙烷 (C_3H_8)	−103.8	−23.4	28.28	1.16×10^{-1}	1.96×10^{-4}	-2.33×10^{-7}	6.87×10^{-11}
1,3-丁二烯 (C_4H_6)	110.0	150.8	18.83	2.05×10^{-1}	6.25×10^{-5}	-1.71×10^{-7}	6.08×10^{-11}
丁炔 (C_4H_6)	165.2	202.2	29.86	1.87×10^{-1}	-7.10×10^{-6}	-6.83×10^{-8}	2.53×10^{-11}
正丁烯 (C_4H_8)	266.9	71.3	24.91	2.06×10^{-1}	5.98×10^{-5}	-1.42×10^{-7}	4.71×10^{-11}
顺-2-丁烯 (C_4H_8)	276.9	65.9	29.14	1.40×10^{-1}	1.91×10^{-4}	-2.37×10^{-7}	7.10×10^{-11}
反-2-丁烯 (C_4H_8)	274.0	63.0	40.31	1.35×10^{-1}	1.69×10^{-4}	-2.11×10^{-7}	6.33×10^{-11}
异丁烯 (C_4H_8)	266.3	58.1	32.92	1.85×10^{-1}	7.79×10^{-5}	-1.46×10^{-7}	4.69×10^{-11}
环丁烷 (C_4H_8)	27.7	110.1	22.62	8.85×10^{-2}	3.91×10^{-4}	4.32×10^{-7}	1.30×10^{-10}
正丁烷 (C_4H_{10})	−125.7	−17.2	20.06	2.81×10^{-1}	-1.31×10^{-5}	-9.46×10^{-8}	3.41×10^{-11}
异丁烷 (C_4H_{10})	−134.2	−21.4	67.72	3.41×10^{-1}	-1.03×10^{-4}	-3.68×10^{-8}	2.04×10^{-11}
正戊烯 (C_5H_{10})	−21.1	79.2	42.22	9.91×10^{-2}	6.52×10^{-4}	-9.11×10^{-7}	3.64×10^{-10}
正戊烷 (C_5H_{12})	−146.9	−8.4	26.67	3.23×10^{-1}	4.28×10^{-5}	-1.66×10^{-7}	5.60×10^{-11}
异戊烷 (C_5H_{12})	−153.6	−14.8	−11.29	5.16×10^{-1}	-2.88×10^{-4}	6.04×10^{-8}	4.21×10^{-12}
新戊烷 (C_5H_{12})	−168.0	−14.8	−17.92	5.72×10^{-1}	-4.17×10^{-4}	2.12×10^{-7}	-5.10×10^{-11}
苯 (C_6H_6)	82.9	129.7	29.52	-5.14×10^{-2}	1.19×10^{-3}	-1.64×10^{-6}	6.85×10^{-10}
环己烯 (C_6H_{10})	−38.5	106.9	32.21	-7.56×10^{-3}	1.24×10^{-3}	-1.65×10^{-6}	6.66×10^{-10}
环己烷 (C_6H_{12})	−156.4	31.8	13.78	2.07×10^{-1}	5.37×10^{-4}	-6.30×10^{-7}	1.90×10^{-10}
正己烷 (C_6H_{14})	−198.7	−0.25	25.40	2.02×10^{-2}	-3.85×10^{-5}	3.19×10^{-8}	-8.76×10^{-12}
甲苯 (C_7H_8)	−50.1	12.0	13.01	7.33×10^{-2}	-4.02×10^{-5}	1.07×10^{-8}	-1.89×10^{-12}
对二甲苯 (C_8H_{10})	−24.7	62.7	9.14	1.46×10^{-1}	-8.85×10^{-5}	2.32×10^{-8}	-2.39×10^{-12}

注：字母 A、B、C、D、E 代表拟合参数；T 代表温度。

不同反应温度下的反应焓变、熵变、吉布斯（Gibbs）自由能变化及平衡常数按式 (2.1) ～式 (2.4) 进行计算：

$$\Delta_r H_T = \sum_j v_j \Delta_f H_{298.15} + \sum_j \int_{298.15}^{T} c_p \mathrm{d}T \tag{2.1}$$

$$\Delta_r S_T = \sum_j v_j \Delta_f S_{298.15} + \sum_j \int_{298.15}^{T} c_p \mathrm{d}\ln T \tag{2.2}$$

$$\Delta_r G_T = \Delta_r H_T - T\Delta_r S_T \tag{2.3}$$

$$\ln K_p = -\frac{\Delta_r G_T}{RT} \tag{2.4}$$

式中，v_j 为方程式中各物质的反应系数；R 为气体常数，约为 8.314 J/(mol·K)。通过计算，可以得到各反应在不同温度下的反应焓变 $\Delta_r H_T$、反应吉布斯自由能变化 $\Delta_r G_T$ 和反应平衡常数 K_p。

为深入理解分子筛催化二甲醚羰基化反应体系的热力学特征，基于反应物和产物的标准热力学性质数据，并结合热力学基本计算公式，对比分析了温度为 298 ～ 700 K 时以下部分反应的反应焓变、反应吉布斯自由能以及反应平衡常数。

$$CH_3OCH_3 + CO = CH_3COOCH_3 \tag{2.5}$$

$$CH_3OCH_3 = C_2H_4 + H_2O \tag{2.6}$$

$$3CH_3OCH_3 = 2C_3H_6 + 3H_2O \tag{2.7}$$

$$3CH_3OCH_3 = C_6H_6 + 3H_2O + 3H_2 \tag{2.8}$$

$$7CH_3OCH_3 = 2C_7H_8 + 7H_2O + 6H_2 \tag{2.9}$$

$$4CH_3OCH_3 = p\text{-}C_8H_8 + 4H_2O + 4H_2 \tag{2.10}$$

$$CH_3COOCH_3 + CO = CH_3COCH_3 + CO_2 \tag{2.11}$$

图 2.1 展示了二甲醚羰基化反应温度在 400 ～ 800 K 时的反应焓变、吉布斯自由能以及平衡常数。很明显，所有反应焓变均小于零，说明二甲醚羰基化反应、二甲醚脱水制烃类产物以及乙酸甲酯制丙酮反应均属于放热反应。其中二甲醚羰基化反应放热量最大，为 −118 kJ/mol，属于典型的强放热反应。若反应热未能及时有效地从催化剂床层移出，将可能导致局部热点，进而引发床层“飞温”现象，严重影响催化剂的活性与寿命。因此，在反应器的设计选型和内部结构配置中，需充分考虑反应的热力学特征，配合热移除能力与传热效率的优化设计，确保反应床层温度的精确控制与稳定，为装置的长期稳定运行提供保障。此外，所有反应 $\Delta_r G_T < 0$，说明反应可以自发进行。当温度为 400 ～ 800 K 时，二甲醚制烃类反应的平衡常数非常高，说明该反应是不可逆反应。从平衡常数来看，提高反应温度，会导致二甲醚羰基化平衡常数降低：反应温度为 400 K 时，二甲醚羰基化反应的 $\lg K_p$ 为 7.8；当反应温度升高至 800 K 时，其 $\lg K_p$ 仅为 0.06，说明低温有利于二甲醚定向转化为乙酸甲酯。

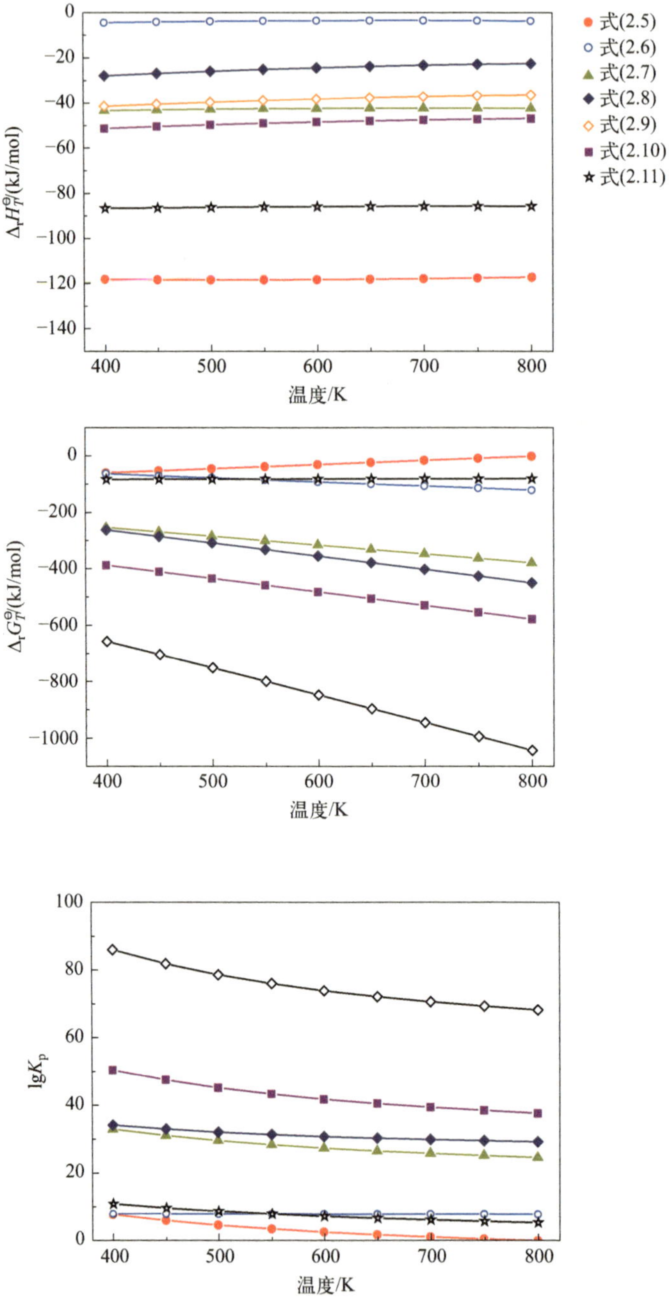

图 2.1　不同温度下二甲醚羰基化反应及部分副反应的焓变、吉布斯自由能和平衡常数对比

图 2.2 显示了温度、压力和 CO 含量对二甲醚羰基化反应的影响。在 298 ～ 573 K、1 ～ 3 MPa 条件下，二甲醚转化率几乎均可以达到 100%。在反应温度较低时，由于二甲醚转化率几乎为 100%，压力对反应的影响很难体现出来。当温度超过 573 K 时，压力对二甲醚转化率影响显著，压力越高，二甲醚转化率也越高，这表明高压有利于二甲醚羰基化反应的进行。另外，当反应温度高于 573 K 时，随着反应温度的升高，二甲醚转化率急剧降低。例如，当压力为 1.0 MPa 时，二甲醚转化率从 573 K 时的 98% 迅速下降到 1000 K 时的 83.4%。这说明高于 573 K 时，温度的升高会抑制二甲醚定向转化为乙酸甲酯，过高的温度会造成乙酸甲酯的二次反应。另外，当 CO 含量（体积分数）从 17% 提高至 50% 时，二甲醚转化率不断提高。当 CO 含量为 50% 时，二甲醚转化率达到 99.98%。当 CO 含量＞ 50% 时，二甲醚转化率基本不变。

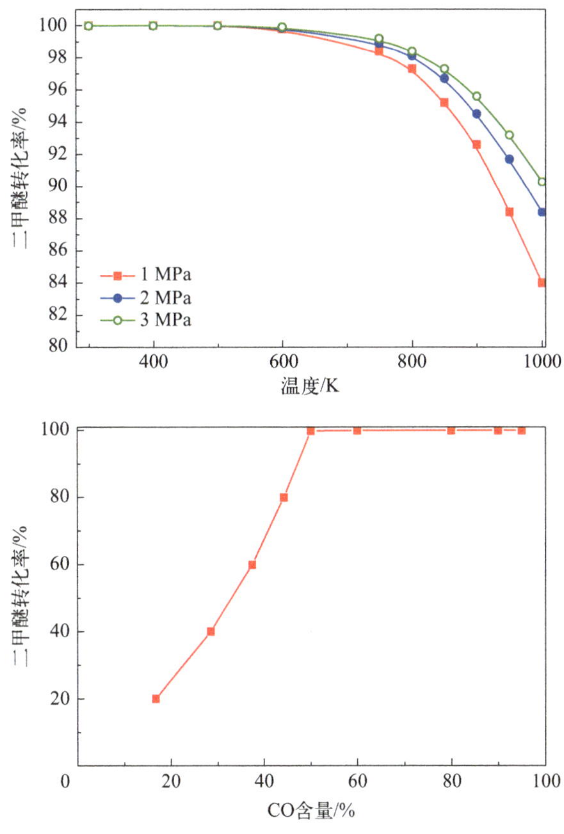

图 2.2　温度、压力以及 CO 含量（体积分数）对二甲醚羰基化反应的影响

综上，二甲醚羰基化反应存在一个复杂的反应体系，二甲醚生成乙酸甲酯的同时可以发生脱水反应生成烃类产物，而且生成的乙酸甲酯可以进一步转化生成丙酮等。同时，复杂的反应体系下还可能存在各种耦合反应，导致催化剂失活。另外，二甲醚羰基化反应在热力学上属于低温、高压、高 CO 浓度有利的反应。该热力学规律不仅为基础研究提供了理论依据，也为工艺开发和反应器设计提供了重要参考。在工业放大过程中，需综合热力学、反应动力学、催化剂的稳定性与失活机制等因素，系统评估操作窗口与工程成本，最终确定兼顾转化效率、设备安全性与运行经济性的最优工艺方案，以实现工业装置的“安稳长满优”运行。

2.2.2 二甲醚羰基化反应机理

2.2.2.1 二甲醚羰基化反应循环

自 20 世纪 80 年代以来，分子筛催化羰基化反应逐步成为非金属多相催化体系探索的重要方向。1984 年 Fujimoto 等 [1] 报道了以 H-MOR、Cu-H-MOR、H-Y、H-ZSM-5 等固体酸为催化剂，在 1.0 MPa、473 ～ 573 K 条件下对甲醇气相羰基化反应的研究工作。在产物中检测到乙酸、乙酸甲酯等羰基化产物，首次证实在无卤素、无贵金属条件下分子筛也可催化羰基化反应，并将该反应机制归类为固体酸催化的 Koch 型反应。Fujimoto 提出的分子筛催化甲醇羰基化反应机理如图 2.3 所示。甲醇首先在分子筛 Brønsted 酸性位点上吸附解离形成表面甲氧基，随后 CO 插入甲氧基形成表面酰基物种，最终与水或甲醇发生亲核反应，生成乙酸或乙酸甲

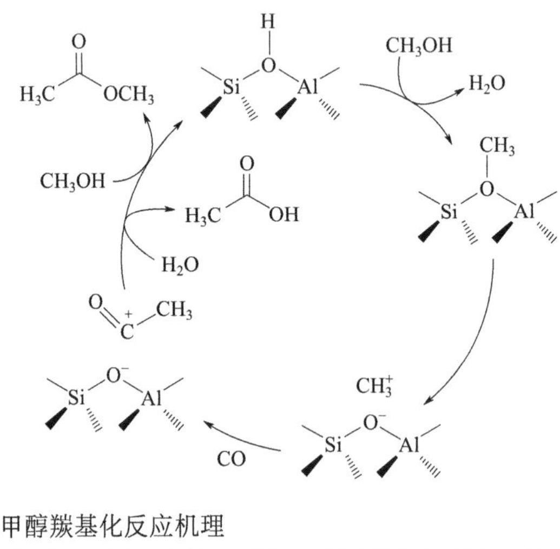

图 2.3 分子筛催化甲醇羰基化反应机理

酯。作者进一步探讨了分子筛催化甲醇羰基化反应中催化活性不高的原因，提出：①甲醇在分子筛酸性位点上形成 CH_3^+ 具有较高的能垒，导致催化活性不高；②甲醇在吸附过程中产生的水可能对酸性位点有毒化作用，从而降低催化活性。基于此，Fujimoto 前瞻性地指出：采用二甲醚替代甲醇可能实现更高羰基化性能。然而，当时由于催化活性与选择性均不理想，该工作并未受到广泛关注。

直到 2006 年，Iglesia 等 [2] 系统报道了在无贵金属、无卤素参与条件下，MOR 分子筛可高选择性催化二甲醚羰基化合成乙酸甲酯的研究成果，乙酸甲酯选择性超过 98%，由此确立了分子筛催化 C_1 平台分子向 C_{2+} 含氧产物转化的新路径。借助于稳态和瞬态反应、同位素交换、探针分子吸附和脱附的红外实验，他们深入研究了 MOR 分子筛上二甲醚羰基化反应机理，发现甲氧基和乙酰基是重要的反应中间体，并通过动力学实验证实了乙酸甲酯的生成速率与CO的分压成正比，但与二甲醚的分压无关，并在此基础上提出了酸性分子筛催化二甲醚羰基化反应机理，如图 2.4 所示 [3]。

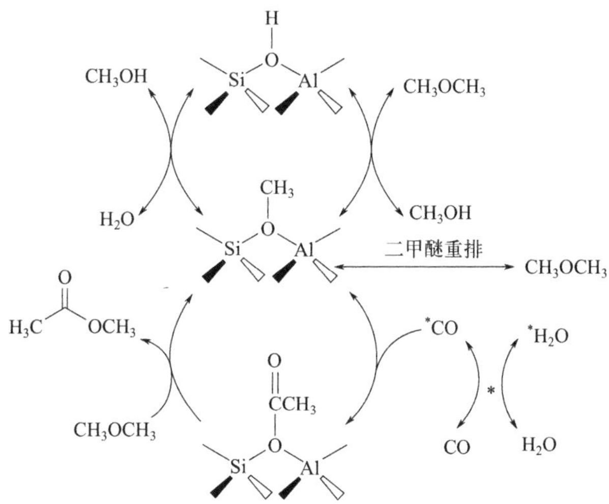

图 2.4　酸性分子筛催化二甲醚羰基化反应机理

Iglesia 等提出的二甲醚羰基化反应机理与 Fujimoto 等所推测的分子筛催化甲醇羰基化反应机理十分相似，所涉及的基元反应有：

$$CO+{}^{*a} \rightleftharpoons CO^{*a} \tag{2.12}$$

$$H_2O+{}^{*a} \rightleftharpoons H_2O^{*a} \tag{2.13}$$

$$CH_3OCH_3+H^{*b} \rightleftharpoons CH_3OH+CH_3^{*b} \tag{2.14}$$

$$CH_3OH+H^{*b} \rightleftharpoons H_2O+CH_3^{*b} \tag{2.15}$$

$$CO^{*a} + CH_3^{*b} \longrightarrow CH_3CO^{*b} + *^{a} \tag{2.16}$$

$$CH_3OCH_3 + CH_3CO^{*b} \longrightarrow CH_3COOCH_3 + CH_3^{*b} \tag{2.17}$$

$$CH_3OCH_3 + CH_3^{*b} \rightleftharpoons CH_3^{*b} + CH_3OCH_3 \tag{2.18}$$

在式(2.12)～式(2.18)中，*a表示CO结合中心，*b表示分子筛交换位点。

具体地，一分子二甲醚吸附在分子筛的Brønsted酸性位点上，解离形成一分子甲氧基和一分子甲醇，甲醇可以再次吸附解离生成另一分子甲氧基和一分子水，这导致羰基化反应诱导期的出现；接着CO插入甲氧基形成乙酰基，这是反应的速度控制步骤；最后乙酰基与另一分子二甲醚反应，生成一分子产物乙酸甲酯，同时恢复一分子表面甲氧基，实现催化循环过程。值得注意的是，该反应中CO插入表面甲氧基生成了第一个C—C键，这也为甲醇制烯烃过程第一个C—C键的形成机理提供了一种新的解释。后续有研究认为，在甲醇制烯烃过程中初始C—C键的形成与二甲醚/甲醇羰基化反应相同，同样来自CO插入表面甲氧基，而第一个烯烃的形成则与甲醛的存在息息相关[4]。

随着表征手段和理论研究的不断深入，二甲醚羰基化反应网络被进一步拓展与修正[5-7]。Deng等[5]利用原位核磁共振技术对H-MOR不同孔道内的二甲醚羰基化过程进行了研究（图2.5），发现在温度较低时，12元环孔道内没有出现属于乙酰基的信号，但却能检测到羰基化产物乙酸甲酯的信号，推测在不同限域作用环境

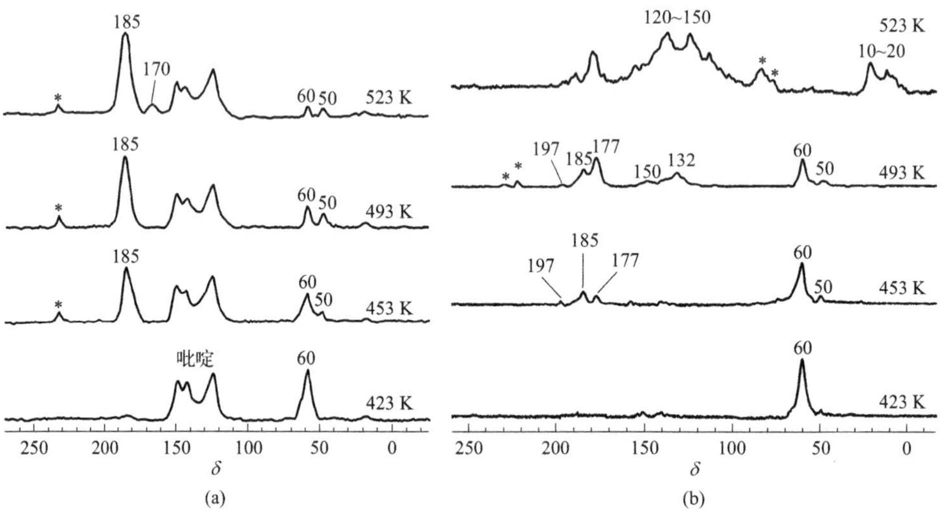

图2.5　丝光沸石的8元环(a)和12元环(b)孔道中二甲醚羰基化的原位核磁共振(NMR)研究[5]

图中标记“*”处代表旋转边带

中，二甲醚羰基化反应循环可能会存在差异。Boronat 等[8]进一步通过密度泛函理论计算发现，位于 8 元环中 T3 位点的乙酰基倾向与水或甲醇反应生成乙酸或乙酸甲酯；而位于 12 元环中 T4 位点的乙酰基则可与二甲醚反应生成乙酸甲酯，从而完成催化循环。

量子化学计算表明，在 H-MOR 分子筛不同孔道中，Brønsted 酸性位点上的表面甲氧基的形成途径不同（图 2.6）[6]：8 元环孔道内 Brønsted 酸性位点上的表面甲氧基由二甲醚经吸附解离形成，而在 12 元环孔道 Brønsted 酸性位点上的表面甲氧基则由三甲基氧鎓离子转化生成。表面甲氧基的生成途径主要取决于泡利斥力相互作用的大小。另外，理论计算也被用于预测二甲醚羰基化反应中间体的生成。Jensen 等[9]通过密度泛函理论计算及同位素标记实验发现，乙烯酮也是二甲醚羰基化反应过程的中间体：CO 插入表面甲氧基时可能直接形成乙酰基，也可能先形成乙烯酮中间体，之后再形成乙酰基，并参与下一步反应。

为了进一步验证上述反应路径与中间体演变规律，刘中民团队利用原位漫反射傅里叶变换红外光谱（*in situ*-DRIFT）等表征技术，研究了二甲醚在 H-MOR 分子筛表面发生羰基化反应时，分子筛表面物种的演变规律[10]，如图 2.7 所示。厘清了分子筛表面甲氧基和乙酰基中间体相互关联关系，并提出了二甲醚羰基化反应机制：二甲醚与分子筛 Brønsted 酸性位点作用生成表面甲氧基，甲氧基和 CO 反应生成乙酰基，生成的乙酰基和二甲醚反应生成乙酸甲酯，深化了对二甲醚羰基化反应循环机制的认识。

2.2.2.2 分子筛催化二甲醚羰基化反应机理与活性中心

2006 年，Iglesia 等[2]发现在不同拓扑结构的分子筛上，二甲醚羰基化生成乙酸甲酯的速率存在明显差异，且在不同硅铝比的 H-MOR 分子筛上，二甲醚羰基化速率也明显不同。这说明位于不同孔道内的酸性位点可能具有不同的羰基化活性。2007 年，他们通过钠离子交换制备了一系列不同酸量的 H-MOR 分子筛，同时通过探针分子吸附滴定测定了 8 元环侧口袋和 12 元环孔道中酸性位点分布，并分别在这两种孔道中进行二甲醚羰基化反应[11]。通过将乙酸甲酯生成速率与不同孔道中酸性位点密度进行关联，发现乙酸甲酯生成速率与 8 元环侧口袋内 Brønsted 酸性位点密度成正比（图 2.8），从而验证了 8 元环孔道内 Brønsted 酸性位点是二甲醚羰基化的活性位点，并猜测这与 8 元环孔道内的空间限域作用较强、有利于 CO 插入甲氧基形成乙酰基有关[12]。这一猜测也解释了在没有 8 元环结构的 H-β 和 H-Y 等分子筛上羰基化活性很低的原因。

为了确定羰基化反应的活性位点，Corma 课题组[13]采用量子化学方法研究了 MOR 分子筛不同位置在羰基化反应中的作用。研究结果表明，在 8 元环和 12 元环中都很容易形成表面甲氧基。当甲氧基位于 12 元环孔道的任何位置时，在动力

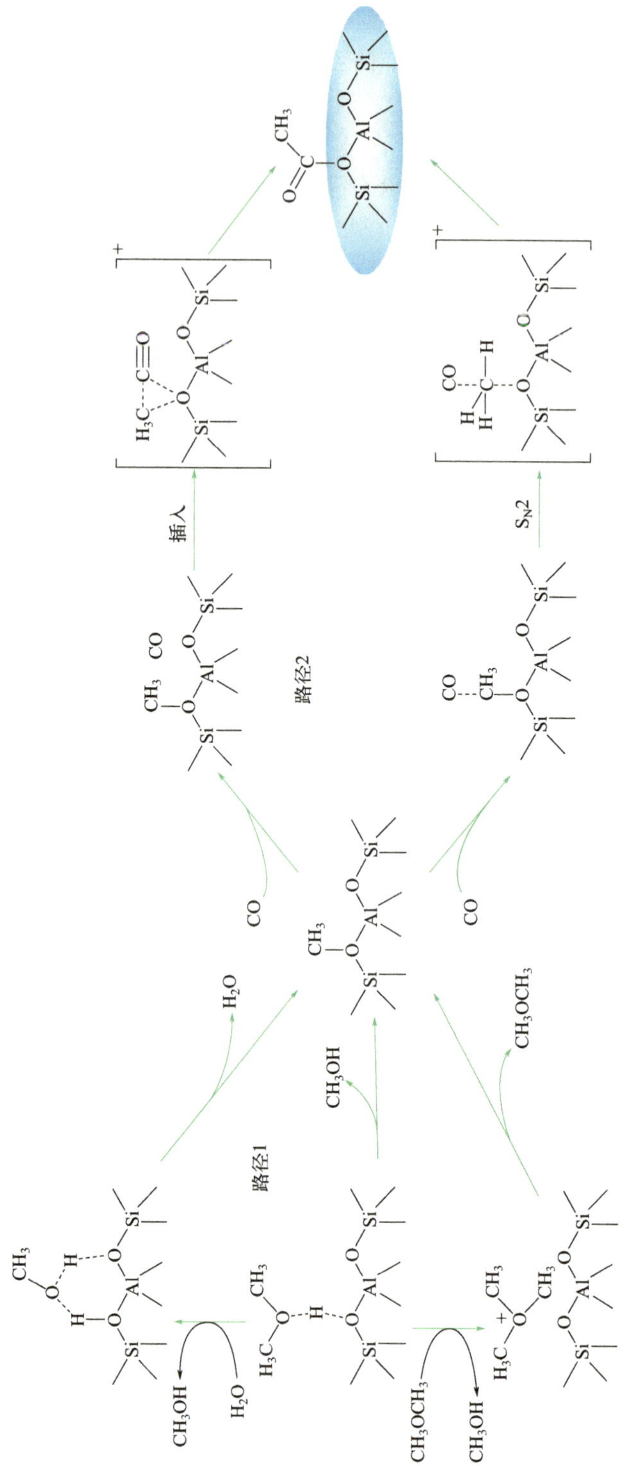

图 2.6 H-MOR 分子筛上二甲醚和 CO 羰基化反应机理

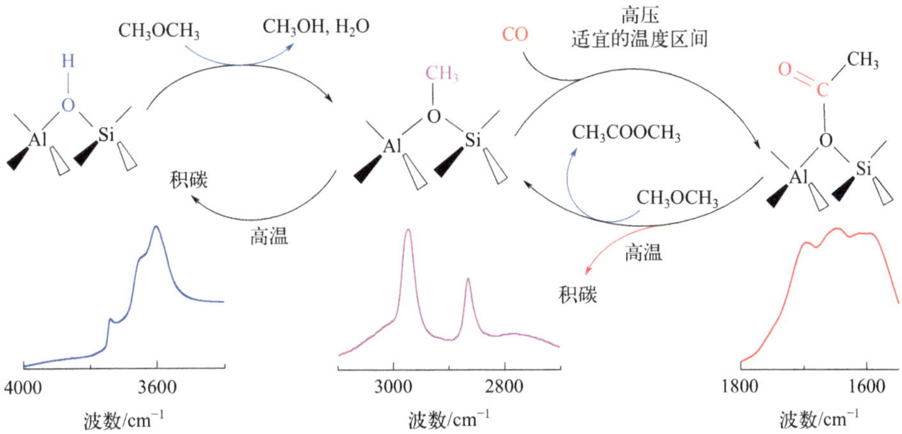

图 2.7　利用 *in situ*-DRIFT 观察到的二甲醚羰基化反应过程

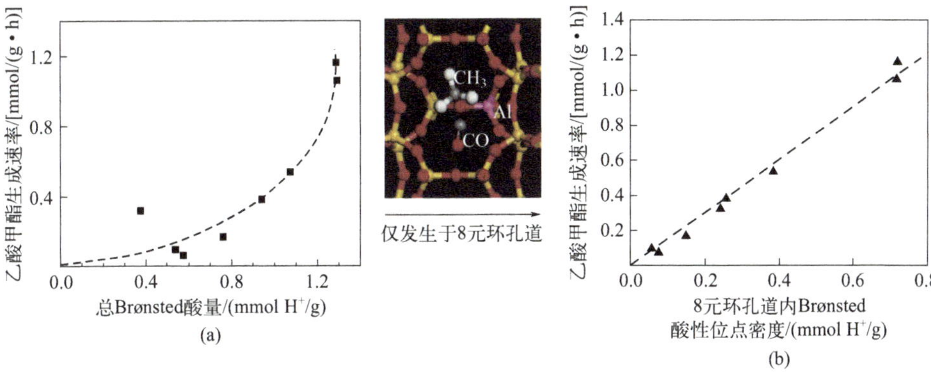

图 2.8　乙酸甲酯生成速率与分子筛总 Brønsted 酸量的关系（a）；乙酸甲酯生成速率与 8 元环孔道内 Brønsted 酸性位点密度的关系（b）

学上其转化生成烃类化合物均比发生羰基化反应更有利；当甲氧基位于 8 元环侧口袋中的 T3-O33 位点时，羰基化生成乙酰基的反应能垒明显低于生成烃类产物的能垒，从而导致高的乙酸甲酯选择性。乙酸甲酯选择性高不仅与 8 元环侧口袋的尺寸大小有关，还与甲氧基相对于 8 元环侧口袋的取向有关。在 T3-O33 位点上，甲氧基与 8 元环侧口袋的圆柱轴平行，如图 2.9 所示，有利于 CO 插入形成过渡态，阻止了其他体积较大的亲核分子与甲基发生反应。这一机制也合理解释了为何 T3-O31 位点与 T3-O33 位点均位于 H-MOR 分子筛的 8 元环侧口袋中，但前者的反应选择性明显低于后者；同时，也说明了尽管 H-ZSM-35 (FER) 分子筛同样具有 8 元环孔道结构，其在二甲醚羰基化反应中表现出的选择性仍低于 H-MOR 分子筛。表明孔道微环境与酸位构型对反应路径的调控具有关键影响。他们进一步采用基于弥散作用的密度泛函理论（DFT）计算，对 H-MOR 分子筛上具有相似局部结构但位于不同通道的酸性位点上的羰基化反应进行研究（分别为 8 元环孔道中的 T3 位置和 12 元环孔道中的 T4 位置）[8]。计算结果显示，在这两个位置上，表面甲氧基都很容易形成，但 8 元环孔道内 CO 插入甲氧基形成乙酰基的活化能垒较低，这与实验观察到位于 8 元环侧口袋内的甲氧基活性更高相符合。另外，他们还发现考虑弥散作用时得到的羰基化反应能垒要低于不考虑弥散作用时得到的结果。这一差异说明，8 元环孔道内独特的限域效应可能来自 8 元环孔道上骨架氧原子与羰基化过渡态之间的远程弱静电相互作用；当孔道进一步增大时，静电作用减弱，稳定过渡态的能力下降，这一结果为分子筛 8 元环孔道选择性催化羰基化反应提供了理论依据。

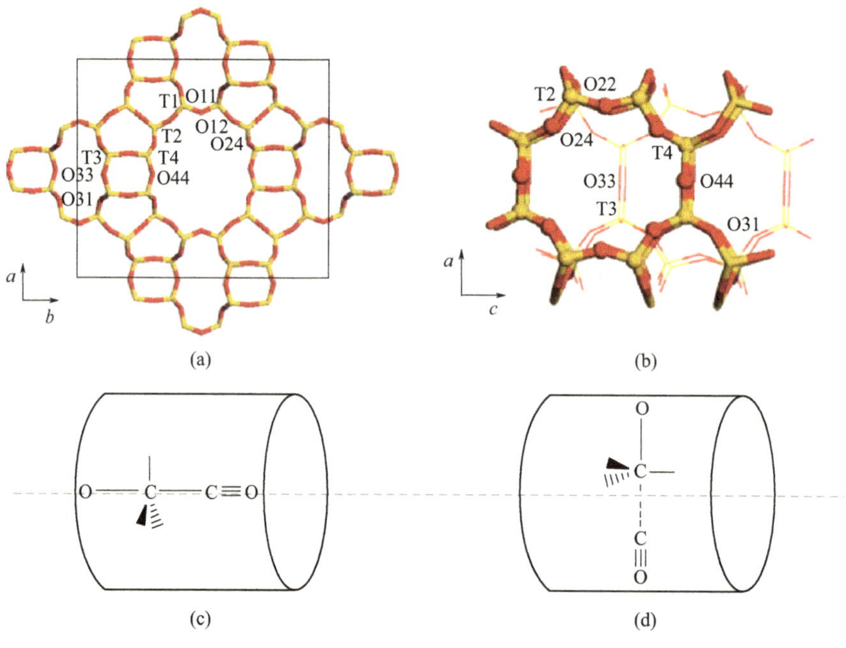

图 2.9 MOR 分子筛的骨架结构（a）（b）以及甲基在 T3-O33 位置（c）和其他位置（d）上与孔道轴线的关系[13]

随着实验和理论计算的不断深入，H-MOR 分子筛催化二甲醚羰基化反应网络构建以及活性位点识别工作得到了进一步完善和深化。Deng 等[5]通过原位固

体 ^{13}C NMR 技术系统研究了 H-MOR 分子筛中孔道结构对二甲醚羰基化反应性能的影响，并阐明了乙酰基中间体的形成规律。在较低反应温度（453 K）下，研究者在 8 元环侧口袋中观察到了表面乙酰物种的生成，并确认该物种可快速与二甲醚反应生成乙酸甲酯，验证了乙酰基是该反应的关键中间体。相比之下，尽管在 12 元环孔道中也能检测到乙酸甲酯产物，但该区域主要生成烃类副产物，且未观察到明显的乙酰基信号，说明 12 元环孔道内不利于乙酰物种的稳定形成，是其羰基化活性和选择性较低的主要原因。由于乙酰基的生成被认为是二甲醚羰基化反应的速率控制步骤，这一结果从构效关系角度解释了为何 H-MOR 分子筛的 8 元环孔道具有较高的羰基化反应速率和优异的乙酸甲酯选择性。进一步的研究中，He 等 [14] 在连续流动反应条件下同样基于原位固体 ^{13}C NMR 技术，监测到羰基化中间体在 8 元环侧口袋中出现，而 12 元环孔道则主要表现为反应物与产物的扩散通道。这一发现不仅从反应动力学角度支持了 8 元环侧口袋为反应活性中心的判断，也强调了不同孔道结构在反应物活化与产物迁移过程中的协同分工。

Jensen 等 [9] 通过 DFT 计算对二甲醚羰基化反应机理提出了一种全新的见解，具体来说，他们认为反应中间体不只有表面乙酰基，还有乙酰阳离子和乙烯酮，表面乙酰基的形成过程如图 2.10 所示，具体包括如下步骤：① CO 与表面甲

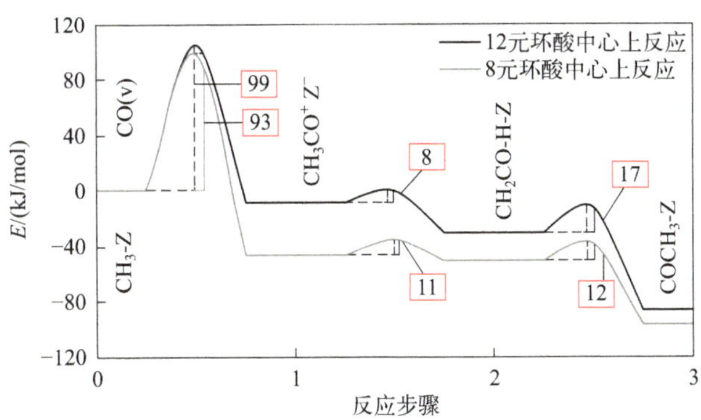

图 2.10　二甲醚羰基化反应中表面乙酰基的形成过程 [9]

CH_3-Z 表示吸附在分子筛活性位点上的甲基；CO(v) 表示气相 CO；$CH_3CO^+Z^-$ 表示乙酰基碳正离子和带负电荷的分子筛骨架；CH_2CO-H-Z 表示物理吸附在分子筛上的乙烯酮；$COCH_3$-Z 表示吸附在分子筛活性位点上的乙酰基

□框内数字表示 CO 和表面甲氧基分别在 12 元环和 8 元环酸中心上形成各个中间产物的能垒，kJ/mol

基发生反应生成乙酰阳离子；②乙酰阳离子失去 α-H 后生成乙烯酮并通过物理吸附在 Brønsted 酸上；③乙烯酮经进一步转化直接形成表面乙酰基。其中，步骤 1 反应能垒最高，8 元环侧口袋中的 T3-O3 位点比 12 元环孔道中的 T1-O4 位点的能垒低 6 kJ/mol，这与 8 元环侧口袋更加容易发生羰基化反应相一致；而后两个步骤反应能垒很低，因此乙酰阳离子与乙烯酮寿命较短，很难在表征分析中捕捉到。研究者进一步在羰基化反应过程中通入重水（D_2O），观察到双氘化乙酸（CH_2DCOOD），间接证明了反应过程中有乙烯酮的生成，并认为乙烯酮是重要的反应中间体。

郑安民课题组[15]对乙烯酮中间物种在 H-MOR 分子筛上的演变开展了深入研究。首先，该课题组通过从头算分子动力学（AIMD）结合同步辐射 X 射线衍射（SR-XRD）和傅里叶变换红外光谱（FTIR）实验研究了乙烯酮及其衍生物（酰基离子和表面乙酰基）在羰基化反应中的作用，发现分子筛孔道的约束效应对乙烯酮的形成、稳定和转化具有重要作用，如图 2.11 所示。在 H-MOR 分子筛 8 元环侧口袋作用下，乙烯酮会快速质子化，形成稳定的酰基离子，这有利于在二甲醚羰基化反应中获得高反应活性。而在 H-MOR 分子筛的 12 元环孔道中，乙烯酮的寿命相对较长，乙烯酮在 12 元环中转化会生成积碳，加速分子筛的失活。在此基础上，该课题组进一步通过 AIMD 模拟、固体 ^{13}C NMR 和快速扫描 FTIR 数据的二维相关分析[16]，研究了 H-MOR 分子筛催化羰基化反应过程中不同中间体形

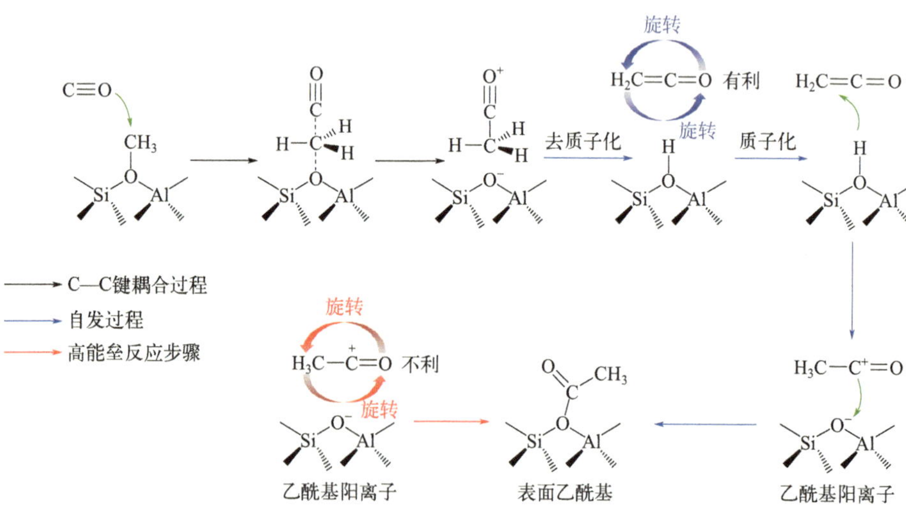

图 2.11 二甲醚羰基化反应中乙烯酮衍生物的变化[15]

成乙酸甲酯的过程，发现 H-MOR 分子筛侧口袋中酰基离子的高活性和高迁移率，通过酰基离子形成乙酸甲酯在热力学和动力学上都比传统的通过表面乙酰基的途径更有利。他们提出了一种电荷分离机理：在 H-MOR 分子筛 8 元环侧口袋中的 Brønsted 酸性位点作用下，表面甲氧基与 CO 通过 C—C 键耦合，形成酰基离子。侧口袋在稳定酰基离子的同时，也推动了酰基离子向 12 元环孔道迁移。在较大的 12 元环孔道中，酰基离子直接与甲醇或二甲醚中的甲氧基偶联生成乙酸甲酯。这种不同孔道之间的协同催化作用可能是 MOR 分子筛具有较高羰基化活性的原因。

最近，关于 H-MOR 分子筛的活性位点研究也取得了新进展。Xiong 等 [17] 从原子尺度定量描述了 H-MOR 分子筛 8 元环孔道 T 位的催化反应化学，通过采用二维固体核磁和 DFT 计算确定了骨架铝原子在 H-MOR 分子筛 T1 至 T4 位的分布，并结合反应实验结果证明了 T3 位在催化二甲醚羰基化反应中占据主导作用。此外，他们还发现位于 8 元环侧口袋窗口的 T4 位也具有催化羰基化反应的作用，但其活性只有 T3 位的 1/4（图 2.12）。

基于上述研究可以发现，分子筛催化二甲醚羰基化反应和传统的金属催化羰基化反应在原理上存在本质不同。传统金属催化羰基化反应通常采用钯、铑、钴、镍、铜等金属为活性中心，反应涉及氧化加成、配位插入、还原消除等经典有机金属催化循环。该类反应对催化剂电子结构和配体环境高度敏感，CO 插入过程通过金属与碳原子的 σ-反键（σ^*）轨道与 π-反键（π^*）轨道协同调控完成，反应路径具有明确的轨道耦合机制。反应通常需要严格的反应条件（如高压 CO、惰性溶剂、配体环境控制）以维持金属络合态的稳定性和反应的选择性。此外，均相体系的产物分离困难与催化剂回收问题也是其工业应用的长期瓶颈。而分子筛催化羰基化反应则强烈依赖于酸性位点的位置与孔道结构的匹配关系，如 H-MOR 中 8 元环侧口袋内的 Brønsted 酸性位点被证实是二甲醚羰基化的活性中心。二甲醚在 8 元环侧口袋内的 Brønsted 酸性位点上发生反应生成表面甲氧基，CO 随后以分子形式插入这些中间体，进一步生成酰基或乙烯酮中间体，中间体与二甲醚反应生成乙酸甲酯，同时恢复表面甲氧基。分子筛催化羰基化反应并不涉及金属轨道的协同作用，而更多表现为 Brønsted 酸催化的反应机制，而分子筛特有的孔道结构则在空间尺度上限制了反应中间体的形成与转化以及控制了反应物与产物扩散，从而显著提高了反应选择性并抑制了副反应的发生。这种“Brønsted 酸性位点-空间协同效应”是金属催化羰基化反应中不具备的结构优势。此外，分子筛催化体系在构效关系调控、可再生性与非金属绿色化方面更具工业前景。综上所述，分子筛催化羰基化反应并非传统金属催化路径的简单替代或拓展，而是建立在分子筛“Brønsted 酸性位点-空间协同效应”的全新催化范式，不仅为构建高效绿色羰基化反应提供了理论基础，也为开发无金属、可再生催化体系开辟了重要方向。

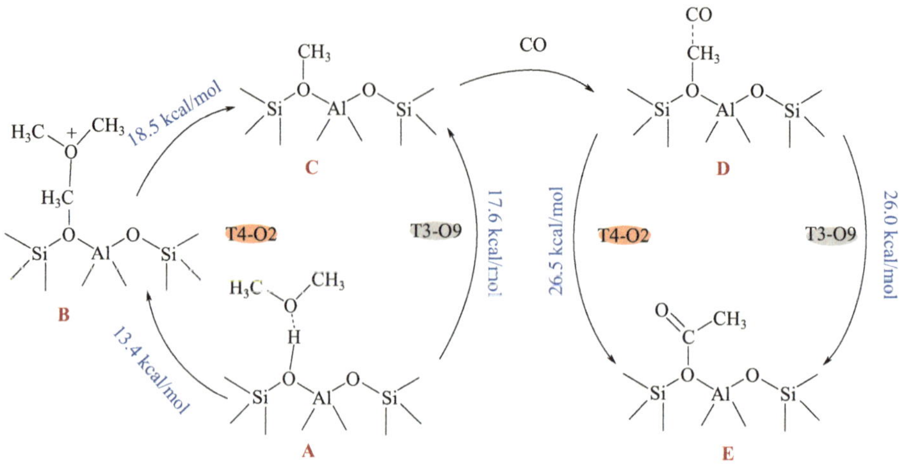

(a)

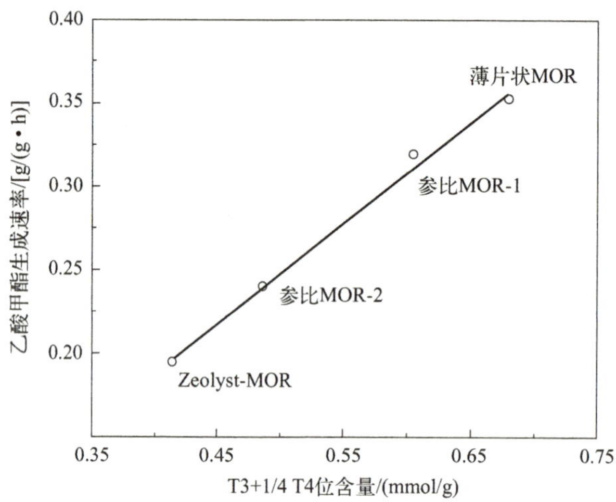

(b)

图 2.12　T3-O9 和 T4-O2 位点上的表面甲氧基建立和表面乙酰基生成反应路径（a）及乙酸甲酯生成速率与 T 位点的 H^+ 定量关系（b）[17]

cal 为非法定计量单位，1 cal=4.184 J；Zeolyst-MOR 是 Zeolyst 生产的丝光沸石

2.2.3　H-MOR 催化二甲醚羰基化反应失活机制

二甲醚是一种极为活泼的反应物，在酸性分子筛催化剂上存在着上百种不同的反应路径（反应网络如图 2.13 所示）。其反应行为在很大程度上受到催化剂性质的调控：在

负载金属的分子筛上，二甲醚可以生成合成气或者甲醛。而在酸性分子筛上，二甲醚极易发生脱水反应生成烃类（二甲醚制烃、甲醇制烃反应），包括乙烯、丙烯、汽油、柴油等。这些反应构成了一个高度复杂的网络，涉及诱导期、自催化过程以及反应失活阶段，并且伴随着甲基化、氢转移、低聚、裂化、环化等多种反应[18]，如图 2.14 所示。

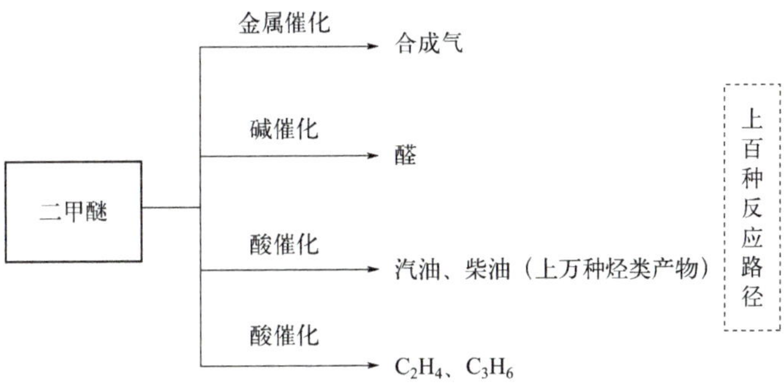

图 2.13　分子筛上二甲醚复杂的反应网络

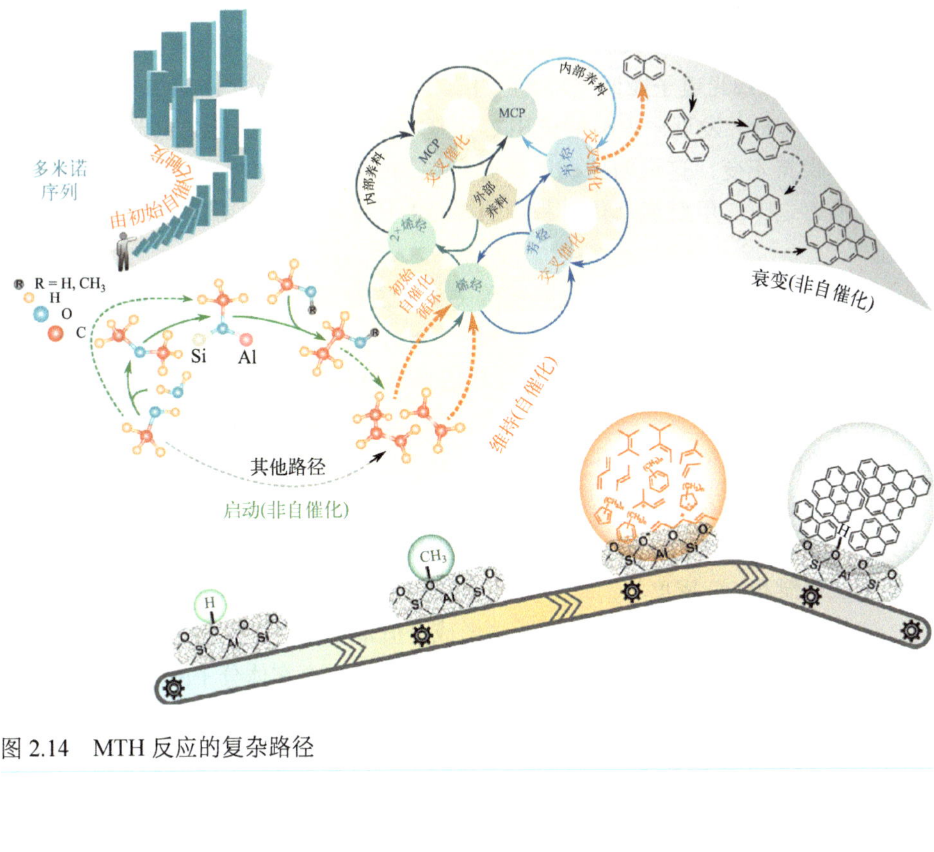

图 2.14　MTH 反应的复杂路径

在 H-MOR 分子筛上，二甲醚通常倾向于发生生成烃类的 DTH 反应。然而，在和 CO 共进料、适当加压的反应条件下，二甲醚可在酸性 H-MOR 分子筛上以极高选择性（＞99%）和较优的催化活性定向转化为乙酸甲酯。然而，快速失活特征使 H-MOR 分子筛工业应用面临重大挑战。反应过程中，副反应生成的烃类、芳烃中间体易在分子筛孔道中积聚形成“烃池”结构，进而诱导积碳、毒化酸性位点，导致活性迅速衰退，严重限制其在工业中的长期稳定运行。因此，深入研究二甲醚羰基化反应在 H-MOR 分子筛上的失活机理，不仅有助于理解该反应网络中各路径的竞争与协同机制，对于开发高活性、高稳定性的二甲醚羰基化催化剂与优化工艺条件也具有重要的理论意义与工程指导价值。

2.2.3.1 失活中心

MOR 拓扑结构属于正交晶系，骨架密度为 17.2 T/1000 Å[19]。H-MOR 分子筛沿 *c* 轴有孔口呈椭圆形的 12 元环直的主孔道和 8 元环孔道，同时，在 *c* 轴主孔道壁上，沿 *b* 轴方向也存在 8 元环孔道，该孔道与 12 元环主孔道相通，因此也称为侧口袋。积碳的形成与孔道的空间限制作用息息相关，因此，积碳的分布也受孔道限制影响[20-27]。例如，在酸性分子筛催化甲醇制烃类研究中发现，具有三维 10 元环孔道的 H-ZSM-5 分子筛，由于其 10 元环孔道不具备形成多烷基取代苯和稠环芳烃的空间条件，因此孔道内基本没有积碳物种生成，其失活主要来自外表面积碳[28]。Ma 等[29]利用 X 射线光电子能谱（XPS）对二甲醚羰基化反应中 H-MOR 分子筛表面 Si/C 比进行分析，发现：积碳量与 Si/C 比基本无关，即 Si/C 比在积碳形成累积过程中基本保持不变，这说明积碳主要分布在 MOR 的孔道内，而不是位于分子筛表面。换言之，二甲醚羰基化过程中 H-MOR 分子筛失活并不是由外表面积碳引起的。

研究发现，12 元环孔道不仅是积碳生成的主要场所，而且是反应物和产物扩散的主要通道[29, 30]。脉冲场梯度核磁共振（PFG-NMR）和 ^{129}Xe NMR 研究表明客体分子只能通过 12 元环主孔道向 8 元环侧口袋进行扩散，即 12 元环孔道在二甲醚羰基化过程中是主要扩散通道，DME、CO 分子需要通过 12 元环孔道才能进入 8 元环孔道内的活性位点。分子模拟是研究客体分子扩散行为的一种有效定量方式[31-34]。通过分子模拟和密度泛函理论计算结合的方式，从吸附和扩散角度对 MOR 分子筛 12 元环和 8 元环孔道在二甲醚羰基化的作用进行了研究[33]。图 2.15 所示的二甲醚和 CO 密度等高线显示，反应物仅通过 12 元环主孔道扩散进出分子筛，乙酸甲酯虽然优先在 8 元环孔道内形成，但是其会快速移动至 12 元环孔道并沿 12 元环主孔道进行扩散，进一步证明 12 元环主孔道是客体分子的主要扩散通道。因此当生成的积碳堵塞 12 元环孔道后，将阻止反应物和产物在分子筛内的扩散，从而导致催化剂快速失活。

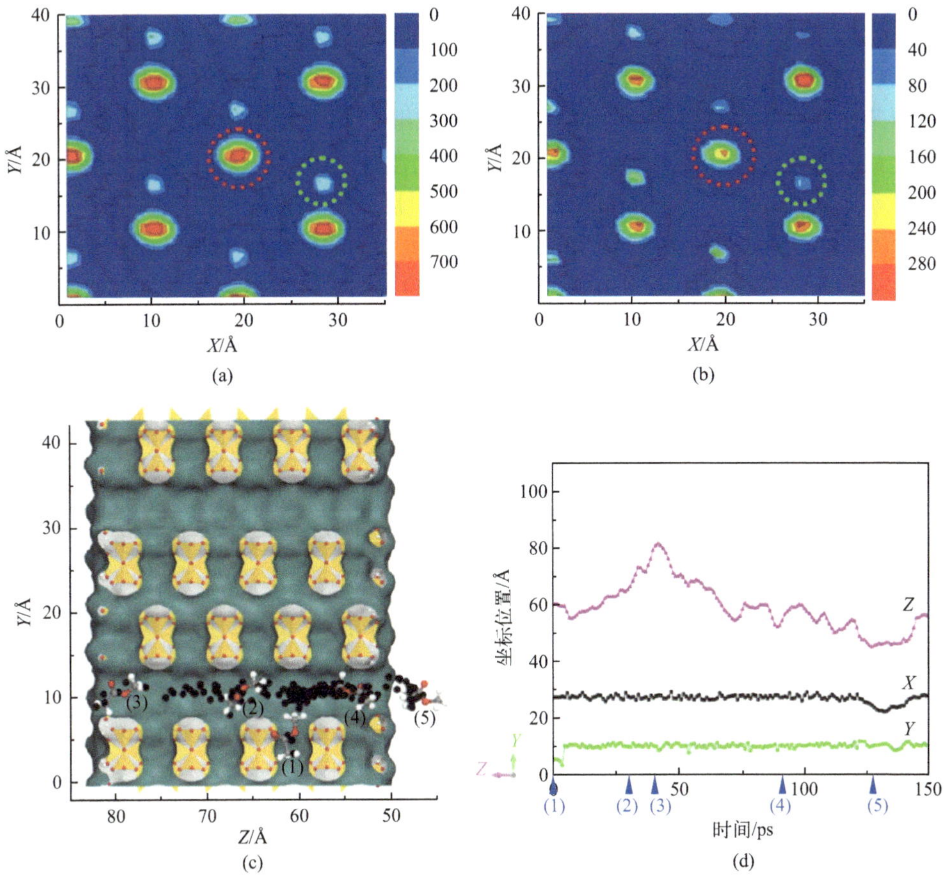

图 2.15 CO（a）和 DME（b）在 H-MOR 分子筛 *XY* 平面的密度等高线图及 MAc 在 H-MOR 分子筛内部的运动轨迹（c）和 *XYZ* 三个方向上轨迹随时间的关系图（d）

（a）（b）图中红圈表示 12 元环孔道，绿圈表示 8 元环孔道，右侧色度图表示 CO 密度分布

（d）图中（1）代表扩散模拟研究中 MAc 分子放置的初始位置，（2）～（5）代表位于丝光沸石 8 元环口袋中的分子在 12 元环孔道中扩散路径上的不同点位

刘中民团队[10]借助 *in situ*-DRIFT 实验发现，以只含有 12 元环孔道酸性位点的 H-MOR 样品为催化剂时，观察到较强的水和积碳物种的信号峰，而归属于乙酸甲酯的信号峰较弱，这说明 12 元环孔道酸性位点上更倾向于形成积碳。Chu 等[6]利用 DFT 计算研究了 H-MOR 分子筛不同孔道酸性位点上积碳的生成，发现二甲醚在两组孔道内都可吸附解离形成表面甲氧基，然而，12 元环孔道内 Brønsted 酸性位点上的甲氧基更有利于与二甲醚 / 甲醇反应形成三甲基氧鎓离子，进一步生成

烃类化合物，最终形成积碳导致催化剂失活。

H-MOR 分子筛在 12 元环孔道中具有三个不等价骨架 T 位：T1 位在 12 元环主孔道、T2 和 T4 位位于 12 元环孔道与 8 元环侧口袋交汇处，确定积碳形成的具体位置将有助于提升对失活机理的理解与认识。然而，不同 T 位的酸性位点在二甲醚羰基化反应的作用还存在争议。Corma 课题组 [13] 采用量子化学方法发现，12 元环孔道内的任何酸性位点上都容易形成烃类化合物，即 12 元环孔道内 T 位上的桥羟基都是失活中心位点。Reule 等 [35] 采用硝酸后处理调控酸性位点制得了一系列脱铝 H-MOR 分子筛，发现 12 元环中 T1 和 T2 位的酸性位点上的甲氧基容易发生副反应，导致催化剂失活。由此，他们认为 T1 和 T2 位的酸性位点是主要的失活位点。Huang 等 [36] 在无结构导向剂条件下通过水热合成方法，合成了一系列不同硅铝比（Si/Al = 6.5 ～ 10.2）的 H-MOR 分子筛。结构分析和红外光谱表征发现，较高硅铝比（Si/Al = 10.2）的 H-MOR 分子筛中的铝原子会优先分布于骨架的 T3 和 T4 位，而低硅铝比（Si/Al = 6.5）的 H-MOR 分子筛中的铝原子在 T1、T2、T3 和 T4 位均有分布。尽管铝分布位点不同，该系列样品却表现出基本一致的催化行为。因此，研究者认为 T1 和 T2 位上的酸性位点对羰基化反应和积碳生成没有贡献，而位于 T4 位上的酸性位点是积碳生成的主要位点。

综上所述，MOR 分子筛 12 元环中的 Brønsted 酸中心是二甲醚羰基化反应失活的活性中心，但 Brønsted 酸中心在 12 元环孔道内对应的 T 原子落位分别为 T1、T2 和 T4，因此，具体哪一个 T 原子落位对应的 Brønsted 酸中心是导致二甲醚羰基化催化剂失活的活性中心还需要进一步的研究。

2.2.3.2　失活类型

积碳是分子筛催化剂在多相反应体系中最常见的失活原因之一。在分子筛催化反应中，积碳导致催化剂失活的主要机制包括两种类型 [37]：①反应生成的积碳直接覆盖或毒化催化剂表面的 Brønsted 酸性位点，削弱其活化反应物的能力；②积碳在分子筛孔道内逐步累积，造成孔道阻塞，显著阻碍反应物和产物的扩散过程，降低活性位点的可接近性，从而导致整体催化性能的持续衰退。

在二甲醚羰基化反应研究中，周慧 [38] 认为 H-MOR 分子筛催化剂存在两种不同的失活行为：第一阶段的失活速率快，反应初期在 Brønsted 酸性位点附近迅速生成的芳香族或烯烃类副产物发生聚合和积碳反应，导致关键活性位点被覆盖，从而造成催化活性的迅速下降；第二阶段失活速率降低，积碳的累积导致分子筛孔道堵塞。He 等 [39] 采用 ^{129}Xe NMR 研究了 H-MOR 分子筛催化剂的 12 元环孔道在二甲醚羰基化反应中的作用。他们发现 Xe 只能先经过 12 元环孔道而后再进入 8 元环侧口袋内。二甲醚的动力学直径（4.307 Å）大于 Xe 原子的动力学直径（4.047 Å），因此，二甲醚也需要依赖 12 元环孔道进入 8 元环侧口袋活性区域。该研究结果表明，12 元环不仅是二甲醚羰基化反应的主要扩散通道，还是反应物进入与产物脱出过程的关键路径。因此，12 元环酸中心被积碳堵塞后，将抑制客体分子扩散，并降低 8 元环酸性位点可接近性，导致催化剂羰基化活性下降。

2.2.3.3 失活路径

（1）类 DTH/MTH 反应失活路径

由于二甲醚羰基化反应发生在酸性分子筛上，早期研究普遍假设其失活机制类似于 DTH/MTH 反应，即甲醇 / 二甲醚在酸性位点活化后，经“烃池”机理形成烯烃、芳烃等中间体，并最终生成积碳，导致催化剂失活。然而，二甲醚羰基化体系中的目标产物乙酸甲酯同样具有较高的反应活性，能够参与后续反应并诱导积碳生成，因此，其失活行为与传统 DTH/MTH 反应存在一定差异。

Wang 等 [40] 系统研究了二甲醚羰基化反应过程中 H-MOR 分子筛催化剂在不同反应时间下的积碳形成规律，发现反应初期形成的软积碳会迅速覆盖酸性位点，并转化为硬积碳，同时释放 H_2 和 CH_4。此外，反应初期也可检测到硬积碳，其含量随着反应的进行逐渐增加。通过脱附实验发现，二甲醚和乙酸甲酯生成的乙烯可能是积碳生成的重要中间体。基于对积碳过程的认识，研究者提出了二甲醚羰基化反应中积碳的生成过程如图 2.16 所示，即二甲醚（DME）和乙酸甲酯（MAc）在分子筛表面吸附形成中间体，进一步转化生成烯烃，烯烃经聚合形成软积碳，软积碳进一步转化形成硬积碳，也可能烯烃直接聚合形成硬积碳。

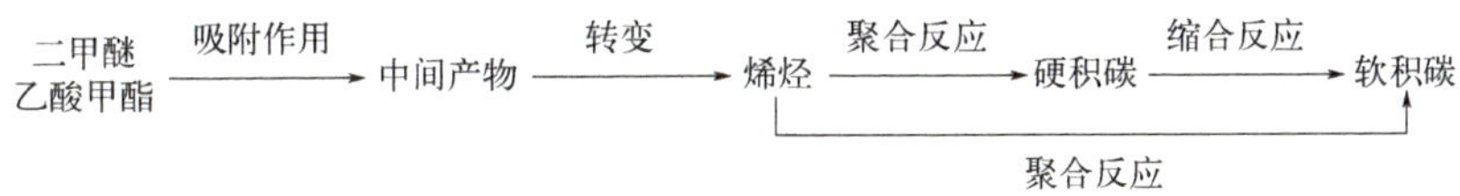

图 2.16 二甲醚羰基化反应的积碳前驱体可能的形成路径

Jensen 等 [9] 在二甲醚羰基化研究中首次发现乙烯酮这一重要的反应中间体，同时提出乙烯酮对积碳的形成具有重要影响，但并没有提出明确的证据。Cheng 等 [41] 采用原位傅里叶变换红外光谱、气相色谱-质谱联用（GC-MS）、程序升温氧化-质谱等多种表征方法研究了二甲醚羰基化反应失活机制，发现分子筛表面甲氧基、乙酰基、乙烯酮和乙酸甲酯都可以作为前驱体诱发积碳生成，提出了积碳前驱体可能的形成路径（图 2.17）：①二甲醚在分子筛表面形成的甲氧基转化形成烯烃的前驱体氧鎓离子；②表面甲氧基和 CO 在 H-MOR 的 8 元环侧口袋中形成的乙酰基阳离子转化成乙烯酮，由于其极活泼，乙烯酮经甲基化和羰基化生成烯烃，或直接作为积碳前驱体；③ 8 元环上的乙酰基经甲基化、脱羰基等反应生成烯烃；④反应体系中高浓度的乙酸甲酯形成乙酰基物种以及甲基物种，这些物种转化生成积碳前驱体烯烃。上述物种生成的烯烃进一步转化生成积碳。基于多种表征手段，他们发现乙烯酮是主要的积碳前驱体，并提出积碳前驱体（乙烯酮或其衍生物）主要在 8 元环中生成，然后扩散到 12 元环形成积碳。

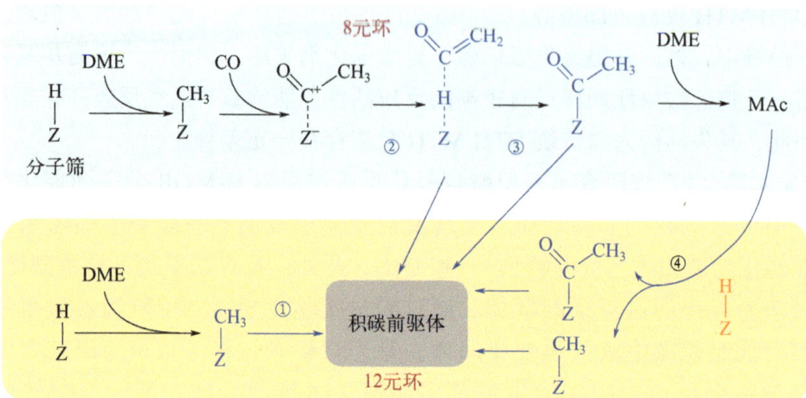

图 2.17　二甲醚羰基化反应的积碳生成路径 [40]

Chen 等 [15] 提出另一种乙烯酮转化成积碳的方法。通过 FTIR 实验检测乙酰氯通入 H-MOR 分子筛后的变化，检测到丙炔和 CO_2 的信号峰，并结合 DFT 计算，提出在 H-MOR 分子筛的 12 元环酸性位点上，乙烯酮很容易二聚成二烯酮，二烯酮再解离生成丙二烯或者丙炔，如图 2.18 所示。丙二烯或者丙炔在分子筛上转化形成积碳。

综合现有研究成果，普遍认为 H-MOR 分子筛中 12 元环的 Brønsted 酸性位点在积碳形成中起关键作用，是引发二甲醚羰基化失活的主要结构单元。尽管其基本机理仍表现为“烯烃 / 炔烃→积碳”的路径，与 DTH/MTH 反应体系具有一定相似性，但由于二甲醚羰基化反应中涉及的产物（乙酸甲酯）与中间体（乙酰基、乙烯酮等）结构更复杂、反应活性更高，其诱导积碳的路径更加多样，机制也更为复杂。

（2）环状含氧化合物失活路径

在二甲醚羰基化反应的研究中，Shen 等 [42] 发现使用吡啶定向屏蔽 H-MOR 分子筛 12 元环酸性位点，可以显著提高二甲醚羰基化反应的稳定性，但催化剂依然存在失活现象。Liu 等 [43, 44] 系统研究了不同有机碱定向屏蔽 12 元环酸性位点对

H-MOR 羰基化反应性能的影响，发展了提高分子筛羰基化反应性能的策略。但也发现即使完全屏蔽了 12 元环酸性位点，H-MOR 分子筛依然存在失活现象。

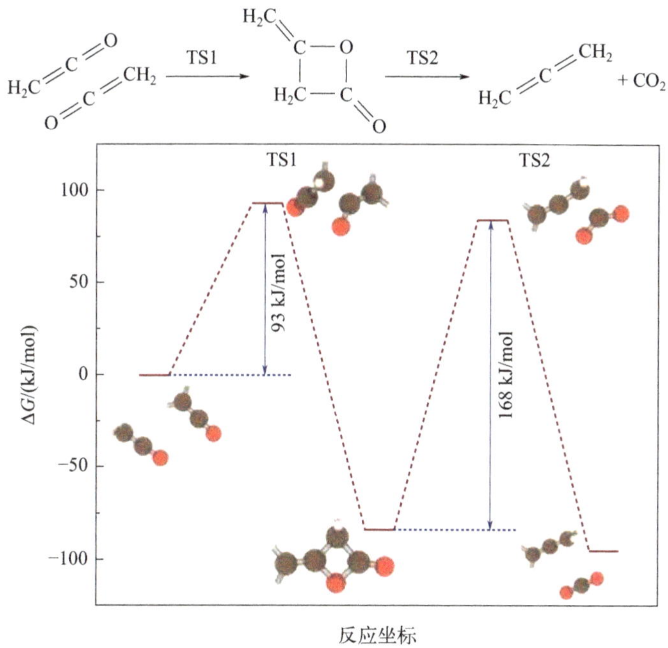

图 2.18　乙烯酮转化生成积碳的过程

TS1—过渡态 1; TS2—过渡态 2

通过定向屏蔽 12 元环酸性位点，刘中民团队系统研究了 H-MOR 分子筛只有 8 元环酸性位点时的失活机制。催化剂样品分层装填在固定床反应器中，用石英棉将其分为上、中、下三层。催化剂在反应 20 h 后，颜色从上到下呈现逐渐加深的趋势，这与传统的 DTH/MTH 反应的现象截然不同 [45]。在 DTH/MTH 反应中，随着反应的进行，催化剂上层颜色首先变暗，并逐渐扩展到下层 [21-23]。作者采用 Guisnet 方法 [46] 对催化剂表面的残留物种进行分析。图 2.19 给出了不同反应时间以及不同层催化剂表面残留物种的变化规律。反应 6 h 后，下层的催化剂中检测到了少量的环状含氧化合物，如 4,6-二甲基-2-吡喃酮、脱氢乙酸等，而上层和中间层的催化剂中几乎检测不到这些化合物。反应进行到 20 h，不同层催化剂中残留物种数量增加，且不同层催化剂中的残留物种量差异更加明显；在下层催化剂中，可观察到丰富的环状含氧化合物，如 4,6-二甲基-2-吡喃酮、2,6-二甲基-4-吡喃酮、脱氢乙酸、4,7-二甲基吡喃并 [4,3-*b*] 吡喃-2,5-二酮等。

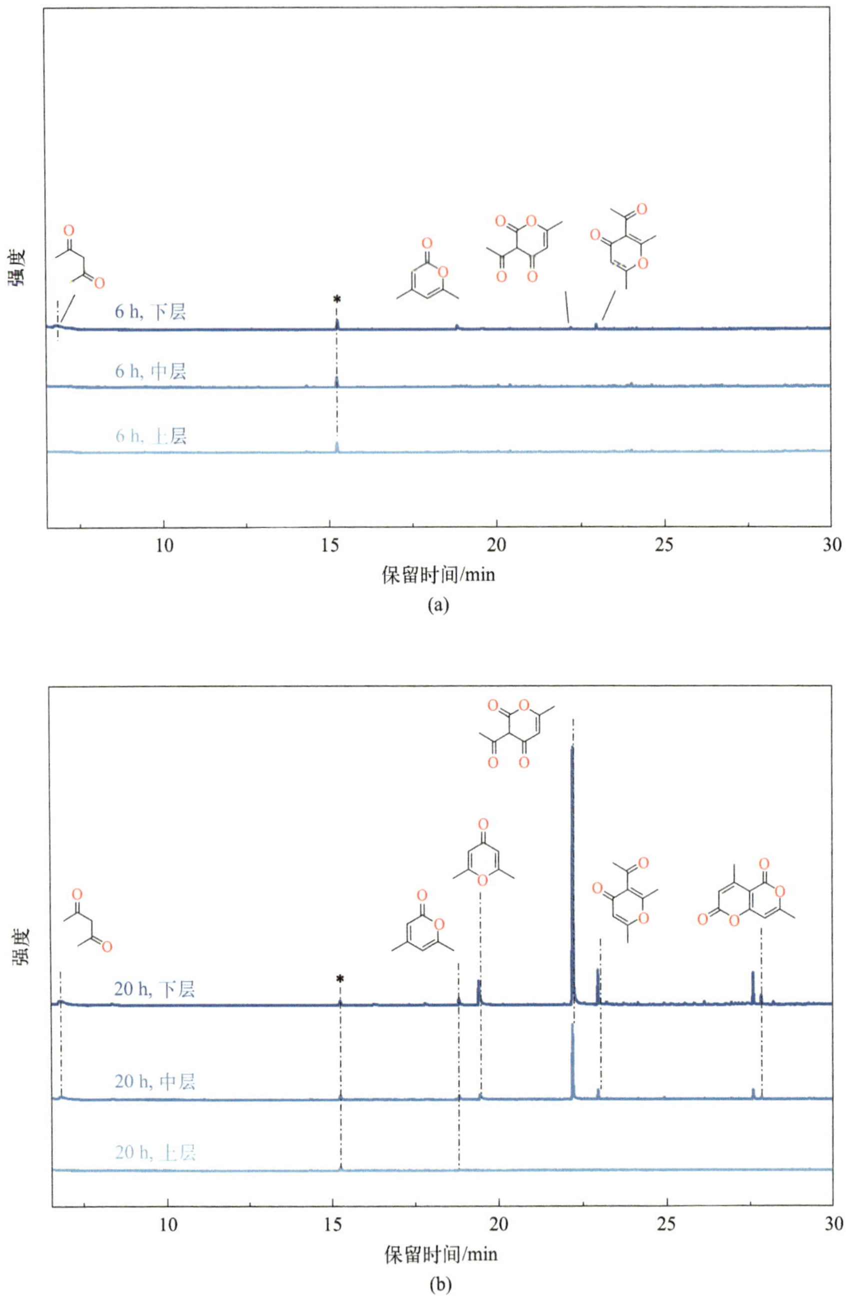

图 2.19 H-MOR-py 催化剂的 GC-MS 分析

反应条件为 463 K、2 MPa、GHSV = 2000 h^{-1}、DME/CO/H_2 = 5/35/60（摩尔比）

在传统 DTH/MTH 反应中，多环芳烃是导致催化剂失活的关键物种[5, 9, 10, 15, 40, 41]。文献报道通常采用同时含有 8 元环和 12 元环酸性位点的 H-MOR 为催化剂时，芳烃也被认为是导致二甲醚羰基化反应失活的关键物种。然而，在作者的研究中仅检测到了环状含氧化合物。而含有环状含氧化合物的分子筛羰基化活性明显低于新鲜分子筛的催化活性。这说明环状含氧化合物的存在是导致分子筛羰基化活性降低的关键因素。

为了厘清环状含氧化合物的来源，刘中民研究团队在 463 K、2 MPa、CO 或者稀有气体 Ar 气氛下分别将二甲醚、乙酸甲酯或者二者混合物引入新鲜 H-MOR-py 催化剂上反应 6 h，然后分析催化剂表面物种。图 2.20 给出了引入不同物料时的反应流出物分布以及反应后催化剂上的残留物种。Ar 气氛下分别引入二甲醚和乙酸甲酯（MAc）时，催化剂表面残留物种明显不同：乙酸甲酯为反应物时，可以检测到微量的 4,6-二甲基-2-吡喃酮；二甲醚为反应物时，没有发现任何环状含氧化合物；当乙酸甲酯和 CO 共同进料时，催化剂上可以观察到大量的环状含氧化

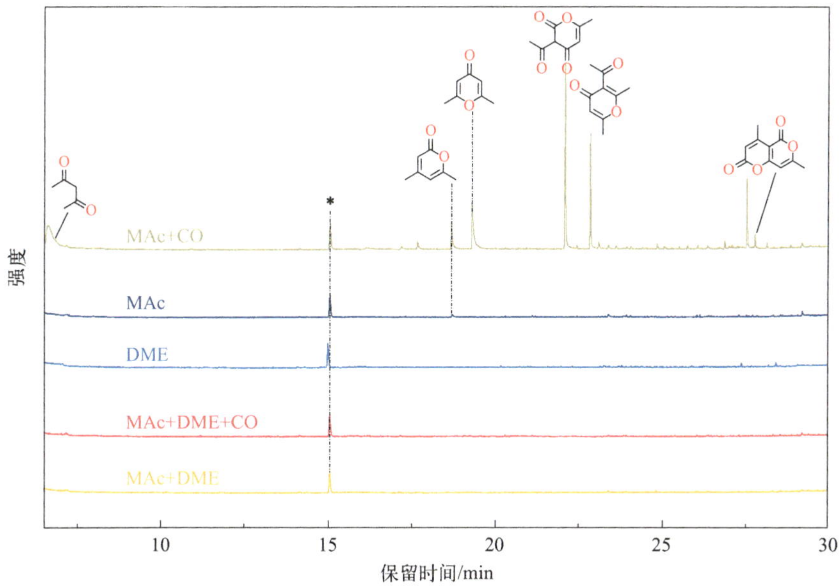

图 2.20　不同反应分子在催化剂上的催化性能和积碳物种

反应条件为 463 K、2 MPa、GHSV = 24000 h^{-1}、平衡气；MAc + CO: 12.3 kPa MAc、172.8 kPa CO; MAc+DME+CO: 12.3 kPa MAc、6.2 kPa DME、172.8 kPa CO; MAc: 12.3 kPa MAc; MAc+DME: 6.2 kPa DME、12.3 kPa MAc; DME: 6.2 kPa DME; DME+CO: 6.2 kPa DME、172.8 kPa CO

合物，其种类与二甲醚羰基化反应过程中的一致。这说明 H-MOR-py 催化剂中环状含氧化合物的生成可能与乙酸甲酯或由其诱导生成的其他物质有关，而 CO 可以加速环状含氧化合物的生成。比较有意思的是，当保持乙酸甲酯分压恒定，引入二甲醚时，无论是在 Ar 还是 CO 气氛下，催化剂上均未检测到环状含氧化合物，这表明二甲醚的存在抑制了环状含氧化合物的形成。在 H-MOR-py 催化剂上，乙酸甲酯与 H 质子反应可以生成乙酰基和甲基，在 CO 气氛下，甲基可以进一步经羰基化反应生成乙酰基[47]。因此，当乙酸甲酯在 CO 气氛下反应时，应该会形成过量的乙酰基。综上所述，环状含氧化合物的生成可能与反应过程中过量的乙酰基有关：过量乙酰基不能及时与二甲醚的甲氧基反应生成更稳定的乙酸甲酯离开反应体系，导致其残留在催化剂中，继而进一步转化成环状含氧化合物。

在此基础上，借助多种表征手段以及探针实验，基于上述研究结果，刘中民团队提出了二甲醚羰基化反应过程中基于环状含氧化合物的失活机理，如图 2.21 所示。在 H-MOR-py 催化剂中，二甲醚和分子筛中的 H 质子反应形成表面甲氧基；随后，表面甲氧基与 CO 发生羰基化反应生成乙酰基；乙酰基再与二甲醚的甲氧基反应生成乙酸甲酯。乙酰基与乙烯酮之间存在动态平衡，若乙酰基不能及时与二甲醚反应生成乙酸甲酯离开反应体系，该动态平衡将倾向于生成乙烯酮，乙烯酮或二烯酮将通过聚合和脱羰反应生成环状含氧化合物，如 4,6-二甲基-2-吡喃酮、

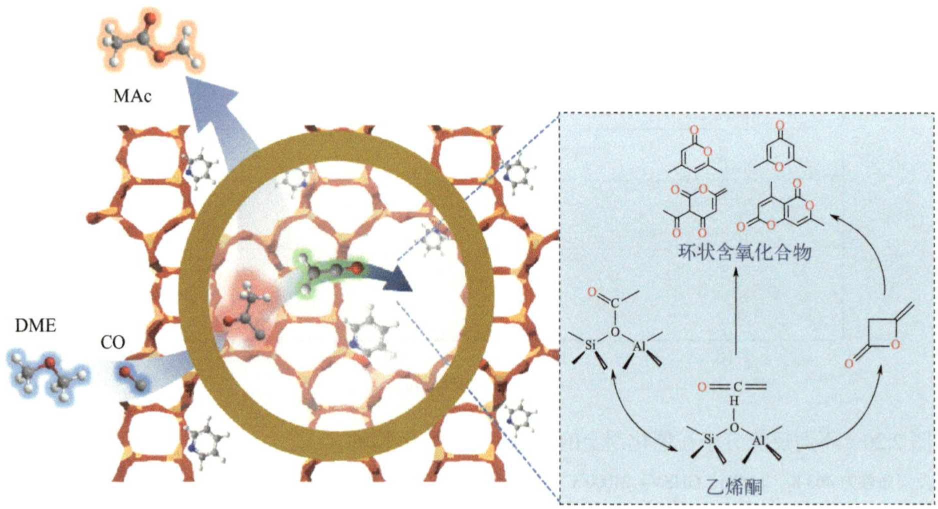

图 2.21　二甲醚羰基化反应中基于环状含氧化合物的失活机制

2,6-二甲基-4-吡喃酮、脱氢乙酸、4,7-二甲基吡喃并 [4,3-*b*] 吡喃-2,5-二酮等。这些环状含氧化合物聚集在 12 元环孔道中，造成孔道堵塞，导致催化剂活性和稳定性下降。

（3）CO 介导失活路径

相对于 DTH 反应，二甲醚羰基化反应体系更加复杂，不仅需要引入大量的 CO，而且需要在高压条件下进行。Cheng 等 [47] 研究了 H-MOR 分子筛在反应中的失活动力学，基于数据拟合结果和原位红外光谱分析，建立了失活模型，发现二甲醚和 CO 均能促进积碳的形成，加快分子筛失活。然而，在 H-MOR 分子筛催化剂上很难发现含氧化合物类积碳的存在，因此，人们提出失活的机制是主要途径 MTH/DTH 反应的机制。这个过程中很少强调 CO 如何参与积碳的形成。

2024 年，刘中民研究团队以 H-MOR 为催化剂，采用分层装填的方式研究了分子筛表面物种的变化规律，发现分子筛表面残留物种主要为多甲基环戊二烯、金刚烷和以六甲苯为代表的芳烃。甲基环戊二烯阳离子以及金刚烷等是 MTH/DTH 反应中典型的积碳前驱体 [48, 49]，这说明二甲醚羰基化失活过程包含类似 MTH/DTH 反应生成积碳过程。同时，还首次检测到了甲基环戊烯酮（MCP）分子，其含量和芳烃的含量呈正相关。另外，在较长接触时间下，还可以观察到环状含氧化合物。因此，MCP 可能是一种生成芳烃积碳的中间体，这意味着二甲醚羰基化反应体系还存在一种和传统 MTH/DTH 反应以及环状含氧化合物失活机制不同的路线。

基于多种表征及探针实验，该团队首次提出了二甲醚羰基化反应中 CO 介导的失活机制，即在二甲醚羰基化体系下，分子筛表面的甲氧基、乙酰基、乙烯酮和产物乙酸甲酯生成烯烃，CO 和烯烃耦合生成甲基环戊烯酮或者 CO 经乙酸甲酯与烯烃耦合生成甲基环戊烯酮，甲基环戊烯酮进一步转化生成芳烃，从而加速了催化剂的失活。

基于文献报道以及团队的研究结果，该团队提出了在 H-MOR 催化剂上二甲醚羰基化反应失活网络路线图，如图 2.22 所示。整体而言，H-MOR 催化剂的积碳失活有三种不同的路径：①表面的过量乙酰基转化生成乙烯酮，乙烯酮再通过连续的聚合和脱羰基反应生成环状含氧化合物；②在 H-MOR 催化剂 12 元环中酸性位点的作用下，二甲醚、乙酸甲酯、乙烯酮均可转化生成烯烃，部分烯烃会通过氢转移反应生成环戊二烯类中间体，再转化为芳烃类积碳，该过程类似于传统的 DTH/MTH 反应过程；③部分烯烃与 CO 或乙酸甲酯耦合生成甲基环戊烯酮中间体，最后再转化生成芳烃类积碳。与只有 8 元环酸性的 H-MOR 催化剂相比，8 元环和 12 元环酸性共存的 H-MOR 催化剂在二甲醚羰基化反应中的失活速率更快，表明芳烃类化合物的失活路线比环状含氧化合物的失活路线更易造成催化剂的积碳失活。

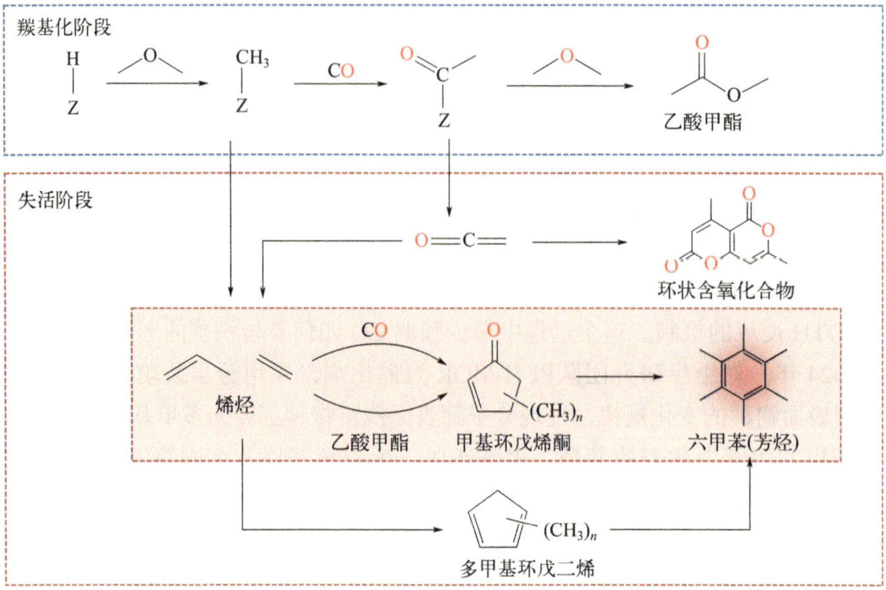

图 2.22　二甲醚羰基化反应中 H-MOR 催化剂的失活机制（Z 代表分子筛）

2.3　MOR分子筛合成与催化二甲醚羰基化性能

2.3.1　MOR 分子筛概述及合成

2.3.1.1　MOR分子筛的结构特征及性质

MOR 分子筛（IZA 结构代码：MOR）又称丝光沸石（mordenite），作为一类重要的硅铝酸盐分子筛，其晶体结构隶属于正交晶系，空间群为 *Cmcm*，是人类最早开展系统性研究的分子筛材料之一。该晶体的晶胞参数测定值为 $a = 18.1$ Å、$b = 20.5$ Å、$c = 7.5$ Å，每个晶胞内包含 48 个四面体中心原子（T 原子）。依据 T 原子配位环境的差异，可将其划分为 T1、T2、T3 和 T4 四种晶体学位置。MOR 独特的拓扑结构特征如图 2.23 所示，沿 c 轴方向分布的椭圆形 12 元环直孔道，其孔口尺寸为 6.5 Å×7.0 Å；同时存在与之平行排列的 8 元环直孔道，孔口尺寸为 2.6 Å×5.7 Å。此外，沿 b 轴方向延伸的另一组 8 元环孔道（孔口尺寸 3.4 Å×4.8 Å）与 12 元环直孔道垂直相交并相互连通，形成典型的“侧口袋”结构特征。值得关注的是，12 元环直孔道两侧的侧口袋结构呈交错排列且彼此隔离，而 c 轴方向的 8 元环孔道因孔径尺寸限制，显著抑制了分子的有效扩散传输。因此，MOR 分子筛的分子扩散路径主要依赖于 c 轴方向的 12 元环直孔道，从而被归类为典型的一维直孔道分子筛体系。

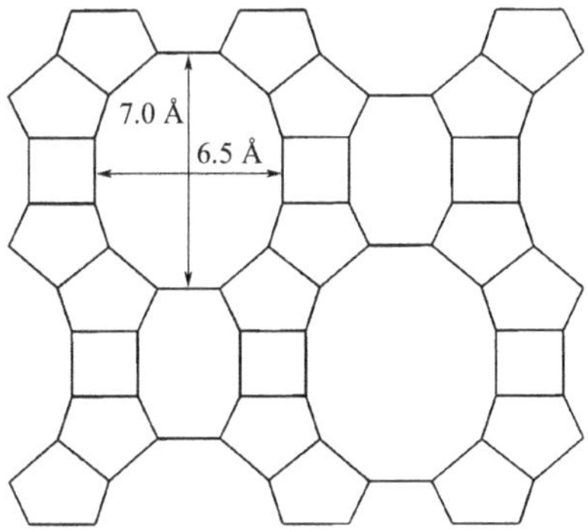

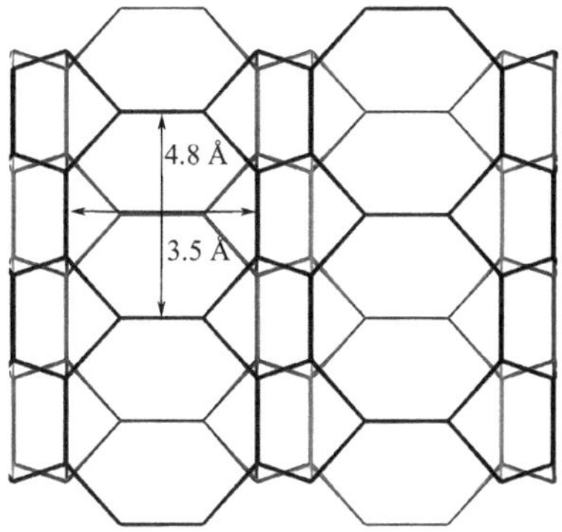

图 2.23 MOR 分子筛的拓扑结构

在工业应用领域，MOR 展现出广泛且优异的性能表现。作为催化材料，其在甲苯歧化、萘与丙烯的异丙基化[50]、加氢裂化等传统催化反应中已实现规模化应用；近年来，在二甲醚羰基化、合成气制乙烯、甲醇制烯烃[51]等新兴催化过程中也表现出突出的催化活性与选择性，成为当前催化领域的研究热点。此外，MOR 分子筛凭借其独特的孔道结构与表面性质，在环境治理领域同样发挥着重要作用。研究表明[52]，该材料对污水中的氮、氨等污染物具有高效吸附能力；同时，在废气处理过程中，对挥发性有机化合物（VOCs）、SO_2 和 NO_x 等污染物也展现出良好的吸附性能，体现出显著的环境净化应用潜力。

2.3.1.2 MOR分子筛的合成

MOR 分子筛是一种广泛存在于自然界中的硅铝酸盐矿物，其矿床主要分布于火山岩、沉积岩和变质岩等多种地质环境中。该类矿物以其良好的热稳定性与化学惰性受到关注。然而，天然 MOR 分子筛普遍存在纯度不高、孔道结构不可控等问题，限制了其在高选择性催化、高效吸附分离等先进应用场景中的进一步拓展。为克服天然矿物材料的结构与性能局限，人工合成 MOR 技术的研究逐渐成为分子筛材料领域的重要发展方向。

1948 年，英国科学家 R. M. Barrer 首次实现 MOR 分子筛的人工可控合成。该工作以硅酸［$Si(OH)_4$］为硅源、铝酸钠（$NaAlO_2$）为铝源，并引入碳酸钠（Na_2CO_3）

作为矿化剂，在水热条件下成功制备出与天然 MOR 晶体结构一致的样品[53]，标志着分子筛人工合成技术的重要突破，为后续定向合成策略的探索奠定了理论基础。在合成技术发展进程中，研究者持续探索低成本原料体系以优化合成工艺：黑曜石、稻壳灰[54]、硅藻土、高岭土等多种矿物资源及工业副产物被创新性地用作硅源或铝源，不仅降低了合成成本，也实现了材料性能的优化。早期 MOR 合成主要依赖传统水热合成方法，近年来，随着材料合成技术的快速发展，合成策略呈现多元化趋势，溶剂热合成、气相法合成、微波辅助合成等新型合成技术相继被应用于 MOR 的制备。通过对原料组成、反应条件及合成路径的系统优化，人工合成 MOR 的硅铝比、晶粒尺寸及酸性位点分布得以实现精准调控，显著拓展了该材料在催化、吸附分离及环境净化等领域的应用边界。

在 MOR 合成技术发展初期，所制备样品的硅铝比（Si/Al）普遍较低，典型值集中于 9 ～ 11[55]。随着应用领域对 MOR 热稳定性及水热稳定性要求的不断提升，开发高硅铝比 MOR 成为材料合成领域的重要研究方向。相较于后处理脱铝技术可能引入的结构缺陷问题，直接合成高硅 MOR 的方法因其可实现结构精准调控而备受关注。Mitsche 等[56]以无定形硅铝胶为前驱体，通过在 413 ～ 523 K 密闭体系中晶化，成功制备出 SiO_2/Al_2O_3 为 20 ～ 60 的 MOR，且产物化学组成与投料比高度一致。该方法中硅铝胶的制备过程涉及水玻璃酸化形成酸性硅溶胶，调节 pH 至 3.5 后引入铝源（如硫酸铝溶液），经水解-沉淀反应完成 MOR 的合成。然而，复杂的硅铝胶制备工艺显著限制了该方法的工业化应用潜力。在新型合成策略探索中，Mohamed 等[57]采用邻苯二胺（OPDA）作为结构导向剂成功得到了高硅 MOR（Si/Al=76），而与 OPDA 具有相似结构的邻氨基苯酚和对氨基甲苯却只导向合成方沸石，这可能是因为 OPDA 有利于 5 元环的生成，所以促进了 MOR 的形成。Lv 等[58]通过四乙基氢氧化铵（TEAOH）与六亚甲基亚胺（HMI）的协同作用，成功合成出 SiO_2/Al_2O_3 比达 74.2 的高硅 MOR。该材料展现出优异的热稳定性，经 1173 K 高温焙烧 1 h 后仍能维持较高结晶度。Ma 等[59]以硅酸为硅源，采用 1-丁基-3-甲基咪唑溴化物（[BMIm]Br）作模板剂，通过室温老化 12 h，373 K 干燥成胶后，在 413 K 水蒸气环境下晶化 4 天，成功制备出目前文献报道最高硅铝比（SiO_2/Al_2O_3 = 263）的 MOR。经 1073 K 焙烧 5 h 处理后，样品仍保持完整晶体结构，其热稳定性显著优于传统水热合成产物合成的 MOR。

2.3.1.3 MOR分子筛晶化机理

分子筛的晶化过程本质上是一个涉及多相界面反应的复杂动力学过程，其反应机制的解析长期以来面临理论与实验的双重挑战。随着原位表征技术与理论计算方法的持续发展，研究人员得以捕捉到晶化过程中的关键中间体结构，为晶化机理的理论构建提供了直接实验证据。当前，关于分子筛晶化机理的研究主要形成了固相转变、液相转变和双相转变三种理论模型。

固相转变机理[60-62]认为，分子筛的成核与晶体生长过程不涉及凝胶固相的溶解，也无液相的直接参与，而是通过凝胶固相内部的结构重排实现晶体结构的构筑。与之相对应的，液相转变机理[63-65]则强调初始凝胶在反应体系中发生部分溶解，分子筛晶核优先在液相环境或液固界面处形成，晶体生长过程消耗液相中的无机组分，进而驱动凝胶固相的持续溶解以补充反应原料。鉴于单一理论模型难以解释部分复杂晶化现象，双相转变机理[66, 67]应运而生，该理论认为液相与固相转变过程可分别存在于不同反应体系，或在同一体系中协同作用。

尽管分子筛晶化理论体系已取得显著进展，但 MOR 的晶化机制仍存在诸多待解决的科学问题：

① 合成条件对晶化路径的调控机制尚不明确。研究表明，高碱度反应体系（如采用强碱矿化剂）倾向于促进固相转变过程，而中低碱度条件下液相溶解-成核机制更为显著；对于高硅 MOR（Si/Al ＞ 40）的合成，其晶化过程可能更依赖液相物质传输，这归因于高硅凝胶较低的溶解度特性，需通过液相组分的定向迁移实现晶体生长。

② 晶化中间相的结构演变规律有待深入解析。原位 X 射线衍射（XRD）、透射电子显微镜（TEM）及固体核磁共振（NMR）等先进表征技术揭示，MOR 晶化初期形成富含铝元素的无定形硅铝凝胶，该凝胶可能通过固相结构重排形成局部 T—O—T（T 代表 Si、Al 原子）连接，但其向有序晶体结构的转变路径仍需进一步明确。

③ 铝原子在骨架中分布的调控机制存在争议。MOR 骨架中 T1 ～ T4 位的铝分布差异，可能由液相扩散或固相迁移过程主导，但现有研究尚未形成统一认识，其微观作用机制仍需系统研究。

随着原位表征技术的空间与时间分辨率持续提升，结合分子动力学模拟、第一性原理计算等理论工具的发展，未来有望实现 MOR 晶化过程中原子尺度动态演变的精准解析。深入阐明 MOR 晶化机理，不仅有助于揭示多孔材料形成的基础科学规律，更为前驱体设计、模板剂优化等合成策略提供理论指导，从而实现高性能 MOR 分子筛的可控合成与定向制备。

2.3.2 MOR 分子筛酸性

分子筛的酸性特性是其作为固体酸催化剂性能的核心决定因素，主要涵盖酸性位点类型（如 Brønsted 酸、Lewis 酸）、密度、空间分布及酸强度等关键参数。这些酸性位点构成了催化反应的活性位点。催化过程始于反应物分子在酸性位点的特异性吸附，随后通过酸-分子相互作用实现反应物活化，形成反应中间体。在催化循环中，酸性位点通过稳定反应中间体，降低反应活化能，从而促进反应的持续进行直至催化剂失活。深入解析分子筛的酸性本质，不仅有助于揭示酸催化反应的微观机制，更为催化剂的理性设计与工业应用提供重要理论依据。通过精准调控分子筛的酸性特征，可实现催化性能的定向优化，推动其在能源化工、精细合成等领域的技术革新，同时也为新型分子筛材料的开发指明方向。

MOR 分子筛的独特拓扑结构赋予其特殊的催化性能。该材料拓扑结构特征在于沿 [001] 方向存在平行的两种直通孔道：一种是尺寸为 6.5 Å×7.0 Å 的 12 元环孔道，另一种是尺寸为 2.6 Å×5.7 Å 的 8 元环孔道。此外，这些平行于 [001] 方向的孔道通过沿 [010] 方向的 8 元环侧口袋（3.4 Å×4.8 Å）相连。研究表明，在二甲醚羰基化制乙酸甲酯反应中，其生成速率与 8 元环内 Brønsted 酸性位点数量呈显著正相关，而与 12 元环内 Brønsted 酸量及总酸量无直接关联。这一发现证实 8 元环侧口袋内的酸性位点是二甲醚羰基化反应的活性中心，而 12 元环主孔道主要承担反应物与产物的扩散传输功能。这一特性表明，对于 H-MOR 催化体系，尤其是二甲醚羰基化等反应过程，除常规酸性表征参数外，明确酸性位点在 12 元环主孔道与 8 元环侧口袋的空间分布特征是揭示其构效关系的关键，对理解催化反应机理、优化催化性能具有重要科学意义。

2.3.2.1 MOR分子筛酸性位点识别与表征

当前，H-MOR 分子筛酸性位点的表征技术体系主要基于光谱学结合探针分子吸脱附的分析方法。红外光谱通过积分 3611 cm^{-1} 和 3592 cm^{-1} 处的特征吸收峰，可分别定量 12 元环和 8 元环内的 Brønsted 酸量；^1H NMR、氨气傅里叶变换红外光谱（NH_3-FTIR）及氨气程序升温脱附（NH_3-TPD）等技术则常用于测定分子筛 Brønsted 酸的总量。在此基础上，引入氘代乙腈、吡啶及三甲基膦（TMP）等探针分子，利用其与不同孔道内酸性位点的特异性主客体相互作用，通过监测 ^1H NMR 化学位移或红外光谱特征峰变化，可实现不同孔道酸量的定量分析。然而，现有表征方法存在显著局限性。由于 MOR 分子筛合成后通常以 Na 型存在，需经铵交换和高温焙烧转化为 H-MOR，该过程不可避免地伴随脱铝现象，导致晶体结构中产生缺陷位点。这些缺陷位点可能使大体积碱性探针分子（如吡啶）突破 8 元环孔径限制进入孔道内部，进而干扰 Brønsted 酸量的准确测定。刘中民团队针对以 TEAOH 为结构导向剂合成的系列不同硅铝比 H-MOR，运用原位红外光谱等技术系统研究其酸性质、吡啶吸附-脱附行为及其与二甲醚羰基化催化性能的关联机制。研究发现，吡啶分子能够接触 8 元环侧口袋内的酸性位点（图 2.24），推测该现象与分子筛晶体缺陷及骨架结构的柔性密切相关 [68]。

值得注意的是，现有表征技术仅能区分 12 元环与 8 元环的酸性位点，尚无法实现 MOR 分子筛中 4 种不同 T 位（T1 ～ T4）附近酸性位点的精准识别。开发高分辨率、高空间分辨的新型表征方法，对于阐明 MOR 分子筛独特的二甲醚羰基化活性中心结构与反应机理，进而实现催化性能的定向调控具有重要科学价值与应用意义。

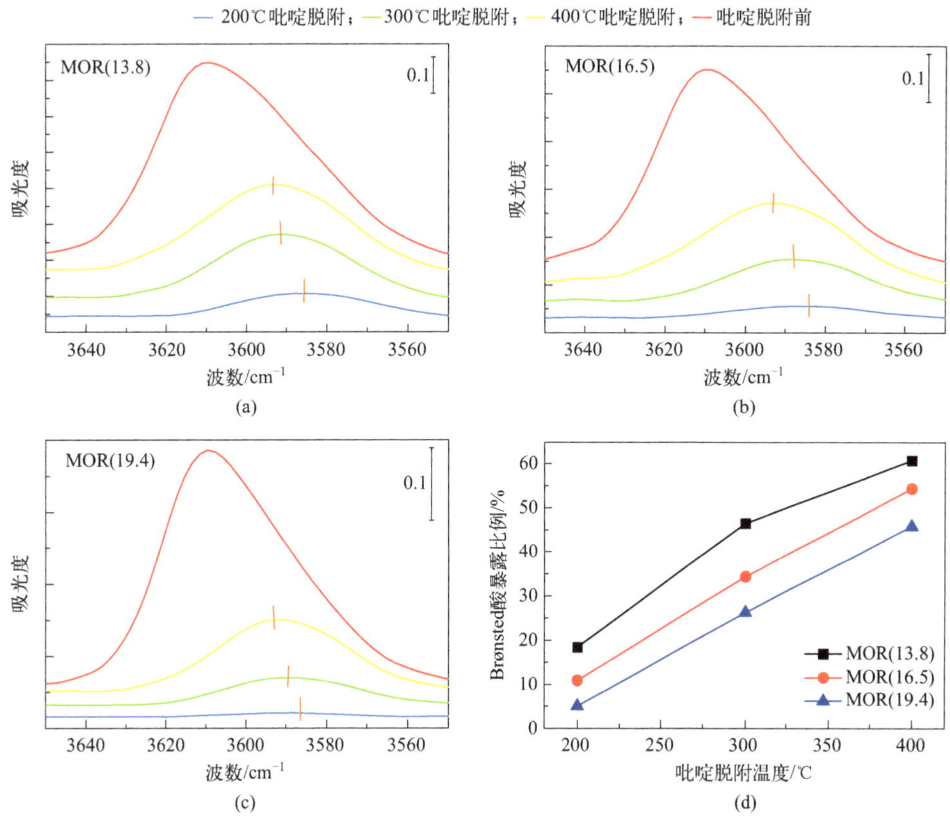

图 2.24 不同硅铝比 MOR 分子筛在不同温度下的吡啶分子的吸脱附行为 [68]

(a) ～ (c) 不同温度下脱附吡啶后的红外吸收光谱；(d) 3 种硅铝比的 MOR 分子筛暴露的 Brønsted 酸性随吡啶脱附温度的变化

2.3.2.2 MOR分子筛酸性位点落位调变与羰基化性能

在 H-MOR 催化二甲醚羰基化反应体系中，酸性位点的空间局域环境对催化性能具有显著影响 [12]。研究表明，8 元环侧口袋内的酸性位点是二甲醚羰基化反应的活性中心，而 12 元环直孔道内的酸性位点则易引发副反应，通过催化积碳物种的生成导致催化剂快速失活 [69]。提升 8 元环孔道内 Brønsted 酸性位点密度可显著增强催化剂的羰基化反应活性；同时，降低或消除 12 元环直孔道内的 Brønsted 酸性位点，能够有效抑制积碳前驱体的生成，从而提高催化剂的反应稳定性。因此，精准调控 H-MOR 不同孔道内酸性位点的空间分布与数量，已成为优化二甲醚羰基化反应性能的关键策略。

通过原位合成策略将杂原子引入 H-MOR 晶体骨架，是调控材料酸性的有效手段。Liu[71] 采用无模板合成方法制备系列 Fe-MOR 样品，结合 X 射线衍射（XRD）、紫外-可见（UV-Vis）光谱等表征技术证实，部分 Fe^{3+} 成功取代 MOR 骨架中的 Al^{3+}，形成 Si—O—Fe 结构。酸性表征结果显示，该结构修饰导致 12 元环孔道内酸性位点数量显著减少，酸强度分布向弱酸性区域偏移。这种酸性调控机制有效抑制了积碳前驱体的生成，使得 Fe-MOR 催化剂相较于传统 H-MOR 样品展现出更高的催化稳定性。Ma[70] 利用水热合成技术实现铈（Ce）物种在 H-MOR 骨架中的可控引入，通过 XPS、UV-Vis 光谱及拉曼光谱等表征手段证实，Ce^{3+} 进入骨架 T 位形成新型活性位点。研究发现，Ce-MOR 样品中 8 元环侧口袋内酸性位点比例显著提升，该结构变化与催化剂的二甲醚羰基化活性增强呈显著正相关（图 2.25）。上述研究表明，杂原子的骨架引入策略能够通过精确调控酸性位点的空间分布与酸强度，实现 H-MOR 催化性能的定向优化。

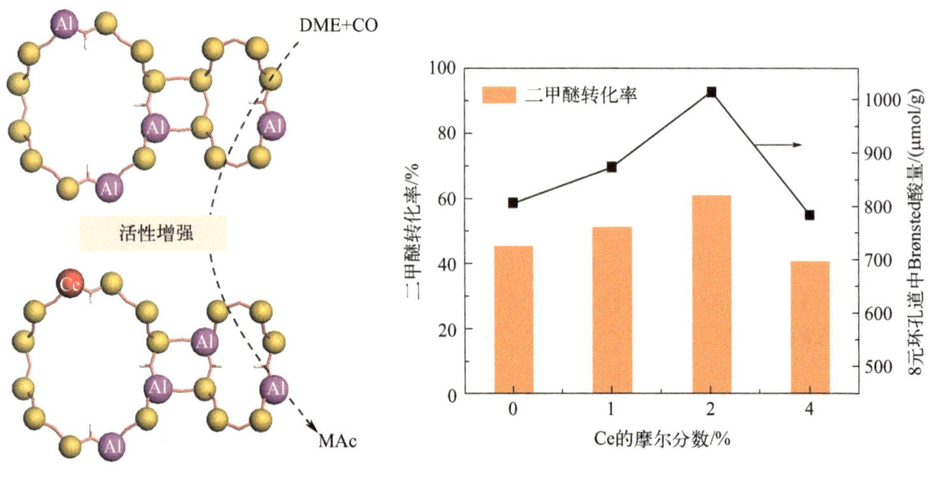

图 2.25　二甲醚转化率和 8 元环孔道中 Brønsted 随 Ce-HMOR 分子筛中 Ce 的摩尔分数变化关系[70]

除杂原子骨架掺杂策略外，调控 H-MOR 骨架硅铝比是优化其酸性的另一重要途径[72]。Lu[73] 通过合成系列不同硅铝比的 H-MOR 样品，系统研究发现：在铝含量较低的体系中，铝原子倾向于优先占据 MOR 8 元环孔道内的骨架位点，这些铝位点作为 Brønsted 酸性中心，显著提升了催化剂在羰基化反应中的活性，揭示了硅铝比与活性位点分布的内在关联。

在分子筛的合成过程中，有机结构导向剂对所得产品的物理化学性质，包括晶体形貌、颗粒尺寸以及酸性位点分布等方面，均有着至关重要的影响，是实现分子筛酸性精准调控的有效策略。Ma 等 [72] 在 H-MOR 的水热合成体系中，分别引入 TEAOH 和 HMI 作为结构导向剂。研究发现，HMI 作为结构导向剂能够有效抑制铝原子在 12 元环内的富集，促使铝原子更多地分布于 8 元环内，从而制备出具有高 8 元环酸性位点分布的 H-MOR，并在反应中展现出较高的乙酸甲酯产率。Huang 等 [75] 报道了利用三种环胺类有机结构导向剂——环己胺（CHA）、高哌嗪（HPZ）和 4-甲基哌啶（MPD），合成 H-MOR 的研究。结果显示，不同环胺与 Brønsted 酸性位点之间的相互作用能存在差异，进而导致钠离子（Na^+）在 8 元环孔道内的富集程度不同，最终获得具有不同催化活性的 H-MOR 样品。近期，刘中民团队设计并合成了一系列具有不同碳链长度的 *N*-甲基吡咯烷双子型季铵盐（*n*BMPr，$n = 2, 3, 4$），并成功将其应用于 H-MOR 的合成中。研究发现，模板剂的导向效力与碳链长度紧密相关，通过对分子筛骨架与模板剂之间主客体相互作用的深入分析，进一步阐释了这一关系。与传统的以 TEAOH 为导向剂合成的 H-MOR 相比，以 *n*BMPr 为导向剂合成的 H-MOR 具有更高的酸强度，且在 8 元环侧口袋内呈现出酸性位点富集的特征，在二甲醚羰基化反应中表现出优异的催化活性［乙酸甲酯时空产率可达 12.5 mmol/(g・h)］（图 2.26）[74]。

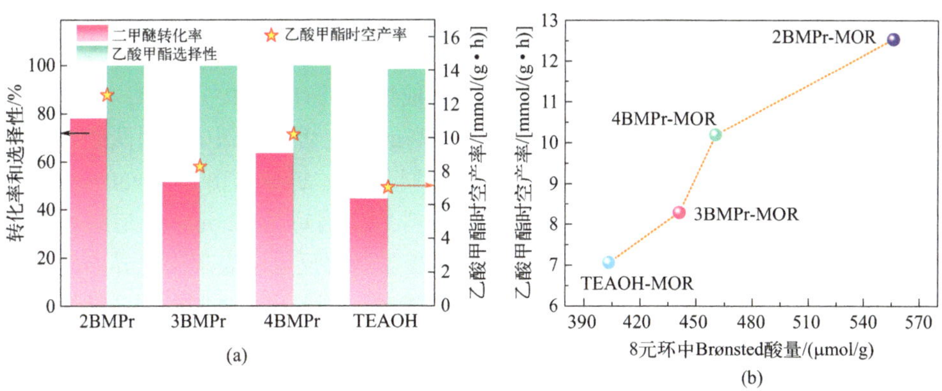

图 2.26　不同链长 *N*-甲基吡咯烷双子型季铵盐合成的 MOR 分子筛的二甲醚羰基化性能 [74]

(a) 四种有机结构导向性合成的 MOR 分子筛的催化性能比较；(b) 乙酸甲酯时空产率与 8 元环中 Brønsted 酸量的关系

尽管有机结构导向剂在调控 H-MOR 分子筛铝原子分布和酸性方面已取得一定进展，但该领域的研究仍处于相对初级的阶段。进一步推动该研究工作的开展，需要在多个方面进行深入探索和认识。例如，发展更为精准的酸性和铝原子分布表征方法，以实现对铝原子在不同 T 位点分布的精确识别；深入研究铝原子分布与酸性位点分布之间的内在联系；明晰有机结构导向剂的结构、构象与铝原子分布之间的关联；探究含有机结构导向剂的凝胶体系中无机碱金属离子在铝原子分布调控中所起的作用等。

2.3.3 MOR 分子筛形貌控制

反应物与产物的扩散传质限制是传统微孔分子筛材料面临的共性难题。在 H-MOR 分子筛催化二甲醚羰基化这一典型空间限域反应中，尽管该材料展现出优异的产物选择性，但其微孔结构仍不可避免地引发扩散限制效应。通过合成纳米尺度分子筛晶体或构建多级孔结构以改善扩散传质性能，已成为提升 H-MOR 分子筛催化性能的关键策略。

Wu 等 [51] 以长链双子型季铵盐为结构导向剂，成功制备出 SiO_2/Al_2O_3 摩尔比约为 62 的 H-MOR 纳米片，其沿 *b* 轴方向厚度仅为 11 nm，显著增加了 [010] 晶面暴露度与 8 元环孔道开口数量。Shen 等 [76] 采用类似策略合成的 H-MOR 纳米片，沿 *c* 轴方向厚度控制在 20 ～ 40 nm，同时保持 *a*、*b* 轴方向的微米级尺寸，有效缩短了 12 元环主孔道的扩散路径长度。实验结果表明，片状 H-MOR 催化剂在二甲醚羰基化反应中转化率可达 36.4%，显著高于商业 H-MOR 催化剂（15%）。Zhou 等 [77] 以聚乙二醇为介孔模板剂，通过动态水热合成法制备出多级孔 MOR 分子筛，该材料通过构建介-微孔协同网络显著改善了客体分子扩散性能，将二甲醚羰基化反应的单程催化寿命延长至 44 h。Xue 等 [78] 利用 *N*,*N*,*N*,*N*′,*N*′,*N*′-六乙基戊二铵盐（Et6-diquat-5）作为结构导向剂合成纳米级 H-MOR 分子筛，其在二甲醚羰基化反应中因扩散性能提升而展现出更高的催化活性。刘中民团队通过在合成凝胶中添加表面活性剂，并与 TEAOH 协同作用，制备出由 20 ～ 50 nm 纳米晶组装而成的多级孔 H-MOR 分子筛。该材料凭借缩短的 12 元环孔道结构，显著促进了反应物与产物的扩散传输，在二甲醚羰基化反应中表现出优异的催化活性与稳定性 [79]。Liu 等 [80] 开发了无模板合成策略，制备出 H-MOR 分子筛纳米片组装体，其丰富的 Brønsted 酸性位点与独特的纳米片形态共同优化了扩散性能，通过促进积碳前驱体向晶体表面迁移，有效抑制了孔道内积碳的形成，显著提升了催化剂稳定性。鉴于扩散性质对 H-MOR 羰基化催化性能的影响，刘中民团队进一步采用低碱度凝胶体系和晶种法相结合的合成策略，在无有机模板条件下绿色高效合成了 Si/Al 比为 9.4 的 H-MOR 纳米颗粒组装体，产品的产率可达 94%，并在二甲醚羰基化反应中表现出良好的催化活性[81]。通过智能重量分析仪（IGA）系统研究不同硅铝组成 H-MOR 分子筛的扩散行为发现，晶体孔道内非骨架铝组分的聚集及局域酸性位点富集会显著增加晶内扩散阻力，进而对二甲醚羰基化反应产生负面影响。此外，通过设计不同结构的有机结构导向剂（OSDA）合成系列 H-MOR 样品，首次证实晶体表面无序硅铝结构产生的表面扩散阻力对二甲醚羰基化性能具有关键影响（图 2.27）[82]。这些研究结果为深入理解扩散传质机制与优化 H-MOR 催化性能提供了重要理论依据。

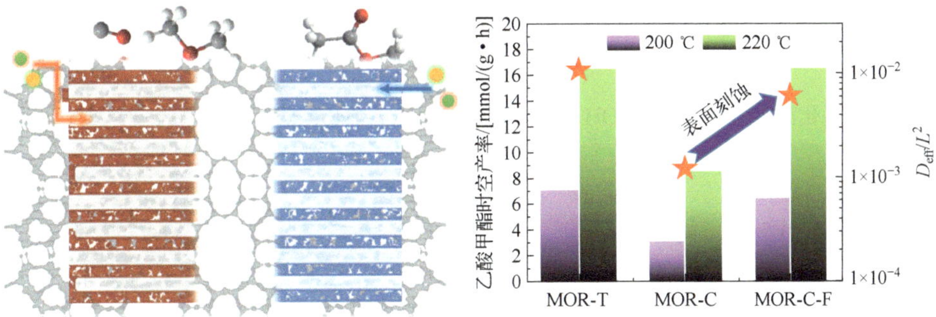

图 2.27 表面传质阻力对 MOR 羰基化反应性能的重要影响[82]

D_{eff}/L^2: D_{eff} 表示有效扩散系数；L 表示扩散路径的特征长度。

MOR-T—四乙基氢氧化铵导向合成的 MOR；MOR-C—环己胺导向合成的 MOR；MOR-C-F—氢氟酸刻蚀的环己胺导向合成的 MOR

近期，刘中民研究团队通过系统调控凝胶组成与晶化条件，在无须介孔模板剂或表面活性剂添加的条件下，利用传统的廉价商业模板剂，实现了高结晶度 H-MOR 纳米片的高效制备。系统研究表明，晶化温度与 TEAOH 浓度的协同作用对晶体形貌演变具有关键影响（图 2.28）。在 140 ～ 190 ℃时，升高反应温度可显著缩短晶体沿 c 轴方向的长度；同时，增加 TEAOH 用量可通过其在 [001] 晶面的优先吸附作用，抑制该晶面的生长速率，促使晶体形态由棒状向纳米片状转变。结合理论计算与非经典生长路径分析，揭示了 H-MOR 纳米片通过非晶纳米粒子附着机制实现晶体生长的微观过程。并通过 10 L 规模的放大实验验证，成功实现公斤级高纯度纳米片的规模化合成（产率 92%），展示了该合成方法的工业化应用潜力。催化性能测试表明，短 c 轴纳米片形貌有效优化了传质效率，显著提升了二甲醚羰基化的反应活性和稳定性，为分子筛材料的结构设计与催化应用提供了新方向。

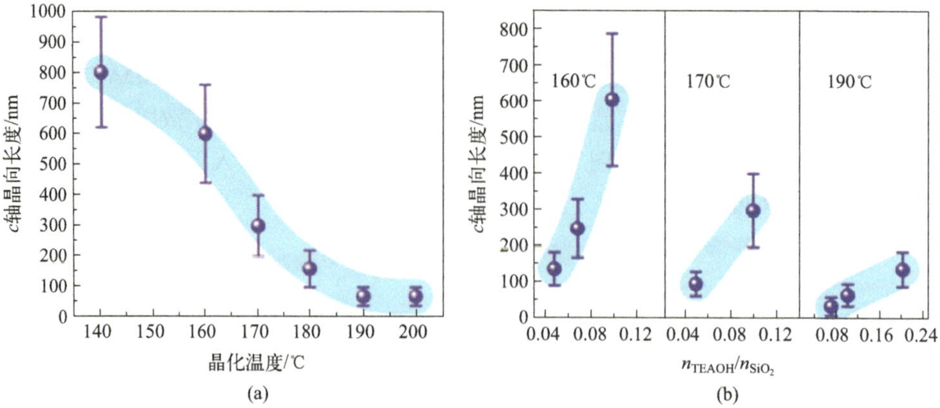

图 2.28 晶化温度（a）和 TEAOH 用量（b）对 MOR c 轴长度的影响[83]

2.3.4 MOR 分子筛改性研究

2.3.4.1 金属改性

近年来研究表明，在分子筛催化剂中引入金属活性组分，特别是铜物种，能够显著提升乙酸甲酯的生成效率。Teresa Blasco 等借助红外光谱与原位核磁共振（*in situ*-NMR）技术，对催化剂表面的反应中间体进行动态监测，系统解析了甲醇在 H-MOR 及铜改性 H-MOR（Cu/H-MOR）催化剂上的羰基化反应机理。研究发现，两类催化剂呈现出显著不同的反应路径：在 H-MOR 催化体系中，乙酸作为初级乙酰化产物生成；而在 Cu/H-MOR 催化剂作用下，乙酸甲酯成为主要反应产物，且反应速率较 H-MOR 体系显著提升。基于实验结果，该研究团队提出甲醇在 H-MOR 和 Cu/H-MOR 催化剂上的羰基化反应机理（图 2.29）。该机理揭示，Cu/H-MOR 催化剂的活性中心由桥羟基与相邻位点的 Cu^+ 协同构成。在反应条件下，Brønsted 酸性位点负责甲醇分子的活化，促使其转化为甲氧基；与此同时，Cu^+ 能够高效活化 CO 分子，并对二甲醚展现出优先吸附特性，通过协同作用显著优化反应路径，提升乙酸甲酯的生成效率[84]。

Wang 等通过离子交换的方法制备了一系列负载有不同金属（包括 Cu^{2+}、Ni^{2+}、Co^{2+}、Zn^{2+} 和 Ag^+）的二甲醚羰基化催化剂，并结合多种表征技术，研究发现 Cu、Ni、Co 等过渡金属的引入能够显著增强 H-MOR 催化剂的酸性强度，进而提升其羰基化催化活性（图 2.30）。在该系列催化剂中，负载铜的样品展现出最优的反应性能，归因于其兼具适宜数量的 Brønsted 酸性位点与高效活化 CO 所需的金属活性中心。这一系统性研究明确证实，通过合理选择金属种类并优化其负载方式对分子筛进行改性，是提升二甲醚羰基化反应效率的关键策略[85]。

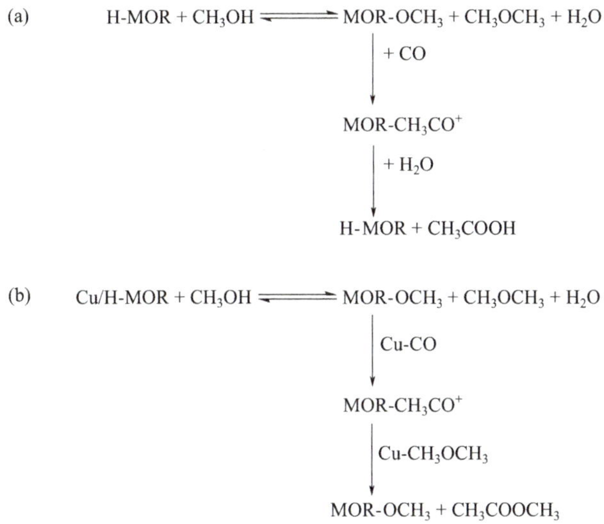

图 2.29　H-MOR（a）和 Cu/H-MOR（b）催化甲醇羰基化反应机理[84]

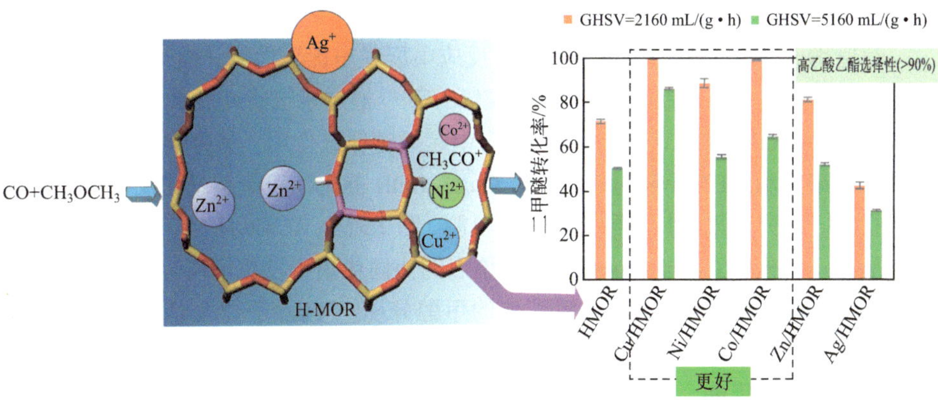

图 2.30　金属离子交换 H-MOR 样品的二甲醚羰基化反应性能[85]

然而，铜在分子筛孔道内的团聚现象仍是制约其催化性能的关键问题。团聚不仅导致活性位点数量减少，还可能造成孔道堵塞，影响反应物与产物的扩散传输。针对这一难题，Reule 等[86]研究发现，在 H-MOR 分子筛中引入锌，能够显著提升铜组分的稳定性与分散性。如图 2.31 所示，相较于单组分 Cu/H-MOR 催化剂，Cu-

Zn/H-MOR 双金属催化剂在二甲醚羰基化反应中表现出更优异的性能，能够有效抑制非选择性副产物及硬焦炭的生成 [86]。进一步研究表明，铜锌离子在分子筛内的交换位置对 H-MOR 分子筛催化二甲醚羰基化反应性能具有显著影响。研究证实，铜组分的存在会改变锌离子在双金属交换 MOR 分子筛中的分布状态，揭示了双金属协同作用机制对催化剂性能调控的重要性 [87, 88]。

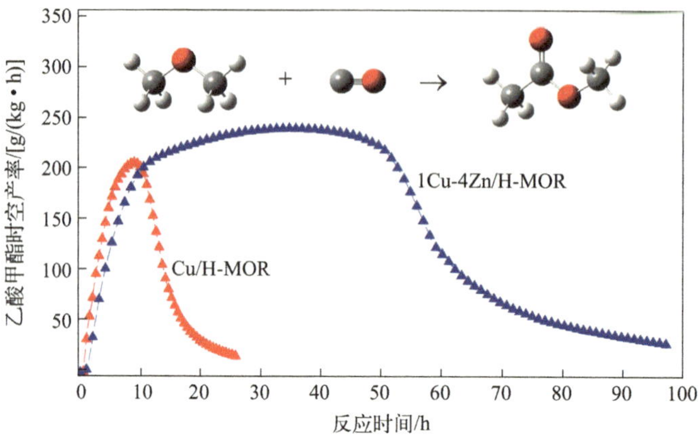

图 2.31　Cu-Zn/HMOR 与 Cu/H-MOR 催化剂的二甲醚羰基化反应性能 [86]

尽管铜改性分子筛在二甲醚羰基化反应中展现出优异性能，但关于金属 Cu 活性成分的本质与作用机制仍存在争议。Zhan 等 [89] 通过系统研究提出，单质铜（Cu）而非一价铜（Cu^+）在二甲醚羰基化反应中起关键促进作用。另外，Li 等结合原位红外光谱研究和 DFT 计算的结果，对 Cu/H-MOR 催化二甲醚羰基化反应机理展开深入探究。研究结果支持一种协同作用机制（图 2.32）：在 Cu/H-MOR 催化剂表面，二甲醚分子首先在 Cu 与 Brønsted 酸性位点的协同作用下发生解离，形成吸附态的 $Cu-CH_3$ 分子以及与分子筛骨架氧配位的甲醇分子；CO 分子插入 $Cu—CH_3$ 键，生成乙酰基中间体；该中间体进一步与 Brønsted 酸性位点吸附的甲醇分子反应，形成吸附态的乙酸甲酯；乙酸甲酯从分子筛活性位点脱附，Brønsted 酸性位点得以再生，完成催化循环 [90]。

如图 2.33 所示，Ma 等 [91] 研究发现，在 H-MOR 分子筛中引入 Co^{2+} 可显著提升二甲醚羰基化反应活性。深入研究表明，Co^{2+} 在 H-MOR 分子筛中展现出双重作用机制：①位于 8 元环孔道内的 Co^{2+} 能够有效促进 CO 和二甲醚分子的吸附与活化，加速反应进程；②处于 12 元环主孔道中的 Co^{2+} 可通过抑制积碳前驱体的生成与沉积，显著提升 Co/H-MOR 催化剂的稳定性。

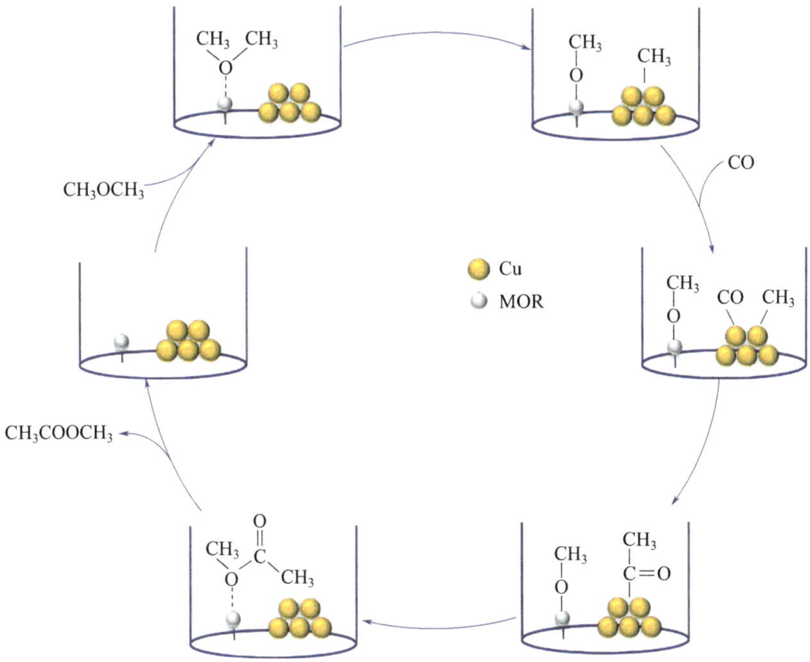

图 2.32 Cu/H-MOR 上乙酸甲酯生成的反应机理[90]

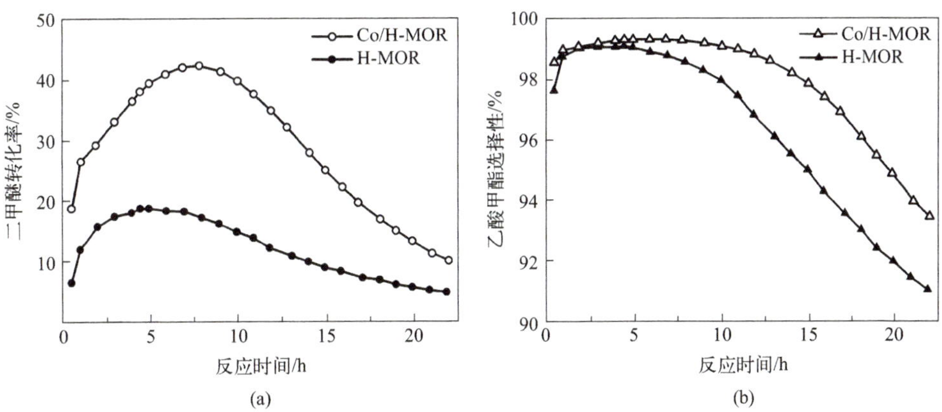

图 2.33 Co/H-MOR 和 H-MOR 催化剂上二甲醚羰基化反应[91]

(a) 二甲醚转化率随反应时间的变化；(b) 乙酸甲酯选择性随反应时间的变化

针对 H-MOR 催化二甲醚羰基化过程中易因 MTH 副反应快速积碳失活的难题，刘中民团队结合金属改性策略，创新性地提出了氢气促进的良性积碳调控策略，开发了兼具高催化活性与长周期稳定性的新型 H-MOR 催化剂[92]。该调控策略通过积碳预沉积、氢气共进料与金属加氢功能的协同作用，实现了焦炭的双重调控机制。在氮气保护氛围下，预沉积焦炭选择性覆盖 H-MOR 的 12 元环主孔道内的酸性位点，可以有效阻断 MTH 副反应路径，显著提升乙酸甲酯选择性；同时，氢气共进料与负载型 Cu-Zn 双金属协同发挥加氢转化功能，促进积碳轻质化，定向清除导致孔道堵塞的大分子焦炭，从而大幅延长催化剂使用寿命。实验数据显示，优化后的 Cu-Zn/H-MOR 催化剂在氢气气氛中展现出优异的催化性能：乙酸甲酯时空产率稳定维持在 0.4 ～ 0.5 g/(g・h)，乙酸甲酯选择性高达 98% 以上，且催化剂连续稳定运行时间超过 500 h（图 2.34）。机理研究表明，氢气通过抑制多环芳烃的形成与沉积，动态平衡了焦炭对活性位点的“选择性覆盖保护”与对孔道扩散的“阻碍清除”作用。该策略为分子筛催化体系的焦炭管理提供了新范式，在分子筛催化重要反应方面具有良好的应用潜力。

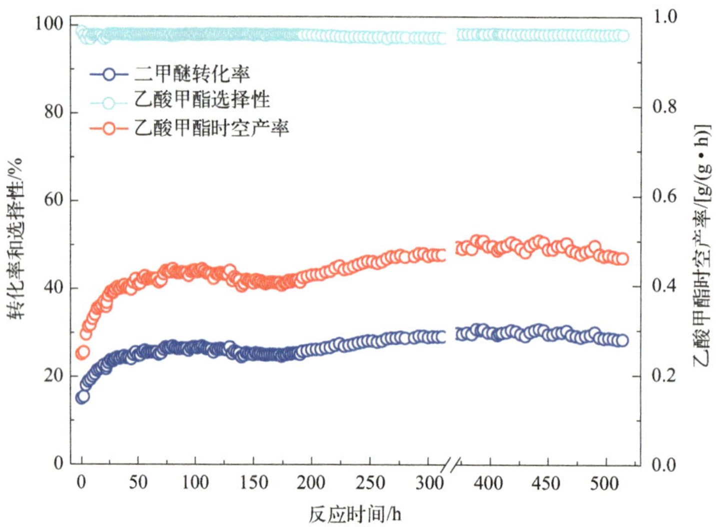

图 2.34　氢气辅助 Cu-Zn/H-MOR 上的二甲醚羰基化反应性能[92]

2.3.4.2　后处理改性

基于 H-MOR 分子筛不同孔道酸性位点在二甲醚羰基化反应中的差异化作用机制，研究人员围绕后处理定向脱除 12 元环孔道酸性位点的调控开展系统性研究。如图 2.35 所示，Xue 等[93]提出一种选择性脱铝策略，通过将 Na^+ 预引入 H-MOR 分子筛的 8 元环孔道，随后进行蒸汽处理，实现 12 元环主孔道酸性位点的定向消除。表征结果显示，该处理过程优先移除 12 元环主孔道中约 86% 的骨架铝，而 8 元环孔道内的骨架铝含量基本保持不变。在二甲醚羰基化反应中，经此处理的 H-MOR 分子筛展现出良好的稳定性；程序升温氧化（TPO）分析证实，12 元环主孔道酸性位点数量的减少有效抑制了积碳生成。Cai 等 [94] 通过对比不同酸处理程度的 H-MOR 样品，结合 NH_3-TPD，发现 8 元环孔道的酸强度随硅铝比的增加呈下降趋势。DFT 计算进一步表明，8 元环侧口袋 T3-O33 位的强 Brønsted 酸性可显著降低 CO 插入形成乙酰基的反应活化能，揭示了酸性位点强度与反应活性的构效关系。Zhao 等 [95] 则创新性地探索水热预处理对 H-MOR 催化性能的影响，发现适宜的预处理时间能够诱导产生新的中强及强 Brønsted 酸性位点，显著改变分子筛孔道内的微环境。这些新生酸性位点可加速二甲醚羰基化反应初始步骤中二甲醚分子与 Brønsted 酸性位点反应生成表面甲氧基和甲醇，从而有效提升催化剂的整体活性。上述研究从酸性位点消除、强度调控及酸性位点再生等多维度，为 H-MOR 分子筛在二甲醚羰基化反应中的性能优化提供了理论依据与技术路径。

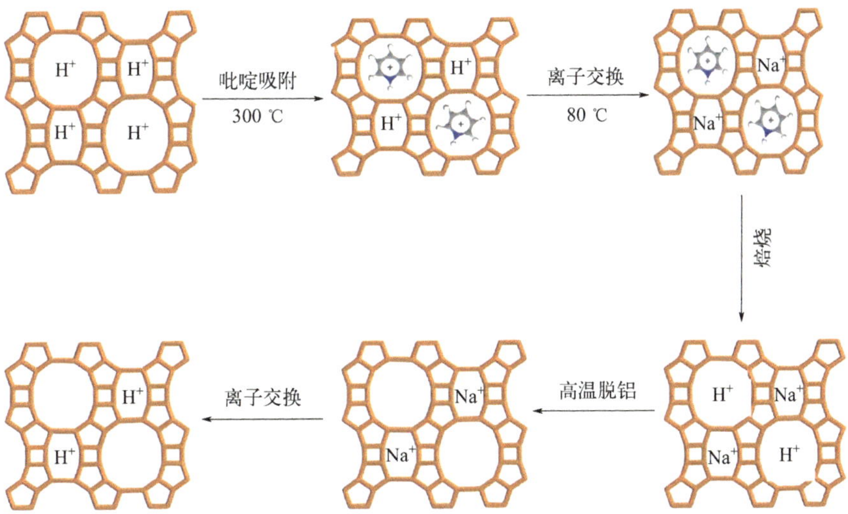

图 2.35　H-MOR 分子筛 12元环孔道选择性脱铝示意图 [93]

2.3.4.3　酸性位点的选择性屏蔽

除通过脱除骨架铝位消除 H-MOR 分子筛 12 元环孔道酸性位点外，碱性分子毒化策略也是一种有效调控手段。Liu 等系统对比了 H-MOR 与吡啶改性 H-MOR

催化剂在二甲醚羰基化反应中的性能差异。研究发现，经吡啶预吸附处理的H-MOR分子筛具有较高的二甲醚羰基化稳定性。如图2.36所示，在473 K反应条件下连续运行48 h后，二甲醚的转化率仍维持在30%左右，乙酸甲酯的选择性维持接近100%。基于*in-situ* IR与NH_3-TPD表征结果，该研究证实吡啶分子优先占据12元环孔道内的酸性位点，而8元环孔道酸性位点未受显著影响。进一步采用^{129}Xe NMR技术研究发现，在二甲醚羰基化反应过程中，未改性的H-MOR催化剂的孔道易被积碳堵塞，而吡啶改性样品则保持孔道畅通。由于12元环孔道酸性位点是导致H-MOR催化剂失活的主要因素，吡啶在该孔道内的选择性吸附有效抑制了积碳生成并提升了催化剂稳定性[42]。

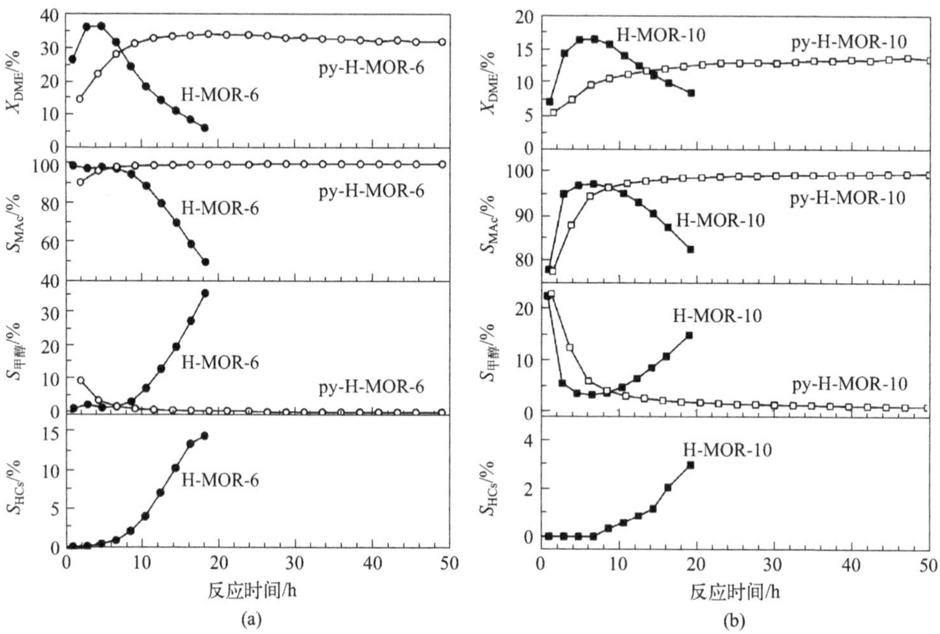

图2.36 H-MOR和Py-HMOR催化剂上的二甲醚羰基化反应性能[42]

(a) H-MOR-6吡啶修饰前后反应性能对比；(b) H-MOR-10吡啶修饰前后反应性能对比

S—选择性；*X*—转化率；HCs—烃类；MAc—乙酸甲酯；DME—二甲醚

He等[39]借助NMR技术深入探究了吡啶吸附对H-MOR分子筛催化二甲醚羰基化反应性能的影响。研究表明，由于8元环侧口袋内的活性中心主导羰基化反应进程，H-MOR分子筛12元环直孔道中吸附适量吡啶对整体催化活性影响较小。然而，吡啶的吸附显著降低了甲烷在H-MOR分子筛孔道内的自扩散系数，导致二甲醚羰基化反应的诱导期延长。此外，该研究明确指出，反应物分子需经由12元环孔道才能抵达8元环侧口袋内的活性位点。Li等[96]系统研究了Brønsted酸性位点密度与强度对吡啶吸附饱和H-MOR分子筛催化剂稳定性的影响。结合催化反应结果、吡啶吸附红外光谱（py-IR）以及吡啶程序升温脱附（py-TPD）表征，发现Brønsted酸性位点浓度对吡啶吸附稳定性具有显著影响，DFT计算进一步验证了这一结论。此外，通过DFT建模分析催化剂失活行为，结果表明，12元环孔道内形成的积碳中间体因空间位阻效应，会促使邻近吸附的吡啶分子脱附，从而加速催化剂失活。Zhao等[97]从分子层面研究了吡啶吸附行为及分子筛骨架空间位阻对H-MOR分子筛催化二甲醚羰基化反应的影响。通过剖析H-MOR分子筛骨架结构，发现位于8元环侧口袋与12元环孔道共用的孔壁O2位置的酸性位点是二甲醚羰基化反应的活性中心，但在吡啶修饰过程中易被毒化，导致催化剂活性降低。DFT计算表明，受分子筛骨架空间位阻影响，吡啶分子在O2酸性位点的吸附作用较弱。类似吡啶毒化策略，刘中民团队采用不同分子尺寸的烷基咪唑离子及四甲基铵离子（TMA^+）对H-MOR分子筛进行离子交换改性，并将其应用于二甲醚羰基化反应。如图2.37所示，改性样品的催化性能测试结果表明，引入此类离子可选择性去除12元环孔道内的酸性中心，显著提升催化剂的稳定性与活性[43, 44]。上述研究从多维度深入解析了碱性分子修饰对H-MOR分子筛结构、酸性位点及催化性能的影响机制，为高性能二甲醚羰基化分子筛的设计提供了理论依据。

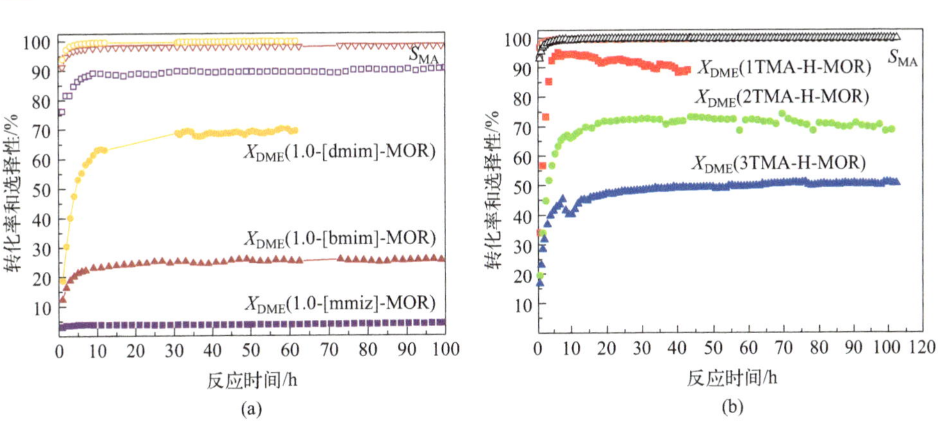

图2.37　烷基咪唑离子改性（a）和TMA^+改性（b）后的H-MOR样品二甲醚羰基化反应催化性能

反应条件：$DME/CO/N_2$ = 5/35/60、473 K、2.0 MPa、GHSV=2250 mL/(g·h)

[dmim]—1,3-二甲基咪唑鎓；[bmim]—1-丁基-3-甲基咪唑鎓；[mmiz]—1-甲基咪唑鎓

近期，刘中民团队基于纳米片状 H-MOR 的独特结构特性与吡啶修饰选择性毒化 12 元环酸性位点的策略，创新性地构建了用于合成气制乙醇的高效三段接力催化体系（图 2.38），成功实现了合成气向乙醇的直接高效转化。系统研究表明，在该串联催化体系中，羰基化反应催化剂的反应温度是影响乙醇合成效率的关键参数。实验数据显示，较高的反应温度能够有效抑制痕量水分子对 Brønsted 酸性位点羟基及表面甲氧基形成过程的干扰，在维持高 CO 转化率的同时，确保了二甲醚羰基化单元乃至整个串联催化系统的高效、稳定运行[98]。

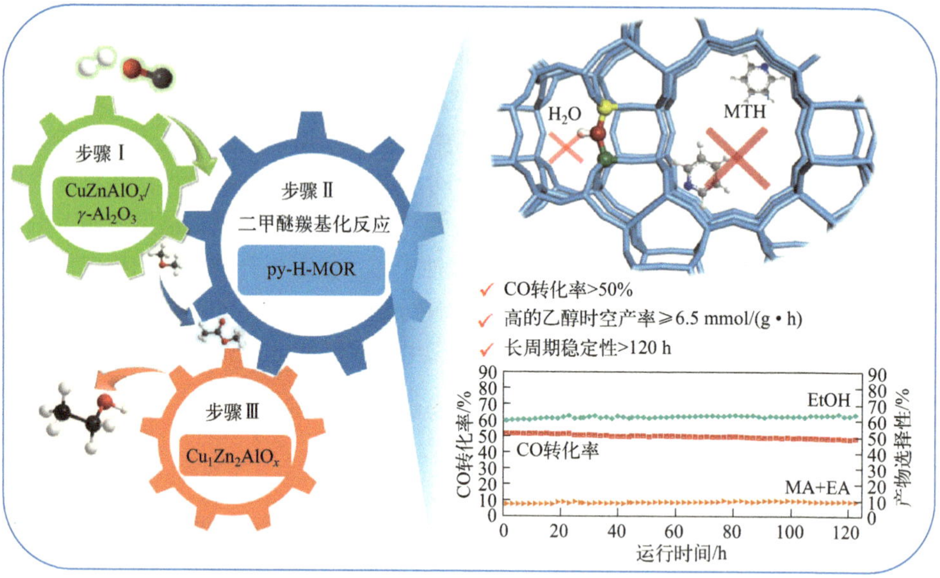

图 2.38　三段接力催化体系合成气高效制乙醇[98]

2.4　FER分子筛催化二甲醚羰基化性能

Iglesia 等[2] 首次报道分子筛催化二甲醚羰基化反应，对比了具有不同结构的分子筛的催化性能，发现具有 MOR 结构的分子筛的性能最优；此外，具有 FER 拓扑结构的分子筛也显示出一定的二甲醚羰基化活性。FER 分子筛属于正交晶系，其结构如图 2.39 所示。沿 c 轴或 a 轴方向有 10 元环孔道（孔口尺寸为 5.4 Å×4.2 Å），并与沿 b 轴方向的 8 元环孔道（孔口尺寸为 4.8 Å×3.5 Å）相互交叉形成二维交叉孔道体系。同时与 10 元环孔道平行的 6 元环孔道与 8 元环孔道相交形成椭球状的笼状结构，一般将其称为“镁碱沸石笼”。

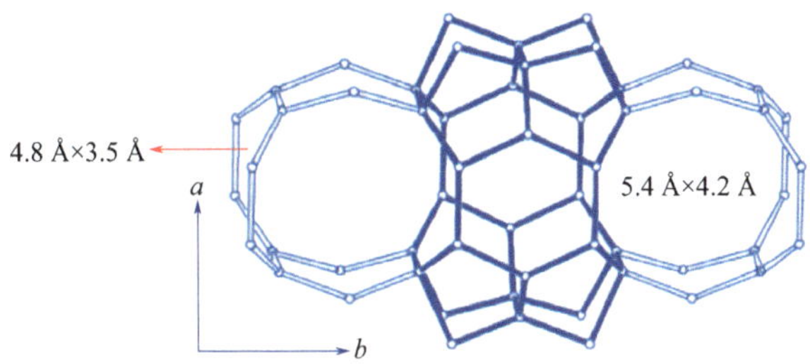

图 2.39　FER 分子筛的结构 [99]

H-ZSM-35 具有 FER 拓扑结构。Liu 等 [100] 比较了 H-ZSM-35 分子筛和 H-MOR 分子筛的二甲醚羰基化反应性能，发现 H-MOR 分子筛活性更高；而 H-ZSM-35 分子筛稳定性更好。在 473 K、1 MPa 条件下，H-MOR 分子筛上乙酸甲酯最高生成速率为 0.43 mol/(mol H^+·h)，但在反应 20 h 后降至 0.2 mol/(mol H^+·h)；而在 H-ZSM-35 分子筛上，乙酸甲酯生成速率可在 32 h 内维持在 0.35 mol/(mol H^+ · h) 左右。

由于具有良好的稳定性，FER 分子筛的合成及其在二甲醚羰基化反应的应用受到了关注。研究人员系统研究了有机模板剂在调控酸中心分布及其对二甲醚羰基化性能的影响。Davis 等 [101] 采用四甲基铵阳离子与不同大小的环胺（吡咯烷、六亚甲基亚胺和 1,4-二氮杂环 [2.2.2] 辛烷）合成系列具有 FER 拓扑结构的分子筛。他们发现在四甲基铵阳离子存在条件下，采用六亚甲基亚胺为有机结构导向剂可以合成 FER 分子筛，但其酸性位点主要分布在 10 元环孔道，仅有 27% 的酸中心分布在 8 元环孔道；而无论是否使用四甲基铵阳离子，采用吡咯烷为有机结构导向剂均可以合成出 FER 分子筛，酸性位点在 8 元环孔道内的比例分别为 84% 和 89%，相应地，该类分子筛也展示了良好的二甲醚羰基化性能。Bae 团队 [102] 使用两种不同的有机结构导向剂十六烷基三甲基溴化铵（CTAB）和哌啶，成功合成了强酸性位点多、绳索状的 FER 分子筛，该分子筛在二甲醚羰基化制乙酸甲酯反应中表现出较高的催化活性和稳定性。他们通过使用表面酸性位点测量和分子动力学（MD）分析验证了合成程序和表面属性的影响，其中适当的 CTAB/ 哌啶摩尔比（约 0.5）显示出最稳定的二甲醚吸附性质与催化稳定性。Chu 等 [103] 在碱性条件或者含氟体系下，采用不同有机模板剂（环己胺、哌啶、吡啶、吡咯烷和乙二胺）合成出系列 FER 分子筛，通过对比研究发现，有机模板剂与合成介质的改变对 Al 分布的调控作用是有限的，Al 原子总是优先分布于 T1 和 T3 位，而二甲醚羰基化反应的活性位点分布于 T2-O5 和 T4-O7 位。因此，和 MOR 分子筛相比，具有 FER 拓扑结构的分子筛显示了较低的二甲醚羰基化活性。

研究发现，在不使用有机结构导向剂的条件下也可以合成具有较好二甲醚羰基化性能的 FER 分子筛。刘中民团队[104]通过向初始凝胶中添加未经煅烧的 MCM-49 晶种成功合成了高硅 H-ZSM-35，显示出优秀的稳定性和高乙酸甲酯选择性。Baw 团队[105-110]以 FER 分子筛为晶种，系统研究了晶种类型、用量、尺寸等对 FER 分子筛合成及羰基化性能的影响。以纳米 FER 分子筛（Si/Al 摩尔比约为 11）为晶种时，发现在最佳纳米 FER 晶种、含量为 7% ～ 15%（质量分数），晶化时间大约 4 天的条件下，可以合成高结晶度、含有大量 Brønsted 酸性位点的 FER 分子筛。以该分子筛为催化剂催化二甲醚羰基化反应，二甲醚转化率和乙酸甲酯选择性分别高于 60% 和 99.5%，且稳定性良好。

提高 FER 分子筛扩散性能是提高其羰基化性能的重要方法。Li 等[111]结合 H-MOR 分子筛在羰基化反应中的活性优势和 H-ZSM-35 分子筛的稳定性优势，采用无有机结构导向剂晶种辅助的方法合成了系列 FER/MOR 共晶分子筛，发现其具有良好的孔隙连通性和高吸附容量，同时总 Brønsted 酸密度，特别是 8 元环通道中的酸密度高于单一分子筛。这也保证了 FER/MOR 共晶分子筛在二甲醚羰基化反应中的优越性能。Zhang 等[112]采用 NH_4F 蚀刻方法成功合成具有多级孔道的 H-ZSM-35 分子筛，改善了对 8 元环和 10 元环酸性位点的可接触性，以及二甲醚羰基化活性。近期，马新宾等[113]采用二次生长法成功合成了具有鳍片结构的 H-ZSM-35 分子筛，并进一步通过优化 H_2O/SiO_2 比和 $NaOH/SiO_2$ 比调控分子筛的形貌和 Si/Al 比。研究表明，鳍片状 H-ZSM-35 分子筛上二甲醚扩散能力得到增强。8 元环中 Brønsted 酸性位点数量的增加和扩散性能的改善共同提升了二甲醚羰基化性能。上述工作为开发具有二甲醚羰基化高活性和高稳定性的 FER 分子筛提供了新方法。

2.5 其他具有催化二甲醚羰基化性能的分子筛

在 H-MOR 和 H-ZSM-35 分子筛催化二甲醚羰基化研究的基础上，众多研究者致力于开发其他具有羰基化活性的分子筛催化剂。Tsubaki 等[114]发现，具有 ETL 拓扑结构的 HEU-12 分子筛对二甲醚羰基化反应也有较好的催化性能。实验过程中反应 10 h，二甲醚转化率保持稳定且没有明显失活。HEU-12 的结构如图 2.40（a）所示，在 *c* 轴方向具有二维 8 元环直孔道（孔口尺寸分别为 4.6 Å×2.8 Å 和 5.0 Å×2.7 Å），其中较小的 8 元环孔道与 *a* 轴方向上的正弦型 8 元环孔道（孔口尺寸为 4.8 Å×3.3 Å）交叉，较大的 8 元环孔道通过在 *ac* 平面上共享 8 元环与正弦型孔道相连。Lusardi 等[115]研究了具有 CHA 结构的 H-SSZ-13 分子筛［图 2.40（b）］在二甲醚羰基化反应的催化性能。他们发现在 439 K 反应 24 h 后，H-SSZ-13 分子筛上乙酸甲酯产率与同样条件下 H-MOR 分子筛上的相当。DFT 计算证明，当甲基位于分子筛的 8 元环窗口平面时，CO 插入能垒最低。

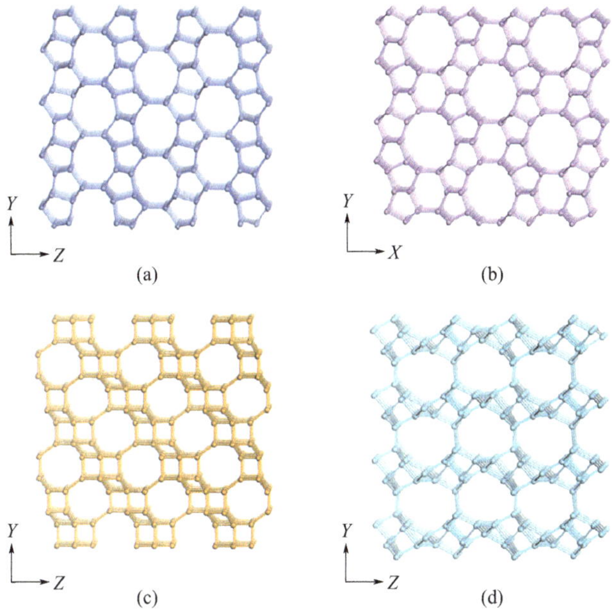

图 2.40　HEU-12（a）、H-SUZ-4（b）、H-SSZ-13（c）和 Al-RUB-41（d）分子筛的结构[3]

Xiong 等[116]发现具有 SZR 结构的棒状 H-SUZ-4 分子筛同样具有较好的二甲醚羰基化能力［图 2.40（b）］。在 473 K、2 MPa、GHSV = 1250 h^{-1}、5% DME / 50% CO / 2.5% Ar / 42.5% He 条件下，二甲醚转化率在反应 80 h 内维持在大约 10%，乙酸甲酯选择性约 90%。他们认为 H-SUZ-4 与 H-ZSM-35 分子筛的孔道结构相似，且 H-SUZ-4 分子筛中丰富的 8 元环孔道有利于反应物和产物的扩散，从而有利于羰基化反应的发生。H-SUZ-4 分子筛在二甲醚羰基化中表现出优异的稳定性。在 80 h 的实验中，H-SUZ-4 催化剂的二甲醚转化率和乙酸甲酯选择性基本不变。2024 年，Jiang 等[117]利用原位合成方法将硼原子引入 H-SUZ-4 分子筛骨架中，有效缩短了沿 8 元环通道的扩散长度，降低了 10 元环孔道内 Brønsted 酸密度，相应地提高了二甲醚转化率和乙酸甲酯选择性。为优化 H-SUZ-4 分子筛羰基化性能提供了一个新的方法。Yao 等[118]制备了一种具有 RRO 结构的薄片状 Al-RUB-41 分子筛［图 2.40（d）］，该分子筛的 8 元环通道刚好垂直于薄片，可有效降低客体分子在 8 元环孔道中的传质能力，在二甲醚羰基化反应中有利于增加羰基化活性位点与反应物接触的机会，因此表现出较好的催化性能。他们发现外表面酸性位点是 Al-RUB-41 催化剂唯一的失活中心，进一步通过化学沉积法去除外表面酸性位点制备了 Al-RUB-41@SiO_2 催化剂，在 473 K、1.5 MPa、GHSV = 2400 mL/(g·h)、1.94% DME / 45.55% CO / 2.51% Ar / 50% N_2 条件下，二甲醚转化率和乙酸甲酯选择性分别为约 25% 和 97%，在 50 h 内具有较好的稳定性。最近，杨国辉等 [119] 在不使用模板剂条件下合成了具有 GIS 结构的 HP1 分子筛，并将其用于二甲醚羰基化反应中。其中最优分子筛在 493 K 下，二甲醚转化率达 36%，乙酸甲酯选择性为 93%。

在二甲醚羰基化分子筛催化剂的研究中，研究人员就不同类型的分子筛开展了大量的研究，并取得了一定的进展。但基于现有文献报道可以发现，H-MOR 分子筛仍然是羰基化活性最高、最具工业应用前景的候选分子筛催化剂。

2.6 小结与展望

分子筛催化二甲醚羰基化制乙酸甲酯构成一条重要的非均相、无贵金属合成路线。本章系统综述了该反应的研究进展，重点聚焦于丝光沸石（MOR）分子筛催化体系，并延伸至 FER 及其他拓扑结构分子筛。现有研究已明确，MOR 分子筛独特的 8 元环侧口袋内特定 T 位（主要为 T3 位）的 Brønsted 酸性位点是该反应的主要活性中心，而 12 元环主孔道主要承担扩散通道功能。反应机理涉及关键中间体（如表面甲氧基、乙酰基，以及可能的乙烯酮或酰基离子）的形成与转化，其中 CO 插入表面甲氧基形成 C—C 键为速率控制步骤。8 元环侧口袋的限域微环境通过空间约束和静电相互作用，显著降低了羰基化反应能垒并抑制了副反应，是实现高选择性的关键。然而，H-MOR 催化剂的快速失活是其工业化应用的核心挑战，失活机制复杂，主要源于 12 元环孔道内 Brønsted 酸引发的副反应：其 Brønsted 酸易催化类 MTH/DTH 副反应生成多环芳烃积碳；即使屏蔽 12 元环 Brønsted 酸性位点，过量中间体在 8 元环富集后仍可能在 12 元环孔道内聚合形成环状含氧化合物积碳。针对活性中心特性与失活机制，研究发展了一系列 H-MOR 催化剂的设计与改性策略，包括 8 元环富铝定向合成、12 元环酸性位点选择性屏蔽 / 脱除、形貌控制及金属改性等。在新拓扑结构分子筛开发方面，H-SUZ-4、H-SSZ-13、Al-RUB-41、HP1 等具有适宜孔道（特别是 8 元环）的分子筛也被证实具有一定的羰基化活性，但其活性和 / 或选择性通常低于 MOR 分子筛。

尽管分子筛催化二甲醚羰基化反应的研究（特别是 H-MOR 体系在活性与选择性调控方面）已取得显著进展，但实现工业催化剂与过程的进一步优化升级仍需在以下方向深入研究：

① 活性位点结构与反应动态的原位表征。发展高时空分辨的原位 / 工况表征技

术（如原位光谱技术、高分辨成像），在原子/分子水平实时解析活性位点精细结构（特别是T位落位与配位环境）、反应中间体（如乙酰基、乙烯酮、酰基离子）的动态演变及积碳物种生成路径，为催化剂精准设计提供直接依据。

② 传质机制的深入理解与量化。系统研究孔道结构（如多级孔、纳米片）、表面性质（如表面扩散阻力、非骨架铝影响）及积碳分布与演变对反应物/产物扩散传质的影响规律，指导兼具高本征活性与优异传质性能催化剂的设计。

③ 失活网络的深入解析与高效抗失活策略开发。厘清复杂失活网络中不同路径的贡献及相互影响，发展普适且高效的抗积碳失活策略。

分子筛催化二甲醚羰基化反应的研究，不仅为羰基化反应的非均相化开辟了新途径，深化了对固体酸催化、分子筛限域效应及C_1化学中C—C键形成机理的理解，也推动了分子筛材料合成、表征、改性与催化理论的发展。随着基础研究的持续深入，未来有望在新型高效分子筛催化剂的理性设计与可控制备方面取得突破，从而推动二甲醚制乙醇（DMTE）技术及煤基乙醇产业的持续创新与发展。

参考文献

[1] Fujimoto K, Shikada T, Omata K, et al. Vapor-phase carbonylation of methanol with solid acid catalysts[J]. Chem Lett, 1984, 13(12): 2047-2050.

[2] Cheung P, Bhan A, Sunley G J, et al. Selective carbonylation of dimethyl ether to methyl acetate catalyzed by acidic zeolites[J]. Angew Chem Int Ed, 2006, 45(10): 1617-1620.

[3] Cheung P, Bhan A, Sunley G J, et al. Site requirements and elementary steps in dimethyl ether carbonylation catalyzed by acidic zeolites[J]. J Catal, 2007, 245(1): 110-123.

[4] Liu Y, Kirchberger F M, Müller S, et al. Critical role of formaldehyde during methanol conversion to hydrocarbons[J]. Nat Commun, 2019, 10(1): 1462.

[5] Li B, Xu J, Han B, et al. Insight into dimethyl ether carbonylation reaction over mordenite zeolite from in-situ solid-state NMR spectroscopy[J]. J Phys Chem C, 2013, 117(11): 5840-5847.

[6] Chu Y, Lo A Y, Wang C, et al. Origin of high selectivity of dimethyl ether carbonylation in the 8-membered ring channel of mordenite zeolite[J]. J Phys Chem C, 2019, 123(25): 15503-15512.

[7] Volkova G G, Paukshtis E A. Carbonylation of dimethyl ether on $Ag/Cs_{1.5}H_{1.5}PW_{12}O_{40}$: In-situ FTIR spectroscopy study of the Ag-carbonyls[J]. Catal Sustain Energy, 2018, 4(1): 59-61.

[8] Boronat M, Martinez C, Corma A. Mechanistic differences between methanol and dimethyl ether carbonylation in side pockets and large channels of mordenite[J]. Phys Chem Chem Phys, 2011, 13(7): 2603-2612.

[9] Rasmussen D B, Christensen J M, Temel B, et al. Ketene as a reaction intermediate in the

carbonylation of dimethyl ether to methyl acetate over mordenite[J]. Angew Chem Int Ed, 2015, 54(25): 7261-7264.
[10] Zhou H, Zhu W, Shi L, et al. In situ DRIFT study of dimethyl ether carbonylation to methyl acetate on H-mordenite[J]. J Mol Catal A: Chem, 2016, 417: 1-9.
[11] Bhan A, Allian A D, Sunley G J, et al. Specificity of sites within eight-membered ring zeolite channels for carbonylation of methyls to acetyls[J]. J Am Chem Soc, 2007, 129(16): 4919-4924.
[12] Bhan A, Iglesia E. A link between reactivity and local structure in acid catalysis on zeolites[J]. Acc Chem Res, 2008, 41(4): 559-567.
[13] Boronat M, Martinez-Sanchez C, Law D, et al. Enzyme-like specificity in zeolites: a unique site position in mordenite for selective carbonylation of methanol and dimethyl ether with CO[J]. J Am Chem Soc, 2008, 130(48): 16316-16323.
[14] He T, Ren P, Liu X, et al. Direct observation of DME carbonylation in the different channels of H-MOR zeolite by continuous-flow solid-state NMR spectroscopy[J]. Chem Commun, 2015, 51(94): 16868-16870.
[15] Chen W, Li G, Yi X, et al. Molecular understanding of the catalytic consequence of ketene intermediates under confinement[J]. J Am Chem Soc, 2021, 143(37): 15440-15452.
[16] Chen W, Tarach K A, Yi X, et al. Charge-separation driven mechanism via acylium ion intermediate migration during catalytic carbonylation in mordenite zeolite[J]. Nat Commun, 2022, 13(1): 1100.
[17] Xiong Z, Qi G, Zhan E, et al. Experimental identification of the active sites over a plate-like mordenite for the carbonylation of dimethyl ether[J]. Chem, 2023, 9(1): 76-92.
[18] Wei Y, Zhang D, Liu Z, et al. Highly efficient catalytic conversion of chloromethane to light olefins over HSAPO-34 as studied by catalytic testing and in situ FTIR[J]. J Catal, 2006, 238(1): 46-57.
[19] Http://www.iza-structure.org/databases/.
[20] Guisnet M, Costa L, Ribeiro F R. Prevention of zeolite deactivation by coking[J]. J Mol Catal A: Chem, 2009, 305(1-2): 69-83.
[21] Lin S, Zhi Y, Chen W, et al. Molecular routes of dynamic autocatalysis for methanol-to-hydrocarbons reaction[J]. J Am Chem Soc, 2021, 143(31): 12038-12052.
[22] Wang N, Zhi Y, Wei Y, et al. Molecular elucidating of an unusual growth mechanism for polycyclic aromatic hydrocarbons in confined space[J]. Nat Commun, 2020, 11(1): 1079.
[23] Tian P, Wei Y, Ye M, et al. Methanol to olefins (MTO): from fundamentals to commercialization[J]. ACS Catal, 2015, 5(3): 1922-1938.
[24] Chaouati N, Soualah A, Chater M, et al. Mechanisms of coke growth on mordenite zeolite[J]. J Catal, 2016, 344: 354-364.
[25] Magnoux P, Cartraud P, Mignard S, et al. Coking, aging, and regeneration of zeolites: II.

Deactivation of HY zeolite during n-heptane cracking[J]. J Catal, 1987, 106(1): 235-241.
[26] Müller S, Liu Y, Kirchberger F M, et al. Hydrogen transfer pathways during zeolite catalyzed methanol conversion to hydrocarbons[J]. J Am Chem Soc, 2016, 138(49): 15994-16003.
[27] Gallezot P, Leclercq C, Guisnet M, et al. Coking, aging, and regeneration of zeolites: VII. Electron microscopy and EELS studies of external coke deposits on USHY, H-OFF, and H-ZSM-5 zeolites[J]. J Catal, 1988, 114(1): 100-111.
[28] Bjørgen M, Svelle S, Joensen F, et al. Conversion of methanol to hydrocarbons over zeolite H-ZSM-5: on the origin of the olefinic species[J]. J Catal, 2007, 249(2): 195-207.
[29] Cheng Z Z, Huang S Y, Li Y, et al. Carbonylation of dimethyl ether over MOR and Cu/H-MOR catalysts: comparative investigation of deactivation behavior[J]. Appl Catal A: Gen, 2019, 576: 1-10.
[30] Chen X, Neidig M L, Tuinstra R, et al. Direct observation of acetyl group formation from the reaction of CO with methylated H-MOR by in situ diffuse reflectance infrared spectroscopy[J]. J Phys Chem Lett, 2010, 1(20): 3012-3015.
[31] Sastre G. Computational study of diffusion of propane in small pore acidic zeotypes AFX and AEI[J]. Catal Today, 2014, 226: 25-36.
[32] Beerdsen E, Smit B, Dubbeldam D. Molecular simulation of loading dependent slow diffusion in confined systems[J]. Phys Rev Lett, 2004, 93(24): 248301.
[33] Liu Z, Yi X, Wang G, et al. Roles of 8-ring and 12-ring channels in mordenite for carbonylation reaction: from the perspective of molecular adsorption and diffusion[J]. J Catal, 2019, 369: 335-344.
[34] Ghysels A, Moors S L C, Hemelsoet K, et al. Shape-selective diffusion of olefins in 8-ring solid acid microporous zeolites[J]. J Phys Chem C, 2015, 119(41): 23721-23734.
[35] Reule A A C, Sawada J A, Semagina N. Effect of selective 4-membered ring dealumination on mordenite-catalyzed dimethyl ether carbonylation[J]. J Catal, 2017, 349: 98-109.
[36] Huang X, Ma M, Li M, et al. Regulating the location of framework aluminium in mordenite for the carbonylation of dimethyl ether[J]. Catal Sci Technol, 2020, 10(21): 7280-7290.
[37] Müller S, Liu Y, Vishnuvarthan M, et al. Coke formation and deactivation pathways on H-ZSM-5 in the conversion of methanol to olefins[J]. J Catal, 2015, 325: 48-59.
[38] 周慧 . 分子筛催化二甲醚羰基化反应制备乙酸甲酯研究 [D]. 大连 : 中国科学院大连化学物理研究所 , 2016.
[39] He T, Liu X, Xu S, et al. Role of 12-ring channels of mordenite in DME carbonylation investigated by solid-state NMR[J]. J Phys Chem C, 2016, 120(39): 22526-22531.
[40] Wang X S, Li R J, Yu C C, et al. Study on the deactivation process of dimethyl ether carbonylation reaction over mordenite catalyst[J]. Fuel, 2021, 286: 119480.
[41] Cheng Z, Huang S, Li Y, et al. Role of Brønsted acid sites within 8-MR of mordenite in the

deactivation roadmap for dimethyl ether carbonylation[J]. ACS Catal, 2021, 11(9): 5647-5657.

[42] Liu J, Xue H, Huang X, et al. Stability enhancement of H-mordenite in dimethyl ether carbonylation to methyl acetate by pre-adsorption of pyridine[J]. Chin J Catal, 2010, 31(7): 729-738.

[43] Liu S P, Fang X D, Liu Y, et al. Dimethyl ether carbonylation over mordenite zeolite modified by alkyimidazolium ions[J]. Catal Commun, 2020, 147: 106146.

[44] Liu S, Liu H, Ma X, et al. Identifying and controlling the acid site distributions in mordenite zeolite for dimethyl ether carbonylation reaction by means of selective ion-exchange[J]. Catal Sci Technol, 2020, 10(14): 4663-4672.

[45] Xie M, Fang X, Liu H, et al. Cyclic oxygenate-based deactivation mechanism in dimethyl ether carbonylation reaction over a pyridine-modified H-MOR catalyst[J]. ACS Catal, 2023, 13(21): 14327-14333.

[46] Guisnet M, Magnoux P. Coking and deactivation of zeolites-influence of the pore structure[J]. Appl Catal, 1989, 54(1): 1-27.

[47] Cheng Z, Huang S, Li Y, et al. Deactivation kinetics for the carbonylation of dimethyl ether to methyl acetate on H-MOR[J]. Ind Eng Chem Res, 2017, 56(46): 13618-13627.

[48] Wei Y, Li J, Yuan C, et al. Generation of diamondoid hydrocarbons as confined compounds in SAPO-34 catalyst in the conversion of methanol[J]. Chem Commun, 2012, 48(25): 3082-3084.

[49] Zhang W, Lin S, Wei Y, et al. Cavity-controlled methanol conversion over zeolite catalysts[J]. Natl Sci Rev, 2023, 10(9): 120.

[50] Song C. Shape-selective isopropylation of naphthalene over H-mordenite catalysts for environmentally friendly synthesis of 2,6-dialkylnaphthalene[J]. Catal Surv Asia, 2000, 3(6): 477-496.

[51] Lu K, Huang J, Ren L, et al. High ethylene selectivity in methanol-to-olefin (MTO) reaction over MOR-zeolite nanosheets[J]. Angew Chem Int Ed, 2020, 59(15): 6258-6262.

[52] 孙慧，李勇．丝光沸石吸附剂应用于污染治理的研究进展 [J]. 现代化工，2018, 38(4): 55-58.

[53] Barrer R M. Synthesis of a zeolitic mineral with chabazite-like sorptive properties[J]. J Chem Soc, 1948: 127-132.

[54] Bajpai P K, Rao M S, Gokhale K V G K. Synthesis of mordenite type zeolite using silica from rice husk ash[J]. Ind Eng Chem Prod Res Dev, 1981, 20(4): 721-726.

[55] Itabashi K, Fukushima T, Igawa K. Synthesis and characteristic properties of siliceous mordenite[J]. Zeolites, 1986, 6(1): 30-34.

[56] Roy T M, Edwards M. Transalkylation of alkaromatic hydrocarbons in contact with a zeolite catalyst composition: US3677973[P]. 1972-07-18.

[57] Mohamed M M, Salama T M, Othman I, et al. Synthesis of high silica mordenite nanocrystals

using ophenylenediamine template[J]. Microporous Mesoporous Mater, 2005, 84(1-3): 84-96.

[58] Lv A L, Xu H, Wu H H, et al. Hydrothermal synthesis of high-silica mordenite by dual-templating method[J]. Microporous Mesoporous Mater, 2011, 145(1-3): 80-86.

[59] Ma Z P, Xie J Y, Zhang J L, et al. Mordenite zeolite with ultrahigh SiO_2/Al_2O_3ratio directly synthesized from ionic liquid-assisted dry-gel-conversion[J]. Microporous Mesoporous Mater, 2016, 224: 17-25.

[60] Mintova S, Olson N H, Valtchev V, et al. Mechanism of zeolite A nanocrystal growth from colloids at room temperature[J]. Science, 1999, 283(5404): 958-960.

[61] Mcnicol B D, Loos K R, Pott G T. Spectroscopic studies of zeolite synthesis[J]. J Phys Chem, 1972, 76(23): 3388-3390.

[62] Mintova S, Olson N H, Bein T. Electron microscopy reveals the nucleation mechanism of zeolite Y from precursor colloids[J]. Angew Chem Int Ed, 1999, 38(21): 3201-3204.

[63] Tian P, Li B, Xu S, et al. Investigation of the crystallization process of SAPO-35 and Si distribution in the crystals[J]. J Phys Chem C, 2013, 117(8): 4048-4056.

[64] Tian P, Su X, Wang Y X, et al. Phase-transformation synthesis of SAPO-34 and a novel SAPO molecular sieve with RHO framework type from a SAPO-5 precursor[J]. Chem Mater, 2011, 23(6): 1406-1413.

[65] Li B, Tian P, Qi Y, et al. Study of crystallization process of SAPO-11 molecular sieve[J]. Chin J Catal, 2013, 34(3): 593-603.

[66] Derouane E G, Detremmerie S, Gabelica Z, et al. Synthesis and characterization of ZSM-5 type zeolites: I. Physicochemical properties of precursors and intermediates[J]. Appl Catal, 1981, 1(3): 201-224.

[67] Van Grieken R, Sotelo J L, Menendez J M, et al. Anomalous crystallization mechanism in the synthesis of nanocrystalline ZSM-5[J]. Microporous Mesoporous Mater, 2000, 39(1-2): 135-147.

[68] Cao K P, Fan D, Li L Y, et al. Insights into the pyridine-modified MOR zeolite catalysts for DME carbonylation[J]. ACS Catal, 2020, 10(5): 3372-3380.

[69] Liu R S, Zeng S, Sun T T, et al. Selective removal of acid sites in mordenite zeolite by trimethylchlorosilane silylation to improve dimethyl ether carbonylation stability. ACS Catal, 2022, 12: 4491-4500.

[70] Li Y, Huang S Y, Cheng Z Z, et al. Promoting the activity of Ce-incorporated MOR in dimethyl ether carbonylation through tailoring the distribution of Brønsted acids[J]. Appl Catal B: Environ, 2019, 256: 117777.

[71] Zhou H, Zhu W I, Shi L, et al. Promotion effect of Fe in mordenite zeolite on carbonylation of dimethyl ether to methyl acetate[J]. Catal Sci Technol, 2015, 5(3): 1961-1968.

[72] Wang M X, Huang S Y, Lü J, et al. Modifying the acidity of H-MOR and its catalytic carbonylation of dimethyl ether[J]. Chin J Catal, 2016, 37(9): 1530-1537.

[73] Wang X S, Li R J, Yu C C, et al. Influence of acid site distribution on dimethyl ether carbonylation over mordenite[J]. Ind Eng Chem Res, 2019, 58(39): 18065-18072.

[74] Chen N, Zhang J, Gu Y T, et al. Designed synthesis of MOR zeolites using gemini-type bis(methylpyrrolidinium) dications as structure directing agents and their DME carbonylation performance[J]. J Mater Chem A, 2022, 10(15): 8334-8343.

[75] Li Y, Yu M, Cai K, et al. Template-induced Al distribution in MOR and enhanced activity in dimethyl ether carbonylation[J]. Phys Chem Chem Phys, 2020, 22(20): 11374-11381.

[76] Ma M, Huang X M, Zhan E S, et al. Synthesis of mordenite nanosheets with shortened channel lengths and enhanced catalytic activity[J]. J Mater Chem A, 2017, 5(19): 8887-8891.

[77] Wang X S, Li R J, Yu C C, et al. Dimethyl ether carbonylation over nanosheet-assembled hierarchical mordenite[J]. Microporous Mesoporous Mater, 2019, 274: 227-235.

[78] Xue H F, Huang X M, Ditzel E, et al. Dimethyl ether carbonylation to methyl acetate over nanosized mordenites[J]. Ind Eng Chem Res, 2013, 52(33): 11510-11515.

[79] Yuan Y Y, Wang L Y, Liu H C, et al. Facile preparation of nanocrystal-assembled hierarchical mordenite zeolites with remarkable catalytic performance[J]. Chin J Catal, 2015, 36(11): 1910-1919.

[80] Liu Y H, Zhao N, Xian H, et al. Facilely synthesized H-mordenite nanosheet assembly for carbonylation of dimethyl ether[J]. ACS Appl Mater Interfaces, 2015, 7(16): 8398-8403.

[81] Cao K P, Fan D, Zeng S, et al. Organic-free synthesis of MOR nanoassemblies with excellent DME carbonylation performance[J]. Chin J Catal, 2021, 42(9): 1468-1477.

[82] Cao K P, Fan D, Gao M B, et al. Recognizing the important role of surface barriers in MOR zeolite catalyzed DME carbonylation reaction[J]. ACS Catal, 2021, 12(1): 1-7.

[83] Cao K P, Chen W, Fan D, et al. MOR nanosheets with tunable c-axis thickness and their catalytic performance in DME carbonylation[J]. Chem Eng J, 2024, 487: 150450.

[84] Blasco T, Boronat M, Concepcion P, et al. Carbonylation of methanol on metal-acid zeolites: Evidence for a mechanism involving a multisite active center[J]. Angew Chem Int Ed, 2007, 46(21): 3938-3941.

[85] Wang S R, Guo W W, Zhu L J, et al. Methyl acetate synthesis from dimethyl ether carbonylation over mordenite modified by cation exchange[J]. J Phys Chem C, 2015, 119(1): 524-533.

[86] Reule A A C, Semagina N. Zinc hinders deactivation of copper-mordenite: Dimethyl ether carbonylation[J]. ACS Catal, 2016, 6(8): 4972-4975.

[87] Reule A A C, Shen J, Semagina N. Copper affects the location of zinc in bimetallic ion-exchanged mordenite[J]. ChemPhysChem, 2018, 19(12): 1500-1506.

[88] Reule A A C, Prasad V, Semagina N. Effect of Cu and Zn ion-exchange locations on mordenite performance in dimethyl ether carbonylation[J]. Microporous Mesoporous Mater,

2018, 263: 220-230.
[89] Zhan H M, Huang S Y, Li Y, et al. Elucidating the nature and role of Cu species in enhanced catalytic carbonylation of dimethyl ether over Cu/H-MOR[J]. Catal Sci Technol, 2015, 5(9): 4378-4389.
[90] Li Y, Huang S, Cheng Z, et al. Synergy between Cu and Brønsted acid sites in carbonylation of dimethyl ether over Cu/H-MOR[J]. J Catal, 2018, 365: 440-449.
[91] Ma M, Zhan E S, Huang X, et al. Carbonylation of dimethyl ether over Co-HMOR[J]. Catal Sci Technol, 2018, 8(8): 2124-2130.
[92] Fan D, Chen N, Han S Y, et al. H_2-Promoted benign coke strategy for dimethyl ether carbonylation with long-term stability and high activity[J]. ACS Appl Mater Interfaces, 2024, 16(15): 18745-18753.
[93] Xue H F, Huang X M, Zhan E S, et al. Selective dealumination of mordenite for enhancing its stability in dimethyl ether carbonylation[J]. Catal Commun, 2013, 37: 75-79.
[94] Cai K, Huang S Y, Li Y, et al. Influence of acid strength on the reactivity of dimethyl ether carbonylation over H-MOR[J]. ACS Sustainable Chem Eng, 2018, 7(2): 2027-2034.
[95] Zhao N, Cheng Q P, Lyu S S, et al. Promoting dimethyl ether carbonylation over hot-water pretreated H-mordenite[J]. Catal Today, 2020, 339: 86-92.
[96] Li Y, Sun Q, Huang S Y, et al. Dimethyl ether carbonylation over pyridine-modified MOR: Enhanced stability influenced by acidity[J]. Catal Today, 2018, 311: 81-88.
[97] Zhao N, Tian Y, Zhang L, et al. Spacial hindrance induced recovery of over-poisoned active acid sites in pyridine-modified H-mordenite for dimethyl ether carbonylation. Chin J Catal 2019, 40 (6): 895-904.
[98] Han S Y, Fan D, Chen N, et al. Efficient conversion of syngas into ethanol by tandem catalysis[J]. ACS Catal, 2023, 13(16): 10651-10660.
[99] 周子乔 . 分子筛上二甲醚羰基化反应网络的研究 [D]. 大连 : 中国科学院大连化学物理研究所 , 2021.
[100] Liu J L, Xue H F, Huang X M, et al. Dimethyl ether carbonylation to methyl acetate over HZSM-35[J]. Catal Lett, 2010, 139(1): 33-37.
[101] Román-Leshkov Y, Moliner M, Davis M E. Impact of controlling the site distribution of Al atoms on catalytic properties in ferrierite-type zeolites[J]. J Phys Chem C, 2011, 115(4): 1096-1102.
[102] Jung H S, Kim J, Park C, et al. Unprecedented contributions of thinner ferrierite zeolite morphology for superior gas-phase dimethyl ether carbonylation activity[J]. Chem Eng J, 2024, 481: 148445.
[103] Chu W F, Liu X N, Yang Z Q, et al. Constrained Al sites in FER-type zeolites[J]. Chin J Catal, 2021, 42(11): 2078-2087.

[104] Wang L Y, Tian P, Yuan Y Y, et al. Seed-assisted synthesis of high silica ZSM-35 through interface-induced growth over MCM-49 seeds[J]. Microporous Mesoporous Mater, 2014, 196: 89-96.

[105] Kim J, Ham H, Jung H S, et al. Dimethyl ether carbonylation to methyl acetate over highly crystalline zeolite seed-derived ferrierite[J]. Catal Sci Technol, 2018, 8(12): 3060-3072.

[106] Jung H S, Ham H, Bae J W. Highly stable seed-derived ferrierite for carbonylation of dimethyl ether to methyl acetate: Effects of seed content to catalytic stability[J]. Catal Today, 2020, 339: 79-85.

[107] Ham H, Jung H S, Kim H S, et al. Gas-phase carbonylation of dimethyl ether on the stable seed-derived ferrierite[J]. ACS Catal, 2020, 10(9): 5135-5146.

[108] Jung W, Lee S, Kim H, et al. Indirect methyl acetate production process based on dimethyl ether using seed-derived ferrierite from shale gas[J]. Fuel, 2022, 310: 122438.

[109] Kim E J, Gao X, Tian J, et al. Nanosized seed-derived ferrierite zeolite for a gas-phase carbonylation of dimethyl ether to methyl acetate[J]. Catal Today, 2023, 411-412: 113851.

[110] Guo Y, Wang S, Geng R, et al. Enhancement of the dimethyl ether carbonylation activation via regulating acid sites distribution in FER zeolite framework[J]. iScience, 2023, 26(10): 107865.

[111] Li X J, Chen X F, Yang Z Q, et al. Seed-assisted synthesis of FER/MOR composite zeolite and its specific catalytic application in carbonylation reaction[J]. Microporous Mesoporous Mater, 2018, 257: 79-84.

[112] Zhang D X, Li K, Chen J L, et al. Improved catalytic performance in gas-phase dimethyl ether carbonylation over facile NH_4F etched ferrierite[J]. RSC Adv, 2023, 13(50): 35379-35390.

[113] Liu X H, Huang S Y, Liu Y D, et al. Enhanced catalytic performance of ferrierite zeolites via finned morphology for carbonylation of dimethyl ether[J]. Chem Eng Sci, 2024, 297: 120244.

[114] Feng X, Yao J, Li H, et al. A brand new zeolite catalyst for carbonylation reaction[J]. Chem Commun, 2019, 55(8): 1048-1051.

[115] Lusardi M, Chen T T, Kale M, et al. Carbonylation of dimethyl ether to methyl acetate over SSZ-13[J]. ACS Catal, 2020, 10(1): 842-851.

[116] Xiong Z P, Zhan E S, Li M R, et al. DME carbonylation over a HSUZ-4 zeolite[J]. Chem Commun, 2020, 56(23): 3401-3404.

[117] Jiang Y M, Hao A J, Zhan E S, et al. Boron-incorporated nanosized SUZ-4 zeolite for DME carbonylation[J]. Chem Commun, 2024, 60(44): 5727-5730.

[118] Yao J, Wu Q M, Fan J Q, et al. A carbonylation zeolite with specific nanosheet structure for efficient catalysis[J]. ACS Nano, 2021, 15(8): 13568-13578.

[119] Fan J Q, Yao J, Feng X B, et al. Unveiling the catalytic role of zeolite P1 in carbonylation reaction[J]. Chem Bio Eng, 2024, 1(2): 141-149.

第 3 章　二甲醚经乙酸甲酯制乙醇（DMTE）技术研究与开发

3.1　乙醇及其生产技术概述

3.1.1　乙醇的性质及用途

乙醇是一种重要的清洁能源和基础化学品，在能源化工、医疗卫生、食品工业等领域有着广泛的应用[1,2]。一方面，乙醇既具有大宗化学品的属性，可以部分替代乙烯用作化工原料，也可以经过分子内脱水反应便捷地转化为乙烯，带动下游精细化工行业的发展；另一方面，乙醇又具有能源产品属性，是世界公认的环保清洁燃料，可以直接作为汽油添加剂，在不改变发动机结构的基础上改善汽油的燃料性能，有效减少汽油燃烧过程中 CO、烃类化合物、氮氧化物、苯系物等污染物质以及颗粒物的排放，改善燃油汽车带来的空气污染[3, 4]。

鉴于乙醇的优势以及对能源安全的需求，我国积极推广乙醇汽油，目前已有辽宁、吉林、黑龙江、河南、安徽等 12 个省份的全部或部分地区使用乙醇汽油。根据国家标准 GB 18351—2017《车用乙醇汽油（E10)》[5]，在不添加含氧化合物的车用乙醇调和组分油中加入 10%（体积分数）的变性燃料乙醇，可调和成车用乙醇汽油（E10)。如果在全国范围内全面推广乙醇汽油，按照2022年汽油消耗量1.33 亿吨 / 年估算，燃料乙醇的消耗量大约为 1300 万吨 / 年。目前，全世界乙醇年产量约 1 亿吨，主要由美国、巴西等国家利用玉米或甘蔗等农作物为原料发酵生产，主要用作燃料乙醇。而我国的燃料乙醇在 2022 年产量仅约 270 万吨，主要以粮食为原料发酵生产得到，理论缺口达 1000 万吨，供需矛盾突出。目前，国际形势错综复杂，粮食安全问题日益突出。利用粮食生产燃料乙醇，涉及与人争粮、与粮争地等问题，不利于国家粮食安全，且其生产成本较高。综上，开辟非粮乙醇生产路线对于保障我国粮食安全和能源安全均具有重要意义，也是我国燃料乙醇发展的必由之路。

3.1.2　乙醇的生产技术

根据生产原料的不同，非粮乙醇合成可以分为三种路线[6]，如图 3.1 所示：①乙烯水合路线；②纤维素等生物质发酵路线；③生物质、煤炭、天然气、钢厂煤气经合成气制乙醇路线。其中，基于我国“富煤、贫油、少气”的自然资源禀赋，以石油为初始原料的乙烯水合制乙醇路线[7-9]，由于依赖石油资源，不符合我国能源安全战略，且技术的经济性不成立，在我国已经被淘汰。

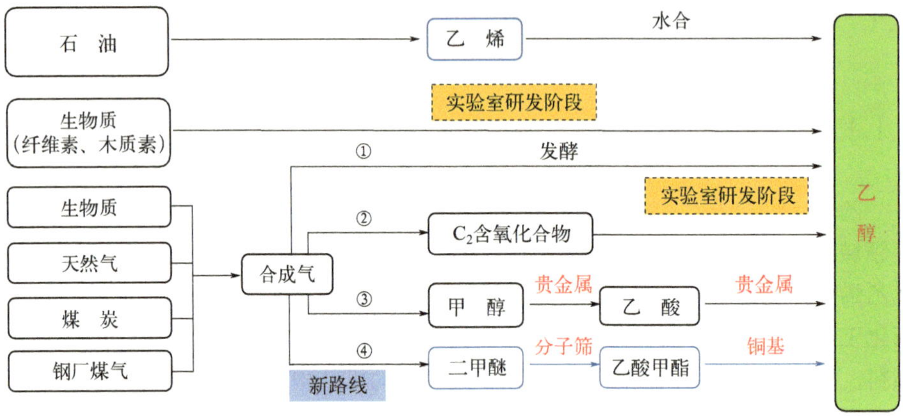

图 3.1　非粮乙醇的主要生产路线

3.1.2.1　纤维素制乙醇

我国拥有丰富的可再生木质纤维素资源，每年可收集的秸秆类生物质资源量超 8 亿吨，2030 年预计将达到 9.16 亿吨，具有巨大的能源化利用潜力[10]。我国多部委也多次发文强调大力发展纤维素燃料乙醇等先进生物液体燃料，突破资源利用瓶颈，并转向循环经济、生物经济的发展模式，加快培育新质生产力，降低能源对外依存度。

我国主要采用秸秆类农业废弃物，如玉米芯、小麦秸秆、玉米秸秆和甘蔗渣等用于生产纤维素乙醇，这些物质包含了 30% ～ 50% 的纤维素、15% ～ 40% 的半纤维素和 15% ～ 30% 的木质素三大组分。图 3.2 给出了玉米及秸秆类木质纤维素生产燃料乙醇的工艺流程，原料经过预处理、酶解、发酵和乙醇分离纯化等工艺单元获得乙醇产品。遗憾的是，由于在生物炼制过程中存在预处理工艺复杂[11]、能耗较高且产率较低[12]、纤维素酶使用成本高[13]、野生/选育菌株生产性能不足[14]等一系列科学、技术和工程问题，迄今该路线仍处于研发阶段，尚未实现规模化的工业应用。近期，应汉杰团队系统总结了纤维素乙醇生物炼制的工艺流程及特征和主要技术瓶颈，并对纤维素乙醇未来的研究重点和发展前景进行了展望[15]。

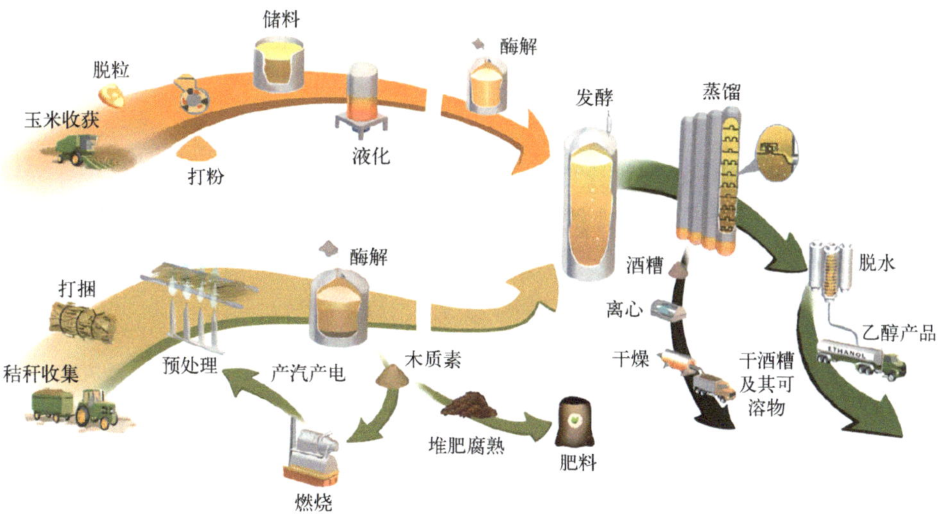

图 3.2　玉米及秸秆类木质纤维素生产燃料乙醇的工艺流程

3.1.2.2　合成气制乙醇

以来源广泛的合成气为原料的乙醇生产路线近年来受到研究者广泛关注。合成气来源广泛，可从生物质、煤、天然气、钢厂煤气中得到[16-19]。基于我国“富煤、贫油、少气”的能源资源禀赋，发展以煤炭为原料的乙醇生产路线，对发挥我国煤炭资源优势、推进煤炭清洁高效利用、保障国家能源安全和粮食安全具有重要战略意义。

(1) 合成气经生物发酵法直接制乙醇

图 3.3 是合成气经生物发酵法制乙醇的原理图。微生物菌体中 CO 脱氢酶（CODH）将 CO 氧化转化生成 CO_2，并脱出 H_2O 中的氢原子；H_2 与铁氧还原蛋白结合形成还原性铁氧还原蛋白。CO_2 在甲酸脱氢酶（FDH）的作用下生成甲酸，之后在多种酶的作用下生成甲基类咕啉铁硫蛋白（CH_3-CoFeS-P）。同时，CO_2 在 CODH 作用下还原为 CO，CO 与来自甲基类咕啉铁硫蛋白的甲基、巯基辅酶 A 在乙酰辅酶 A 合成酶的催化作用下生成乙酰辅酶 A[20]。乙酰辅酶 A 是细胞内重要的中间枢纽性代谢产物，其可通过两条代谢途径合成乙醇：一条途径是乙酰辅酶 A

直接在乙醛脱氢酶催化下合成乙醛，乙醛在乙醇脱氢酶作用下合成乙醇；另一条途径是乙酰辅酶 A 在磷酸转乙酰酶及乙酸激酶作用下生成乙酸，乙酸在铁氧还原蛋白作用下还原为乙醛，之后进一步合成乙醇[21]。

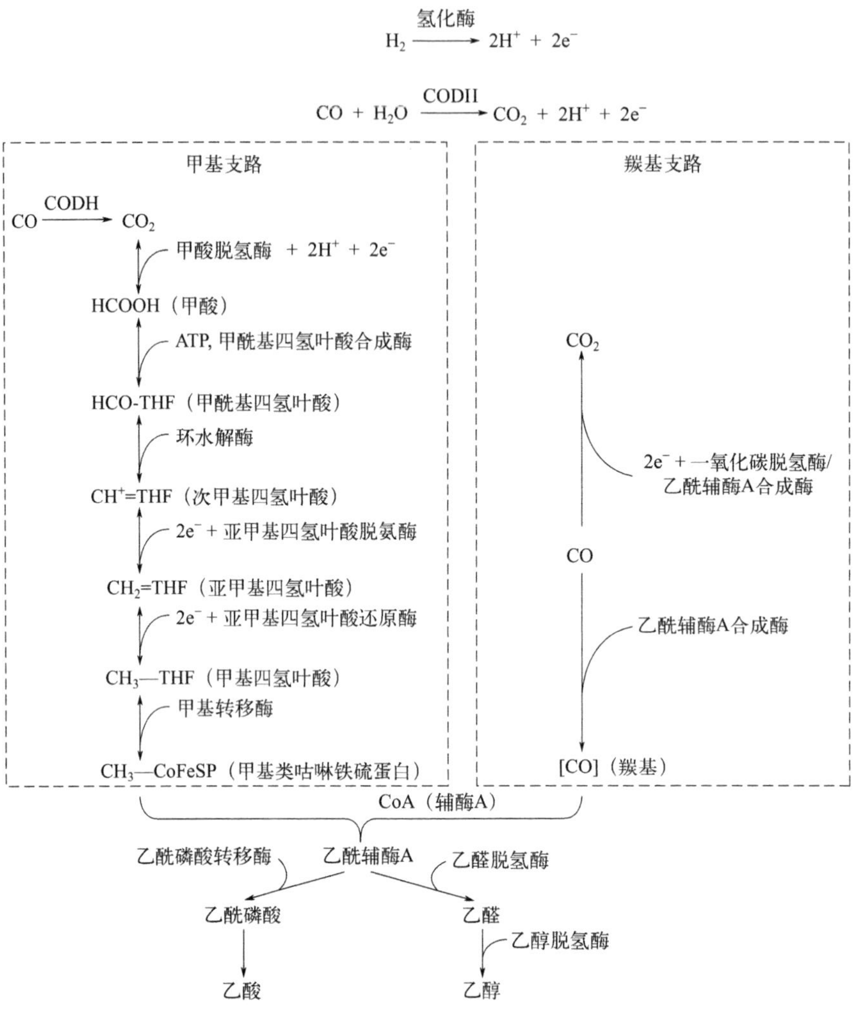

图 3.3　合成气经生物发酵法制乙醇原理图

1987 年，Klasson 等[22]首次报道了一种新的梭状芽孢杆菌（*Clostridium*），能够将 CO 和 H_2 转化为乙醇和乙酸。研究人员从农场土壤、动物粪便、污泥沉积物等物质中发现了能够利用合成气进行厌氧发酵生产乙醇的各种微生物，推动了合成气经生物发酵法制乙醇的快速发展。在工业应用方面，新西兰的朗泽科技（LanzaTech）公司、英国的英力士生物（INEOS Bio）公司和美国的克斯卡塔（Coskata）公司是目前全球规模较大的三家合成气乙醇发酵企业。其中，LanzaTech是目前在该领域工业化最成功的企业。2005年，LanzaTech在新西兰开展了以合成气和富含CO的工业废气为原料的合成气生物发酵生产乙醇和2,3-丁二醇小试[23]。2023年6月14日，LanzaTech联合全球第二大钢铁制造商安赛乐米塔尔在比利时根特建成了采用炼钢过程中产生的富碳废气为原料生产乙醇的装置，获得了首批乙醇样品。北京首钢朗泽科技股份有限公司于2012年利用LanzaTech发酵技术，在河北曹妃甸首钢京唐钢铁联合有限责任公司（简称首钢京唐公司）建成300吨/年工业尾气发酵制乙醇全流程中试示范装置，发酵乙醇浓度达到50 g/L，CO单程转化率为85%，装置连续稳定运行周期超过3个月。在中试的基础上，北京首钢郎泽科技股份有限公司于2018年5月分别在河北曹妃甸和宁夏平罗县建成4.5万吨/年全球首套钢铁工业尾气制燃料乙醇示范项目和铁合金矿热炉尾气制燃料乙醇工业装置。目前他们在贵州、宁夏等地推广此项技术。近期，白雪等[24]对合成气发酵装备、工艺及商业化进展研究做了系统的总结。

（2）合成气直接制乙醇

$$2CO(g) + 4H_2(g) \longrightarrow CH_3CH_2OH(g) + H_2O(g) \qquad \Delta H_{298}^{\ominus} = -255.61\ \mathrm{kJ/mol}$$

合成气在Cu-Co、Cu-Zn、MoS_2或者Rh基催化剂上可以直接转化生成乙醇，具有工艺流程短、操作和投资成本低等优点[25, 26]，一直受到研究者的关注。但由于碳链增长在动力学上更有利，合成气直接转化成乙醇的选择性较低，产物中常伴随乙醛、乙酸等C_2含氧化合物、C_2～C_5烷烃和烯烃，产物复杂多样。尽管Rh基催化剂是活性最好的合成气制乙醇催化剂，但乙醇选择性也不超过50%[27-29]。该路线目前还存在效率低、设备腐蚀严重、产品成本高等缺点，目前仍处于实验室研究阶段。

（3）合成气经甲醇羰基化制乙醇

$$CO(g) + 2H_2(g) \longrightarrow CH_3OH(g) \qquad \Delta H_{298}^{\ominus} = -90.5\ \mathrm{kJ/mol}$$

$$CH_3OH(g) + CO(g) \longrightarrow CH_3COOH(g) \qquad \Delta H_{298}^{\ominus} = -123.3\ \mathrm{kJ/mol}$$

$$CH_3COOH(g) + 2H_2(g) \longrightarrow CH_3CH_2OH(g) + H_2O(g) \qquad \Delta H_{298}^{\ominus} = -41.7\ \mathrm{kJ/mol}$$

合成气经甲醇羰基化制乙醇包含了三个重要的反应：合成气制甲醇、甲醇羰基化制乙酸以及乙酸加氢制乙醇。目前，合成气制甲醇和甲醇羰基化制乙酸都已经实现了大规模工业应用，且技术成熟。我国甲醇和乙酸产能过剩，以甲醇羰基化和乙酸加氢为关键反应的合成气制乙醇路线吸引了学界和工业界的广泛关注。在《煤制乙醇技术》[30]一书中丁云杰等对甲醇羰基化合成乙酸技术与催化剂、乙酸加氢制乙醇催化剂以及工业应用进展做了系统的总结。目前，上述反应均需要采用贵金属催化剂，同时存在较强的腐蚀性，这对该技术的工业应用产生不利的影响。

(4) 合成气经二甲醚羰基化制乙醇

$$2CH_3OH(g) \longrightarrow CH_3OCH_3(g) + H_2O(g) \qquad \Delta H_{298}^{\ominus} = -23.4\ kJ/mol$$

$$CH_3OCH_3(g) + CO(g) \longrightarrow CH_3COOCH_3(g) \qquad \Delta H_{298}^{\ominus} = -117\ kJ/mol$$

$$CH_3COOCH_3(g) + 2H_2(g) \longrightarrow CH_3CH_2OH(g) + CH_3OH(g) \qquad \Delta H_{298}^{\ominus} = -24.07\ kJ/mol$$

合成气经二甲醚羰基化制乙酸甲酯以及乙酸甲酯加氢制乙醇[31, 32]是一条全新的乙醇合成路线。该路线和其他路线相比，具有明显的优势：①羰基化和加氢单元分别采用分子筛催化剂和铜基催化剂，整个工艺路线无须贵金属催化剂，催化剂成本低；②此项技术直接制备无水乙醇，无乙醇-水共沸物，大大降低分离成本；③工艺中无须添加碘甲烷等卤化物助剂，避免了抗腐蚀特殊材料（如锆材或哈氏合金）的使用，减少了设备投资。因此，合成气经二甲醚羰基化制乙醇路线具有较好的经济性，市场前景广阔，是一条环境友好型的新技术路线。目前，基于羰基化反应和加氢反应的研究成果，中国科学院大连化学物理研究所提出“二甲醚经乙酸甲酯制乙醇”（DMTE）路线，并联合陕西延长石油（集团）有限责任公司（简称延长石油）建成了全球首套 10 万吨 / 年合成气经乙酸甲酯制乙醇工业示范装置，于 2017 年 1 月一次打通全流程，生产出合格的无水乙醇，并实现平稳运行。经过持续创新和技术迭代，2022 年 10 月，全球最大 50 万吨煤基乙醇工业装置在陕西延长石油榆神能源化工有限责任公司正式投产成功，标志着二甲醚经乙酸甲酯制乙醇技术正式进入大规模工业应用阶段。2023 年 12 月，全球规模最大的 60 万吨 / 年钢铁尾气制乙醇生产装置在淮北矿业集团安徽碳鑫科技有限公司启动试生产，产出合格无水乙醇，目前正在稳定运行。这不仅验证了 DMTE 技术的先进性、可靠性，而且标志着我国率先具有了设计和建设百万吨级煤基乙醇大型工业装置的能力，奠定了我国煤制乙醇工业化的国际领先地位，是新型煤化工产业化技术应用的又一次重大突破[31, 32]。截至目前，DMTE 技术已签订 15 套工业装置技术实施许可合同，乙醇产能达 515 万吨 / 年。随着装置的陆续投产，一个新兴的乙醇战略产业正在快速兴起。乙醇的大规模生产对推进煤炭清洁高效利用、保障我国粮食安全、能源安全和化工产业链供应链安全均具有重要意义。

3.2 二甲醚羰基化催化剂

分子筛催化甲醇 / 二甲醚羰基化[33, 34]的研究报道开启了醚类羰基化制含氧化合物新路线。但是，从基础研究到工业应用存在着巨大的鸿沟。高活性、高稳定性催化剂的开发是实现从实验室研究到工业化应用跨越的关键。研究团队在分子筛催化工业应用领域开展了持续研究，成功开发了多项具有自主知识产权的新技术并实现了产业化。其中，甲醇制低碳烯烃（DMTO）技术完成了世界首次工业化，引领了我国煤制烯烃新兴战略产业的快速发展，并获得2014年国家技术发明奖一等奖。在分子筛研制以及工业催化剂开发方面积累了丰富的经验。在二甲醚/甲醇碳链增长转化为含氧化合物的研究方向，研究团队进行了大量探索，并判断分子筛催化二甲醚羰基化反应具有工业应用潜力。在此基础上，系统开展了二甲醚羰基化分子筛以及工业催化剂的研制工作，并取得了一系列的进展。

3.2.1 羰基化分子筛的研制

对于一个全新反应，系统研究分子筛拓扑结构对二甲醚羰基化反应的影响是至关重要的，也是工业催化剂研制的必由之路。因此，在开展二甲醚羰基化反应基础研究之初，研究团队全面研究了分子筛拓扑结构对二甲醚羰基化制乙酸甲酯反应的影响。表3.1是以具有CHA、MOR、FER、MFI和BEA结构的分子筛为催化剂，在473 K温度条件下二甲醚羰基化的反应结果。可以发现，在具有CHA结构的SAPO-34分子筛上，二甲醚转化率最低，产物以烃类化合物为主，几乎检测不到乙酸甲酯；而具有MFI和BEA结构的H-ZSM-5和H-β分子筛上，二甲醚转化率虽然有所提高，但乙酸甲酯选择性仍然较低，均小于15%；相比之下，具有MOR和FER结构的H-MOR和H-ZSM-35分子筛上乙酸甲酯的选择性高于80%，H-MOR分子筛上乙酸甲酯的选择性可达到95.1%，这表明具有MOR和FER结构的酸性分子筛在定向转化二甲醚生成乙酸甲酯方面具有较高的能力，是二甲醚羰基化制乙酸甲酯的潜在分子筛。因此，需要进一步对相关分子筛的合成、制备及催化性能开展研究，从而开发出高活性、高稳定性的二甲醚羰基化制乙酸甲酯分子筛。

表3.1 不同分子筛上的二甲醚羰基化反应结果

样品名称	骨架类型代码	二甲醚转化率/%	乙酸甲酯选择性/%	乙酸甲酯产率/%
SAPO-34	CHA	4.8	0	0
H-MOR-AK	MOR	20	95.1	19.0
H-MOR-HD	MOR	19.6	94.2	18.5
H-MOR-HM	MOR	16.8	93.9	15.8
H-ZSM-35	FER	10.8	86.1	9.3
H-ZSM-5	MFI	23.7	14.0	3.3
H-β	BEA	11.1	14.6	1.6

3.2.1.1 H-MOR催化二甲醚羰基化反应研究

H-MOR 分子筛被证实是不同拓扑结构分子筛中具有较好二甲醚羰基化性能的分子筛。全面理解 H-MOR 分子筛的性质（如酸量、酸强度、酸分布、形貌尺寸以及微环境等）对二甲醚羰基化反应的影响，对于羰基化分子筛的研发具有重要的意义。为了快速推进工业催化剂的开发，研究团队系统研究了分子筛性质对二甲醚羰基化反应的影响。其中，在 H-MOR 酸性基本一致（相同硅铝比）的条件下，考察了 H-MOR分子筛晶体尺寸对二甲醚羰基化反应的影响规律。不同晶体尺寸样品的H-MOR分子筛的扫描电子显微镜表征结果如图 3.4 所示。可以发现，所选用的 H-MOR 样品为形貌均一的长方体片状结构，其中 H-MOR-1 样品晶体长度约为 200 nm，H-MOR-2 样品晶体长度约为 330 nm，H-MOR-3 样品晶体长度相对比较大，约为 9 μm。

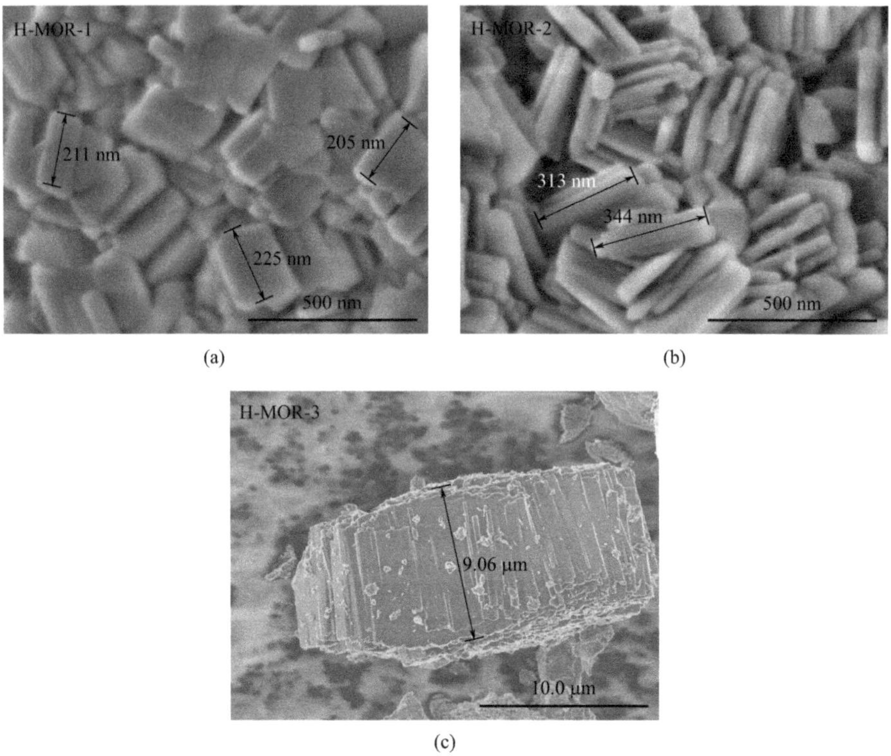

图 3.4 不同晶体尺寸样品的扫描电子显微镜图

图 3.5 是不同晶体尺寸 H-MOR 分子筛在二甲醚羰基化反应中的结果。从图 3.5 中可以明显发现，所有样品的反应过程均包括三个阶段：诱导期、稳定期、失活

期。H-MOR-R（晶体尺寸 50 nm）、H-MOR-1、H-MOR-2 和 H-MOR-3 四个样品对应的诱导期分别为 4 h、3 h、1.5 h 和 1.5 h。表明 H-MOR 催化剂晶体尺寸越小，二甲醚羰基化反应的诱导期就越长。在稳定期，H-MOR-R、H-MOR-1、H-MOR-2 和 H-MOR-3 四个样品对应的二甲醚转化率分别为 41.5%、39.0%、37.5% 和 32.5%。结果表明，随着 H-MOR 催化剂晶体尺寸的减小，二甲醚羰基化反应的转化率升高。在反应稳定期之后，催化剂开始失活，副产物诸如 CH_4、C_2H_4、C_2H_6、C_3H_6、C_3H_8、C_4 等烃类和甲醇开始生成。随着反应的进一步进行，烃类和甲醇选择性明显增大，目标产物乙酸甲酯选择性降低。更为重要的是，随着分子筛晶体尺寸的减小，相同反应时间下，乙酸甲酯选择性明显升高，副产物选择性明显降低。这说明二甲醚羰基化反应中晶体尺寸变化对扩散的影响非常重要。

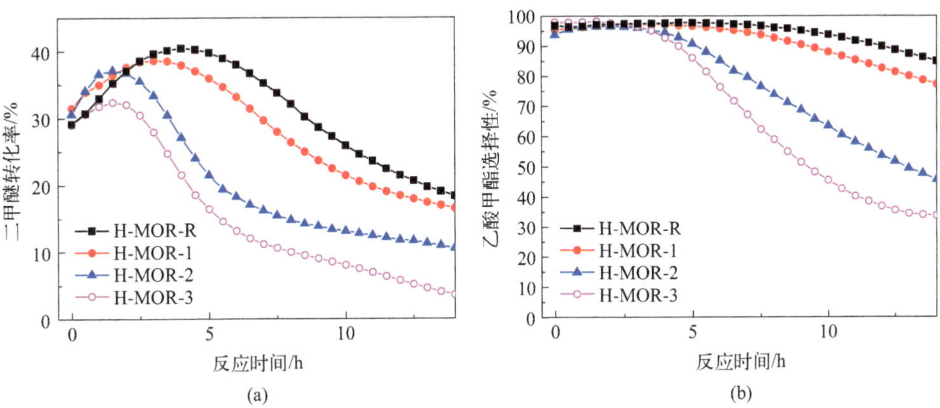

图 3.5 不同晶体尺寸样品的二甲醚羰基化反应性能

(a) 二甲醚转化率随时间变化曲线；(b) 乙酸甲酯选择性随时间变化曲线

采用智能重量分析仪（IGA）对反应物一氧化碳、二甲醚和产物乙酸甲酯在不同晶体尺寸样品的 H-MOR 上的吸附行为进行探究。发现尽管分子筛晶体尺寸明显不同，二甲醚在样品 H-MOR-1、H-MOR-2 和 H-MOR-3 上的有效扩散系数基本一致，这和晶体尺寸对反应性能的影响不一致，这说明羰基化反应过程中，二甲醚在分子筛内的扩散对反应的影响较小。然而，乙酸甲酯在 H-MOR-1 上的有效扩散系数明显大于在 H-MOR-2 上的有效扩散系数，结合二甲醚羰基化反应数据以及失活速率对比，可以发现乙酸甲酯在 HMOR 催化剂上的快速扩散，降低了其在分子筛孔道中的停留时间，是影响二甲醚羰基化反应稳定性的关键因素。而乙酸甲酯在 H-MOR-2 和 H-MOR-3 上的有效扩散系数基本一致。这说明 H-MOR 分子筛晶体尺寸在 200 ～ 330 nm 区间对二甲醚羰基化反应比较敏感。基于上述结果，可以得出

200 nm 左右的 H-MOR 分子筛样品具有较高的活性和稳定性，这也为工业分子筛的设计和制备提供了理论支撑。

研究团队采用原位合成方法将不同含量的铁原子引入 H-MOR 分子筛的骨架，以研究微环境改变对其羰基化性能的影响。XRD、IR、UV-Vis、UV-Raman 和酸性表征结果表明，铁原子进入分子筛骨架且取代部分铝原子，有效降低了 H-MOR 分子筛 12 元环孔道酸性位点的酸强度。图 3.6 是不同铁引入量对羰基化反应性能的影响。可以发现，铁原子的引入能够显著地改变催化剂的反应活性。FeH-MOR-0.9 样品上二甲醚转化率最高，达 85%，而不含铁的 FeH-MOR-0 样品上二甲醚转化率为 75%，铁含量最高的 FeH-MOR-3.6 样品上转化率仅为 40%。此外，由于铁原子的引入，催化剂的稳定性明显提高。

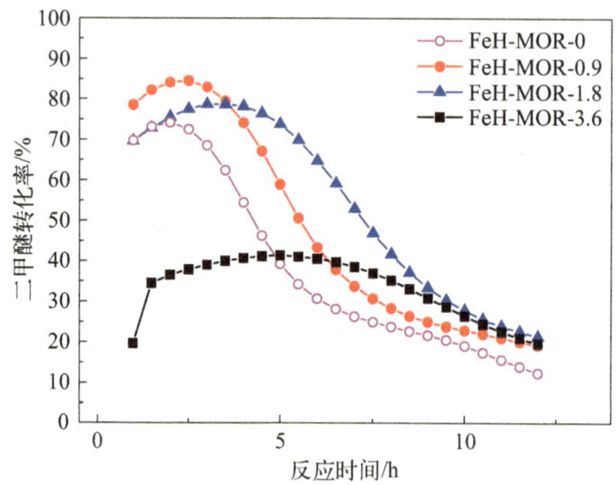

图 3.6 铁原子引入量对催化剂样品反应性能的影响

3.2.1.2 H-ZSM-35分子筛的羰基化反应性能

在二甲醚羰基化分子筛中，具有 8 元环孔道结构的分子筛（H-MOR 和 H-ZSM-35）可实现在无卤素、非贵金属条件下催化二甲醚羰基化反应，制备乙酸甲酯。H-MOR 分子筛表现出较好的羰基化反应活性和理想的乙酸甲酯选择性，但存在快速失活的问题。尽管吡啶吸附可有效改善 MOR 分子筛的稳定性，但这种方式还是不能完全解决 H-MOR 的失活问题。而 H-ZSM-35 分子筛在较低的反应温度下表现出较好的稳定性和较高的乙酸甲酯选择性，但催化活性相对较低。如何在保证稳定性的前提下，提高 H-ZSM-35 分子筛羰基化活性成为亟待解决的问题。研究团队在此催化剂的研发方面做了大量的工作，包括不同合成条件对 H-ZSM-35 分子筛的影响，分析其晶粒大小、结晶度、硅铝比和铝分布对二甲醚羰基化反应的影响。此外，不同的后处理方法，如在不同温度下焙烧、水蒸气处理和化学处理等，对 H-ZSM-35 分子筛催化剂的二甲醚羰基化性有较大的影响。

在分子筛合成的研究中，研究团队以未焙烧的 MCM-49 为晶种、不添加有机结构导向剂的条件下合成了高硅的 H-ZSM-35 分子筛，并系统考察了晶化温度、原料组成等条件对分子筛合成的影响。图 3.7 展示了不同条件下合成 H-ZSM-35 样品的 SEM 图。从图 3.7 可以发现，在 H_2O/SiO_2 摩尔比为 12 时，合成的样品为长 6 μm 和宽 3 μm 的薄片晶体。通过调整 H_2O/SiO_2 比和晶化温度可以进一步改变晶体尺寸，H_2O/SiO_2 摩尔比从 12 调整为 30，晶化温度从 438 K 降低至 423 K 时，合成样品的晶体尺寸小于 1 μm。基于合成条件对分子筛影响的研究，分析了分子筛的合成机理，并将合成的样品用于二甲醚羰基化制乙酸甲酯的研究中。

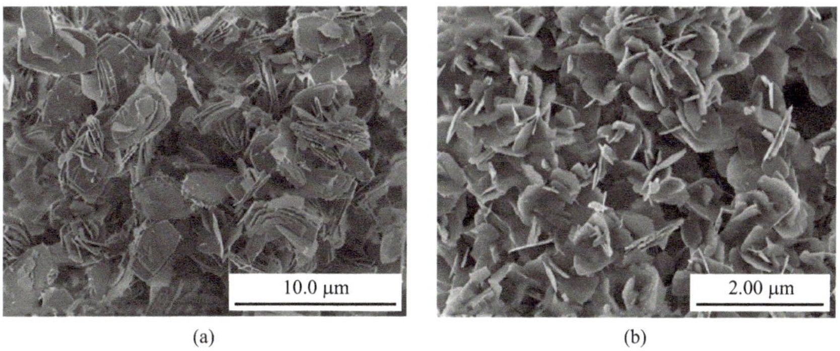

图 3.7　不同 H_2O/SiO_2 比条件下合成 H-ZSM-35 样品的 SEM 图

(a) H_2O/SiO_2 = 12；(b) H_2O/SiO_2 = 30

在相同的反应条件下，二甲醚羰基化反应在 H-MOR 催化剂上经过 2 h 的反应诱导期后，二甲醚转化率由 69.9% 升高至最高 73.3%，然后开始迅速下降，反应进行 12 h 后，二甲醚转化率仅为 12.5%。目标产物乙酸甲酯的选择性由 98.3% 降至 33.9%。而对于 H-ZSM-35 催化剂而言，经过 2 h 的诱导期后，在 24 h 内，二甲醚转化率、乙酸甲酯选择性相对稳定，乙酸甲酯选择性保持在 93.3%。

3.2.1.3　高活性、高稳定性二甲醚羰基化分子筛研制的突破

在系统研究分子筛性质（拓扑结构、酸性、形貌以及微环境）对二甲醚羰基化反应影响的基础上，进一步研究了合成方法对分子筛性质控制原理，通过调控合成方法逐步优化了分子筛羰基化反应性能。随着对分子筛催化二甲醚羰基化反应控制

原理和分子筛性质精准调控研究的不断深入，用于二甲醚羰基化反应的分子筛的活性和稳定性不断提升。图 3.8 展示了二甲醚羰基化反应分子筛催化性能的研究历程。分子筛的寿命最初仅有 2 ～ 3 h，随着研究的持续深入，在保持活性不断提升的条件下，寿命逐步提升至 100 h、300 h、500 h。2012 年分子筛寿命突破 1000 h，2013 年，分子筛寿命已提高至 6400 h，突破了限制分子筛工业应用的技术瓶颈，为工业催化剂的开发奠定了基础。

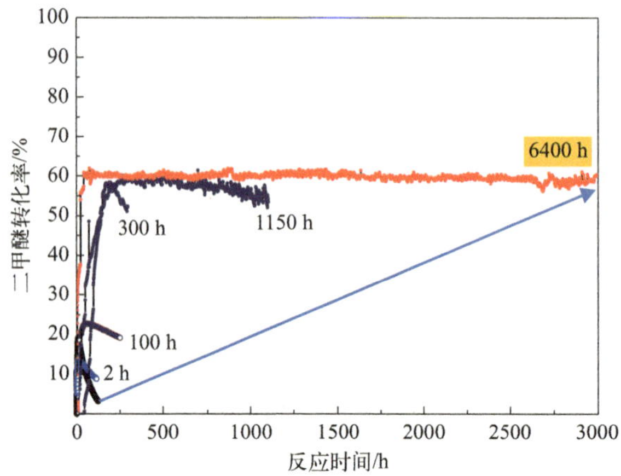

图 3.8　二甲醚羰基化反应分子筛催化性能的研究历程

3.2.2　羰基化催化剂定型

催化剂定型是工业催化剂研发过程中的关键步骤之一。定型方法和定型工艺的不同不仅会显著影响催化剂孔结构、比表面积和表面纹理，还会改变催化剂的机械强度、抗磨损性以及催化活性。在催化剂定型过程中，黏结剂和定型方法对定型催化剂的影响至关重要。因此，研究团队利用挤出成型的方法，考察了不同黏结剂对催化剂性能的影响。

表3.2　黏结剂种类对催化剂性能的影响

催化剂	DME 转化率 /%	乙酸甲酯选择性 /%	机械强度 /(N/cm)
DMCE9+A	10.0	90.0	14.6
DMCE9+B	—	—	16.5
DMCE9+C	42.5	99.3	52.0
DMCE9+D	40.5	99.5	100.0

表 3.2 列出了四种不同黏结剂定型催化剂的性能比较。以 A 为黏结剂时的样品机械强度差，易粉化，而且在定型催化剂上二甲醚转化率也较低，达不到工业应用要求；以 B 为黏结剂时，定型样品机械强度远低于工业生产的需求；以 C 为黏结剂时，定型样品的机械强度基本可以达到工业生产的需求，且催化剂显示了高活性；以 D 为黏结剂时，定型催化剂的强度要高于 DMCE9+C 催化剂的机械强度，同时，二者催化剂的催化活性相当。

3.2.3 羰基化催化剂性能

通过系统研究分子筛性质对二甲醚羰基化反应性能的影响、合成条件对分子筛性质的精准调控以及催化剂定型过程中基质、助剂及定型方法对催化剂性能的影响，研究团队成功开发了乙酸甲酯时空产率 ⩾ 0.36 g/(g · h)，且催化剂单程寿命达到 6400 h 的二甲醚羰基化第一代工业催化剂。采用第一代二甲醚羰基化工业催化剂，2017 年首次实现了全球首套 10 万吨二甲醚经乙酸甲酯制乙醇工业示范装置的成功投产，各项指标均符合或超过设计要求。在工业示范成功投产的基础上，持续开展了二甲醚羰基化催化剂的升级换代的研究，并取得突破性进展。图 3.9 是二甲醚羰基化第二代催化剂的稳定性测试结果。可以看出，在乙酸甲酯时空产率 ⩾ 0.6 g/(g·h)、选择性 ⩾ 98% 的前提下，第二代二甲醚羰基化催化剂单程寿命达到 16500 h。工业催化剂的成功研制以及更新换代为乙醇新兴战略产业形成以及快速发展奠定了坚实基础。

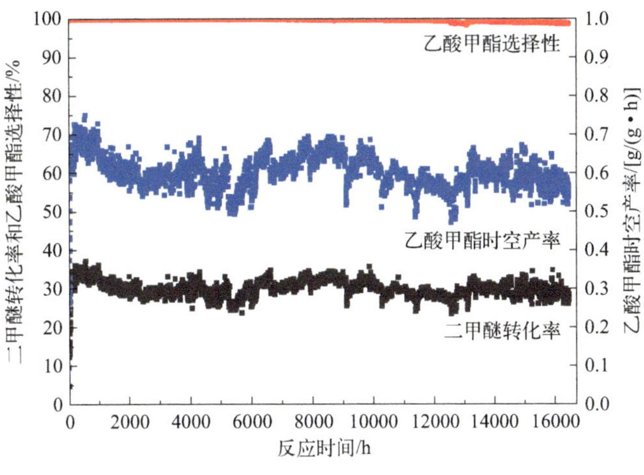

图 3.9 二甲醚羰基化第二代催化剂的稳定性实验结果

3.3 乙酸甲酯加氢催化剂

3.3.1 铜基催化剂在酯类加氢中的研究进展

3.3.1.1 酯类加氢反应及催化剂体系概述

酯类加氢反应作为有机合成领域的关键反应之一，在能源转化、材料科学及医药研发等多领域展现出显著的科学价值与应用潜力。该反应通过选择性断裂酯基中的C═O键，实现了从酯类底物到醇类产物的高效转化，为传统合成路径难以制备的醇类化合物提供了可行的制备策略。此外，酯类加氢反应在有机分子结构修饰与功能化过程中发挥着不可替代的作用，能够通过精准调控反应条件，实现目标分子特定官能团的引入与转化，从而为高性能材料的设计合成及创新药物的开发提供重要支撑。

在多相催化体系中，酯类化合物的催化加氢反应是一类重要的还原转化过程。该反应以氢气为氢源，在催化剂活性中心的作用下解离而实现氢物种的活化，并与酯基发生亲核加成-消除或直接氢解等系列基元反应：

$$RCOOR' + 2H_2 \longrightarrow RCH_2OH + R'OH$$

其中，R和R′代表不同的烃基。该反应涉及多个基元步骤，包括酯分子和氢气在催化剂表面的吸附、化学键的断裂与重组以及产物的脱附等，且同时伴随着酯交换等副反应的发生。

在酯加氢反应体系中，催化剂的选择直接决定反应活性、选择性及经济性。目前，常用的催化剂体系可系统划分为贵金属催化剂与非贵金属催化剂两大类别。

（1）贵金属催化剂体系

以Rh、Ru、Pd、Pt等为代表的贵金属催化剂，因其独特的电子结构特性——存在未成对d电子且具备较高表面自由能，可与底物分子形成稳定的化学吸附，从而显著降低反应活化能。这类催化剂通常展现出优异的加氢活性，在温和反应条件下即可实现酯基的高效转化。然而，该类催化剂的工业化应用面临显著问题：其一，贵金属资源稀缺、成本高昂，导致催化剂制备及再生成本显著增加；其二，其过强的加氢能力易引发深度加氢副反应，导致目标产物醇类进一步氢解生成烃类化合物，降低产物选择性，从而限制了贵金属催化剂在工业酯加氢过程中的广泛应用。

（2）非贵金属催化剂体系

以铜基催化剂为代表的非贵金属催化剂体系，凭借其突出的性价比优势及优异的催化选择性，成为工业酯加氢过程的主流选择。铜基催化剂中，活性组分 Cu 对 C═O 键展现出优异的吸附与活化选择性，能够定向促进羰基的加氢还原；同时，该催化剂对 C—C 键的解离能力较弱，有效抑制了过度加氢副反应的发生。这种独特的选择加氢特性，显著提升了目标醇类产物的产率与纯度，结合其原料成本低、制备工艺成熟等优势，在生物柴油转化、煤基化学品合成等工业领域中实现了大规模应用。

3.3.1.2 铜基乙酸甲酯加氢催化剂制备方法及性能

铜基催化剂凭借其成本低廉、易获取，且能有效规避过度加氢等显著优势，在乙酸甲酯加氢反应领域得到了广泛应用。目前，制备铜基乙酸甲酯加氢催化剂的方法主要包括蒸氨法、共沉淀法、浸渍法、溶胶-凝胶法以及离子交换法等。不同制备方法在工艺特性、催化剂性能等方面存在差异，其优缺点详见表 3.3。

表3.3 铜基乙酸甲酯加氢催化剂制备方法的优缺点

方　法	优　点	缺　点	适用场景
蒸氨法	高分散性、高比表面积、提升催化活性	反应条件苛刻、批次稳定性差、生产成本高	对活性和稳定性要求高的工业场景
共沉淀法	操作简便、适合大规模生产、助剂改性灵活	成分分布不均、分散度较低、易团聚	工业化生产中对成本敏感、需助剂改性的场景
浸渍法	流程简单、载体选择广泛、活性位点利用率高	活性组分易脱落、金属-载体作用弱、高温易烧结	对载体结构要求高、需快速制备的场景（如精细化工）
溶胶-凝胶法	纳米级均匀网络结构、微观结构可控、高稳定性	流程复杂、有机试剂污染、耗时较长	实验室研发新型催化剂或需精准调控结构的场景
离子交换法	高分散性、金属-载体作用强、稳定性优异	载体选择受限（需含离子基团）、交换过程缓慢、成本较高	对分散度和稳定性要求极高的场景（如贵金属协同催化）

蒸氨法是一种通过精确调控氨挥发过程以优化沉淀反应的技术，在铜基催化剂制备领域展现出独特优势。该方法中，氨的挥发速率与挥发程度是影响沉淀过程的核心参数，其显著特征在于能够制备出具有高分散性与大比表面积的铜基催化剂。高分散性与大比表面积赋予催化剂更多的活性位点，进而对乙酸甲酯加氢反应的催化性能产生积极影响。Ren 等[35]运用蒸氨法成功合成了一系列 Cu-Ag/SiO_2 催化剂，并将其应用于乙酸甲酯加氢制乙醇反应中（图 3.10）。研究发现，Cu 与 Ag 物种间

的协同作用可有效提升铜物种的分散性与稳定性。在反应温度为 463 K、压力为 2.5 MPa、H_2/MAc 摩尔比为 15、液时空速（LHSV）为 2.0 h^{-1} 的条件下，相较于 Cu/SiO_2 催化剂，Cu-0.5Ag/SiO_2 催化剂的 TOF❶（Cu）值提升约 2.1 倍。此外，Cu-0.5Ag/SiO_2 催化剂在 120 h 的连续反应中展现出优异的稳定性，维持了 94.1% 的乙酸甲酯转化率与 91.3% 的乙醇选择性。

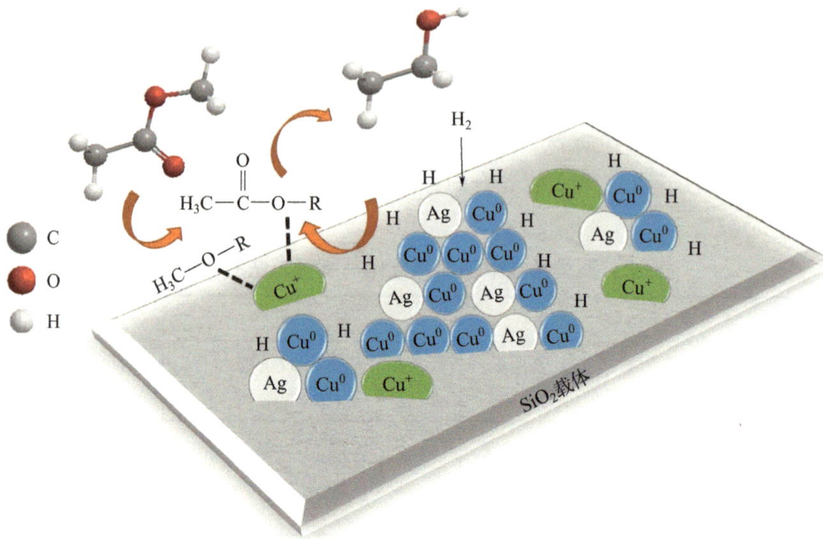

图 3.10　Cu 和 Ag 组分在乙酸甲酯加氢制乙醇反应催化剂 Cu-x Ag/SiO_2 上的协同效应示意图

共沉淀法作为一种经典的催化剂制备技术，通过将金属盐溶液与碱性沉淀剂（如 Na_2CO_3、NaOH 等）进行沉淀反应制备催化剂前驱体。该方法依据沉淀剂与金属盐溶液的添加方式，可细分为正加、反加与并流三种工艺类型。在实际应用中，并流共沉淀法凭借其能够实现反应物的动态平衡混合，所制备的催化剂在组成与结构上展现出优异的均匀性，故而成为当前最为常用的制备方式。在共沉淀过程中，通过引入 Zn、Al、Mg、Ce 等助剂，能够与铜元素发生协同作用，形成具有特定晶体结构的前驱体。这些前驱体经还原处理后，可显著提升铜基催化剂中金属颗粒的分散度，增强活性组分间的相互作用，进而有效改善催化剂的加氢活性与稳定性。陈维苗等[36]系统研究了共沉淀法加料方式对铜基催化剂乙酸甲酯加氢性能的影响，结果显示采用反加法制备的催化剂，其 Cu 和 Mn 组分的实际含量比值与理论设计值高度吻合，同时具备较高的比表面积与优良的还原性能。在反应温度

❶ TOF 表示转换频率。

473 K、压力 6.5 MPa、LHSV 为 0.6 h^{-1}、H_2/MAc 摩尔比为 50 的条件下，该催化剂实现了 98.9% 的乙酸甲酯转化率与 98.1% 的乙醇选择性，展现出优异的催化性能。

浸渍法作为一种重要的催化剂制备技术，通过将铜前驱体负载于多孔载体上，经干燥、焙烧等步骤制备得到催化剂。常见的多孔载体材料包括 SiO_2、Al_2O_3、活性炭等，该方法凭借载体的多孔特性，可促使铜前驱体均匀分散于载体表面，显著提升催化剂的活性表面积，为乙酸甲酯加氢创造有利条件。王福琳[37] 以硅胶小球为载体，采用等量浸渍工艺，将硅胶小球与硝酸铜浸渍液充分接触，成功制备出 Cu-SiO_2 催化剂。在反应温度 493 K、压力 2 MPa、H_2/MAc 摩尔比为 8、LHSV 为 19.5 h^{-1} 的实验条件下，乙酸甲酯加氢反应受到明显抑制，而催化剂的酯交换催化活性表现突出，乙酸乙酯选择性可达 88.0%，但乙酸甲酯转化率处于较低水平。这主要是由于乙酸甲酯空速过大，极大地促进了酯交换副反应。

溶胶-凝胶法是基于溶胶-凝胶转化过程来构建高度有序的铜基催化剂前驱体网络结构的制备技术。该方法通过精准调控溶胶形成阶段的反应参数（如 pH、温度、反应物浓度）以及凝胶化过程的物理条件（包括陈化时间、干燥速率等），可制备出具有特定微观结构、化学组成均一且性能稳定的催化剂，为乙酸甲酯加氢反应创造理想的催化活性环境。Wang 等[38] 通过溶胶-凝胶法成功制备出具有核壳结构的 Cu@CeO_2 催化剂。表征结果显示，该催化剂独特的核壳结构能够有效抑制金属铜颗粒在反应过程中的迁移与团聚现象，显著增加了活性组分铜与载体 CeO_2 的界面接触面积，促使表面 Cu^+ 物种的富集。同时，Cu^0 与 Cu^+ 物种在核壳界面处实现均匀分布，形成高效的协同催化活性中心。在 488 K、2.5 MPa、H_2/MAc 摩尔比为 80 及 LHSV=1.0 h^{-1} 的条件下，该催化剂展现出优异的催化性能，乙酸甲酯转化率与乙醇选择性均接近 100%；且在 160 h 的连续反应过程中，其催化活性及选择性未出现显著衰减，体现出良好的催化稳定性。

除上述制备方法外，研究者也持续探索其他制备方法，并对比研究了不同制备方法制得催化剂的乙酸甲酯加氢性能。Wang 等[39] 系统对比了浸渍法、沉积沉淀法和尿素均匀沉淀法对 Cu/SBA-15 催化剂乙酸甲酯加氢性能的影响。研究结果表明，尿素均匀沉淀法所制备的催化剂表现出最小的 Cu 纳米颗粒（Cu NPs）尺寸，同时实现了最优的表面活性物种比例。在乙酸甲酯加氢反应中，于 493 K、2.0 MPa 的反应条件下，该催化剂成功实现了 93.6% 的乙酸甲酯转化率与 98.5% 的乙醇选择性。Dong 等[40] 进一步对离子交换法（IE）、沉积沉淀法（DP）、尿素均匀沉淀法（HDP）及蒸氨法（AE）制备的 Cu/SiO_2 催化剂加氢性能进行对比研究。结果表明，由层状硅酸铜分解所得的 CuO，因其与载体间存在强烈的金属-载体相互作用，呈现出较高的稳定性，进而促使还原后生成的 Cu NPs 呈现高度分散状态。其中，蒸氨法由于生成的层状铜硅酸盐前驱体含量相对较高，在乙酸甲酯加氢反应中表现出优异的催化活性，具体数据详见表 3.4。

表3.4 不同制备方法Cu/SiO_2催化剂表征结果及乙酸甲酯加氢性能

催化剂	d_{Cu}①/nm	w_{Cu}②/%	D_{Cu}③/%	$Con._{MAc}$④/%
Cu/SiO_2-DP	21.8	20.1	4.7	12.1
Cu/SiO_2-IE	3.7	7.0	27.5	26.3
Cu/SiO_2-AE	2.7	17.0	37.8	66.8
Cu/SiO_2-HDP	6.8	18.9	15.0	80.9

① N_2O 滴定法测 Cu 颗粒尺寸。

② ICP-AES 法测 Cu 含量。

③ N_2O 滴定法测 Cu 分散度。

④ $Con._{MAc}$ 表示 MAc 的转化率。反应条件：温度 493 K、压力 1.0 MPa、H_2/MAc 摩尔比 =40、$WHSV_{MAc}$=1.0 h^{-1}（MAc 进料质量时空速）。

3.3.1.3 铜基乙酸甲酯加氢催化剂助剂改性及性能

助剂改性是进一步提高铜基催化剂乙酸甲酯加氢反应性能的有效策略。通过向铜基催化剂体系中引入协同金属助剂，可在原子尺度上调控活性组分的电子结构与几何构型。该改性过程涉及助剂与 Cu NPs 间的电子转移机制：一方面，协同金属通过电子云交互作用改变 Cu NPs 的电子云密度，形成具有独特电子特性的 Cu-协同金属合金相或异质界面结构；另一方面，这种电子转移效应能够显著促进 Cu 物种的还原过程，降低 Cu^{2+} 向 Cu^0 转变的活化能垒，从而提升活性 Cu 物种的还原度。此外，助剂的引入能够有效抑制 Cu NPs 在高温反应条件下的团聚与烧结，通过空间位阻效应或界面锚定作用显著提高 Cu 活性物种的分散度。同时，改性后催化剂表面的电子结构重构优化了氢气的吸附解离行为，增强了催化剂对氢气分子的活化能力，进而加速酯加氢反应过程中氢转移步骤的动力学进程。上述协同作用机制共同赋予改性催化剂更优异的乙酸甲酯加氢反应催化性能，为高性能铜基催化剂的理性设计提供了理论依据与技术路径。

单原子催化剂的设计与构筑为提升反应性能提供了新思路。李安泰[41]通过沉积-沉淀法制备了 Pt 物种掺杂的 Cu/CeO_2 单原子催化剂，用于催化乙酸甲酯加氢制乙醇，在 493 K、2.5 MPa、H_2/MAc 摩尔比 = 10、WHSV = 0.2 h^{-1} 的反应条件下，乙酸甲酯选择性高达 98.4%。通过对 Cu、Pt 物种的存在形式和落位研究发现（图 3.11），在 $2Cu/0.025Pt/CeO_2$ 催化剂中，后引入的 Pt 优先锚定在催化剂表面的 Cu 组分上，Cu 组分仍呈单原子 Cu 形式分布；Pt 掺杂量提高至 0.1%(质量分数)，则会导致表面 Cu 原子聚集成 2 nm 左右的纳米簇。对比实验表明，若先负载 Pt 后负载 Cu，Cu、Pt 物种则各自落位于载体表面，相互作用较弱，形成 Cu-Pt 原子对较少。基于原位表征技术的动态监测，证明了 Cu-Pt 界面的形成促进了氢气的吸附活化，从而提高了铜基催化剂在低氢酯比条件下的催化活性。

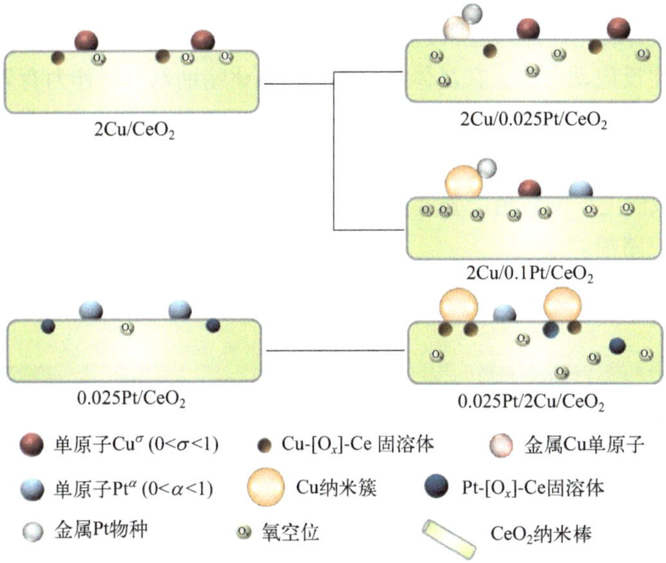

图 3.11 Cu-Pt 双金属催化剂中 Cu 物种和 Pt 物种分布示意图

Xue 等[42]采用溶胶-凝胶法制备了一系列 Ag 掺杂的 Cu/SiO_2 催化剂，发现 Ag 与 Cu NPs 之间存在显著的电子转移现象，这种电子交互作用能够有效促进 Cu^{2+} 还原，精准调变 Cu^0/Cu^+，同时显著提升 Cu 物种在载体表面的分散程度。Li 等[43]通过共蒸氨-水热法制备出具有独特结构的 Ag 掺杂超薄铜页硅酸盐纳米管催化剂（图 3.12），该催化剂以层状页硅酸铜作为前驱体构建超薄纳米管壁，Ag 物种通过水热交换均匀生长在纳米管表面。在还原处理阶段，Cu NPs 分散或嵌入纳米管中，层状页硅酸铜的限域结构有效地限制了 Cu NPs 的生长，Cu 和 Ag 物种以双金属合金或团簇的形式均匀分散。H_2-TPR 和 XPS 表征结果进一步说明，Cu 和 Ag 物种间发生了明显的电荷转移，Ag 物种由于其负电子特性影响相邻 Cu^+ 的电子结构与化学性质，从而稳定 Cu^+ 状态，使得催化剂体系中保持较高的 Cu^+ 含量。上述研究表明，载体的微观形貌与结构特征对铜基催化剂活性物种的分散与稳定具有关键影响。通过合理设计载体的限域空间，并结合金属助剂的协同效应，能够实现 Cu 物种在催化剂表面的高度分散与稳定存在，为高性能乙酸甲酯加氢催化剂的理性设计提供重要的理论依据与技术路径。

向铜基催化剂中引入氧化物助剂，是提高 Cu 活性物种分散度及调控其电子状态的重要手段之一。其作用机制主要通过调变催化剂的电子结构、晶体结构以及酸碱性等方面来实现。从电子结构层面分析，氧化物助剂与 Cu 活性物种间存在显著的电子交互作用，基于能带理论与配位化学原理，助剂通过 d-p 轨道杂化或氧空位介导的电荷转移过程，改变 Cu 物种的电子云密度与能级分布。这种电子转移不仅影响 Cu 物种的氧化还原特性，还能调节其对反应物分子的吸附强度与活化能力，进而优化催化反应动力学。在晶体结构方面，氧化物助剂可以作为有效的晶核生长抑制剂，通过在 Cu 晶粒表面形成界面吸附层或固溶体结构，显著降低 Cu 原子的表面迁移速率，抑制晶粒的聚集与长大。此外，氧化物助剂的加入会改变催化剂表面的酸性 / 碱性位点的数量、强度及分布，直接影响反应物分子在催化剂表面的吸附模式和反应路径。

图 3.12 Cu-Ag 共蒸氨-水热法催化剂焙烧后（a）、还原后（b）的 TEM 图像和焙烧后的 SEM 图（c）以及 Cu 蒸氨浸渍 Ag 催化剂焙烧后（d）、还原后（e）的 TEM 图和焙烧后的 SEM 图（f）

在铜基乙酸甲酯加氢催化剂体系中，ZnO 作为经典助剂在优化催化剂性能方面展现出独特优势。其掺杂不仅能够有效抑制 Cu NPs 的团聚，还可通过与 Cu NPs 的强相互作用构建高效活性位点。Zhao 等 [44] 采用水解沉淀法制备了 ZnO 掺杂的 Cu-SiO_2 催化剂用于乙酸甲酯加氢反应，系统探究了 ZnO 掺杂量对催化剂活性中心结构与加氢性能的影响机制。基于反应动力学分析，发现 TOF(Cu^+) 与 Zn/Cu 摩尔比呈现显著的线性正相关关系（图 3.13），ZnO 掺杂量的变化能够显著调控 Cu^+ 对羰基的活化能力。结构表征结果显示，ZnO 的加入虽阻碍了催化剂中层状硅酸铜的形成，但却促进了 Cu-ZnO$_x$ 界面的形成，相较于传统的 Cu-O-Si 结构，Cu-ZnO$_x$ 界面产生的 Cu^+ 物种对乙酸甲酯的羰基（C═O）展现出更高的吸附亲和性与活化效率。

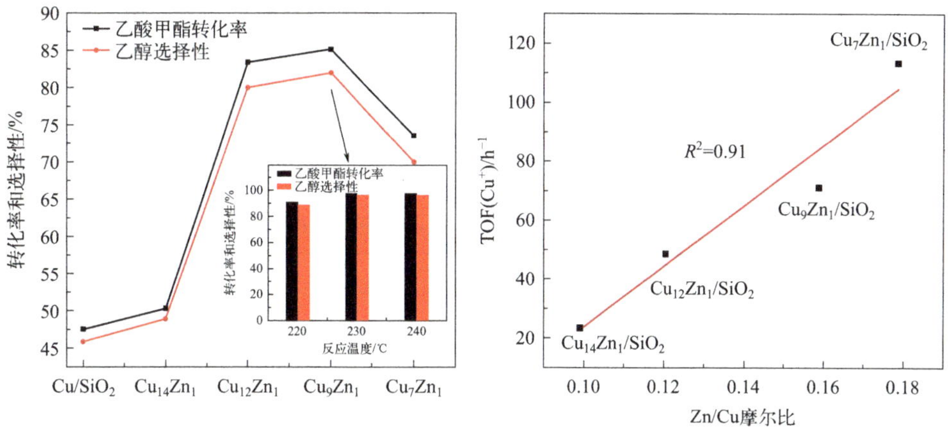

图 3.13　乙酸甲酯加氢性能随 Cu/Zn 变化趋势

杨文婷[45]通过蒸氨法合成了 Cu/SiO_2 催化剂，并进一步通过离子交换引入 Mn 元素进行改性用于乙酸甲酯加氢制乙醇。研究发现，TOF(Cu^0) 与催化剂表面氧缺陷位点 V_O 数量呈正相关，催化剂表面 Mn^{2+}-V_O 缺陷结构对乙酸甲酯分子中的 C═O/C—O 键表现出高效的吸附活化能力，通过电子云的定向极化作用降低反应活化能。在 636 K、2.0 MPa、WHSV = 0.5 h^{-1}、H_2/MAc 摩尔比 = 20 的优化条件下，$Cu_{1.6}Mn_1$ 催化剂实现了 95.6% 的乙酸甲酯转化率，且连续运行 200 h 催化活性未见明显衰减。

Zhang 等[46]设计并合成了一系列 In_2O_3 改性的 Cu-In/SiO_2 催化剂。研究发现，In 物种的掺杂促使层状硅酸铜相含量增加，有效提高了 Cu 物种的分散性，并抑制 Cu NPs 在高温条件下的热迁移与团聚，从而延长了催化剂的使用寿命。

Qin 等[47]通过蒸氨法制备了一系列 MgO 改性的 Cu/SiO_2 催化剂，系统研究了 MgO 掺杂对催化剂性能的多重调控作用。表征结果显示，MgO 的引入能够显著提高 Cu 物种的分散度和表面积，增强了 Cu NPs 与 SiO_2 载体间的相互作用，进而有效调节 Cu^0/Cu^+。进一步研究表明，催化剂表面强碱性位点易加速催化剂失活，MgO 掺杂能够促使催化剂表面碱性位点由强碱性向弱碱性转变，从而提高了催化剂的整体稳定性[48]。其中，Cu-9MgO/SiO_2 催化剂（MgO/SiO_2 质量比 = 9）展现出最优的催化性能，在 613 K、3.0 MPa、H_2/MAc 摩尔比 = 10 的反应条件下实现了 80.3% 的乙酸甲酯转化率和 99% 的乙醇选择性。

稀土氧化物改性策略为提升铜基催化剂乙酸甲酯加氢性能提供了重要方向。Ye等[49]采用 CeO_2 对 Cu/SiO_2 催化剂进行改性，成功提高了乙酸甲酯加氢活性和稳定性。借助 N_2O 化学吸附和 XPS 等表征技术，深入解析催化剂的微观结构与电子态分布。结果表明，CeO_2 的添加有效提高了 Cu 物种在载体表面的分散程度和表面 Cu^+ 的相对比例。这种结构与电子态的优化，归因于 CeO_2 与 Cu 物种间的强相互作用。通过对 CeO_2 改性 Cu/SiO_2 催化剂使用前后的结构分析（表 3.5），进一步揭示了 CeO_2 改性的稳定化机制。适量添加 CeO_2 可有效抑制反应过程中 Cu 物种的团聚现象和价态变化，从而维持催化剂活性中心的稳定存在。

表3.5　CeO_2改性Cu/SiO_2催化剂的结构性质

催化剂	d_{Cu} ①/nm	w_{Cu} ②/%	$X_{Cu/Si}$ ③	R_{Cu^+/Cu^0} ④
Cu/SiO_2 还原后	19.2	28.8	0.19	0.42
Cu/SiO_2 使用后	25.4	27.9	0.10	0.26
$Cu\text{-}30CeO_2/SiO_2$ 还原后	15.7	26.2	0.30	0.72
$Cu\text{-}30CeO_2/SiO_2$ 使用后	16.4	26.0	0.26	0.65

① 依据 XRD 数据采用谢乐公式计算。

② 采用 ICP 方法计算的 Cu 负载量。

③ 采用 XPS 方法所测 Cu/Si 摩尔比。

④ 采用俄歇电子能谱所测 Cu^+/Cu^0 摩尔比。

载体缺陷工程也是调控金属-载体相互作用与催化性能的重要策略之一。张静宇[50]系统研究了 ZnO 缺陷对 Cu-ZnO 界面相互作用及其催化乙酸甲酯加氢性能的影响机制。研究表明，ZnO 表面锌空位的存在增强了其与 Cu 物种间的电荷转移效率，在还原处理中易形成 ZnO 物种覆盖 Cu NPs 表面的强相互作用结构，这种独特的界面构型缩短了反应初期的诱导期，表现出优异的乙酸甲酯加氢活性与稳定性。通过对表面单电子氧空位（V_O）的进一步研究（图 3.14）揭示了其在氢物种迁移中的关键作用。催化剂表面 Cu^0 物种解离产生的活化氢可通过溢流效应转移至单电子氧空位，形成含氢氧空位活性位点，而常规氧空位由于缺乏单电子特性，无法与活化氢发生有效作用。该机制显著促进了氢气的转移效率，使得催化剂在较低氢酯比条件下仍能维持与常规条件相当的乙酸甲酯转化率。

催化剂的微观形貌也是影响其性能的关键因素之一，通过调控比表面积、孔道结构等物理特性，对活性中心空间分布产生影响。规则有序的孔道体系不仅能够促进反应物分子与活性位点的高效接触，还可加速产物分子的脱附和扩散，从而有效抑制副反应的发生与积碳，显著提升目标产物选择性及催化剂稳定性。此外，具有特殊形貌的催化剂载体在空间维度上对 Cu NPs 形成物理限域效应，通过限制 Cu NPs 的迁移与聚集，维持活性中心的高分散状态。

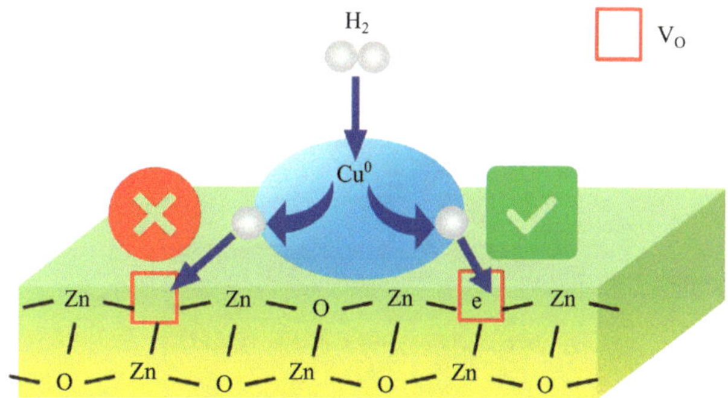

图 3.14　表面单电子氧空位（V_O）对活化氢的溢流作用

Wang 等[51]研究了有机模板剂辅助制备 Cu-ZnO/SBA-15 催化剂催化乙酸甲酯加氢制乙醇（图 3.15），通过调控有机模板剂与 SBA-15 孔道之间的相互作用强度，可实现 Cu、Zn 物种在 SBA-15 孔道内的高度分散封装，这种特殊的空间限域效应显著增强了 ZnO 与 Cu NPs 之间的界面接触与电子交互作用，进而优化活性中心的结构与性能。表征结果显示，未添加有机模板剂的样品中，活性物种仅能部分嵌入孔道，其分散度与金属-载体相互作用强度均显著低于模板法制备的催化剂。

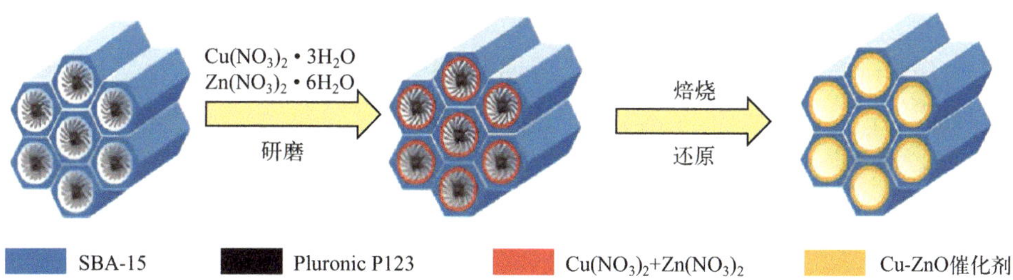

图 3.15　有机模板剂辅助制备 Cu-ZnO/SBA-15 催化剂的固态策略图

Pluronic P123 表示聚乙二醇-嵌段-聚丙二醇-嵌段-聚乙二醇

Wang 等[52]利用碳纳米管（CNT）对 Cu NPs 的约束效应，成功制备了具有优异稳定性的 Cu/CNT 催化剂。CNT 的直径尺寸与 Cu NPs 的填充位置对催化剂热稳定性及催化活性具有显著影响。对比实验表明（图 3.16），以内径 4 ～ 10 nm 的 CNT 为载体的催化剂（标记为 Cu-S-*T*，S 代表载体，*T* 代表处理温度，单位为 K），相较于采用 20 ～ 30 nm 内径的 CNT 负载的样品，展现出更优异的热稳定性。该现象归因于较小内径的 CNT 对 Cu NPs 具有更强的空间限域效应，有效抑制了高温反应条件下 Cu NPs 的团聚与烧结。

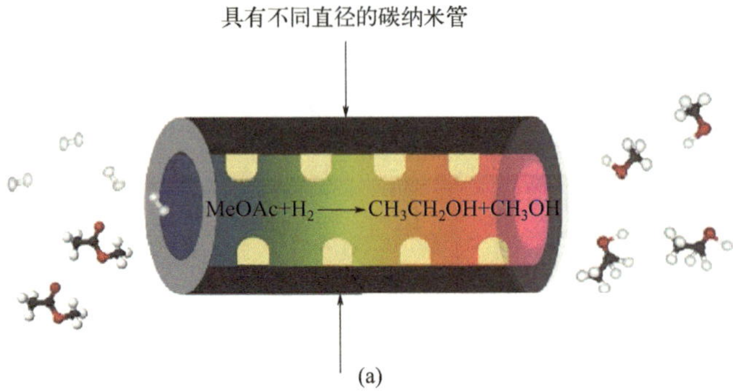

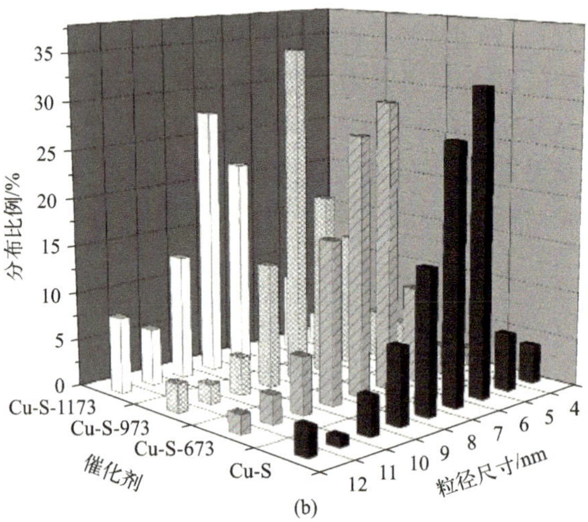

图 3.16　CNT 限域作用（a）及其对 Cu 催化剂乙酸甲酯加氢热稳定性的影响（b）

Huang 等[53]通过沉淀-凝胶法制备了具有核壳结构的高稳定性 Cu@SiO_2 催化剂，CuO 颗粒的粒径分布于 3 ～ 7 nm，表面均匀包覆一层超薄 SiO_2 壳层。基于 XPS 和 TEM 等表征分析，CuO/SiO_2 界面处约 29% 的 Cu 物种与 SiO_2 载体形成强相互作用，显著提升了催化剂的结构稳定性。在乙酸甲酯加氢反应中，该催化剂在 523 K 温度条件下表现出优异的催化活性与长期稳定性（图 3.17），连续运行 100 h 后，乙酸甲酯的转化率仍维持在 95%，乙醇与甲醇的总选择性达 95%，且反应前后催化剂 Cu NPs 的尺寸无明显变化，核壳结构得以完整保留，有效抑制了 Cu NPs 在高温反应条件下的团聚与烧结。

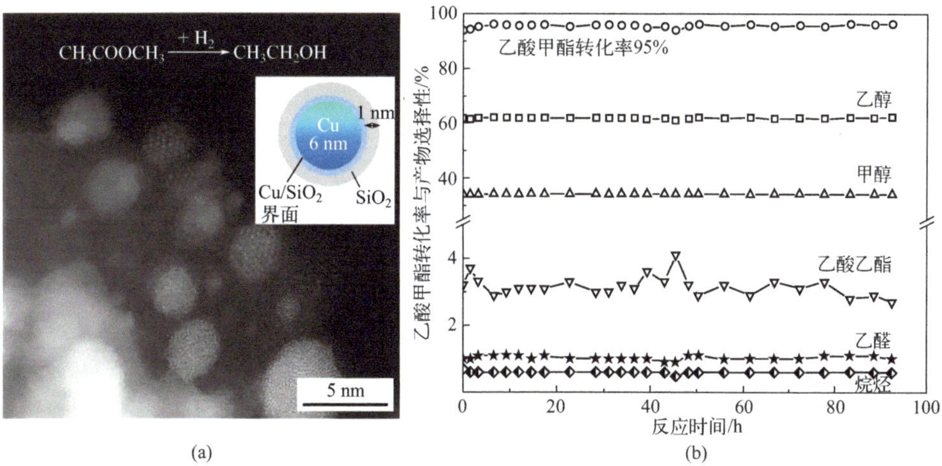

图 3.17　核壳型 Cu/SiO_2 催化剂（a）及其乙酸甲酯加氢性能（b）

反应条件：523 K、1.0 MPa、H_2/MAc 摩尔比 = 32、GHSV = 6000 mL/(g・h)

3.3.2　乙酸甲酯加氢反应机理

3.3.2.1　乙酸甲酯加氢反应路径

乙酸甲酯加氢反应的主方程式为：

$$CH_3COOCH_3 + 2H_2 \longrightarrow CH_3OH + C_2H_5OH \tag{3.1}$$

乙酸甲酯分子吸附在铜基催化剂表面，解离成甲氧基和乙酰基，然后二者分别与活化氢反应得到甲醇和乙醇。反应过程主要经历化学吸附、表面反应和化学脱附三个阶段[54]。

（1）化学吸附

氢气在金属 Cu 表面进行化学吸附并活化：

$$H_2 + 2Cu \longrightarrow 2CuH \tag{3.2}$$

乙酸甲酯与化学吸附的氢形成双位吸附：

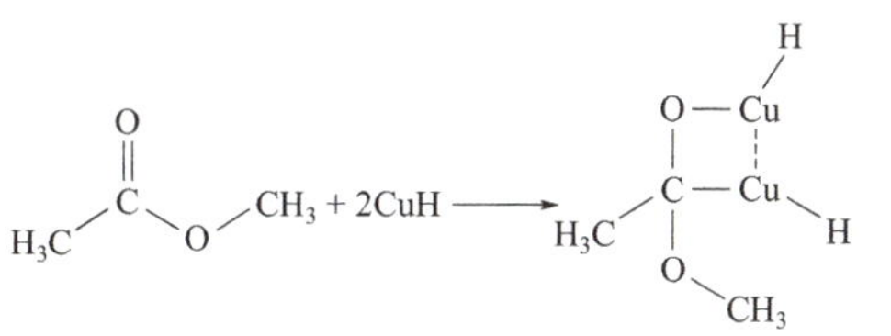

(3.3)

(2) 表面反应

化学吸附的乙酸甲酯和化学吸附的氢在活性中心表面发生反应：

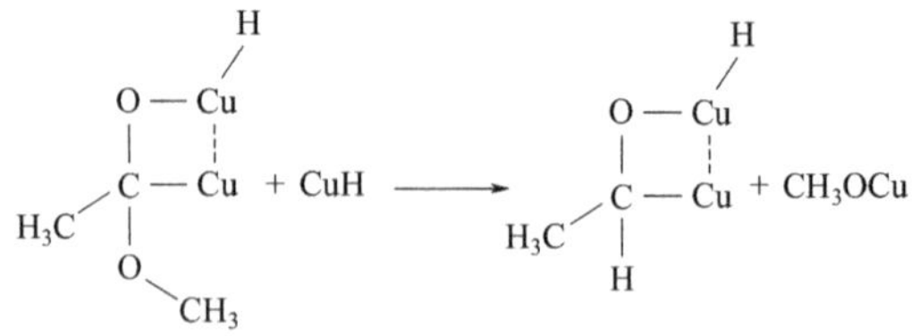

(3.4)

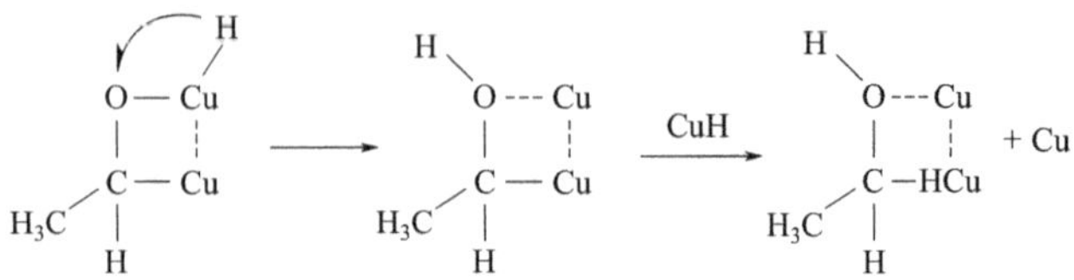

(3.5)

(3) 化学脱附

反应生成的物质在活性中心表面发生化学脱附：

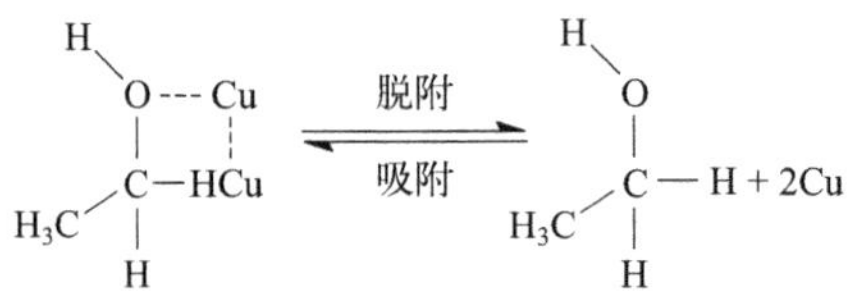

(3.6)

尽管铜基催化剂对C═O加氢具有极高的选择性，但在乙酸甲酯加氢反应体系中仍伴随副反应的发生（图3.18）。副反应主要包括乙酸甲酯水解、深度加氢和酯交换，以及目标产物醇类的脱水、脱氢反应等。其中酯交换生成的乙酸乙酯为主要副产物，乙酸乙酯选择性增加会导致乙醇产量的下降，从而影响整体反应效率和经济性。深入理解并调控这些副反应路径，对于优化铜基催化剂性能、进一步提高目标产物乙醇的选择性和产率具有重要意义。

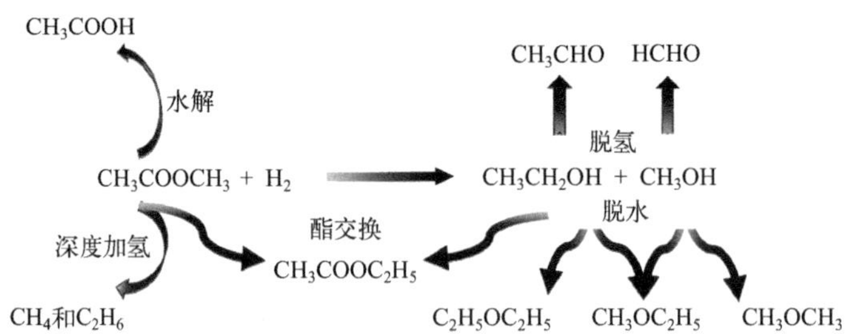

图3.18 铜基催化剂上乙酸甲酯加氢反应网络

3.3.2.2 铜基乙酸甲酯加氢催化剂活性中心

对于铜基乙酸甲酯加氢催化剂的活性中心，普遍认为包括 Cu^0、Cu^+ 及二者协同作用。随着原位表征技术与理论计算方法的发展，Cu^0/Cu^+ 协同作用机制在酯类加氢反应中的关键作用逐渐明晰。研究表明[55, 56]，铜基催化剂中 Cu^0 物种凭借其独特的电子结构与表面性质能够有效促进氢分子的化学吸附和解离；而 Cu^+ 则可作为亲电位点或 Lewis 酸性位点，稳定酰基与烷氧基，同时与 C═O 键中氧原子孤电子对形成配位作用，诱导 C═O 键的电子云发生极化，从而显著降低 C═O 键加氢反应的活化能。

Wang 等[56]通过精准调控制备工艺，合成了一系列孔结构和形貌高度均一、Cu 物种高度分散的 Cu/SiO_2 催化剂。该系列催化剂通过消除载体物理结构差异的干扰，精准研究了活性中心种类、数量及空间分布对乙酸甲酯加氢反应性能的影响。结果表明，当 Cu^0 比表面积较低（$< 20\ m^2/g$）时，其对氢气的吸附解离能力成为反应速率的限制因素，乙酸甲酯转化率随 Cu^0 比表面积的增加而显著提升；而当体系中 Cu^0 含量充足时，Cu^+ 的表面丰度则主导反应进程，乙酸甲酯转化率与 Cu^+ 的比表面积呈现良好的线性相关性（图 3.19）。该研究通过制备结构可控的催化剂，明确了不同 Cu 物种在加氢反应中的协同作用机制，为铜基酯加氢催化剂的活性中心优化设计提供了重要的理论依据。

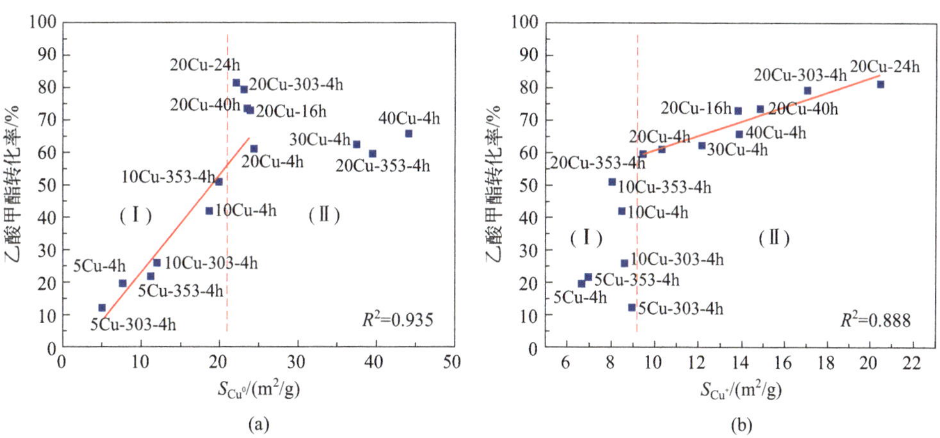

图 3.19 Cu/SiO_2 催化剂乙酸甲酯加氢转化率随活性 Cu 物种比表面积（S）变化规律

(a) Cu^0 物种；(b) Cu^+ 物种

催化剂代码说明：以 20Cu-2h 为例，20 表示铜负载量为 20%（质量分数），2h 表示老化时间；以 20Cu-303-4h 为例，20 表示铜负载量为 20%（质量分数），303 表示硅溶胶预先与氨水在温度 303 K 下搅拌，4 h 表示搅拌时间刘乔[57]基于DFT系统研究了乙酸甲酯加氢制乙醇反应中铜基催化剂微观结构与催化性能的关联机制。研究选取Cu_3、Cu_4、Cu_5和Cu_{13}团簇作为活性中心模型，分别负载于SiO_2和ZnO载体表面。负载于SiO_2载体前后金属团簇与载体的几何构型及结构参数无显著变化，表明二者间相互作用较弱；而相同条件下，各Cu团簇中多数Cu原子与ZnO表面的Zn原子发生强烈相互作用致使产生了不同程度的弛豫现象。对比分析两种载体负载Cu团簇的吸附能、反应能垒、成核能和分子轨道能级等关键参数，发现相较于SiO_2载体，ZnO载体与Cu团簇间存在更强的电子交互作用与化学吸附能力，有效降低了Cu团簇的团聚倾向。

3.3.2.3 铜基乙酸甲酯加氢催化剂失活机制

铜基催化剂的失活是工业应用中必须重点考虑的问题之一。铜基催化剂的失活主要归因于Cu NPs聚集烧结、中毒、碳沉积及机械磨损等因素。其中，Cu NPs的聚集烧结过程在高温反应条件下尤为显著，其本质是受热驱动的原子/晶粒迁移与团聚行为。从微观动力学角度分析，聚集烧结可分为原子迁移烧结和晶粒迁移烧结，原子迁移烧结遵循奥斯特瓦尔德熟化（Ostwald ripening）机制，即高温促使金属原子发生汽化或液化，定向迁移沉积至较大的纳米颗粒表面，从而释放体系的总表面能；而晶粒迁移烧结则源于金属-载体相互作用强度不足，导致金属晶粒在载体表面发生整体迁移与合并。金属-载体相互作用可以用平均能量化表达（图3.20）[58]:

$$\Delta E_{\rm NP} = \frac{1}{N}(A_{\rm s} - A_{\rm int}\cos\alpha)\gamma_{\rm me} = \frac{3\Omega\gamma_{\rm me}}{R} \tag{3.7}$$

式中，$\Delta E_{\rm NP}$为金属颗粒的平均能；N为金属颗粒包含的金属原子；$A_{\rm s}$为金属颗粒暴露球形表面积；$A_{\rm int}$为金属与载体的接触表面积；α为金属与载体之间的接触角；$\gamma_{\rm me}$为金属颗粒表面能；Ω为金属本体的摩尔体积；R为金属颗粒曲率半径。

通过平均能方程，可以进一步推导出载体金属粒子的化学势:

$$\Delta\mu_{\rm NP} = \frac{\rm d}{{\rm d}N}\left(N \times \Delta E_{\rm NP}\right) = \frac{2\Omega\gamma_{\rm me}}{R} \tag{3.8}$$

式(3-8)可以用来描述吉布斯-汤姆逊效应（Gibbs-Thomson effect）。通过式(3.7)和式(3.8)得出，粒子的平均能和化学势均与曲率半径R成反比，与表面能$\gamma_{\rm me}$成正比，即曲率半径R较小、表面能较高的粒子将具有更高的能量和化学势。更强的金属-载体相互作用（SMSI）表现为更大的黏附能（$H_{\rm adh}$），这将导致接触角（α）减小和金属颗粒曲率半径（R）增大，最终降低纳米颗粒的平均能（$\Delta E_{\rm NP}$）和化学势（$\Delta\mu_{\rm NP}$）。当接触角$\alpha \to 0$且颗粒半径$R \to \infty$时，$\Delta E_{\rm NP}$和$\Delta\mu_{\rm NP}$均趋近于零。

在此极限条件下，金属颗粒将完全润湿载体表面，形成二维薄膜结构，此时体系不再受吉布斯-汤姆孙效应支配。当金属-载体相互作用强度超过金属-金属键作用强度时，体系对应的能量状态可降至块状金属能级以下，表现出更稳定的热力学特性。

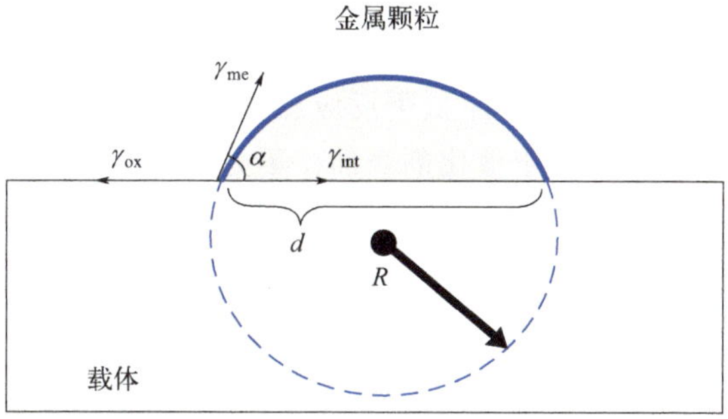

图 3.20　载体上金属颗粒曲率半径 R 与载体之间的接触角 α 的示意图（γ_{ox} 表示载体表面能）

根据表面热力学理论，金属颗粒的尺寸与其表面能呈显著负相关。因此，载体的物化性质对抑制金属颗粒烧结起到关键作用，具有高比表面积、优异的热稳定性与较强金属-载体相互作用的载体材料，如 Al_2O_3、SiO_2 等，可通过多重机制提升催化剂的抗烧结性能。这些载体表面丰富的活性位点能够与 Cu NPs 发生作用，在空间维度上限制 Cu 物种的迁移。此外，反应体系中的副产物及杂质对 Cu NPs 的稳定性具有不可忽视的影响。Zheng 等 [59] 研究了草酸二甲酯（DMO）加氢中 Cu/SiO_2 催化剂的失活机理，结果表明，在反应条件下，甲醇分解产生的 CO 吸附在 Cu/SiO_2 表面形成稳定的 Cu^+-CO 物种，破坏了 Cu^0/Cu^+ 协同机制的平衡，同时诱导 Cu NPs 发生奥斯特瓦尔德熟化。

在铜基催化剂的工业应用场景中，催化剂中毒失活是制约其长期稳定运行的关键因素。中毒类型主要涵盖硫中毒、氯中毒及羰基金属中毒［以 $Fe(CO)_5$、$Ni(CO)_4$ 为典型代表］，其中源于原料气中痕量毒物引发的化学吸附与结构破坏是不可逆的。从电子结构层面分析，毒物的孤对电子与 Cu 物种的“d 带空穴”形成强配位作用，导致活性中心被覆盖钝化，进而引发催化性能衰退。硫是合成气中的常见杂质，其存在形态包括无机硫（SO_2、H_2S）与有机硫（CS_2、硫醚、硫醇等），这些含硫物种极易与 Cu 结合成 Cu_2S 和 CuS 等金属硫化物，不仅占据催化剂活性位点还会堵塞孔道结构，严重阻碍反应物扩散与产物脱附 [60]；在铜基催化剂催化合成气制甲醇工艺中，合成气中硫含量≥ 1 mg/m^3 时，催化剂的使用寿命急剧缩短至 3 ～ 4 个月 [61]。相较于硫中毒，氯中毒对铜基催化剂的危害更为显著，氯物种与铜的强相互作用会导致活性中心快速失活，且难以通过常规再生手段恢复。因此，在合成气制甲醇等工艺中，对原料气氯含量实施严格控制，通常要求其浓度低于 0.01 mg/m^3 [62]。羰基金属化合物［如 $Fe(CO)_5$、$Ni(CO)_4$］引发的中毒失活机制备受关注。该类物质主要源于 CO 对设备及管道的腐蚀作用：

$$Fe\,(s) + 5CO\,(g) \xrightarrow{200℃,\ 20\ MPa} Fe(CO)_5\,(g) \tag{3.9}$$

$$Ni\,(s) + 4CO\,(g) \xrightarrow{<150℃} Ni(CO)_4\,(g) \tag{3.10}$$

羰基金属化合物生成温度通常低于反应温度，而在反应温度下其会发生热分解，致使 Fe、Ni 等金属沉积于催化剂表面，更为关键的是，沉积的 Fe、Ni 物种能够显著促进 CO 的费托合成（Fischer-Tropsch process）反应，产生的液态烃类会在催化剂表面持续附着与累积，进而覆盖活性位点与堵塞孔道，最终引发催化剂失活。李雯博等 [63] 对合成气制甲醇失活的工业 CuZnAl 催化剂进行系统表征研究，深入剖析取自反应器不同位置（塔顶 CuZnAl-T、塔中 CuZnAl-M、塔底 CuZnAl-B）样品新鲜样品（CuZnAl-N）的组成差异，探究其失活机理。元素分析结果（表 3.6）显示，失活催化剂表面检出 S、Cl、Fe 等杂质元素，且自塔顶至塔底 S、Cl 含量呈递减趋势，而 Fe 元素含量逐渐升高。该现象表明，S、Cl 等毒物进入反应器后，优先与顶部催化剂发生作用；与之相对，源于羰基金属分解的 Fe 物种则在反应过程中持续沉积，在塔底区域积累至较高浓度。

表3.6　工业CuZnAl催化剂新鲜样品和使用后样品元素组成分析

催化剂	w_{Cu}/%	w_{Zn}/%	w_{Al}/%	w_{S}/%	w_{Cl}/%	w_{Fe}/%
CuZnAl-N	60.72	23.85	7.94	0	0	0.01
CuZnAl-T	61.33	22.18	7.62	1.24	0.12	0.15
CuZnAl-M	60.95	22.80	8.48	1.02	0.09	0.18
CuZnAl-B	62.40	22.73	7.45	0.26	0.05	0.20

另外，反应体系内的其他副产物或杂质也会造成催化剂失活。Chen 等 [64] 以乙酸乙酯加氢作为探针，研究反应体系中水对 Cu/SiO_2 催化剂的影响。结果表明，在反应条件下，水和乙酸乙酯在 Cu^+ 表面发生竞争吸附，水优先吸附在 Cu^+ 表面，导致乙酸乙酯的加氢转化率迅速降低。

表面积碳的形成是一个涉及复杂反应网络与物质转化的动态过程，主要涵盖积碳前驱体的生成与积碳生长两个关键阶段。积碳前驱体的生成本质上源于反应过程中的副反应路径，在乙酸甲酯加氢制乙醇反应中，副反应引发的积碳前驱体生成机制呈现多元性：乙醇脱水生成乙烯，乙酸甲酯分解为甲烷、一氧化碳等小分子。产生的乙烯分子可通过再聚合、环化等反应演变为积碳前驱体；与此同时，甲烷与一氧化碳在高温反应条件下，通过多布阿尔（Boudouard）反应及甲烷裂解等路径［式

(3.11)～式(3.13)]，也参与积碳前驱体的生成过程。

烃类裂解：　$CH_4 \longrightarrow C + 2H_2$（甲烷高温裂解）　(3.11)

歧化析炭：　$2CO \longrightarrow C + CO_2$（Boudouard反应，200～700 ℃）　(3.12)

还原析炭：$CO + H_2 \longrightarrow C + H_2O$　(3.13)

积碳的生长过程则是积碳前驱体在催化剂表面不断聚集、反应的过程。积碳前驱体在催化剂表面吸附后，会通过表面扩散等方式迁移到活性位点或缺陷处，而后发生聚合、脱氢等反应，逐渐形成大分子的碳沉积。积碳在生长过程中会逐渐覆盖活性中心、堵塞催化剂孔道，降低传质效率，当孔道完全堵塞时，催化剂活性急剧下降。

3.3.3 铜基催化剂研制及定型

3.3.3.1 铜基乙酸甲酯加氢催化剂研制

基于乙酸甲酯加氢反应特征和不同铜基催化剂制备方法的优缺点，同时综合考虑催化剂从实验室小规模制备、中试放大、工业生产全过程及生产成本等多方面的因素，采用并流共沉淀法制备铜基乙酸甲酯加氢催化剂。通过调节催化剂组成、精准控制合成条件等手段，得到优选的催化剂前驱体，此前驱体焙烧还原后 Cu 活性物种与助剂相互作用强、分散性好，Cu^0/Cu^+ 比例适当，满足工业使用要求。

实验室催化剂制备的典型流程如下：将金属盐和沉淀剂分别溶解于去离子水中，按照一定的比例使用平流泵将盐溶液和碱溶液同时加入专用容器中发生共沉淀反应，沉淀得到的浆料经老化、洗涤、干燥、焙烧、还原得到最终的催化剂。

催化剂合成过程中需严格控制各参数的指标，如溶液浓度、合成温度、pH、老化条件、残留钠离子含量、焙烧温度等参数。

溶液浓度对晶粒尺寸的影响主要包括晶核生成速率和长大速率两方面，其中，浓度对晶核生成速率的影响更大。溶液浓度高，晶核生成速率较快而长大速率相对慢，导致晶粒尺寸较小。

使用的沉淀剂及添加方式[65]不同，沉淀后生成的前驱体不同。当以 NaOH 为沉淀剂时，生成金属氢氧化物，主要为 $Cu(OH)_2$，焙烧后的 CuO 活性高但易烧结。当以 Na_2CO_3 为沉淀剂时，生成碱式碳酸盐沉淀，如绿铜锌矿 [$(Cu_{1-x}Zn_x)_5(CO_3)_2(OH)_6$]，焙烧后的 CuO 与助剂间相互作用更强，抗烧结性更好。氨水和尿素是温和沉淀剂，可通过调节 pH 逐步沉淀金属离子。不过氨水与铜盐溶液易形成铜氨络合物，一般不用作共沉淀法制备加氢催化剂的沉淀剂。

合成温度对晶核生成速率和长大速率均有较大的影响。一般地，温度升高导致过饱和度下降，而过饱和度对晶核生成速率的影响大于对晶核长大速率的影响。因此，随着温度升高，晶核生成速率增加相较于长大速率的提高较小，从而利于晶粒长大。通常控制合成温度在 50 ～ 80 ℃，较高的温度会导致小颗粒晶种溶解并重新沉积到大颗粒表面。

在铜基催化剂的共沉淀合成过程中，溶液 pH 对金属离子的沉淀行为具有显著的影响。由于不同金属离子开始沉淀的 pH 不同，如 $Cu(OH)_2$ 开始沉淀的 pH 为 4.67，完全沉淀时对应的 pH 为 6.67。为实现多金属组分的同步共沉淀，需将合成体系的 pH 精确控制在高于各金属离子完全沉淀所需的临界值，通常设定 pH ＞ 7。在此条件下，各金属离子可在相同反应环境中同时发生沉淀，形成均匀的前驱体结构。合成过程采用在线 pH 监测系统，通过高精度 pH 计对反应体系进行实时动态监测，旨在避免局部区域出现过酸或过碱现象，防止因局部 pH 异常导致的金属离子沉淀不同步，进而引发催化剂组分偏析问题。精确的 pH 调控与实时监测机制，是确保共沉淀法制备催化剂组成均一性和结构稳定性的关键技术手段。

老化过程的温度一般与合成温度一致或稍高于合成温度，老化使沉淀颗粒进一步结晶化、组分均质化。适当延长老化时间可提高结构稳定性，促进 ZnAl 水滑石［如 $Zn_6Al_2(OH)_{16}CO_3 \cdot 4H_2O$］的形成，提升 Cu-ZnO-$Al_2O_3$ 催化剂的比表面积和 Cu 分散度，但需权衡能耗，老化时间一般不超过 24 h。

洗涤过程的作用是去除 Na^+、NO_3^-等杂质。Na^+ 残留过多会严重影响催化剂加氢性能，但过度洗涤不仅增加污水量，也可能损失部分有效组分（如 Zn^{2+} 易溶于水），应根据不同的反应体系合理确定洗涤次数和残留 Na^+ 含量。研究表明，焙烧后催化剂中 Na^+ 含量低于 0.2%（质量分数）比较合适。

干燥温度通常控制在 80 ～ 120 ℃，应避免高温快速干燥导致孔道坍塌。焙烧温度一般为 300 ～ 600 ℃，焙烧可使催化剂前驱体（碱式碳酸盐 / 氢氧化物）分解为氧化物（如 CuO、ZnO），形成多孔结构。低温焙烧（300 ～ 400 ℃）能保留高比表面积（＞ 100 m^2/g），但 CuO 与助剂作用较弱；高温焙烧（＞ 500 ℃）可增强 CuO 与助剂间的相互作用，但同时会导致 CuO 晶粒长大，比表面积减小，因此需综合考虑焙烧温度的影响。焙烧后金属氧化物经氢气还原后形成具有加氢反应活性的纳米颗粒，氢气含量和还原温度影响 Cu 颗粒尺寸，进而影响加氢性能。

基于上述合成条件对催化剂结构和性能影响的规律认识，在大量的研究基础上，研究团队成功研制了碱土金属改性的铜基催化剂（Cu/ZnO/MO，MO = MgO、CaO、SrO、BaO）。如图 3.21 和图 3.22 所示，MgO 改性促进了关键前驱体绿铜锌矿的生成，在低氢酯比（H_2/MAc 摩尔比 = 5）条件下表现出优异的乙酸甲酯加氢活性[66]。主要结论如下：①单独的 Cu 加氢活性极低，ZnO 的引入极大地提高了铜基催化剂的乙酸甲酯加氢活性。当 Cu/Zn 摩尔比为 2/3 时，即 40Cu/Zn 催化剂的乙酸甲酯转化率最高。②引入 17.5% MgO 助剂，即 $Mg_{17.5}CuZn$ 催化剂表现出最佳的乙酸甲酯加氢性能，相较于 40Cu/Zn 的催化剂，乙酸甲酯转化率从 80.1% 提高至 89.8%，这主要是因为适量的 MgO 提高了 Cu^+ 物种的相对含量。③当 MgO 含量高于 17.5% 时，CuO 被完全还原为单质铜，导致加氢性能急剧下降。

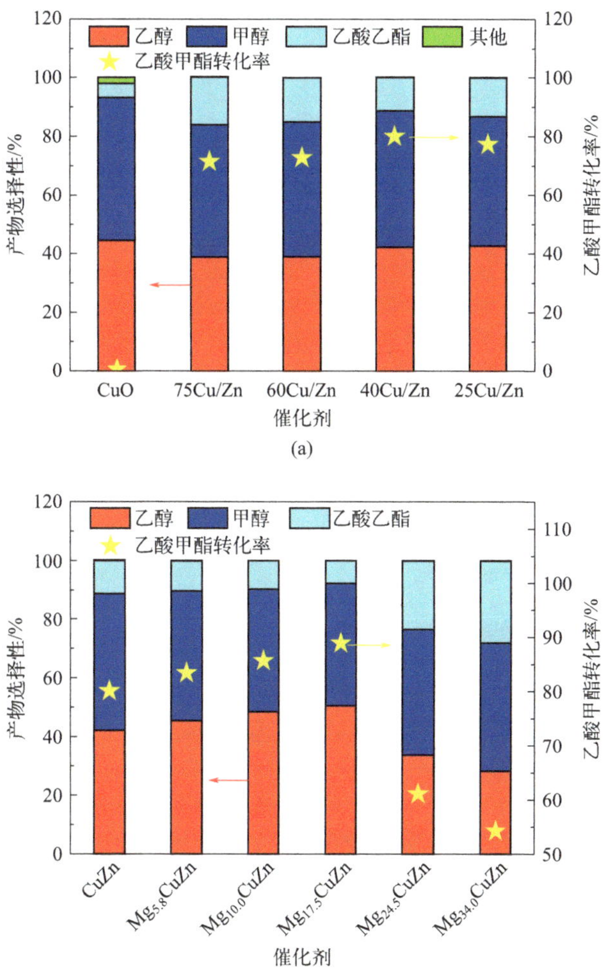

图 3.21 不同 Cu/Zn 比例的 CuZnO 催化剂（a）和 MgO 改性的 Cu/ZnO 催化剂（b）乙酸甲酯加氢性能

催化剂前驱体 XRD 谱图表明（图 3.22），ZnO 与适量 MgO 的引入显著促进了绿铜锌矿前驱体的形成。此前驱体的生成有助于增强还原后催化剂中 Cu 活性物种的分散性，并优化 Cu^0/Cu^+ 比例。这种微观结构与价态分布的改善，能够有效增加活性位点数量与表面电子转移效率，从而显著提升催化剂在乙酸甲酯加氢反应中的催化性能。

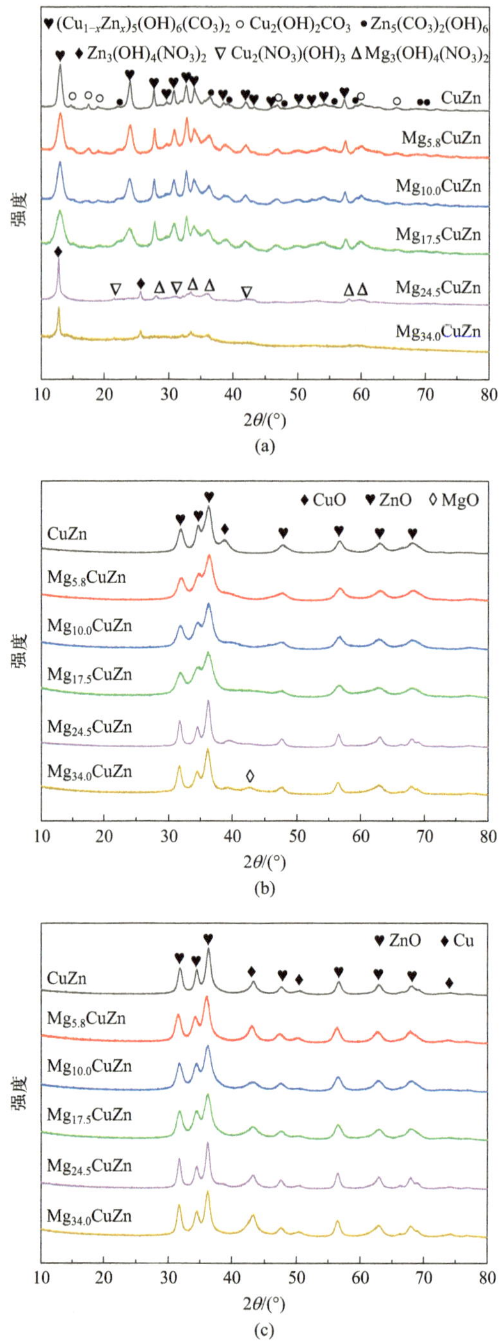

图 3.22 MgO 改性的 Cu/ZnO 催化剂 XRD 谱图

(a) Mg_xCuZn 催化剂前驱体；(b) Mg_xCuZn 焙烧后的催化剂；(c) Mg_xCuZn 还原后的催化剂

基于前期研究成果，研究团队对乙酸甲酯加氢催化剂开展持续优化与创新设计。采用自主研发的合成反应器[67]，成功制备出高性能铜基催化剂，在 473 K、5.0 MPa、WHSV = 1.0 h^{-1} 的反应条件下，该催化剂实现了 95.9% 的乙酸甲酯转化率及 97.1%（实际选择性与理论选择性之比）的乙醇选择性，见图 3.23。与市售同类型加氢催化剂的性能比较，如图 3.24 显示，自主研发的催化剂关键性能参数已达到或显著优于现有商品化催化剂水平，展现出良好的工业化应用潜力。

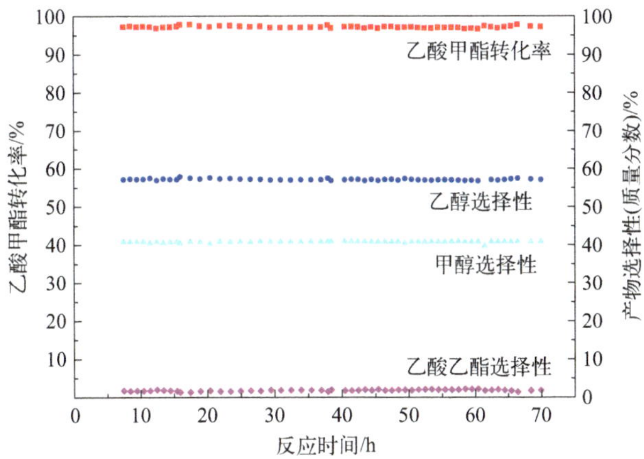

图 3.23 自主研发的催化剂乙酸甲酯加氢反应性能

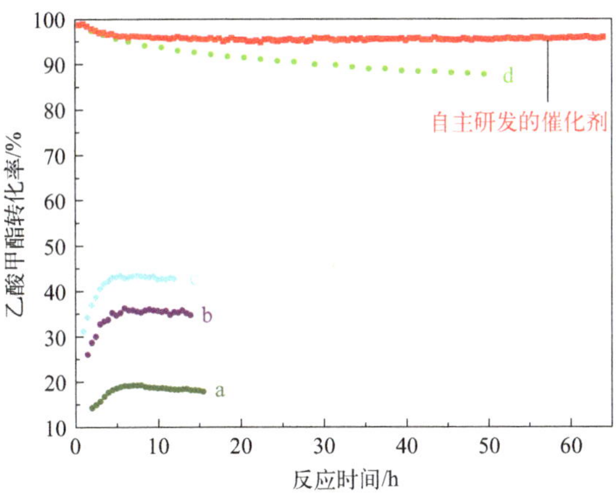

图 3.24 自主研发的催化剂与工业催化剂（a, b, c, d）乙酸甲酯加氢性能对比

3.3.3.2 铜基乙酸甲酯加氢催化剂定型

在铜基催化剂从实验室研发向中试放大及工业化生产的转化进程中，催化剂定

型是关键环节。定型催化剂须具备与反应工艺条件及工业反应器相适配的几何尺寸、外观形状和机械强度参数。合理的定型设计能够有效规避反应物流体在催化剂床层内的分布不均匀现象，从而显著降低床层压降，同时防止催化剂在工业运行过程中发生粉化，避免活性组分流失及装置堵塞等问题。此外，成型工艺对催化剂的物理化学性质，涵盖孔道结构、比表面积等微观参数，以及催化反应性能等宏观指标均存在显著影响，因此需对成型工艺进行精细调控与优化。

在催化剂粉体成型工艺中，成型助剂的合理添加对优化催化剂性能至关重要。依据功能特性，成型助剂可系统划分为黏结剂、润滑剂与孔结构改性剂三大类。其中，黏结剂依据作用机制与物化特性，可进一步细分为基体黏结剂、薄膜黏结剂及化学黏结剂。基体黏结剂通过填充催化剂粉体颗粒间隙，增强粒子间的物理嵌合作用，从而显著提升成型体的机械强度；薄膜黏结剂通常为液态体系，在成型过程中以均匀薄膜形式包覆于粉体颗粒表面，经干燥过程实现颗粒间的有效桥连，进而强化粒子间结合力；化学黏结剂则通过自身组分间的聚合反应或与催化剂物料的化学反应，在颗粒界面形成化学键合作用，从本质上提升物料粒子间的结合强度。润滑剂在成型过程中发挥着关键作用，其核心功能在于确保催化剂原粉粒子在受压过程中受力均匀，降低脱模阻力，并有效减小成型催化剂颗粒之间及其与反应器壁间的摩擦系数。目前，工业应用中常用的润滑剂包括石墨、滑石粉、田菁粉等，通过精准调控其添加量与分散方式，可达到理想的成型效果。孔结构改性剂的引入能够有效调控催化剂的堆密度、比表面积及孔体积等关键物理化学参数。此类助剂主要涵盖阳离子型表面活性剂（如长链铵盐）、阴离子型表面活性剂（如羟乙基磺酸钠油酸酯）及非离子型表面活性剂（如二乙醇胺月桂酸酰胺）。通过改变表面活性剂的种类、浓度及添加方式，可对催化剂孔道结构进行精确设计，从而优化其传质性能与反应活性。

在铜基催化剂的成型工艺中主流成型技术包括压缩成型、挤出成型及喷雾干燥成型等方式[68]。其中，压缩成型通过机械压力将催化剂粉体压实成型，所制备的催化剂呈现粒径均一、堆密度高、机械强度优异且表面光洁的特性。然而，该方法存在显著局限性：在成型过程中，冲头模具易产生剧烈磨损，且对于粒径小于 3 mm 的催化剂颗粒，其成型难度较大，难以实现有效制备。挤出成型工艺则是将催化剂原粉与各类助剂充分混合后，利用螺杆挤压机将混合物料推送至模头孔板，经切粒机切割形成特定长度的催化剂颗粒，实现连续化生产。但该方法对工艺参数的调控要求严苛，原料的物理化学性质、黏结剂的种类与添加量、挤出成型机的结构设计与运行参数等多重因素，均会对成型效果产生显著影响，需要成熟的技术经验与精准的过程控制。喷雾干燥成型技术通过将催化剂浆液雾化成微米级雾滴，在热气流中迅速蒸发干燥形成固态颗粒。此方法具备工艺流程简洁、产品纯度高、生产效率高等优势，可有效避免杂质引入。然而，该技术依赖专业的雾化设备与干燥系统，设备购置与维护成本较高，限制了其在部分场景下的应用。

根据工业装置乙酸甲酯加氢单元使用的反应器型式和铜基加氢催化剂的特点，在大量实践基础上，采用压片成形的方法完成了加氢催化剂定型，确定了最优的润滑剂种类和含量。与未定型的原粉催化剂相比，定型催化剂物化性质和乙酸甲酯加氢性能（图 3.25）均满足工业要求。值得指出的是，原粉和定型催化剂经 673 K 高温处理后，在反应温度保持了一致的催化性能，这也表明定型催化剂具有和原粉一致的热稳定性。

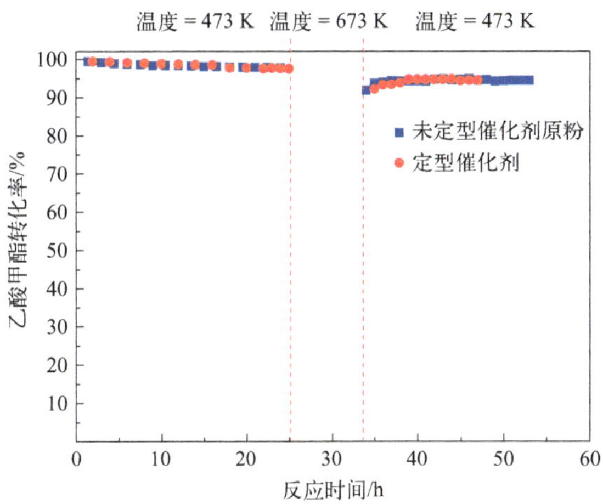

图 3.25 铜基催化剂定型前后乙酸甲酯加氢性能对比

3.3.4 铜基乙酸甲酯加氢催化剂性能

乙酸甲酯加氢制乙醇属于强放热反应，反应性能主要受反应温度、反应压力、氢酯比等条件的影响。从反应平衡角度，反应温度不宜过高，温度过高导致副产物增多，加速催化剂失活，因此开发低温高活性加氢催化剂尤为重要。反应压力也是影响加氢反应性能的重要因素，较低的氢气压力导致氢气在催化剂表面的吸附和解离过程受限，使得反应速率降低；主、副反应对压力的敏感程度不同，因此反应压力对选择性也有一定的影响。综合考虑，选择较高的反应压力（约 5.0 MPa）是适宜的。氢酯比对酯加氢反应影响显著，氢酯比过低，产生的活化氢数量有限，不能使催化剂发挥最佳的反应性能，并且难以及时带走反应热，容易导致催化剂局部过热而失活；过高的氢酯比降低反应物停留时间，且未反应的氢气量增加，循环气量提高，增加了过程能耗。因此，工业装置运行的反应条件应综合考虑上述因素的影响。

乙酸甲酯（MAc）加氢反应的目标产物为乙醇（EtOH），副产物主要有甲醇

(MeOH) 和乙酸乙酯 (EA)。催化剂活性计算方法如下:

$$X_{\mathrm{MAc}}=\frac{\text{进料乙酸甲酯摩尔数}-\text{产物乙酸甲酯摩尔数}}{\text{进料乙酸甲酯摩尔数}}\times 100\% \tag{3.14}$$

$$S_{\mathrm{EtOH}}=\frac{\text{产物中乙醇的摩尔数}}{\text{所有产物的总摩尔数}}\times 100\% \tag{3.15}$$

$$S_{\mathrm{MeOH}}=\frac{\text{产物中甲醇的摩尔数}}{\text{所有产物的总摩尔数}}\times 100\% \tag{3.16}$$

式中，X_{MAc}为乙酸甲酯转化率；S_{EtOH}为乙醇选择性；S_{MeOH}为甲醇选择性。

自主研发的乙酸甲酯加氢催化剂已完成催化剂定型和工业放大生产，在工业原料气组成和典型反应条件下，单程寿命可达 10000 h (图 3.26)。

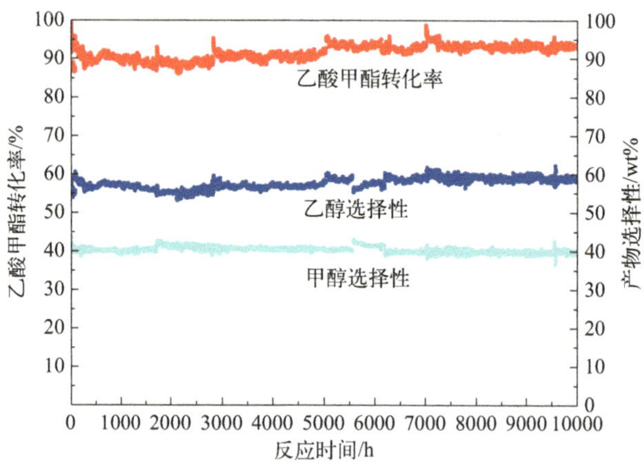

图 3.26　自主研发的乙酸甲酯加氢催化剂稳定性测试结果

3.4　二甲醚羰基化及加氢反应工艺研究

3.4.1　实验室小试工艺研究

小试工艺研究的目的是利用定型催化剂明确反应条件（包括反应温度、压力、空速、原料比等）对反应的影响规律，并综合以上结果，提出最优工艺条件。二甲醚羰基化反应和乙酸甲酯加氢反应的基本特征为强放热，且对反应温度敏感，同时羰基化催化剂和加氢催化剂均具有良好的稳定性，因此，两个反应的反应器均采用列管式固定床反应器。

图 3.27 是二甲醚羰基化在固定床反应器上的典型反应结果——二甲醚转化率和乙酸甲酯选择性随反应时间的变化。可以发现，乙酸甲酯选择性大于 98%，二甲醚转化率在经历诱导期后可以保持稳定。通过对二甲醚羰基化性能反应的研究，可以为分子筛以及定型催化剂设计、制备以及反应工艺设计提供数据支撑。

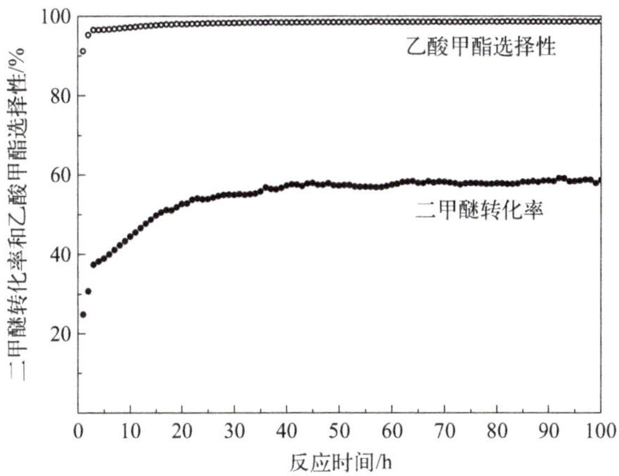

图 3.27　二甲醚转化率和乙酸甲酯选择性随反应时间变化关系

3.4.1.1　二甲醚羰基化反应实验室小试研究

二甲醚羰基化反应小试研究的目的有两个：①通过关联分子筛合成、定型催化剂制备与反应性能相互关系，为二甲醚羰基化分子筛设计、合成以及定型催化剂生产提供理论支撑；②利用定型催化剂厘清反应各种因素及其相互关联关系，为进一步放大研究提供基础。为了理解反应条件对二甲醚羰基化反应影响的基本规律，获取反应工艺设计基础数据，采用定型催化剂，系统考察了温度、压力、原料比例和气时空速等反应条件对二甲醚羰基化定型催化剂反应性能的影响。

（1）反应温度的影响

二甲醚羰基化反应存在诱导期，反应经过诱导期后进入稳定状态（图 3.27）。为了更清楚地观察二甲醚转化以及乙酸甲酯生成随反应温度的变化，采用高压固定床在定型催化剂上考察了二甲醚羰基化反应。图 3.28 是反应稳定阶段二甲醚转化率以及乙酸甲酯选择性随反应温度变化的对比图。可以看出，反应温度从 473 K 升高至 513 K 时，二甲醚转化率从 20% 提高至 80%，但是乙酸甲酯选择性变化不大，均大于 99%。在温度影响的研究中，也发现反应温度过高会加速副反应的发生，导致甲烷、烯烃、烷烃、芳烃以及丙酮等生成，过多的副产物不仅会增加产物分离的难度，而且会加速积碳物种的生成，导致催化剂失活，缩短催化剂的寿命。

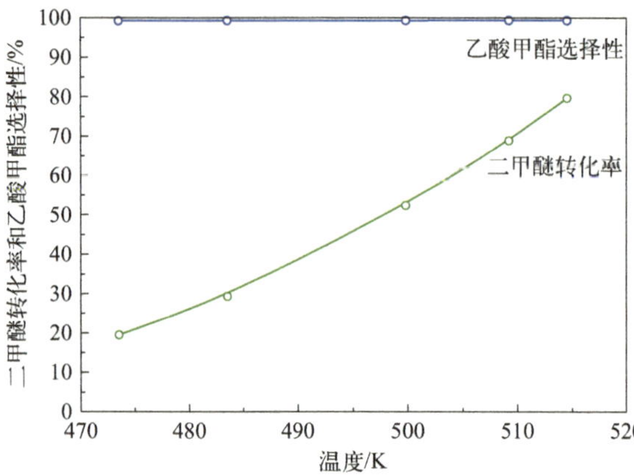

图 3.28　不同反应温度对二甲醚羰基化反应的影响

(2) 反应压力对二甲醚羰基化反应的影响

原理上讲，二甲醚羰基化反应是分子数减少的反应，提高压力会促进羰基化反应的进行。采用定型催化剂系统考察了反应压力对二甲醚羰基化反应的影响。图 3.29 是不同反应压力条件下二甲醚转化率和乙酸甲酯选择性的对比结果。考察范围内，提高反应压力对乙酸甲酯选择性影响不大，但是当反应压力从 3 MPa 提

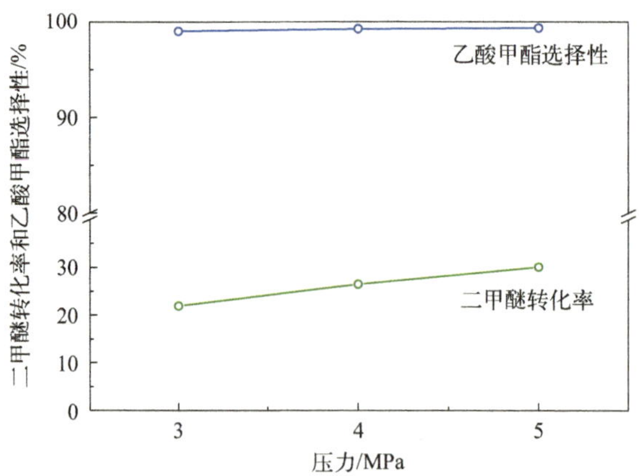

图 3.29　不同反应压力对二甲醚羰基化反应的影响

高到 5 MPa 时，二甲醚转化率从 22% 提高至 30%，这也意味高压有利于二甲醚向乙酸甲酯的定向转化。

（3）CO 分压对二甲醚羰基化反应的影响

在二甲醚羰基化反应热力学以及反应机理研究中，已经证实 CO 分压和乙酸甲酯的生成呈正相关关系。为了进一步验证 CO 分压对二甲醚反应的影响，在保持二甲醚分压不变的条件下，考察了 CO 分压对二甲醚羰基化反应的影响。由图 3.30 很明显可以看出，提高 CO 分压可以明显促进二甲醚转化，CO/DME 摩尔比从 2 提高至 8 时，二甲醚转化率由 13% 提高至 36%，但乙酸甲酯选择性变化不大。

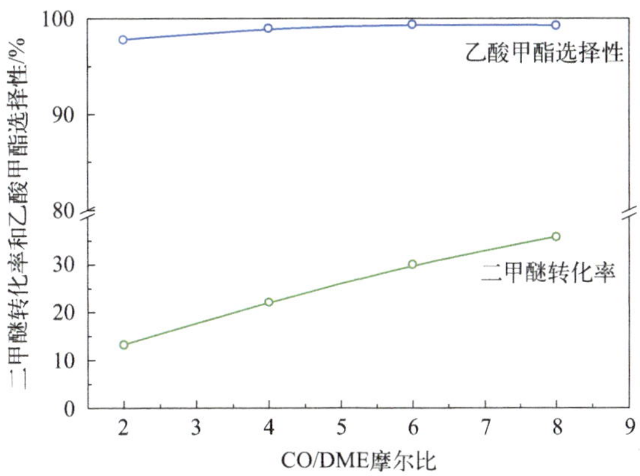

图 3.30　不同 CO/DME 对二甲醚羰基化反应的影响

（4）反应气时空速对二甲醚羰基化反应的影响

图 3.31 是不同反应空速对二甲醚转化率和乙酸甲酯选择性的影响结果。可以发现，提高反应体积空速对乙酸甲酯选择性影响不大，但对二甲醚转化率影响大，体积空速越大，二甲醚转化率越小。但大的体积空速可以一定程度上提高乙酸甲酯的时空产率。

通过系统地考察反应条件对二甲醚羰基化反应的影响，基本摸清了二甲醚羰基化反应和定型催化剂性能的基本规律，获取了小试条件下不同工艺条件时的基础数据，为进一步实验室中试稳定性实验的开展奠定了基础。

3.4.1.2　乙酸甲酯加氢实验室小试研究

为了深入了解反应工艺条件对乙酸甲酯加氢反应的影响规律，确定最优的反应工艺条件，为实验室中试提供基础数据，研究团队在定型铜基催化剂基础上系统考察了反应温度和氢酯比、压力、空速等反应工艺条件对乙酸甲酯加氢反应的影响。

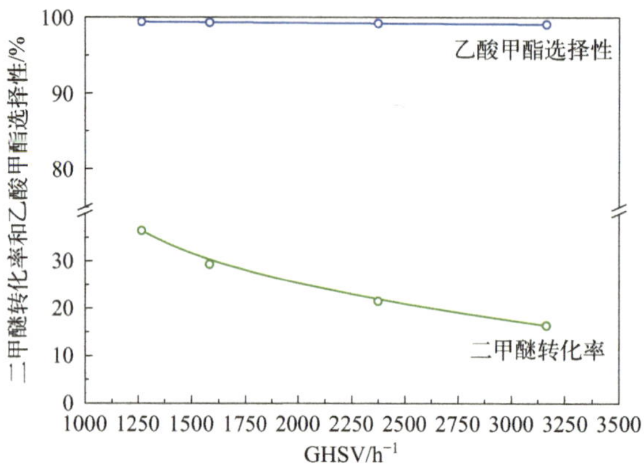

图 3.31　不同反应体积空速对二甲醚羰基化反应的影响

（1）反应温度和氢酯比对乙酸甲酯加氢反应的影响

乙酸甲酯加氢制乙醇的标准摩尔反应焓为−24.07 kJ/mol，标准摩尔反应吉布斯自由能为−6.01 kJ/mol，属于强放热反应。如图 3.32 所示，在所研究的温度区间内，随着反应温度升高，乙酸甲酯转化率增大，但当温度高于 523 K 时，乙醇选择性下降，说明高温促进了副反应的发生。氢酯比对乙酸甲酯加氢反应的影响显著，提高氢酯比有利于提高乙酸甲酯转化率和目标产物乙醇的选择性。主要副产物为酯交换反应产生的乙酸乙酯。随着反应温度和氢酯比提高，乙酸乙酯选择性下降。

（2）反应压力对乙酸甲酯加氢反应的影响

图 3.33 是反应压力对乙酸甲酯加氢反应的影响结果。反应压力从 3 MPa 提高至 5 MPa 时，乙酸甲酯转化率从 80% 提高至 85%、乙醇选择性从 53.4% 提高至 59.5%。副产物乙酸乙酯选择性明显下降。这也意味着高压有利于乙酸甲酯加氢生成乙醇。

（3）反应体积空速对乙酸甲酯加氢反应的影响

反应体积空速对乙酸甲酯加氢的影响见图 3.34。在其他反应条件不变的条件下，反应体积空速增加，乙酸甲酯转化率和乙醇选择性下降。这是体积空速增加，接触时间变短所致。

通过小试，基本摸清了乙酸甲酯加氢制乙醇反应的基本规律，明确了反应条件的界限，这也为实验室中试的展开奠定了基础。

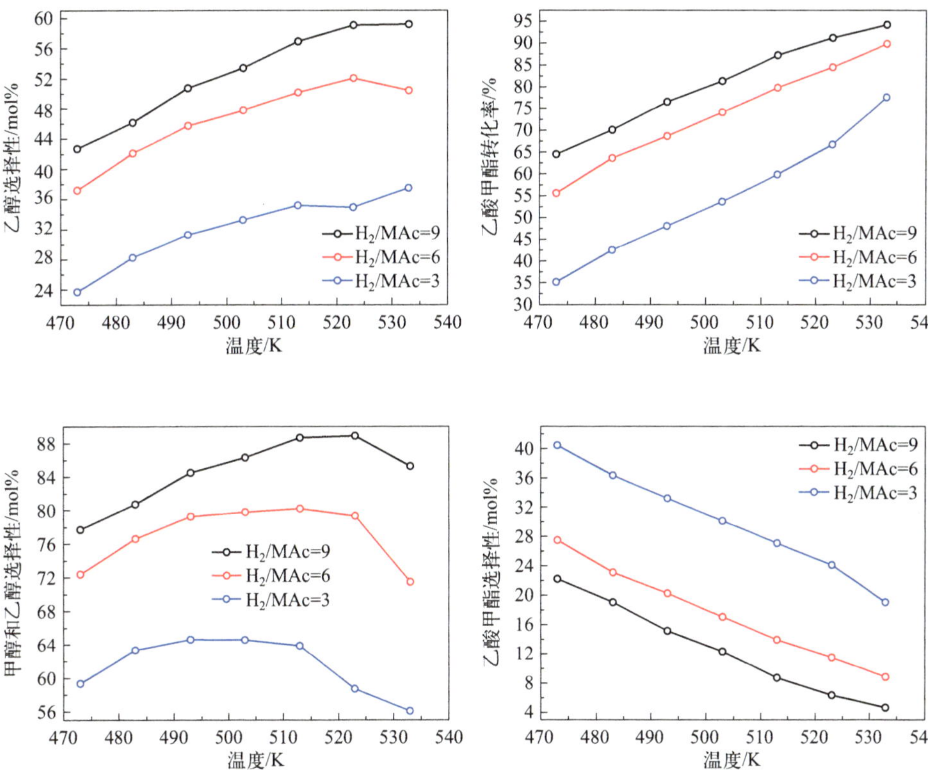

图 3.32　反应温度和氢酯比（H_2/MAc）对乙酸甲酯加氢反应的影响

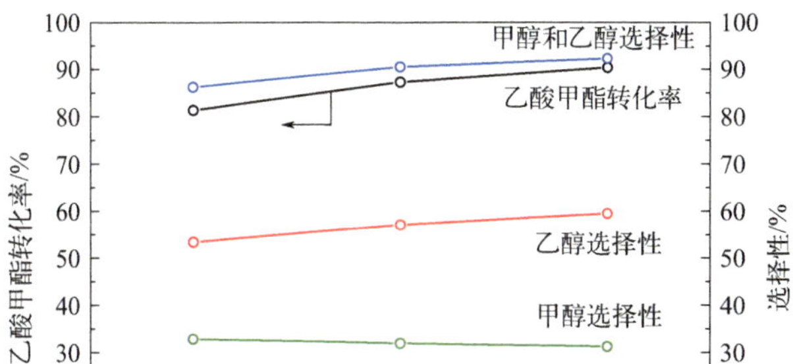

图 3.33　反应压力对乙酸甲酯加氢反应的影响

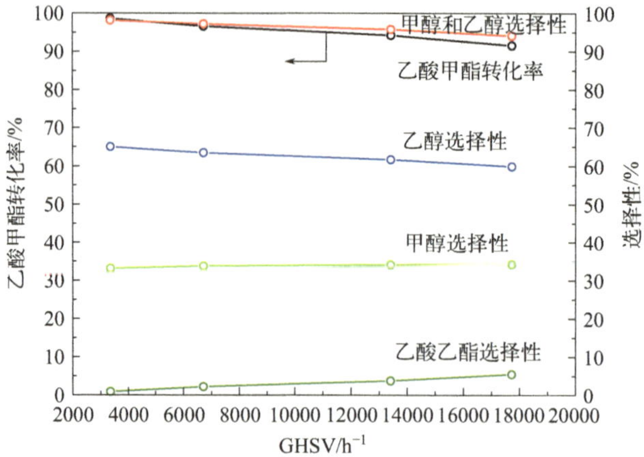

图 3.34　反应体积空速对乙酸甲酯加氢反应的影响

3.4.2　实验室中试工艺研究

中试的目的主要是在实验室小试的基础上，进一步利用定型催化剂在中型反应装置上验证二甲醚羰基化制乙酸甲酯和乙酸甲酯加氢制乙醇反应小试研究结果的准确性；根据研究结果给出合适的工艺条件；选择优化条件进行平稳操作，并得到物料平衡数据，为工艺包设计提供基本数据和工艺流程，从而为工业应用开发奠定基础。基于二甲醚羰基化反应和乙酸甲酯加氢反应的基本特征，研究团队专门设计和建设了用于实验室中试研究的高压固定床反应装置（图 3.35）。装置包含了原料净化系统和控制系统，固定床反应器、产品分析系统以及尾气处理系统。

图 3.35　实验室中试装置

3.4.2.1 二甲醚羰基化实验室中试工艺研究

在定型催化剂的基础上，完成了 50 kg 催化剂的制备工作，并在小试装置上对比了小试样品和放大样品的催化性能，发现二者催化活性和选择性基本一致。在实验室小试试验的基础上，利用放大制备的定型催化剂，进一步开展了二甲醚羰基化制乙酸甲酯反应的实验室中试研究。

实验室中试装置反应器内径为 ϕ28 mm，和工业列管反应器内径基本一致。反应管的催化剂装填量为 100 g，催化剂的形状和大小与工业催化剂一致。在此条件下，研究团队系统考察了反应温度、原料组成、体积空速等工艺条件对二甲醚羰基化反应的影响。图 3.36 ～图 3.38 是相应的二甲醚羰基化实验室中试研究影响结果。可以发现，实验室中试反应基本规律和小试反应规律完全一致，在考察范围内，工艺条件变化对乙酸甲酯选择性影响不大，但对二甲醚转化率影响较大。首先，当反应温度从 200 ℃提高至 240 ℃时，二甲醚转化率明显提高。其次，在二甲醚分压不变的条件下，提高 CO/DME 摩尔比可以明显提高二甲醚转化率，这也意味着较高的 CO 分压有利于二甲醚向乙酸甲酯的定向转化。但是 CO 分压过高意味着物料中会存在大量未反应的 CO，这也会增加 CO 循环量，提高生产成本。另外，在原料比例不变的前提下，GHSV 为 1500 ～ 4500 h^{-1} 时，提高反应空速会导致二甲醚转化率明显降低，但乙酸甲酯时空产率总体上随反应空速变化不显著。因此，需要基于工业应用实际情况选择合适的反应条件，在保持工艺过程稳定的基础上提高技术的经济性。

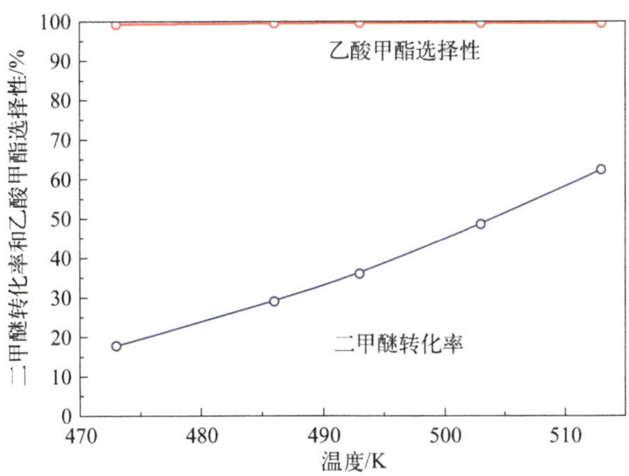

图 3.36 中试反应温度对二甲醚羰基化反应的影响

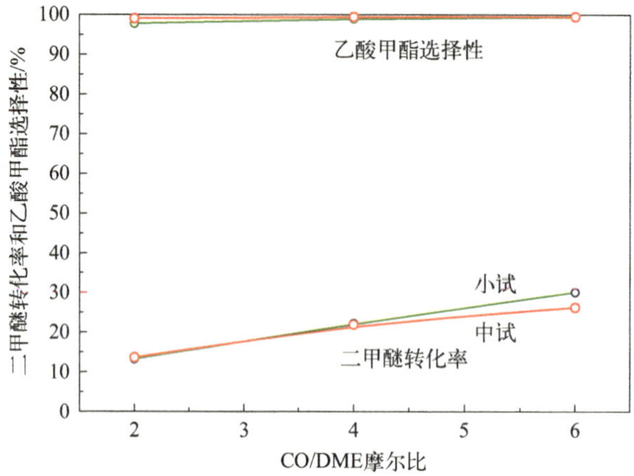

图 3.37　中试 CO/DME 摩尔比对二甲醚羰基化反应的影响

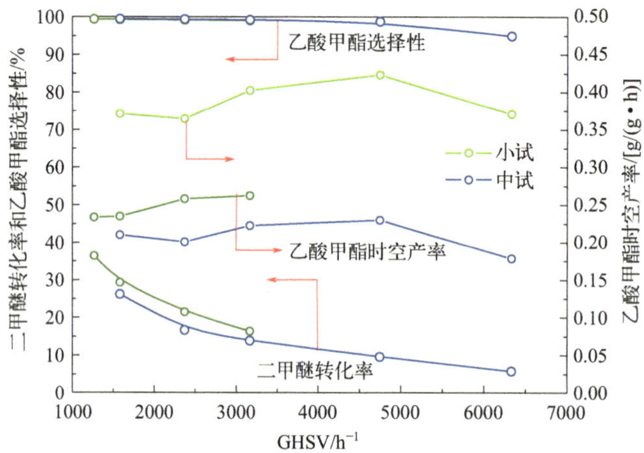

图 3.38　中试反应体积空速对二甲醚羰基化反应的影响

另外，研究团队还对比了小试反应结果和中试反应结果。中试催化剂装填量为 100 g，小试为 10 g。催化剂装填量的不同导致催化剂床层高度明显不同，由于二甲醚羰基化反应是强放热反应，中试放热量明显高于小试放热量，这对反应控制提出了较高的要求。从图 3.37 和图 3.38 可以发现，相同条件下，中试结果和小试结果差别不大，这也验证了定型催化剂的可靠性及其工艺条件的匹配性。

在优化的反应条件下，研究团队完成了二甲醚羰基化反应的物料衡算，其中物料平衡率达到99.91%; C元素平衡率为99.92%, H元素平衡率为100.01%, O元素平衡率为99.89%。这也进一步验证了中试结果的准确性，为二甲醚羰基化反应器和工艺设计提供了核心基础数据。

3.4.2.2 乙酸甲酯加氢实验室中试工艺研究

在实验室小试研究的基础上，研究团队完成了乙酸甲酯加氢催化剂的放大研究，成功实现了催化剂的批量制备。通过对放大催化剂参数与反应性能进行测试，发现其性质和活性均达到甚至超过了小批量样品水平。在此基础上，确定了催化剂的制备工艺流程和质量体系，为未来催化剂的工业化生产奠定了坚实的基础。

与二甲醚羰基化中试相同，乙酸甲酯加氢催化剂装填量也为100 g，系统考察了反应温度、压力、氢酯比、体积空速等工艺条件对乙酸甲酯加氢反应的影响，如图3.39～图3.42所示。可以发现，乙酸甲酯加氢反应中试基本规律和小试基本一致。在所考察的反应温度区间内（493～553 K），升高温度乙酸甲酯转化率明显提高；增加反应压力和氢酯比也有利于提高乙酸甲酯转化率；反应体积增加，接触时间变短，乙酸甲酯转化率降低。此外，研究团队对比了加氢小试结果和中试结果，发现二者基本一致，从而验证了放大催化剂和工艺条件的可靠性。

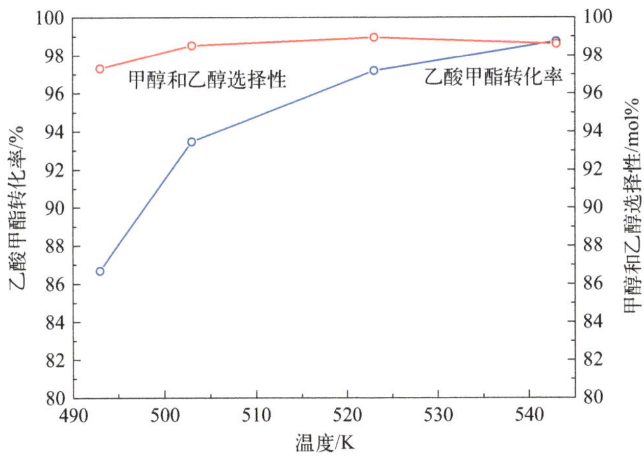

图3.39 中试反应温度对乙酸甲酯加氢反应的影响

研究团队进一步完成了乙酸甲酯加氢反应72 h的物料衡算，其中物料的质量平衡率达到99.26%; C元素平衡率为97.59%, H元素平衡率为97.32%, O元素平衡率为102.39%。这也进一步验证了中试结果的准确性，为乙酸甲酯加氢制乙醇工艺包设计提供了核心基础数据。

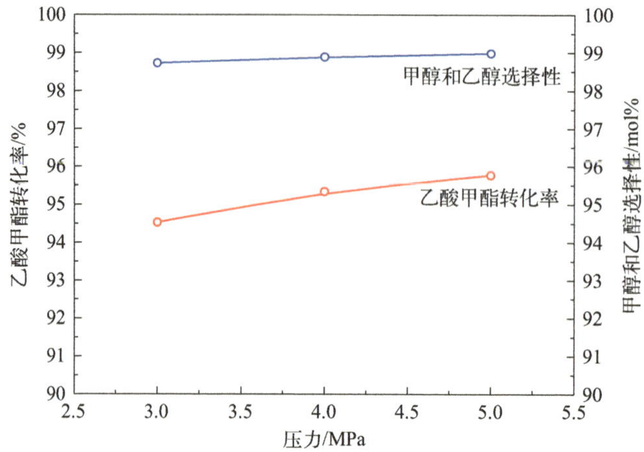

图3.40　中试反应压力对乙酸甲酯加氢反应的影响

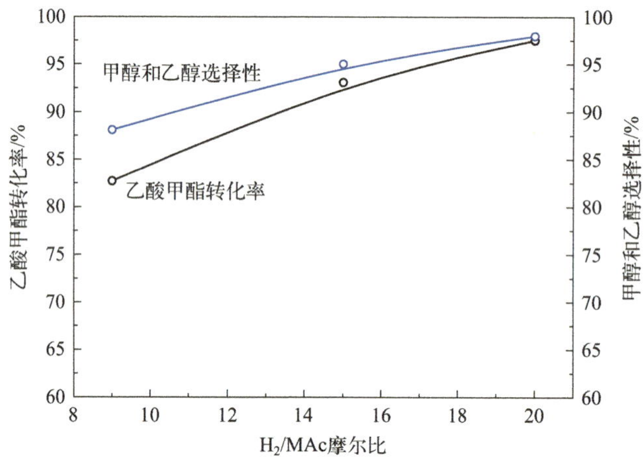

图3.41　中试反应氢酯比对乙酸甲酯加氢反应的影响

综上，基于定型催化剂，研究团队先后完成了二甲醚经乙酸甲酯制乙醇技术路线中两个核心反应——二甲醚羰基化反应和乙酸甲酯加氢反应的实验室小试和中试研究，不但摸清了反应的基本规律，而且明确了反应的基本工艺条件，并获取了工艺包设计基础数据和基本工艺流程，为进一步工程化研究和工艺设计软件包编制提供了重要支撑，也为未来工业示范装置的建设奠定了基础。

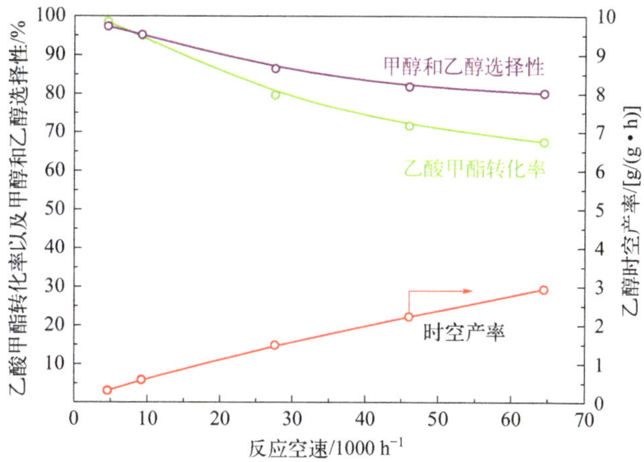

图 3.42　中试反应空速对乙酸甲酯加氢反应的影响

3.5 催化剂的放大与生产

DMTE 技术体系中，分子筛与铜基催化剂作为核心催化材料，分别主导二甲醚羰基化制乙酸甲酯和乙酸甲酯加氢制乙醇两个关键反应。其中，分子筛催化剂通过调控孔道结构与酸性位点，实现二甲醚的高效羰基化；铜基催化剂凭借其独特的电子结构、活性组分分散性及 Cu^0/Cu^+ 配比优化了乙酸甲酯加氢制乙醇的反应选择性与稳定性。高性能催化剂不仅提升了反应效率、降低了能耗，更是确保 DMTE 技术在市场竞争中具有经济竞争力。

DMTE 技术研发已取得阶段性突破，但催化剂从实验室小试向工业化生产的跨越仍是技术产业化的关键。中试放大作为连接小试研究与工业应用的桥梁，通过系统考察催化剂制备工艺的放大效应、优化工程参数、验证长期稳定性，能够有效发现催化剂规模化生产过程中的潜在问题。这一环节不仅是保障催化剂稳定量产的基础，而且是提高技术经济性、降低工业化风险的必要步骤，对推动 DMTE 技术的商业化应用具有不可替代的作用。

中国科学院大连化学物理研究所与延长中科（大连）能源科技股份有限公司（以下简称延长中科）围绕 DMTE 技术催化剂的中试放大开展系统研究，深度剖析技术核心的科学问题与工程化瓶颈，为技术产业化筑牢工业基础。研发团队采用分步推进策略实施关键环节放大：首先，针对分子筛原粉合成及铜基前驱体制备，通过优化原料配比、反应参数及设备选型，突破小试到中试的规模限制，实现活性组分的稳定批量生产；其次，开发适配工业化生产的催化剂制备工艺，对成型、焙烧等工艺进行系统优化，确保催化剂颗粒机械强度、孔道结构及活性组分分布满足列管式反应器装填与反应需求；最后，构建覆盖全流程的质量监控体系，通过关键工艺参数实时监测与质量指标动态调控，建立完备的质量控制标准，验证小试工艺的可重复性与工程放大可靠性，为 DMTE 技术催化剂的工业化生产提供坚实的技术保障。

为了开展 DMTE 技术催化剂的中试放大研究，中国科学院大连化学物理研究所于 2014 年启动了二甲醚羰基化分子筛放大合成、羰基化及加氢催化剂的定型工作，初步确定了两种催化剂制备条件和方法，并建立了催化剂的性能评价体系，开发了较高性能的 DMTE 催化剂放大样品。2016 年，在前期工作基础上完成了 100 m^3 羰基化催化剂和 20 m^3 加氢催化剂的生产。

2017 年，放大制备的催化剂成功应用于陕西兴化化学股份有限公司 10 万吨 / 年合成气制乙醇科技示范装置，实现一次性开车成功，产出纯度达 99.71% 的无水乙醇产品，验证了催化剂原料、物料配比与工艺条件的可行性，明确了工业化生产工艺参数及设备选型依据，同步构建产品质量控制体系。2019 年，升级后的羰基化催化剂在小试阶段展现优异低温活性，经中试放大后应用于工业装置，实现了初始反应温度的显著降低与单程寿命的大幅提升。2021 年，延长中科生产基地建成并投运，标志着 DMTE 技术催化剂正式进入大规模工业化生产阶段，为乙醇产业的规模化发展提供了坚实的支持。

3.5.1 DMTE 技术催化剂性能要求及分析方法

3.5.1.1 羰基化催化剂分析检测项目及方法

在二甲醚羰基化制乙酸甲酯反应中，高性能羰基化催化剂需兼具高转化率、高乙酸甲酯选择性及寿命长等特点。针对工业应用需求，研发团队系统研究影响催化剂性能的关键因素，建立并优化催化剂分析检测体系，于 2020 年牵头制定行业标准《二甲醚羰基化制乙酸甲酯催化剂》（HG/T 5760—2020）和《二甲醚羰基化制乙酸甲酯催化剂催化性能试验方法》（HG/T 5761—2020）[69,70]。本节围绕催化剂放大与工业化生产需求，系统阐述羰基化催化剂的关键检测项目及方法，为产品质量控制提供科学依据。

DMTE 技术中的羰基化催化剂是以沸石分子筛为活性主体，复合黏结剂及少量功能性氧化物制备而成的成型催化材料，宏观呈现规则白色条状形态。针对该催化剂建立的标准化分析检测体系，涵盖物理性能与催化反应性能两大维度：物理性能检测项目包括外观形貌、几何规格、孔体积（BJH，Barrett-Joyner-Halenda 法）、堆密度及抗压碎强度；催化性能指标则以二甲醚转化率、乙酸甲酯选择性为核心评价参数。具体检测项目及质量控制指标详见表 3.7，该检测标准体系为催化剂的质量控制、工艺优化及工业化应用提供量化依据。

表3.7　DMTE二甲醚羰基化制乙酸甲酯催化剂的分析检测项目及质量控制指标

项目	指标
外观	白色圆柱状
规格 /(mm×mm)	3(直径)×3(长度)
比表面积 /(m^2/g)	≥ 150
孔体积 /(m^3/g)	≥ 0.10
堆密度 /(g/cm^3)	0.6 ～ 0.9
颗粒抗压碎力平均值 /(N/cm)	≥ 80
二甲醚转化率 /%	≥ 50
乙酸甲酯选择性 /%	＞ 99

3.5.1.2　加氢催化剂的分析检测项目及方法

在 DMTE 技术体系中，乙酸甲酯加氢制乙醇反应所采用的催化剂是以铜、锌、铝金属氧化物为核心活性组分，经协同复合制备而成的负载型催化材料。该催化剂呈规则黑色圆柱状，表面展现出金属光泽特性，其性能优势显著，不仅实现了乙酸甲酯的高效转化，同时对乙醇产物具有高选择性，可有效抑制烃类等副产物的生成，且具备良好的稳定性。

通过系统研究与优化，建立了完善的催化剂物性评价体系，涵盖物理结构、力学性能等参数。具体的物性指标详见表 3.8，这些参数是催化剂质量控制的关键依据，为工业化生产过程中的工艺调控与性能优化提供了重要的量化参考。

表3.8　DMTE技术乙酸甲酯加氢制乙醇催化剂的物性指标

项目	指标
外观	具有金属光泽的黑色圆柱体
规格 /(mm×mm)	6.0(直径)×4.0(长度)
堆密度 /(g/cm^3)	1.2 ～ 1.5
颗粒抗压碎力平均值 /(N/cm)	≥ 100
乙酸甲酯转化率 /%	≥ 93
乙醇选择性 /%	≥ 95

3.5.2　羰基化催化剂分子筛的放大合成

分子筛的放大合成是催化剂工业化生产的核心环节。研究团队分别以 100 mL、

1 L 及 10 L 规模开展了合成实验，在确立稳定工艺条件的基础上，开展了 3.0 m^3 反应釜规模的放大合成。旨在实现以下目标：

其一，通过规模化生产验证实验室合成配方的可靠性与重复性，确保产品质量一致性；

其二，系统研究工业化设备选型及工艺参数优化，重点解决升降温速率控制、物料混合均匀性（搅拌效率）、产品分离工艺等关键工程问题；

其三，构建涵盖原料检测、过程监控及成品分析的全流程质量控制体系，建立标准化分析方法；

其四，在保障产品性能的前提下，通过优化合成条件，实现生产成本降低与能耗控制。

上述研究成果为分子筛工业化生产装置的设计、建设及稳定运行提供了坚实的技术支撑与数据基础，有效降低工业化风险，提升工艺经济性与可行性。

3.5.2.1 分子筛合成方案的确立

分子筛放大合成方案的设计与优化是一项多目标协同调控的复杂工程。在工业化进程中，需以催化性能为核心导向，确保分子筛产品在目标反应中展现出优异的活性、选择性及稳定性；同时，综合考量工程可行性与经济环保指标。

放大规模是确定分子筛的放大合成方案首先要考虑的问题。中试设备的规格、材质、操作条件等应与未来工业化生产设备相似。根据小试设备的尺寸和生产能力，按照一定的比例进行放大，结合中试设备的特点，对参数进行适当调整和优化。由于设备尺寸和操作条件的变化，物料平衡和能量平衡可能会发生改变，需要进行重新核算和调整。另外，中试规模的确定应在保证工艺技术可行和产品质量的前提下，尽量降低成本，提高经济效益。

3.5.2.2 分子筛放大合成的工艺流程

图 3.43 是 DMTE 技术羰基化催化剂分子筛放大合成工艺流程示意图和质量监控位点分布。合成的具体步骤如下：在确认反应釜清洁的前提下，将硅源、铝源及碱源等原料在一定条件下制成无机结构导向前驱液，然后再与剩余无机物质、有机模板剂与水按一定顺序搅拌均匀，密封合成釜，升温至一定条件下晶化。晶化结束后，开釜缓慢蒸馏有机物种以备回用，同时逐渐降温，将釜内物料过滤洗涤，滤液回收使用，滤饼干燥即得分子筛产品[71-73]。

3.5.2.3 分子筛质控体系的建立

在分子筛放大合成过程中，构建完备的质量控制体系是实现工业化稳定生产的核心保障。通过系统性地设置质量监控位点，形成覆盖原料投入、中间产物及最终产品的全流程检测网络。分子筛放大合成工艺流程示意图及质量监控位点(Z1～Z5)分布见图3.43，各质量监控位点的分析检测项目及频次列于表3.9。

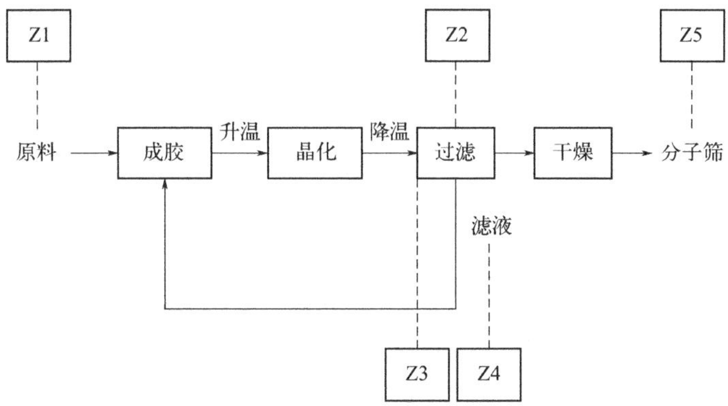

图3.43　DMTE技术羰基化催化剂分子筛放大合成工艺流程示意图及质量监控位点(Z1～Z5)分布

表3.9　分子筛合成单元质量监控位点的分析检测项目及频次

质量监控位点	样品名称	分析内容	频次
Z1	铝源	Al_2O_3含量、粒径、杂质含量	4个/每批
	硅源	SiO_2含量、黏度、粒径、杂质含量	6个/每批
	碱源	碱含量、定性检验杂质含量	2个/每批
	去离子水	电导率、pH	每天
	模板剂	含量	4个/每批
	前驱液	组成、含量	每釜
Z2	过滤前料浆	晶相、组成	每釜
Z3	冷凝回收的模板剂	组成、含量	每罐
Z4	滤液	组成、含量	每罐
Z5	分子筛产品	晶相结构、化学组成、微观形貌、孔结构参数（孔容、比表面积）和催化性能等	每釜

在原料管控层面，Z1监控位点针对每批次原料开展原料含量（浓度）、性质及杂质含量检测，通过严格的质量筛查机制，从源头杜绝不合格原料流入生产环节。在反应过程监控中，Z2监控位点对过滤前料浆进行晶相及组成分析，若检测到杂晶生成，立即实施该批次产品隔离烘干，避免交叉污染；Z3监控位点通过测定蒸

馏后模板剂含量，为循环投料提供精准计量依据；Z4 监控位点对滤液成分进行定量分析，支撑物料循环利用策略的实施。针对最终产品，Z5 监控位点开展多维度物性表征，涵盖晶相结构、化学组成、微观形貌、孔结构参数（孔容、比表面积）等及催化性能测试。只有当产品通过 Z5 监控位点的全项检测后，方可进入包装入库流程，并用于后续催化剂成型及后处理工序，从而确保整个生产链条的质量可控性与工艺稳定性。

3.5.2.4 分子筛合成的可靠性与重复性

分子筛合成过程的可靠性与重复性是衡量其工艺稳定性、可控性及工业化潜力的核心指标，不仅涉及技术研发，更与过程质量控制、标准化管理体系密切相关。

分子筛合成的可靠性是指在特定条件下，稳定制备具有预期晶体结构与性能产品的能力。原料纯度对分子筛合成具有决定性影响，硅源、铝源等关键原料中的杂质会干扰成核与晶体生长过程，导致杂晶生成、晶格缺陷或性能劣化。同时，合成过程对温度、pH、反应时间等参数极为敏感：温度波动会改变反应动力学，影响晶相转化与结晶度；pH 变化则可能改变反应物存在形态及反应路径，导致目标结构无法形成。

分子筛合成的重复性体现在合成工艺在相同条件下的多次实验中，产出结构与性能一致产品的能力。设备参数波动，如反应釜温度控制精度不足、搅拌速率不均等，易导致物料混合与传热传质差异，引发合成结果离散。此外，原料批次间品质差异、称量误差、投料顺序及时间控制偏差等因素，均可能造成产品性能波动。

为提升分子筛合成的可靠性与重复性，需构建全流程质量管控体系，包括严格把控原料质量、精准调控工艺参数、优化设备性能及规范操作流程。通过制定标准化操作规范，对原料检验、中间过程控制、产品包装储存等环节实施严格监控，确保分子筛产品在组成分布、晶体形貌、结晶度及催化活性等多维度指标的一致性与稳定性。

图 3.44 展示了 DMTE 技术催化剂在 8 m^3 合成釜中试放大过程中，多批次分子筛产品的硅铝比、单釜产量变化及二甲醚羰基化反应性能的系统性评价结果。通过对不同批次产品关键指标的统计分析发现，各批次分子筛的硅铝比波动范围极小，单釜产量呈现高度一致性；在二甲醚羰基化反应性能测试中，MAc 选择性及 DME 转化率的变化均处于较低水平，充分表明中试放大分子筛产品具备优异的批次间重复性与性能稳定性，验证了中试放大生产工艺的可靠性与稳定性，为后续羰基化催化剂的规模化制备提供了坚实的技术基础。作为羰基化催化剂制备的核心原料，稳定的分子筛产品质量是确保催化体系活性与选择性的关键前提，对推动 DMTE 技术的工业化应用具有重要意义。

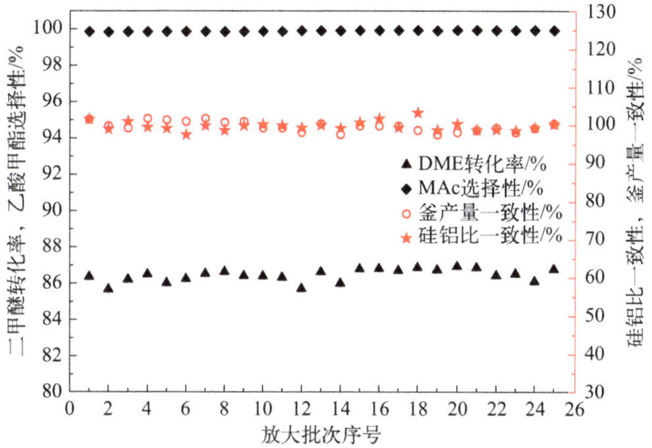

图 3.44　中试放大分子筛的硅铝比、釜产量一致性及反应性能评价结果

3.5.3　羰基化催化剂的放大制备

（1）羰基化催化剂放大制备的工艺流程

羰基化催化剂放大制备工艺及质量监控位点分布如图 3.45 所示。该工艺以分子筛和辅料为原料，经多工序协同转化实现催化剂的制备。生产流程涵盖原料混合、成型加工、干燥焙烧等关键环节[74-77]。整个生产过程设置三级质量监控位点（C1 ～ C3），分别对原料混合均匀性、成型后结构稳定性及成品性能进行实时监测。工艺过程中，原料添加系统严格控制辅料、改性剂配比；针对生产过程产生的废气，采用脱硝工艺与喷淋吸收组合处理技术，确保排放达标；废水则通过蒸发单元预处理后，输送至污水站进行深度净化处理，实现绿色化生产。该工艺体系的建立为羰基化催化剂的稳定量产与质量控制提供了系统性解决方案。

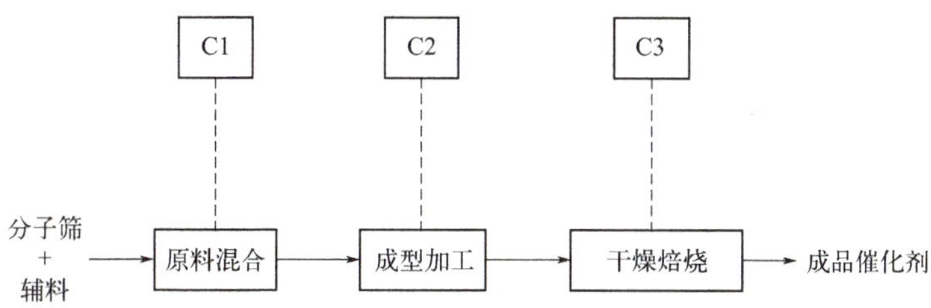

图 3.45　羰基化催化剂放大制备工艺流程示意图及质量监控位点分布

（2）羰基化催化剂放大制备单元质控体系的建立

通过原料混合、成型加工及干燥焙烧等一系列放大制备过程，考察了影响各个步骤的关键因素，确立了优化的放大制备工艺，建立和完善了羰基化催化剂放大制备生产的质量控制体系。具体的监控位点的位置分布见图 3.45，表 3.10 是羰基化催化剂放大制备单元的质量分析检测项目和频次。

表3.10　羰基化催化剂放大制备单元的质量分析检测项目及频次

质量监控位点	样品名称	分析内容	频　次
C1	分子筛	晶相（放大合成已分析），含水量	
	辅　料	固含量、组成	2 个 / 每批
C2	干燥焙烧	组成分析	每　批
C3	成品羰基化催化剂	强度、堆密度、比表面积、孔容、组成、形貌及反应性能等	每　批

C1 监控位点对各成型原料进行分析检测，其中分子筛已经在放大合成阶段进行了物相分析和性能评价；C2 监控位点检测成型后样品的组成，并经实验室进一步处理测试反应性能，确保成型效果；C3 监控位点监控最终的成品羰基化催化剂，依据 DMTE 技术对羰基化催化剂的质量要求，需要对产品的强度、堆密度、比表面积、孔容、组成、形貌及反应性能等进行表征。C3 检测中若各项指标均满足要求的样品，即为合格的 DMTE 技术羰基化催化剂。

3.5.4　酯加氢催化剂的放大制备

（1）酯加氢催化剂放大制备的工艺流程

图 3.46 给出了 DMTE 技术酯加氢催化剂放大制备工艺流程示意图及质量监控位点分布（H1 ～ H4）。乙酸甲酯加氢催化剂的生产由原料出发，经过溶液配制、反应合成、过滤洗涤、干燥焙烧、成型加工最终得到加氢催化剂成品。中间过程中需要加入金属盐、碱、黏结剂和脱盐水等原料，产生的废气是二氧化碳和水蒸气，可直接排放到大气中，产生的废水为无机废水，需送入回用水和蒸发单元处理。

（2）酯加氢催化剂质控体系的建立

通过反应合成、过滤洗涤、干燥焙烧及成型加工等一系列放大制备过程，酯加氢催化剂放大生产的质量控制体系得以建立和完善。具体的质量监控位点的分布见图 3.46，表 3.11 是酯加氢催化剂放大的质量分析检测项目和频次。

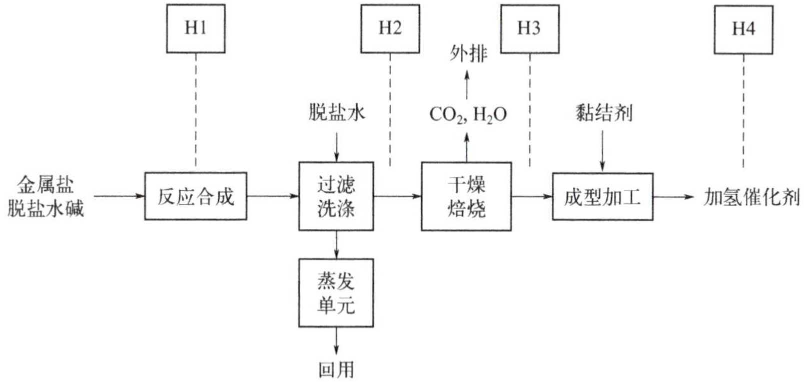

图 3.46　DMTE 技术酯加氢催化剂放大制备工艺流程示意图及质量监控位点分布（H1 ～ H4）

表3.11　酯加氢催化剂放大的质量分析检测项目和频次

质量监控位点	样品名称	分析内容	频　次
H1	金属盐	金属含量、杂质含量	2 个 / 每批
	碱	含量	2 个 / 每批
	脱盐水	电导、pH	每天
H2	过滤洗涤后滤饼	组成分析	每批
H3	干燥焙烧后样品	反应性能	每批
H4	成品加氢催化剂	强度、堆密度、比表面积、孔容、组成、形貌及反应性能	每批

H1 监控位点是对各原料的分析检测，按照相关的行业标准分析检测原料组成含量，根据测试的结果按比例配制溶液；H2 监控位点监控过滤洗涤后滤饼的组成，监控洗涤效果；H3 监控位点监控干燥焙烧后样品的反应性能；H4 监控位点检测最终的成品加氢催化剂，依据 DMTE 技术对加氢催化剂的质量要求，需要对产品的强度、堆密度、比表面积、孔容、组成、形貌及反应性能等进行表征。H4 检测中各项指标均满足要求的样品，即为合格的 DMTE 技术加氢催化剂。

3.6　DMTE技术的工程化研究

工程化研究是将实验室阶段的化学工艺转化为工业化生产的关键环节，其核心在于解决从实验室到工业装置间的放大效应及多学科技术集成问题。主要研究方向包含：热力学研究、动力学研究、反应器设计、工艺技术的可行性分析、技术评价等内容。

3.6.1 热力学研究

在化工领域，热力学研究的重要性不可忽视，涉及反应平衡、能量管理、安全环保等多个方面，为化工过程的设计、优化与控制提供理论基础。具体而言，热力学在化工中的主要作用有：通过化学平衡常数与吉布斯自由能变化预测化学反应的方向和限度，优化反应条件以提高转化率；热力学提供物质的热容、焓、熵等基础热力学数据，用于计算反应热、设备热负荷等，从而实现对化工设备选型和操作参数的优化；通过对能量转换和传递过程的分析，优化能量利用，减少能耗等。

（1）热力学分析方法

化工热力学分析方法是化工过程设计、优化及控制的重要工具。该方法通过系统研究物质热力学性质、相平衡关系及能量转换规律，为化工流程开发与工艺改进提供了重要的理论支撑与技术指导。以下是一些常见的热力学分析方法：

① 能量衡算法。基于热力学第一定律（能量守恒原理），对化工过程中的能量输入、输出及转化过程进行定量计算。该方法注重能量数量守恒，广泛应用于化工过程的能量平衡设计。

② 熵分析法。依据热力学第二定律（熵增原理），深入分析能量转化的不可逆性，进而评估化工过程的效率及优化方法。此方法聚焦于过程的方向性及效率极限分析，适用于系统热力学完善评估。

③ 有效能分析法。结合热力学第一、第二定律，通过“有效能”的量化分析，衡量能量品质及利用效率。有效能分析法兼顾数量和质量，为能源综合利用方案的制定提供科学的决策依据，助力实现能源的高效利用与合理配置。

（2）DMTE 技术各反应热力学分析

DMTE 技术核心包含两步放热反应：

二甲醚羰基化 $$CH_3OCH_3 + CO \longrightarrow CH_3COOCH_3 \tag{3.17}$$

乙酸甲酯加氢 $$CH_3COOCH_3 + 2H_2 \longrightarrow CH_3CH_2OH + CH_3OH \tag{3.18}$$

DME 和 MAc 的标准摩尔生成焓采用本森（Benson）基团贡献法来估算：

$$\Delta_f H_{298}^{\ominus} = \sum N_k \Delta_f H_{298,g}^{\ominus} \tag{3.19}$$

式中，N_k 表示第 k 种基团的数量。

Benson 基团贡献值见表 3.12，通过式(3.19)计算得到 DME 和 MAc 的标准摩尔生成焓分别为−183.63 kJ/mol 和−411.53 kJ/mol。

表3.12 Benson基团贡献值

基　团	N_k(DME)	N_k(MA)	$\Delta_f H^{\ominus}_{298,g}$ /(kJ/mol)
CH_3—(C)	2	2	−42.20
O—$(C)_2$	1	0	−99.23
O—(CO,C)	0	1	−180.41
CO—(O)(C)	0	1	−146.72

标准生成吉布斯自由能的计算采用式（3.20）计算。

$$\Delta_f G^{\ominus}_{298} = \Delta_f H^{\ominus}_{298} - T\Delta_f S^{\ominus}_{298} \tag{3.20}$$

DMTE 技术的两步反应所涉及的各组分的基本热力学数据见表 3.13。

表3.13 DMTE技术所涉及各组分的基本热力学数据

组分	$\Delta_f H^{\ominus}_{298,g}$ /(kJ/mol)	$\Delta_f G^{\ominus}_{298}$ /(kJ/mol)	$c_p=A+BT+CT^2+DT^3$			
			A	B	C	D
H_2	0	0	29.06	-8.20×10^{-3}	1.99×10^{-6}	0
CO	−110.53	−137.17	27.49	4.20×10^{-3}	2.50×10^{-6}	-1.20×10^{-9}
CH_3OCH_3	−183.63	−112.59	17.00	17.89×10^{-2}	-5.23×10^{-5}	-1.92×10^{-9}
CH_3OH	−201.50	−162.84	21.14	7.08×10^{-2}	2.59×10^{-6}	-2.85×10^{-8}
C_2H_5OH	−234.43	−167.90	6.30	0.23	-1.19×10^{-4}	2.22×10^{-8}
CH_3COOCH_3	−411.53	−325.40	16.54	0.22	-4.34×10^{-5}	-2.91×10^{-8}

根据参与反应的各组分的热力学数据计算不同温度下的反应热和平衡常数。反应的焓变（$\Delta_r H_T$）、熵变（$\Delta_r S_T$）、吉布斯自由能变（$\Delta_r G_T$）和平衡常数（K_p）分别采用式(3.21)～式(3.24)来计算。

$$\Delta_r H_T = \sum_j v_j \Delta_f H_{298j} + \sum_j \int_{298}^{T} c_p \mathrm{d}T \tag{3.21}$$

$$\Delta_r S_T = \sum_j v_j \Delta_f S_{298j} + \sum_j \int_{298}^{T} c_p \mathrm{d}\ln T \tag{3.22}$$

$$\Delta_r G_T = \Delta_r H_T - T\Delta_r S_T \tag{3.23}$$

$$\ln K_p = -\frac{\Delta_r G_T}{RT} \tag{3.24}$$

由式(3.24)得到的羰基化反应［式(3.17)］和加氢反应［式(3.18)］平衡常数的对数 $\lg K_p$ 与温度的关系见图 3.47。

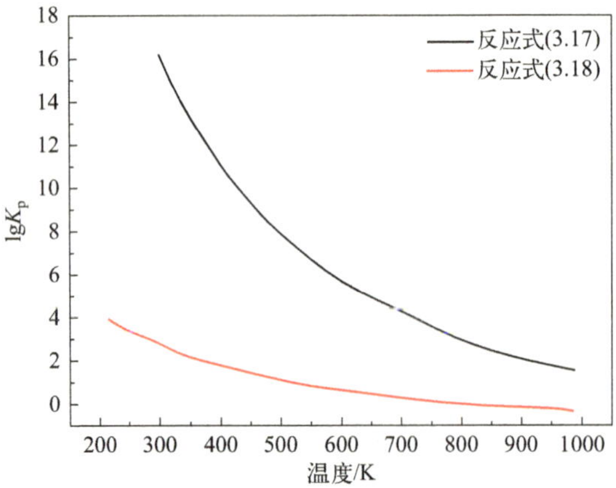

图 3.47　平衡常数的对数与温度的关系

随着反应温度的逐步升高，两个反应的标准热力学平衡常数（lgK_p）呈现出显著的下降趋势。298.15 K 时二甲醚羰基化反应的 lgK_p 为 16.25，表明在该温度下反应比较完全；当温度升至 1000 K 时，lgK_p 降至 2，此时二甲醚羰基化反应受到极大抑制。对于乙酸甲酯加氢反应，其 lgK_p 同样随温度升高呈现递减态势。当温度从 298.15 K 升高至 1000 K 时，lgK_p 数值由 3.97 下降至−0.35。从热力学角度分析，低温环境更有利于提升反应的平衡转化率[78, 79]。

3.6.2 动力学研究

反应动力学研究作为化学工程领域的关键研究方向，通过定量解析反应速率与反应机理，为优化工业反应条件、控制副产物生成、提高主产物选择性提供理论依据。通过构建基于反应速率方程与物质传递过程的数学模型，不仅能够为高性能催化剂的设计与反应工艺的改进提供科学指导，还可以帮助预测反应进程及能量变化。相较于热力学研究仅能判断反应发生的可能性，动力学研究可定量分析反应进程中的动态变化，对复杂反应体系的设计与安全控制方面发挥着不可替代的作用，对推动新技术的工业化应用具有深远意义。

在实验室环境下采用工业 DMTE 催化剂开展了二甲醚羰基化反应动力学研究。通过系统的实验设计与数据采集，对反应过程进行深入探究。实验结果显示，部分副反应产物浓度远低于主产物，从简化模型与突出关键反应特征的角度出发，在动力学模型构建过程中，忽略产物浓度较低的反应过程，仅采用主反应进行动力学分析。

$$CH_3OCH_3 + CO \longrightarrow CH_3COOCH_3$$

以下反应动力学的推导过程中CO用A表示，CH_3OCH_3用B表示，CH_3COOCH_3用C表示。反应机理如表3.14所示。各步骤推导过程如下。式中，定义$K_A=k_{aA}/k_{dA}$、$K_B=k_{aB}/k_{dB}$、$K_s=\overrightarrow{k_s}/\overleftarrow{k_s}$、$K_C=k_{aC}/k_{dC}$。

表3.14　反应机理

反应过程	反应机理	动力学	方程式编号
A组分吸附过程	$A+\sigma=\!=\!=A\sigma$	$-r_1=k_{aA}p_A\theta_V-k_{dA}\theta_A$	(3.25)
B组分吸附过程	$B+\sigma=\!=\!=B\sigma$	$-r_2=k_{aB}p_B\theta_V-k_{dB}\theta_B$	(3.26)
表面反应过程	$A\sigma+B\sigma=\!=\!=C\sigma+\sigma$	$-r_3=\overrightarrow{k_S}\theta_A\theta_B-\overleftarrow{k_S}\theta_C\theta_V$	(3.27)
C组分脱附过程	$C\sigma=\!=\!=C+\sigma$	$-r_4=k_{dC}\theta_C-k_{aC}p_C\theta_V$	(3.28)

注: σ表示吸附位，Aσ、Bσ、Cσ分别表示A、B、C的吸附态; r表示反应速率; k_a为吸附速率常数; k_S为化学反应速率常数; p表示压力; θ表示吸附分子（A、B、C）所覆盖的表面占总表面的分率; 下角V表示吸附位。

（1）A组分吸附控制，其他过程快速平衡，得出:

$$\theta_B=\frac{k_{aB}}{k_{dB}}p_B\theta_V=K_Bp_B\theta_V \tag{3.29}$$

$$\theta_A=\frac{\theta_C\theta_V}{K_S\theta_B}=\frac{K_CP_C\theta_V}{K_SK_BP_B} \tag{3.30}$$

$$\theta_C=\frac{k_{aC}}{k_{dC}}P_C\theta_V=K_CP_C\theta_V \tag{3.31}$$

$$\theta_A+\theta_B+\theta_C+\theta_V=1 \tag{3.32}$$

令$K_p=\dfrac{K_AK_BK_S}{K_C}$，得出反应动力学方程为

$$-r=\frac{k_{aA}\left[p_A-p_C/(K_pp_B)\right]}{1+K_Ap_C/(K_pp_B)+K_Bp_B+K_Cp_C} \tag{3.33}$$

（2）B组分吸附控制，其他过程快速平衡，得出:

$$\theta_A+\theta_B+\theta_C+\theta_V=1$$

$$\theta_B=\frac{\theta_C\theta_V}{K_S\theta_A}=\frac{K_Cp_C\theta_V}{K_SK_Ap_A} \tag{3.34}$$

$$\theta_C=k_{aC}/k_{dC}p_C\theta_V=K_Cp_C\theta_V \tag{3.35}$$

令$K_p=\dfrac{k_AK_BK_S}{K_C}$，得出反应动力学方程为

$$-r=\frac{k_{aB}\left[p_B-p_C/(K_p p_A)\right]}{1+K_B p_C/(K_p p_A)+K_A p_A+K_C p_C} \tag{3.36}$$

（3）表面反应控制，其他过程快速平衡，得出：

$$\theta_A=K_A p_A\theta_V \tag{3.37}$$

$$\theta_B=K_B p_B\theta_V \tag{3.38}$$

$$\theta_C=K_C p_C\theta_V \tag{3.39}$$

$$\theta_A+\theta_B+\theta_C+\theta_V=1$$

令 $K_p=\left(K_A K_B K_S\right)/K_C$， $k=\vec{k}_S K_A K_B$ 得出反应动力学方程为

$$-r=\frac{k(p_A p_B-p_C/K_p)}{(1+K_A p_A+K_B p_B+K_C p_C)^2} \tag{3.40}$$

（4）C 组分脱附控制，其他过程快速平衡，得出：

$$\theta_A=K_A p_A\theta_V$$

$$\theta_B=K_B p_B\theta_V$$

$$\theta_C=\frac{K_S\theta_A\theta_B}{\theta_V}=K_S K_A K_B p_A p_B\theta_V \tag{3.41}$$

$$\theta_A+\theta_B+\theta_C+\theta_V=1$$

令 $K_p=\left(K_A K_B K_S\right)/K_C$， $k=k_{dC}K_S K_A K_B$ 得出反应动力学方程为

$$-r=\frac{k(p_A p_B-p_C/K_p)}{1+K_A p_B+K_B p_B+K_C K_p p_A p_B} \tag{3.42}$$

通过拟合实验数据，可得到如下结论。

DME 转化率 0.7 以下时（A 吸附为速率控制步）：

$$r_B=\frac{kp_A\left(1-\dfrac{p_C}{k_p p_B p_A}\right)}{1+k_B p_B+\dfrac{K_A}{K_p}\dfrac{p_C}{p_B}+k_C p_C} \tag{3.43}$$

DME 转化率超过 0.7 时（B 吸附为速率控制步）：

$$r_B=\frac{kp_B\left(1-\dfrac{p_C}{k_p p_B p_A}\right)}{1+K_A p_A+\dfrac{K_B}{K_p}\dfrac{p_C}{p_A}+k_C p_C} \tag{3.44}$$

式中，k 为反应速率常数。

$$k = 6.601 \times \exp\left(-\frac{4950}{RT}\right) \tag{3.45}$$

$$k_{\mathrm{DME}} = 7.37 \times 10^{-6} \times \exp\left(\frac{92700}{RT}\right) \tag{3.46}$$

$$k_{\mathrm{CO}} = 9.97 \times 10^{-6} \times \exp\left(\frac{49900}{RT}\right) \tag{3.47}$$

$$k_{\mathrm{MAc}} = 3.59 \times 10^{-7} \times \exp\left(\frac{94700}{RT}\right) \tag{3.48}$$

$$K_{\mathrm{p}} = \exp\left(\begin{array}{l}\dfrac{13695}{T} - 1.1089 \times \ln T - 3.8169 \times 10^{-3} T + 6.56159 \times 10^{-6} T^2 \\ -407706 \times 10^{-9} T^3 + 9.655 \times 10^{-13} T^4 - 8.930\end{array}\right) \tag{3.49}$$

图 3.48 为实验数据（离散点）与拟合结果（实线）的对比图。模型的决定系数（R^2）为 0.9825，表明实验数据与拟合曲线具有较高的吻合度。这种高度一致性有力验证了所建立的物理模型的准确性与可靠性，为后续反应器的设计及工提供可靠依据。

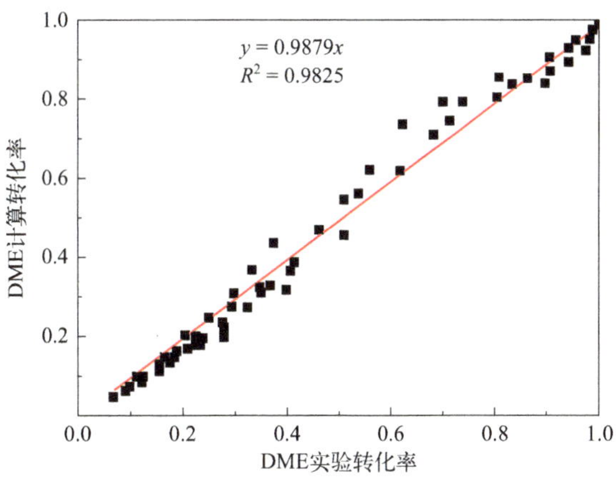

图 3.48　DME 实验转化率和计算转化率的比较

3.6.3　反应器设计

在 DMTE 技术中二甲醚羰基化采用列管式固定床反应器。列管式固定床反应器凭借高效的传热系数、接近 100% 的催化剂有效利用率以及稳定的连续操作性能，在化工合成、催化氧化等领域占据主导地位。其独特的管壳式结构设计可有效控制反应热效应，适用于对温度敏感的催化反应体系。然而，在强放热反应体系中，若反应热无法及时移除，将引发反应速率的急剧升高，导致体系发生“飞温”现象。此外，壳程换热介质温差过大会使管间热点温度升高，使得温度失控的可能性增大，对反应器的安全稳定运行构成严峻挑战[80]。

在列管式固定床反应器工程设计中，如何保证管束间换热充分均匀是列管式固定床反应器设计的技术关键，近些年众多学者对管束外的流动与传热特性进行了大量的实验研究[81-83]。尽管实验研究在揭示管束外的流动与传热规律方面取得显著进展，但当前研究中管束规模与工业实际工况存在量级差异。在工业放大过程中，实验结果的尺度差异可能导致模型的适用性受限。

随着计算流体力学（CFD）技术的快速发展，数值模拟方法在反应器研究领域的应用日益广泛。CFD 技术通过求解纳维-斯托克斯（Navier-Stokes）方程与能量、组分输运方程，对反应器内多相流动、传热传质过程进行三维仿真。然而，列管式固定床反应器复杂的几何结构（包含数万级管径、管间距与折流板阵列）与大尺度空间特性（典型工业装置长度达 10 ～ 20 m，直径为 2 ～ 4 m），对计算资源和数值算法提出极高要求。目前，针对全尺寸列管式固定床反应器的直接 CFD 模拟研究仍处于探索阶段，尤其是对温度场与组分浓度场的研究较少。已有的研究多采用简化模型（如多孔介质模型、一维轴向扩散模型）进行近似处理，导致模拟结果与实际工况存在偏差，亟须开发更精确的多尺度数值模拟方法，以实现对反应器复杂物理化学过程的准确预测。

采用 Fluent 软件对工业规模二甲醚羰基化列管式固定床反应器内流体的流动特性以及温度、浓度分布展开三维数值模拟，探究管径尺寸、通气速率对反应器性能的影响，对反应器的结构尺寸进行设计。

对二甲醚羰基化管式固定床反应器进行了稳态 CFD 模拟，对应的控制方程见表 3.15。

表3.15　控制方程

方　　程	表达式
连续性方程	$\nabla\cdot\left(\varepsilon\rho_{\mathrm{g}}\boldsymbol{v}\right)=0$
动量方程	$\nabla\cdot\left(\varepsilon\rho_{\mathrm{g}}\boldsymbol{v}\boldsymbol{v}\right)=-\nabla\varepsilon p+\nabla\varepsilon\overline{\overline{\boldsymbol{\tau}}}+\varepsilon\rho_{\mathrm{g}}\boldsymbol{g}+\boldsymbol{S}$ 式中，$\boldsymbol{\tau}$ 为气相应力-应变张量，$\boldsymbol{\tau}=\mu_{\mathrm{g}}\left[\left(\nabla\boldsymbol{v}+\nabla\boldsymbol{v}^{T}\right)-\frac{2}{3}\nabla\boldsymbol{v}I\right]$； $\boldsymbol{S}$ 为源项，$\boldsymbol{S}=150\frac{(1-\varepsilon)^{2}\mu}{d_{\mathrm{p}}^{2}\varepsilon^{3}}\boldsymbol{v}+1.75\frac{\rho_{\mathrm{g}}(1-\varepsilon)\lvert\boldsymbol{v}\rvert}{d_{\mathrm{p}}\varepsilon}\boldsymbol{v}$； ε 为床层空隙率；e 为流体密度；$\boldsymbol{v}$ 为流速矢量；$\boldsymbol{g}$ 为重力加速度；μ 为黏度；I 为单位张量

续表

方 程	表达式
能量方程	$$\nabla\cdot\left[v\left(\rho_g E_g+p\right)\right]=\nabla\cdot\left[k_{eff}\nabla T-\left(\sum_j h_f \boldsymbol{J}_j\right)+(\tau\cdot v)\right]+S_f^h$$ 式中，k_{eff} 为有效导热系数，$k_{eff}=\varepsilon k_g+(1-\varepsilon)k_s$；$k_g$ 和 k_s 分别为气相和固相的导热系数；E_g 为气相的总能量；p 为压力；S_f^h 为源项，$S_f^h=\sum r_i \Delta H_{r_i}$；$r_i$ 为组分 i 的化学反应速率；ΔH_i 为组分 i 的反应焓变
组分输运方程	$$\nabla\cdot\left(\varepsilon\rho_g v Y_i\right)=-\varepsilon\nabla\cdot\boldsymbol{J}_i+\varepsilon R_i$$ 式中，$\boldsymbol{J}_i=-\left(\rho_g D_{i,m}+\dfrac{\mu_t}{Sc_t}\right)\nabla Y_i$，$R_i=M_{w,i}\sum_{r=1}^{N_r}\left[\left(v_{i,r}''-v_{i,r}'\right)\left(k_{f,r}\prod_{j=1}^{N_r}\left[C_{j,r}\right]^{\left(\eta_{j,r}''+\eta_{j,r}'\right)}\right)\right]$；$Y_i$ 为组分 i 的质量分数；J_i 为组分 i 的质量扩散通量；R_i 为组分 i 的化学反应生成速率；$D_{i,m}$ 为分子扩散系数；μ_t 为湍流黏度；Sc_t 为湍流施密特数；∇Y_i 为组分 i 质量分数的梯度；$M_{w,i}$ 为组分 i 的摩尔质量；N_r 为反应总数；$v_{i,r}'$、$v_{i,r}''$ 为组分 i 在第 r 个反应中的反应物、产物化学计量数；$k_{f,r}$ 为第 r 个反应的正向速率常数；$C_{j,r}$ 为第 r 个反应中组分 j 的浓度；$\eta_{j,r}$、$\eta_{j,r}''$ 为组分 j 在第 r 个反应中反应物、产物的反应级数
湍流模型	$$\frac{\partial\left(\varepsilon\rho_g v\right)}{\partial t}+\frac{\partial}{\partial x_i}\left(\varepsilon\rho_g v v_i\right)=\varepsilon G_v+\frac{1}{\sigma v}\left[\frac{\partial}{\partial x_i}\left\{\varepsilon\left(\mu_g+\rho_g\tilde{v}\right)\frac{\partial v}{\partial x_j}\right\}+C_{b2}\varepsilon\rho_g\left(\frac{\partial v}{\partial x_j}\right)^2\right]-\varepsilon Y_v$$ 式中，ρ_g 为气相密度；x_i 为笛卡儿坐标下的坐标分量，通常为 x,y,z 方向，对应 i=1,2,3；v_i 为颗粒相在第 i 个坐标方向上的速度分量；v 为速度矢量；μ_g 为气相运动黏度；G_v 为流体焓源项；σ_v 和 C_{b2} 为模型常数；Y_v 为湍流黏性的耗散项

为降低计算复杂度并减少计算资源消耗，采用单根列管作为计算单元开展数值模拟。系统采用相变移热机制，在热交换进程中，壳程温度相对稳定，因此在数学建模时假设壳程温度不变。在列管高 12 m，操作压力为 4.52 MPa 条件下，模拟了三种不同的入口质量流量，分别为 6.2 kg/(m^2·s)、7.2 kg/(m^2·s) 和 8.2 kg/(m^2·s)，其中，CO、H_2 和 CH_3OCH_3 的质量分数分别为 0.7636、0.0273 和 0.2091。催化剂尺寸为 ϕ3 mm(直径)× 5 mm(高度)，热导率为 0.3752 W/(m·K)。

反应器进口采用速度进口边界条件，出口为压力出口，壁面采用无滑移边界条件，采用标准壁面函数处理近壁区流动。数值求解过程中，采用 SIMPLE 算法求解压力与速度的耦合；对流项采用二阶迎风插值；扩散项采用二阶中心差分格式进行离散化。气相、固相与壁面之间的传热通过以下关联式计算。

$$Nu_{g\text{-}w}=(1-\phi)\frac{h_{wg}d_p}{k_f}=(1-\phi)0.17Re_p^{0.79} \tag{3.50}$$

$$Nu_{s\text{-}w}=\phi\frac{h_{wp}d_p}{k_g}=4\phi\left[\left(1+\frac{2(M+\sigma)}{d_p}\right)\ln\left(1+\frac{d_p}{2(M+\sigma)}\right)-1\right] \tag{3.51}$$

$$\phi=(1-\bar{\varepsilon})^{2/3} \tag{3.52}$$

式中，$Nu_{g\text{-}w}$为气-壁间努塞尔数；ϕ 为固相体积分数相关的修正因子；h_{wg} 为气-

壁间对流换热系数；d_p 为颗粒直径；k_f 为流体的导热系数；Re_p 为颗粒雷诺数；$Nu_{s\text{-}w}$ 为固-壁间努塞尔数；h_{wp} 为固-壁间对流换热系数；k_g 为气相导热系数；M、σ 为与颗粒壁面几何特性相关的参数。

操作条件下固体催化剂、床层以及反应气体的性质见表 3.16～表 3.20。

表3.16　等压比热容（c_p）

组　分	关 联 式
CO	$c_p=1052.15527-0.15807T+3.61935\times10^{-4}T^2$
H_2	$c_p=11557.756+16.65056T-0.03107T^2+1.93924\times10^{-5}T^3$
CH_3OCH_3	$c_p=121.3925+4.74808T-0.00187T^2$
CH_3COCH_3	$c_p=232.71849+3.37358T-0.00107T^2$

表3.17　导热系数（k）

组　分	关 联 式
CO	$k=0.00676+7.2582\times10^{-5}T-1.46194\times10^{-8}T^2$
H_2	$k=0.0418+5.04874\times10^{-4}T-9.96947\times10^{-8}T^2$
CH_3OCH_3	$k=0.01068+7.79468\times10^{-6}T+1.25314\times10^{-7}T^2$
CH_3COCH_3	$k=\begin{cases}-6.357+0.040T-8.414\times10^{-5}+5.911\times10^{-8}T^3 & 473\ \text{K}\leqslant T\leqslant 501\ \text{K}\\ 22428.478-175.869T+0.517T^2-6.759\times10^{-4}T^3+3.312\times10^{-7}T^4 & 502\ \text{K}\leqslant T\leqslant 513\ \text{K}\\ 10.825-0.061T+1.160\times10^{-4}T^2-7.312\times10^{-8}T^3 & 514\ \text{K}\leqslant T\leqslant 523\ \text{K}\end{cases}$

表3.18　黏度（μ）

组　分	关 联 式
CO	$\mu=3.41766\times10^{-6}+5.37841\times10^{-8}T-1.80053\times10^{-11}T^2$
H_2	$\mu=2.60692\times10^{-6}+2.29584\times10^{-8}T-5.56681\times10^{-12}T^2$
CH_3OCH_3	$\mu=-1.19234\times10^{-6}+3.80574\times10^{-8}T-1.00419\times10^{-11}T^2$
CH_3COCH_3	$\mu=-1.64828\times10^{-6}+3.42659\times10^{-8}T-7.10566\times10^{-12}T^2$

表3.19　密度（ρ）

组　分	关 联 式
CO	$\rho=91.82164-0.18446T+1.2346\times10^{-4}T^2$
H_2	$\rho=6.60895-0.01328T+8.88786\times10^{-6}T^2$
CH_3OCH_3	$\rho=151.02348-0.3034T+2.03069\times10^{-4}T^2$
CH_3COCH_3	$\rho=242.84079-0.48785T+3.26512\times10^{-4}T^2$

表3.20　气体和固体的性质

符　号	含　义	数　值
ε	床层空隙率	0.3
m	表面粗糙度	0.2
k_s	颗粒的导热系数 /[W/(m · K)]	0.3753
v	泊松比	0.17
E	杨氏模量 /GPa	73.1
Pr	气体普朗特数	0.7

图 3.49 为气速 7.2 kg/(m^2 · s)、不同管径下，列管中心轴线上的温度随床层高度的变化曲线。可以发现，在同一床层高度，温度随管径增大而升高。21 mm 管径下，温度沿床层高度呈现出先升高后降低的趋势，距入口 2 m 处温度最高，床层内温差小于 2 K；当管径增大至 41 mm 时，温度分布呈现出从进口到出口逐渐升高的态势，进出口温差接近 4 K，移热效率相较于 21 mm 管径结构呈下降趋势。

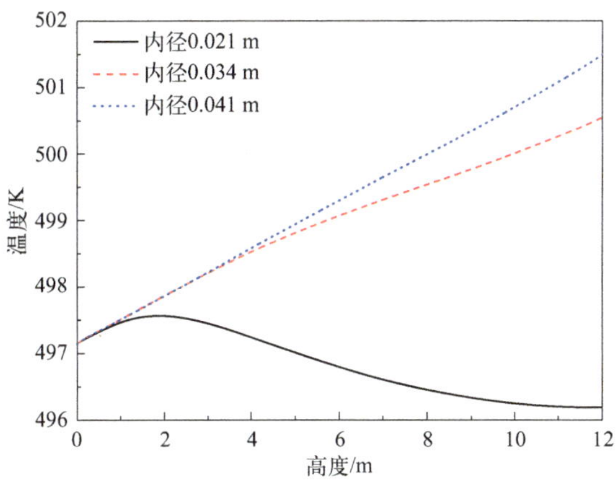

图 3.49　列管中心轴线的温度随床层高度的变化曲线

图 3.50 和图 3.51 分别为不同管径下（内径 21 mm、34 mm、41 mm）反应速率沿轴向的变化曲线及二甲醚转化率柱形图。从图 3.50 和图 3.51 中可以发现，列管内径与反应速率、二甲醚转化率呈现出正相关关系，列管内径的增大可提升反应速率及二甲醚转化率。管径增大会导致催化剂床层温度升高，加速反应

的进行，尽管气体经过同等高度的催化剂床层，但二甲醚转化率明显高于管径小的。

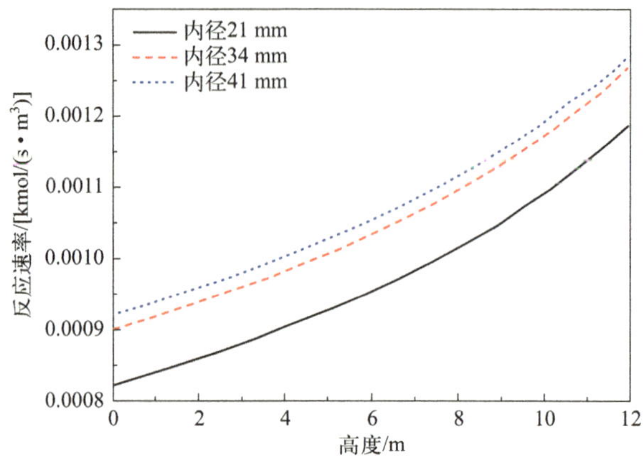

图 3.50 反应速率随床层高度的变化曲线

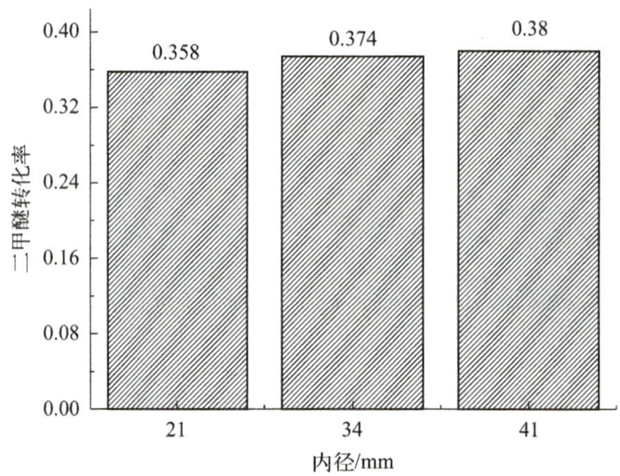

图 3.51 二甲醚转化率

图 3.52 展示了管径 34 mm、进气温度 497.15 K、移热介质温度 490.15 K 实验条件下，不同进口质量流量对床层温度的影响。从图 3.52 中可以发现，不同进气工况下，床层温度随高度的变化趋势具有一致性：床层中心轴线上的温度沿气体流动方向逐渐升高。在床层同一高度处，进口质量流量越大温度越低。

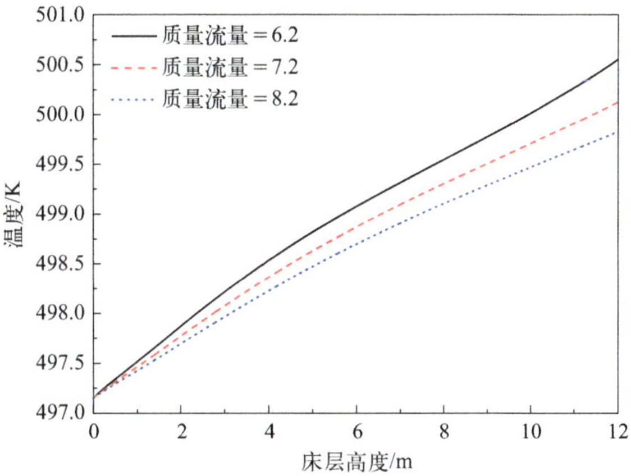

图 3.52　列管中心轴线的温度随床层高度的变化曲线

3.6.4　工艺技术的可行性分析

综上所述，研究团队系统分析了二甲醚羰基化和乙酸甲酯加氢反应体系的特征，推荐工业过程中采用列管式反应器。为了验证反应器的可行性，研究团队采用定型工业催化剂（直径约 3 mm，长度约 4 mm；装填量 100 g）和内径为 28 mm 的固定床反应器开展了中试研究，具体结果详见本章 3.4.2 节。研究结果表明，二甲醚羰基化中试反应的基本规律和小试结果的基本规律是一致的，同时在相同的条件下，二者的结果也是基本一致的。中试反应结果验证了反应工艺的可行性以及实验结果的准确性。首先，从原理上佐证了在工业应用过程中采用列管式反应器是可行性的。其次，在中试结果的基础上，研究团队进一步完成了羰基化定型催化剂和加氢定型催化剂长周期稳定性考察以及失活催化剂再生性能考察。证明了羰基化定型催化剂和加氢定型催化剂的性能指标符合工业化的要求，为工业化应用提供了催化剂保障。

从反应器的角度来说，列管工业反应器放大时，在解决好热量分布和物料分布的前提下，仅仅是列管数量的增加，放大效应相对较小；而且，在维持空速的情况下，工业反应器的操作线速度远高于实验室，更有利于反应器的温度均匀分布和更好的温度控制。为了保障反应器设计的可靠性。在小试和中试基础上，研究团队进一步采用工业催化剂开展二甲醚羰基化反应动力学研究。研究发现，实验数据与拟合曲线高度吻合，不仅验证了所建立物理模型的准确性与可靠性，而且为反应器设计及优化提供了重要依据。研究团队采用 Fluent 软件模拟了工业规模二甲醚羰基化列管式固定床反应器内流体的流动特性以及温度、浓度分布，发现在反应管长度为 12 m 时，催化剂床层温度随管径增大而升高，但床层温差可以控制在非常小的范围内。当反应管管径为 21 mm 时，床层内进出口温差小于 2 K；当管径增大至 41 mm 时，进出口温差接近 4 K，移热效率相较于 21 mm 管径结构呈下降趋势。上述结果表明，基于 100 g 中试开展的工业应用设计具有可行性。

同时，针对物料分布问题，研究团队进行了相关冷模实验以及仿真模拟，结合大量的工程经验，完全解决了物料分布问题。为了解决工业化过程中物料循环、系统选材、产品分离等问题，研究团队先后开展了循环物料共进料试验、腐蚀性试验、物性测定及反应产物精馏试验等一系列工程化工作，规避了技术在工业化过程中可能存在的风险。

3.6.5 技术评价

2015 年 6 月 16 日，中国石油和化学工业联合会组织专家在北京召开了“二甲醚制乙酸甲酯及其加氢制乙醇技术”科技成果鉴定会。鉴定委员会听取了完成单位中国科学院大连化学物理研究所和陕西延长石油（集团）有限责任公司所作的工作报告、研究报告、查新报告及应用报告，并审查了有关技术资料，经质疑、答辩和认真讨论。一致认为：该技术指标先进、应用性强，成果与国际同类技术相比，主要指标属国际领先水平。

3.7 小结

二甲醚经乙酸甲酯制乙醇技术是非粮生产乙醇的新技术，具有完全自主知识产权，目前，该技术已经在国内外实现了大规模推广，推动了乙醇新兴战略产业的形成。本章在简要介绍乙醇的应用及生产路线的基础上，全面介绍了二甲醚经乙酸甲酯制乙醇技术的研究开发全过程，具体涵盖了二甲醚羰基化分子筛研制与工业羰基化催化剂定型、乙酸甲酯加氢催化剂研制与定型、实验室小试与中试研究、催化剂放大与生产，以及工程化研究，其中大部分内容是研究团队在技术开发过程中的经验总结。希望通过梳理二甲醚经乙酸甲酯制乙醇技术从实验室小试和中试研究、工程化研究到工业示范的跨越，为分子筛催化羰基化新技术的开发提供有益的帮助。

参考文献

[1] Farrell A E, Plevin R J, Turner B T, et al. Ethanol can contribute to energy and environmental goals[J]. Science, 2006, 311(5760): 506-508.

[2] Ni M, Leung D Y C, Leung M K H. A review on reforming bio-ethanol for hydrogen production[J]. Int J Hydrogen Energy, 2007, 32(15): 3238-3247.

[3] 苏会波，林海龙，李凡，等．乙醇汽油对减少机动车污染排放的机理研究与分析 [J]. 环境工程学报，2015, 9(2): 823-829.

[4] 冯亦立．乙醇汽油与普通汽油的环保性比较 [J]. 环境科技，2009, 22(1): 124-127.

[5] 中国石油化工股份有限公司石油化工科学研究院．车用乙醇汽油 (E10): GB 18351-2017[S]. 北京：中国标准出版社，2017: 16.

[6] 时锋，张佳，王智，等．多种原料路线的乙醇生产工艺 [J]. 酿酒科技，2019, 292(4): 48-54.

[7] 李振宇，李顶杰，黄格省，等．燃料乙醇发展现状及思考 [J]. 化工进展，2013, 32(7): 1457-1467.

[8] 马晓健，李洪亮，刘利平．燃料乙醇生产与应用技术 [M]. 北京：化学工业出版社，2007.

[9] Chu W L, Echizen T, Kamiya Y, et al. Gas-phase hydration of ethene over tungstena-zirconia[J]. Appl Catal A: Gen, 2004, 259(2): 199-205.

[10] Wang T, Zhou T, Li C R, et al. Development status and prospects of biomass energy in China[J]. Energies, 2024, 17(17): 4484.

[11] Saad M B W, Gonçalves A R. Industrial pretreatment of lignocellulosic biomass: A review of the early and recent efforts to scale-up pretreatment systems and the current challenges[J]. Biomass Bioenergy, 2024, 190: 107426.

[12] Srinivasan S, Venkatachalam S. An energy-efficient process for enhanced production of bioethanol from sorghum biomass: a futuristic approach towards circular economy[J]. Biomass Convers Biorefinery, 2024, 15(1): 1581-1592.

[13] Tunio A A, Naqvi M, Qureshi A S, et al. Multi enzyme production from mixed untreated agricultural residues applied in enzymatic saccharification of lignocellulosic biomass for biofuel[J]. Process Saf Environ Prot, 2024, 186: 540-551.

[14] Gu H Q, Zhang J, Bao J. Inhibitor analysis and adaptive evolution of Saccharomyces cerevisiae for simultaneous saccharification and ethanol fermentation from industrial waste corncob residues[J]. Bioresour Technol, 2014, 157: 6-13.

[15] 陈彦君，戴杰，单军强，等．我国纤维素乙醇的研究进展和发展趋势 [J]. 化工进展，2025, 44(1): 1-15.

[16] Spivey J J, Egbebi A. Heterogeneous catalytic synthesis of ethanol from biomass-derived syngas[J]. Chem Soc Rev, 2007, 36(9): 1514-1528.

[17] Gupta M, Smith M L, Spivey J J. Heterogeneous catalytic conversion of dry syngas to ethanol and higher alcohols on Cu-based catalysts[J]. ACS Catal, 2011, 1(6): 641-656.

[18] Cheng K, Gu B, Liu X L, et al. Direct and highly selective conversion of synthesis gas into lower olefins: Design of a bifunctional catalyst combining methanol synthesis and carbon-carbon coupling[J]. Angew Chem Int Ed, 2016, 55(15): 4725-4728.

[19] Kang J, He S, Zhou W, et al. Single-pass transformation of syngas into ethanol with high selectivity by triple tandem catalysis[J]. Nat Commun, 2020, 11(1): 827.

[20] Bengelsdorf F R, Beck M H, Erz C, et al. Bacterial anaerobic synthesis gas (syngas) and CO_2 + H_2 fermentation[J]. Adv Appl Microbiol, 2018, 103: 143-221.

[21] Liew F, Martin M E, Tappel R C, et al. Gas fermentation—a flexible platform for commercial scale production of low-carbon-fuels and chemicals from waste and renewable feedstocks[J]. Front Microbiol, 2016, 7: 694.

[22] Klasson K T, Elmore B B, Vega J L, et al. Biological production of liquid and gaseous fuels from synthesis gas[J]. Appl Biochem Biotechnol, 1990, 24-25(1): 857-873.

[23] Daniell J, Köpke M, Simpson S. Commercial biomass syngas fermentation[J]. Energies, 2012, 5(12): 5372-5417.

[24] 白雪，梁楠，李欣启，等．合成气发酵装备、工艺及商业化进展研究 [J]. 合成生物学，2025, 6(1): 1-22.

[25] 魏晓娜，李文双，王闯，等．铑基催化剂在合成气制乙醇中的研究进展 [J]. 应用化工，2020, 49(12): 2388-2392.

[26] Subramani V, Gangwal S K. A review of recent literature to search for an efficient catalytic process for the conversion of syngas to ethanol[J]. Energy Fuels, 2008, 22(2): 814-839.

[27] Wang C T, Zhang J, Qin G Q, et al. Direct conversion of syngas to ethanol within zeolite crystals[J]. Chem, 2020, 6(3): 646-657.

[28] Pan X L, Fan Z L, Chen W, et al. Enhanced ethanol production inside carbon-nanotube reactors containing catalytic particles[J]. Nat Mater, 2007, 6(7): 507-511.

[29] Yang N, Yoo J S, Schumann J, et al. Rh-MnO interface sites formed by atomic layer deposition promote syngas conversion to higher oxygenates[J]. ACS Catal, 2017, 7(9): 5746-5757.

[30] 丁云杰．煤制乙醇技术 [M]. 北京：化学工业出版社，2014.

[31] 孙丹宁．全球规模最大乙醇生产装置启动试生产—开辟非粮乙醇生产新路线 [N/OL]. 中国科学报，2023. https://news.sciencenet.cn/sbhtmlnews/2023/12/377725.shtm.

[32] 金立旺．全球规模最大乙醇生产装置启动试生产 [N/OL]. 新华社，2023-12-28.

[33] Fujimoto K, Shikada T, Omata K. Vapor phase carbonylation of methanol with solid acid catalysis[J]. Chem Lett, 1984, 13(12): 2047-2050.

[34] Cheung P, Bhan A, Sunley G J, et al. Site requirements and elementary steps in dimethyl ether carbonylation catalyzed by acidic zeolites[J]. J Catal, 2007, 245(1): 110-123.

[35] Ren Z, Younis M N, Zhao H, et al. Silver modified Cu/SiO_2catalyst for the hydrogenation of methyl acetate to ethanol[J]. Chin J Chem Eng, 2020, 28(6): 1612-1622.

[36] 陈维苗，丁云杰，薛飞，等．加料方式对共沉淀法制备的 Cu-ZnO-Al_2O_3 催化剂性能的影响 [J]. 工业催化，2014, 22(11): 841-846.

[37] 王福琳 . 乙酸甲酯加氢制乙醇的铜基催化剂研究 [D]. 青岛 : 中国石油大学 (华东), 2020.

[38] Wang Y, Zhao Y, Lv J, et al. Facile synthesis of Cu@CeO_2 and its catalytic behavior for the hydrogenation of methyl acetate to ethanol[J]. ChemCatChem, 2017, 9(12): 2085-2090.

[39] Wang S R, Guo W W, Wang H X, et al. Effect of the Cu/SBA-15 catalyst preparation method on methyl acetate hydrogenation for ethanol production[J]. New J Chem, 2014, 38(7): 2792-2800.

[40] Dong X H, Ma X G, Xu H Y, et al. Comparative study of silica-supported copper catalysts prepared by different methods: formation and transition of copper phyllosilicate[J]. Catal Sci Technol, 2016, 6(12): 4151-4158.

[41] 李安泰 . 乙酸甲酯加氢反应中 Cu 基催化剂的活性本质和构效关系研究 [D]. 天津 : 天津大学 , 2022.

[42] Xue J, Wu M M, Song Y W, et al. Study on performance of Ag-modified layered copper silicate catalyst for hydrogenation of dimethyl oxalate to methyl glycolate[J]. J Fuel Chem Technol, 2022, 50(8): 1014-1022.

[43] Li H B, Cui Y Y, Liu Y X, et al. Highly efficient Ag-modified copper phyllosilicate nanotube: Preparation by co-ammonia evaporation hydrothermal method and application in the selective hydrogenation of carbonate[J]. J Mater Sci Technol, 2020, 47: 29-37.

[44] Zhao Y J, Shan B, Wang Y, et al. An effective CuZn-SiO_2 bimetallic catalyst prepared by hydrolysis precipitation method for the hydrogenation of methyl acetate to ethanol[J]. Ind Eng Chem Res, 2018, 57(13): 4526-4534.

[45] 杨文婷 . MnO_x 物种在铜催化乙酸甲酯加氢制乙醇反应中的作用 [D]. 天津 : 天津大学 , 2022.

[46] Zhang Y, Ye C L, Guo C, et al. In_2O_3-modified Cu/SiO_2 as an active and stable catalyst for the hydrogenation of methyl acetate to ethanol[J]. Chin J Catal, 2018, 39(1): 99-108.

[47] Qin H Y, Guo C L, Sun C W, et al. Influence of the support composition on the hydrogenation of methyl acetate over Cu/MgO-SiO_2 catalysts[J]. J Mol Catal A: Chem, 2015, 409: 79-84.

[48] Tu Y J, Chen Y W. Effects of alkaline-earth oxide additives on silica-supported copper catalysts in ethanol dehydrogenation[J]. Ind Eng Chem Res, 1998, 37(7): 2618-2622.

[49] Ye C L, Guo C L, Zhang J L. Highly active and stable CeO_2-SiO_2 supported Cu catalysts for the hydrogenation of methyl acetate to ethanol[J]. Fuel Process Technol, 2016, 143: 219-224.

[50] 张静宇 . 缺陷 ZnO 负载的铜基催化剂的构筑及其乙酸甲酯加氢性能 [D]. 天津 : 天津大学 , 2022.

[51] Wang Y, Liao J Y, Zhang J, et al. Hydrogenation of methyl acetate to ethanol by Cu/ZnO catalyst encapsulated in SBA-15[J]. AIChE J, 2017, 63(7): 2839-2849.

[52] Wang D, Yang G H, Ma Q X, et al. Confinement effect of carbon nanotubes: Copper nanoparticles filled carbon nanotubes for hydrogenation of methyl acetate[J]. ACS Catal,

2012, 2(9): 1958-1966.
[53] Huang X M, Ma M, Miao S, et al. Hydrogenation of methyl acetate to ethanol over a highly stable Cu/SiO_2 catalyst: Reaction mechanism and structural evolution[J]. Appl Catal A: Gen, 2017, 531: 79-88.
[54] 关鹏博 . 脂肪醇制造与应用 [M]. 北京 : 轻工业出版社 , 1990.
[55] Yin A, Guo C Y, Dai W L, et al. The nature of active copper species in Cu-HMS catalyst for hydrogenation of dimethyl oxalate to ethylene glycol: New insights on the synergetic effect between Cu^0 and Cu^+[J]. J Phys Chem C, 2009, 113(25): 11003-11013.
[56] Wang Y, Shen Y L, Zhao Y J, et al. Insight into the balancing effect of active Cu species for hydrogenation of carbon-oxygen bonds[J]. ACS Catal, 2015, 5(10): 6200-6208.
[57] 刘乔 . 醋酸甲酯加氢制乙醇铜基催化剂的密度泛函理论研究 [D]. 天津 : 天津大学 , 2015.
[58] Ouyang R, Liu J X, Li W X. Atomistic theory of Ostwald ripening and disintegration of supported metal particles under reaction conditions[J]. J Am Chem Soc, 2013, 135(5): 1760-1771.
[59] Zheng J W, Zhou J F, Lin H Q, et al. CO-mediated deactivation mechanism of SiO_2-supported copper catalysts during dimethyl oxalate hydrogenation to ethylene glycol[J]. J Phys Chem C, 2015, 119(24): 13758-13766.
[60] 余金华 , 祁国安 , 薛守标 . 影响甲醇合成催化剂寿命的主要因素及对策 [J]. 化学工业与工程技术 , 1999, 20(3): 24-27.
[61] 赵鹏飞 , 李水弟 , 王立志 . 低温甲醇洗技术及其在煤化工中的应用 [J]. 化工进展 , 2012, 31(11): 2442-2448.
[62] 赵西坤 . C307 型甲醇合成催化剂使用总结 [J]. 化肥工业 , 2006, 33(4): 36-38.
[63] 李雯博 , 史连军 , 张传伟 , 等 . 合成气制甲醇 CuZnAl 催化剂失活因素研究 [J]. 天然气化工 (C1 化学与化工), 2020, 45(5): 31-38.
[64] Chen Z, Ge H, Wang P, et al. Insight into the deactivation mechanism of water on active Cu species for ester hydrogenation: Experimental and theoretical study[J]. Mol Catal, 2020, 488: 110923.
[65] Zhong K, Wang X. The influence of different precipitants on the copper-based catalysts for hydrogenation of ethyl acetate to ethanol[J]. Int J Hydrogen Energy, 2014, 39(21): 10951-10958.
[66] 张放 . 碱土金属对铜基催化剂结构及乙酸甲酯加氢制乙醇性能影响研究 [D]. 大连 : 中国科学院大连化学物理研究所 , 2021.
[67] 吕新新 , 刘勇 , 裴仁彦 . 一种用于连续制备纳米材料的反应器: CN202320223879[P]. 2024-02-02.
[68] 苏玉蕾 , 何丰 , 李华波 . 催化剂成型工艺及技术研究 [J]. 工业催化 , 2013, 21(4): 11-15.
[69] 中华人民共和国工业和信息化部 . 二甲醚羰基化制乙酸甲酯催化剂: HG/T 5761—2020

[S]. 2020.
[70] 中华人民共和国工业和信息化部．二甲醚羰基化制乙酸甲酯催化剂催化性能试验方法: HG/T5761—2020 [S]. 2020.
[71] 曹凯鹏，田鹏，樊栋．丝光沸石分子筛以及制备方法、应用: CN114572997A [P]. 2022-06-03.
[72] 樊栋，田鹏，曹凯鹏．一种吡啶季铵盐导向合成的丝光沸石分子筛以及制备方法: CN114516643A [P]. 2022-05-20.
[73] 王林英，田鹏，刘中民．合成丝光沸石 MOR 分子筛的方法及其产品和应用: CN108217680A [P]. 2018-06-29.
[74] 袁扬扬，田鹏，刘中民．一种具有介孔和微孔的丝光沸石的合成方法、产品及其应用: CN106032280B [P]. 2018-11-30.
[75] 樊栋，田鹏，曹凯鹏．一种丝光沸石分子筛及其制备方法、应用: CN114516641A [P]. 2022-05-20.
[76] 裴仁彦，夏春晖，吕新新．一种高硅铝比丝光沸石的制备方法及应用: CN112537778A [P]. 2021-03-23.
[77] 裴仁彦，杨冬荣，吕新新．一种丝光沸石分子筛的制备方法及应用: CN111087002B [P]. 2021-10-22.
[78] 薛晓军，贾广信，何俊辉，等．二甲醚与合成气反应制乙醇的热力学计算与分析 [J]. 化工进展，2014, 33(5): 1160-1163.
[79] 黄守莹，王悦，马新宾．合成气经二甲醚/乙酸甲酯制无水乙醇的研究进展 [J]. 化工学报，2016, 67(1): 240-247.
[80] 吴亚峰，王宇林，吴民权．平行流型列管式固定床反应器的流体力学设计 [J]. 化工设计，1993, 3(5): 21-26.
[81] Li H, Kottke V. Analysis of local shell-side heat and mass transfer in the shell-and-tube heat exchanger with disc-and-doughnut baffles[J]. Int J Heat Mass Transfer, 1999, 42(18): 3509-3521.
[82] Del Col D, Muzzolon A, Piubello P, et al. Measurement and prediction of evaporator shell-side pressure drop[J]. Int J Refrig, 2005, 28(3): 320-330.
[83] Kapale U C, Chand S. Modeling for shell-side pressure drop for liquid flow in shell-and-tube heat exchanger[J]. Int J Heat Mass Transfer, 2006, 49(3-4): 601-610.

第 4 章 二甲醚经乙酸甲酯制乙醇（DMTE）技术的工业应用

4.1 DMTE技术的工业化

DMTE 技术研发的核心目标在于实现工业应用。由于分子筛催化二甲醚羰基化制乙酸甲酯属于一个新反应，以此为基础开发的 DMTE 技术整体为新工艺，因此需要系统的工程化研究和开发以形成成套工艺技术（工艺包），并通过规模合理的工业示范装置进行技术可靠性验证与优化，推动技术成熟度提升，为大规模工业化推广奠定基础。

4.1.1 DMTE 技术工程放大基础

4.1.1.1 DMTE技术催化剂

催化剂作为现代化学工艺的核心要素，在新技术的研发与产业化进程中发挥着决定性作用。中国科学院大连化学物理研究所针对 DMTE 技术体系，成功开发出甲醇制二甲醚、二甲醚羰基化制乙酸甲酯和乙酸甲酯加氢制乙醇三种关键催化剂。经系统性能测试表明，上述催化剂拥有优异的催化活性，其转化率、选择性和稳定性等核心指标均达到先进水平。同时，各反应所需温度与压力条件处于工业可承受的合理区间内，兼具技术可行性与经济合理性。随着研发工作的持续推进，催化剂的各项性能指标不断优化，为 DMTE 技术的工程放大与产业化应用奠定了坚实基础。现将三种催化剂的关键特性与技术参数详述如下。

（1）甲醇制二甲醚催化剂

甲醇制二甲醚的反应方程式为

$$2CH_3OH \longrightarrow CH_3OCH_3 + H_2O \tag{4.1}$$

存在的副反应有

$$CH_3OH = CO + 2H_2 \tag{4.2}$$

$$2CH_3OH = C_2H_4 + 2H_2O \tag{4.3}$$

$$3CH_3OH = C_3H_6 + 3H_2O \tag{4.4}$$

$$CH_3OH = HCHO + H_2 \tag{4.5}$$

$$CO + H_2O = CO_2 + H_2 \tag{4.6}$$

（2）二甲醚羰基化制乙酸甲酯

二甲醚羰基化制乙酸甲酯化学反应式为

$$CH_3OCH_3 + CO = CH_3COOCH_3 \tag{4.7}$$

存在的副反应有

$$CO + 3H_2 = H_2O + CH_4 \tag{4.8}$$

$$CH_3OCH_3 = C_2H_4 + H_2O \tag{4.9}$$

$$3CH_3OCH_3 = 2C_3H_6 + 3H_2O \tag{4.10}$$

$$CH_3OCH_3 + H_2O = 2CH_3OH \tag{4.11}$$

$$CH_3OCH_3 + H_2O + 2CO = 2CH_3COOH \tag{4.12}$$

$$2CH_3OCH_3 = C_4H_8 + 2H_2O \tag{4.13}$$

$$CH_3OH = HCHO + H_2 \tag{4.14}$$

$$HCHO + CH_3COOCH_3 = CH_2{=}CHCOOCH_3 + H_2O \tag{4.15}$$

$$HCHO + CH_3COOH = CH_2{=}CHCOOH + H_2O \tag{4.16}$$

$$CH_3COOH + CH_3OH = CH_3COOCH_3 + H_2O \tag{4.17}$$

$$CH_3OH + 2CO = HCOOCH_3 \tag{4.18}$$

二甲醚羰基化制乙酸甲酯催化剂是 DMTE 技术体系中的核心材料，其发现和发展具有显著的创新性与独特性。在研发初期，分子筛催化剂的快速积碳失活问题一直是制约其性能提升与工业化应用的关键瓶颈。催化剂在反应后数小时内活性显著下降，并完全失活。基于对二甲醚羰基化反应原理、失活机制以及分子筛合成机理的深入认识，科研团队发展了相应分子筛定向合成技术，成功实现酸中心在分子筛孔道中的优先落位控制，提高了催化活性；通过对分子筛的化学修饰，一定程度避免副反应的发生，初步解决了分子筛稳定性难题；开发出性能优异的二甲醚羰基化催化剂，首次实现了分子筛催化剂在气固相反应体系中的长寿命运行（> 2 年）；发展了催化剂工业制备技术，实现了规模化生产，完全满足工业化装置长周期稳定运行的严苛要求，有力推动了 DMTE 技术的产业化进程。

（3）乙酸甲酯加氢制乙醇催化剂

乙酸甲酯加氢制乙醇化学反应式为

$$CH_3COOCH_3 + 2H_2 \longrightarrow C_2H_5OH + CH_3OH \tag{4.19}$$

存在的副反应有

$$CH_3COOCH_3 + CH_3CH_2OH \longrightarrow CH_3COOCH_2CH_3 + CH_3OH \tag{4.20}$$

$$C_2H_5OH + H_2 \longrightarrow C_2H_6 + H_2O \tag{4.21}$$

$$CH_3COCH_3 + 2H_2 \longrightarrow CH_3CH(OH)CH_3 \tag{4.22}$$

$$CH_2{=}CHCOOCH_3 + 3H_2 \longrightarrow CH_3CH_2CH_2OH{+}CH_3OH \tag{4.23}$$

$$CH_2{=}CHCOOH + 2H_2 \longrightarrow CH_3CH_2CH_2OH{+}H_2O \tag{4.24}$$

$$CO + 3H_2 \longrightarrow H_2O + CH_4 \tag{4.25}$$

$$CH_3COOH + 2H_2 \longrightarrow C_2H_5OH + H_2O \tag{4.26}$$

$$CH_3OH + H_2 \longrightarrow CH_4 + H_2O \tag{4.27}$$

$$CH_3COOC_2H_5 + 2H_2 \longrightarrow 2C_2H_5OH \tag{4.28}$$

研究团队采用全新制备方法解决了铜基催化剂在共沉淀制备过程中局部过热和物料偏析的难题，实现了对前驱体物相、组成及铜物种晶粒尺寸的精准调控，成功开发出在温和条件下具有高活性、高稳定性且可有效抑制副反应的乙酸甲酯加氢催化剂，并实现了工业放大和规模化生产。

4.1.1.2 DMTE技术工艺特点

三种关键催化剂的研制成功，特别是具有国际领先水平的二甲醚羰基化制乙酸甲酯催化剂的突破，为 DMTE 技术构建了完整且高效的反应路径。该技术体系主要涵盖以下核心步骤：首先，通过甲醇脱水反应实现二甲醚的制备；其次，二甲醚与 CO 发生羰基化反应生成乙酸甲酯；最后，乙酸甲酯加氢反应制得粗乙醇，并通过精馏分离工艺获得高纯度无水乙醇。在考虑 CO 与 H_2 原料气制备流程的基础上，形成了系统的 DMTE 技术工艺路线，详见图 4.1。该技术路线不仅整合了催化反应与分离提纯环节，同时兼顾原料供应体系，为 DMTE 技术的工业应用勾画出完整清晰的轮廓。

基于DMTE技术工艺方框图的系统分析可知，该工艺流程由五大核心单元构成，包括：气体分离单元、甲醇脱水制二甲醚单元、二甲醚羰基化单元、乙酸甲酯加氢单元以及乙醇分离单元。各单元功能明确且相互协同，共同保障工艺的高效运行。

气体分离单元作为原料预处理的关键环节，可通过先进分离技术实现合成气的深度分离，并获得高纯度的 CO 和 H_2。其中，CO 作为核心原料输送至二甲醚羰基化单元，H_2 则作为加氢反应的重要反应物进入乙酸甲酯加氢单元。甲醇脱水制二甲醚单元以甲醇为原料，通过催化脱水反应生成二甲醚，二甲醚作为原料进入二甲醚羰基化单元。

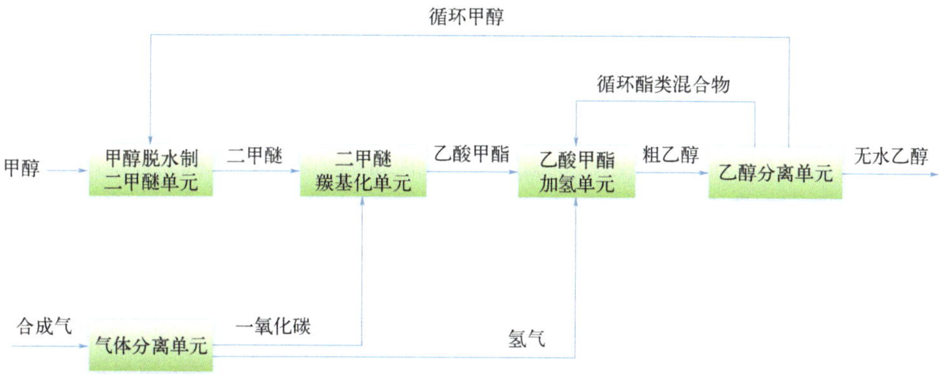

图 4.1　DMTE 技术工艺路线方框图

二甲醚羰基化单元通过二甲醚与 CO 的羰基化反应，高效生成乙酸甲酯，乙酸甲酯作为关键中间产物进入乙酸甲酯加氢单元。在乙酸甲酯加氢单元中，乙酸甲酯与氢气发生加氢反应，主产物为乙醇，同时副产甲醇和乙酸乙酯等组分。

乙醇分离单元承担着产品精制与物料循环的双重功能。一方面，通过精馏等分离技术实现无水乙醇产品的产出；另一方面，副产的甲醇循环回甲醇脱水制二甲醚单元，副产的酯类混合物则循环回乙酸甲酯加氢单元，以此实现物料的高效利用，提升工艺的整体经济性与资源利用率。DMTE 技术工艺各单元间的物质流与能量流高效协同，确保了整个工艺系统的稳定运行与高效产出。

综上所述，DMTE 技术工艺流程呈现以下鲜明的技术特征：

① 该工艺是由五个核心单元构成的系统架构，形成了具有代表性的技术流程。各工艺单元相互衔接、协同运作，共同构建起 DMTE 技术的完整反应与分离体系。这种单元设置模式成为 DMTE 技术区别于其他乙醇制备技术的典型标志，为工艺的稳定运行与工业化应用提供了坚实的架构基础。

② DMTE 技术工艺流程中存在两股关键循环物料流，其高效循环机制是保障工艺经济性与技术可行性的核心要素。第一股循环物料源自乙醇分离单元，将分离出的甲醇回流至甲醇脱水制二甲醚单元；第二股循环物料同样来自乙醇分离单元，将分离所得的酯类混合物（主要包含乙酸甲酯与乙酸乙酯）回输至乙酸甲酯加氢单元。

这两股循环物料流通过精准的物料平衡调控，构建起工艺体系内的闭环循环网络。通过对循环物料的严格质量管控与流量优化，不仅实现了甲醇原料的高效转化，显著提升了甲醇的总转化率，同时有效保障了乙醇产品的高产率，最大限度减少了原料浪费与中间产物积累，显著增强了 DMTE 技术工艺的整体技术经济性与资源利用效率。

③ 在 DMTE 技术工艺体系中，循环气压缩机的设置是保障反应效率与系统稳定运行的关键环节。鉴于二甲醚羰基化反应单程转化率大于 40%，乙酸甲酯加氢反应单程转化率超过 93%，两个核心反应单元出料中均存在未参与反应的原料气。为实现原料气的高效回收与再利用，需将未反应的原料气从反应器出料中分离后重新输回反应器，此过程通过设置循环气压缩机得以实现。具体而言，二甲醚羰基化单元配置循环 CO 压缩机，乙酸甲酯加氢单元配置循环氢气压缩机，分别用于驱动 CO 与 H_2 的循环流动。

循环气压缩机的引入不仅有效提升了原料气的利用率，更满足了催化剂对空速和循环比的特定要求。合理的空速与循环比参数设置，能够优化反应体系内的传质传热效率，维持催化剂活性中心的稳定性，进而保障反应过程的高效进行。此外，为避免惰性气体在系统内的累积对反应造成不利影响，两台循环气压缩机均配备弛放气排放装置，通过精准控制弛放气量，有效调节系统内气体组成，确保反应始终处于最优工况。

④ 目标产物乙醇具有较高的产率。基于全流程工艺技术特性，该装置的出料体系涵盖乙醇、重组分、弛放气及污水等多相组分。通过对碳元素进行物料衡算与系统分析，结果表明目标产物乙醇的质量产率达到 95% 以上，显示出该工艺在乙醇生产方面具备显著的技术优势。

⑤ 乙醇分离单元在全流程能耗构成中占据主导地位。该单元需同步实现两股循环物料的高效分离，并产出符合质量标准的无水乙醇产品。进料体系中存在乙醇-水、乙醇-其他有机组分等多种共沸物系，导致分离过程面临显著的热力学障碍，使得乙醇分离单元能耗在全流程中占比最高，成为制约整个装置能效水平提升的关键环节。研究表明，通过工艺参数优化、新型分离技术集成及热集成方案设计等策略，可实现该单元能耗的有效降低，进而提升全流程能效。

⑥ 装置腐蚀风险较低，碳钢材料在设备选材中占据主导地位。由于装置内介质大多呈现非腐蚀性特性，因而大量采用碳钢材质作为设备主体材料，显著降低了设备投资成本。

⑦ DMTE 技术展现出显著的环境友好特性，其“三废”排放总量处于较低水平，充分体现了安全、绿色、环保的工艺特征。在该技术体系中，污水主要来源于甲醇脱水制二甲醚单元，其污染物成分以甲醇和二甲醚为主，此类物质可被现有污水处理系统有效接纳并处理，具备良好的可处置性。值得注意的是，整个工艺流程中无工业废气产生，极大降低了大气污染风险。固体废弃物主要包含失效催化剂及惰性瓷球，通过规范的处置方式，可实现安全无害化处理，符合国家固废管理相关标准，有效避免了二次污染问题，进一步凸显了该技术在环境可持续性方面的优势。

⑧ 基于换热网络的系统优化策略实现了装置能耗的持续降低。通过对全流程热流股与冷流股的温度、流量及热负荷进行系统分析，运用夹点技术（pinch technology）、Aspen Energy Analyzer 等工具对换热网络进行重构与优化，构建了高

效的热量回收体系。优化后的换热网络充分回收利用装置内工艺物流的余热，通过冷热流股间的高效热交换，显著减少了对外部公用工程的消耗，实现了装置能耗的持续下降，有效提升了系统的能源利用效率。

DMTE 技术的研发与应用对膜分离技术、乙醇干燥脱水技术及合成气分离技术等领域的发展起到了显著的推动作用。在研发实践过程中，DMTE 技术对高效分离性能、低能耗运行的需求，促使科研人员围绕膜材料的选择性、稳定性及乙醇脱水过程的热力学限制等关键问题展开深入研究。通过创新膜材料设计、开发新型复合分离工艺以及优化合成气组分分离流程，有效突破了传统技术瓶颈，推动相关技术在分离效率、能耗控制及工业化应用等方面均实现显著提升，为分离技术领域的技术革新提供了重要的实践基础。

4.1.1.3 DMTE技术的工程化特性

DMTE 技术在工程实践中呈现出显著的技术优势与产业化特征，具体表现为：

① 催化剂国产化率达 100%，依托国内自主研发与生产体系，实现核心催化材料的完全自主供应，提升技术自主性；

② 设备与大宗材料全面实现国产化，涵盖关键工艺设备、结构材料及辅助装置，确保供应链安全可控的同时，显著降低工程建设成本；

③ 核心设备大型化进程成效显著，反应器、塔器及压缩机等关键设备通过系统性工程优化，突破传统规模限制，已成功开发 10 万吨 / 年、20 万吨 / 年、30 万吨 / 年、50 万吨 / 年及 60 万吨 / 年等系列规模化工业装置，为产业集约化发展提供有力支撑；

④ 模块化设计理念的深度应用，通过标准化单元模块的集成与组装，大幅缩短工程建设周期，提升项目建设效率与灵活性，为技术的快速推广和产业化应用奠定坚实基础。

4.1.2 DMTE 技术工程放大技术开发

4.1.2.1 10万吨/年工业示范装置技术开发

10 万吨 / 年 DMTE 技术工业示范装置技术由中国科学院大连化学物理研究所和陕西延长石油（集团）有限责任公司联合开展研发。北京石油化工工程有限公司作为陕西延长石油（集团）有限责任公司下属专业设计院，承担了该示范装置工艺流程的系统开发、工艺包编制及工程设计工作。通过对工艺参数优化、设备选型及工程系统集成，形成了完整的工程技术方案。陕西兴化化学股份有限公司作为陕西延长石油（集团）有限责任公司二级子公司及项目最终用户，全面负责该 10 万吨 /

年工业示范装置的工程建设实施，通过统筹施工管理、设备安装及质量管控，确保项目顺利落地。依托各自在技术研发、工程设计及建设运营领域的专业优势，构建了产学研用协同创新体系，推动了DMTE技术从实验室向工业化应用的关键跨越。

10万吨/年的DMTE技术工业示范装置工艺包开发工作于2012年7月正式启动。北京石油化工工程有限公司基于中国科学院大连化学物理研究所提供的基础核心数据，通过系统的工艺模拟与工程放大设计，完成了10万吨/年规模的工艺流程开发。开发过程中，研究团队运用Aspen Plus等专业流程模拟软件，结合化工过程放大理论，对反应条件、分离工艺、热量集成等关键环节进行多方案比选与优化。经多轮内部技术评审与方案迭代，最终确定了工艺技术方案，并于2013年8月形成完整的10万吨/年工业示范装置工艺包，为后续工程设计与装置建设提供了系统的技术支撑。该工艺包的成功开发，标志着DMTE技术从实验室研究向工业化应用迈出关键一步。

在DMTE技术工艺包的首次开发过程中，通过理论分析、模拟计算与工程经验相结合的方式，系统性地解决了一系列关键工程技术难题，具体如下：

（1）工艺系统与催化剂操作条件的适配性构建

工艺系统开发旨在精准匹配二甲醚催化剂、羰基化催化剂及加氢催化剂对温度、压力、空速和进料杂质的操作需求，以最大化发挥催化剂性能。经热力学与动力学研究分析，三种催化剂对应的操作温度及压力条件均处于现有工业装备可实现的技术范围内。其中，进料温度通过配置高效进料加热器实现精准调控，反应系统压力则借助压力控制系统维持稳定。

从单程转化率角度分析，三种催化反应均存在原料未完全转化的问题，需构建循环体系以提升整体转化效率。二甲醚催化剂以甲醇为原料，未反应的甲醇可通过液相循环实现高效回收利用，技术实施难度较低。与之不同，羰基化反应因CO过量、加氢反应因H_2过量，需分别对CO和H_2进行气相循环。为此，在上述两个反应系统中分别集成循环气压缩机，实现气体物料的高效循环。具体流程为：反应器出料经换热冷却后进入气液分离器，分离器顶部未反应的气相物料经循环气压缩机增压后返回反应系统，底部液相物料则进入目标产物精馏分离系统，从而构建起完整且高效的物料循环与产品分离体系。

在DMTE技术工艺体系中，羰基化反应单元的循环气分离过程旨在实现乙酸甲酯的高效分离回收与CO、二甲醚的循环利用。基于气液相平衡理论与物性分析，由于乙酸甲酯的冷凝温度显著高于CO与二甲醚，为实现其充分冷凝分离，采用多级冷却策略：首先，通过高效换热器对羰基化反应器出料进行余热回收，降低后续冷却负荷；其次，利用循环冷却水进行初步降温；最后，引入低温冷剂进行深度冷凝，确保乙酸甲酯以液态形式从气相中分离，未冷凝的CO与二甲醚则进入循环气压缩机，返回反应器参与后续反应。

相较于羰基化反应单元，加氢反应单元的循环气分离过程具有更高的可行性与经济性。基于物料体系的热力学特性，其循环气组分的沸点差异显著，通过常规冷却流程即可实现目标产物与未反应气体的有效分离，无须额外配置低温冷剂系统，从而简化了工艺流程，降低了设备投资与运行成本。

在 DMTE 技术工艺系统中，为确保各反应单元的空速参数满足催化剂活性要求，采用差异化的调控策略：二甲醚催化反应通过精确控制进料流量实现空速稳定；而羰基化与加氢反应则主要依赖循环气量的调节达成这一目标。在满足目标空速的条件下，循环气压缩机的输气量得以确定。除气量参数外，循环气压缩机进出口压差是决定设备选型与系统稳定性的另一关键指标。

（2）模拟计算中介质物性的准确性

在 DMTE 技术 10 万吨 / 年工业示范装置工艺包的开发过程中，分离系统介质的物性参数存在一定的缺失，这使得工艺模拟准确性存在较大的挑战。刘中民团队构建了系统性的数据处理与验证策略。研究团队通过查阅权威物性手册，获取了装置内单一介质的基础物性参数（如密度、黏度、沸点等），并将模拟计算结果与手册数据进行多维度对比分析，建立了严格的数据校验机制，确保关键物性参数偏差控制在工程可接受范围内。

针对换热器设计所需的污垢系数这一关键参数，刘中民团队提出了差异化取值方法：对于纯净介质体系，依据手册中单一组分污垢系数基准值，结合工程经验引入安全余量系数进行修正；对于复杂混合组分，则参照同类工业化装置中相近介质的污垢系数取值，并通过添加余量系数以增强设计可靠性。该方法有效平衡了数据准确性与工程安全性需求。

在 10 万吨 / 年工业示范装置投产后，通过长期运行数据监测与分析，对前期模拟采用的介质物性参数及换热器设计余量进行系统性复核与修正。这一动态优化过程不仅验证了前期工程估算方法的有效性，更为后续工艺优化与装置扩能提供了详实的实测数据支撑，体现了从理论估算到工程验证的闭环设计理念。

（3）反应器型式确定

反应器型式的优化选型是 DMTE 技术工艺包开发的核心技术环节，其中二甲醚反应器、羰基化反应器和加氢反应器的构型设计直接影响工艺效率与运行稳定性。针对甲醇脱水制二甲醚反应过程，其单位反应放热量相对较低，经热力学计算表明，反应热可通过物料自身温升实现有效移除，工艺模拟显示反应器进出口温差约为 50 ℃。基于上述特性，并结合固定床反应器在气固催化反应中的成熟应用经验，最终选定固定床绝热反应器作为甲醇脱水制二甲醚的核心反应设备。该反应器凭借结构简单、操作便捷、催化剂装填与更换方便等优势，能够在无须额外冷却装置的条件下，通过合理设计反应器尺寸与物料流量，实现反应温度的自平衡调控，以及有效降低设备投资与运行成本，为工艺系统的高效运行提供可靠保障。

在 DMTE 技术工艺体系中，羰基化反应与加氢反应均伴随显著的放热效应，若采用固定床绝热反应器构型，极易引发反应温度失控（飞温现象），对催化剂活性、产物选择性及装置安全运行构成重大威胁。基于此，经多维度技术经济分析与反应器热稳定性评估，最终确定采用固定床列管等温反应器作为上述两类反应的核心设备。该反应器通过精密设计的列管结构实现反应与传热过程的耦合，在反应管内均匀装填催化剂，管底部及反应器底部封头区域填充惰性瓷球，形成稳定的催化剂支撑层，确保物料均匀分布与反应过程的稳定性。

反应器壳程采用锅炉水作为热载体，通过水汽化相变过程高效移除反应热，同步实现副产蒸汽的资源化利用，详见图 4.2。基于 Ansys 等有限元分析软件，结合 ASME Ⅷ -1 等规范标准，对反应器进行热-结构耦合应力分析，优化管壳程的操作参数与结构尺寸，确保温差控制在材料许用应力范围内，从而保障设备长期安全稳定运行。

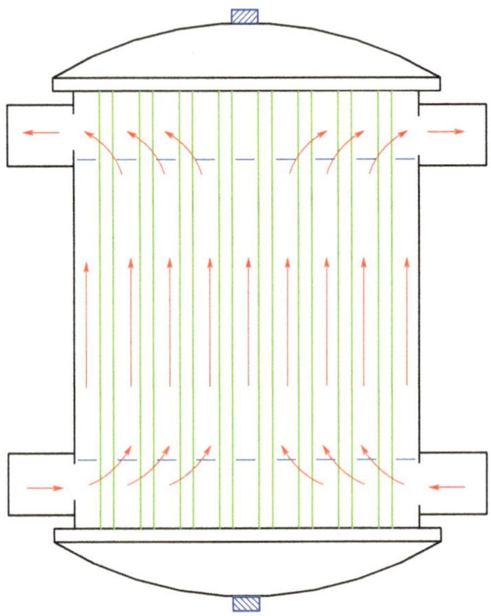

图 4.2　固定床列管反应器壳程撤热示意图

（4）装置换热网络优化

在 DMTE 技术工艺包开发过程中，降低装置能耗是核心优化目标之一。经系统分析，乙醇装置存在五股低温热源，其中四股为工艺物料，分别为二甲醚反应器出料、羰基化反应器出料、加氢反应器出料和脱水后的气相乙醇产品，另一股为蒸汽凝液。为实现低温热能的高效回收利用，研究团队基于夹点技术与 Aspen Energy Analyzer 等工具，对五股热源进行全面的热量衡算与能级匹配分析。通过构建优化的换热网络，设计了多股物料间的串并联换热流程，使高温物料与低温物料间进行充分的热量交换，最大化回收工艺过程中的余热资源。该设计有效减少了外部公用工程的消耗，显著提升了装置的能源利用效率，实现了系统能耗的优化控制。

（5）乙醇产品水分脱除技术选择

经乙醇产品塔分离后的乙醇产品纯度已达 98.5%（质量分数）以上，但其组成中仍含有约 1%（质量分数）的水分、500 μg/g 的甲醇以及其他杂质。依据《化学试剂　乙醇（无水乙醇）》（GB/T 678—2023）等国家标准对化学纯乙醇产品的质量要求，该产品需进一步脱除水分及微量杂质，以满足其在化工、医药等领域的应用需求。上述杂质的存在不仅影响乙醇产品的纯度指标，还可能在下游应用中引入副反应，因此亟须通过针对性分离技术实现产品质量提升。

在 DMTE 技术 10 万吨工业示范装置的乙醇产品深度脱水工艺开发中，膜分离技术与分子筛脱水技术被列为两种核心备选方案。这两种技术路线均基于选择性吸附或渗透原理实现乙醇-水体系的高效分离，但截至工艺包开发阶段，二者在煤基乙醇工业化生产领域均缺乏实际应用案例支撑。膜分离技术依托具有亲水选择性的高分子或无机膜材料实现水分子的优先渗透分离；分子筛脱水技术则利用多孔固体吸附剂对水分子的强亲和力进行吸附脱除。由于缺乏工程化实践数据，两种技术在大规模应用中的分离效率、能耗水平、长期运行稳定性及经济性等关键指标均存在不确定性，亟须通过系统的工程设计与中试验证，为技术方案的优选提供数据支撑。

1）分子筛膜分离技术

分子筛膜作为一类具有高度规整微孔结构的无机膜材料，其微观晶体框架由硅氧四面体、铝氧四面体通过氧桥键连接形成规则的孔道网络，孔径尺寸与分子大小相近（通常为 0.3 ～ 1.0 nm）。该材料的脱水过程主要依赖优先吸附和分子筛分双重机制协同作用：一方面，基于分子筛骨架上极性基团（如铝氧四面体产生的负电荷中心）与水分子的强静电相互作用，以及水分子与分子筛表面的氢键作用，使其对水具有显著的优先吸附选择性；另一方面，分子筛的微孔孔径精确匹配水分子动力学直径（约 0.28 nm），小于乙醇分子（约 0.44 nm），通过尺寸筛分效应限制乙醇分子通过，从而实现水分子的高效分离。这种基于分子尺度的吸附与筛分耦合机制，为乙醇体系深度脱水提供了理论与技术基础。

① 优先吸附。分子筛膜材料凭借其独特的晶体结构与表面化学性质，展现出对水分子的高度亲和特性。该材料的微观孔道结构中，铝氧四面体产生的负电荷中心可与水分子形成强静电相互作用，同时硅氧骨架表面的羟基基团能够与水分子形成氢键，这种多重作用力使得水分子在膜表面具有显著的优先吸附特性。吸附于膜表面的水分子在浓度梯度驱动下，通过分子筛孔道内的扩散机制向膜另一侧迁移，形成选择性渗透过程。

从分子尺度分析，分子筛膜的孔径尺寸（通常为 0.3 ～ 1.0 nm）与水分子动力学直径（约 0.28 nm）高度匹配，而显著小于乙醇分子动力学直径（约 0.44 nm），形成严格的尺寸筛分效应。乙醇分子因无法进入膜孔道，难以克服吸附势垒，从而在膜两侧形成显著的渗透通量差异。这种基于吸附选择性与分子筛分效应的协同作用，确保了分子筛膜在乙醇-水体系分离中展现出优异的脱水性能。

② 分子筛分。无机分子筛膜的分离性能本质上源于其孔道尺寸与目标分子动力学直径的精准匹配。研究表明，水分子的动力学直径为 0.28 ～ 0.3 nm，而乙醇分子因具有更大的分子构象，其动力学直径扩展至 0.44 ～ 0.5 nm。以 NaA 型分子筛膜为例，其规则孔道的理论孔径为 0.4 nm，该尺寸参数恰好介于水分子与乙醇分子的动力学直径之间，形成分子尺度的筛分效应。当乙醇-水混合体系接触分子筛膜表面时，水分子能够凭借较小的尺寸顺利进入孔道网络，并通过扩散作用实现跨膜传输；而乙醇分子则因尺寸大于膜孔径，无法有效进入孔道内部，从而在膜两侧形成显著的渗透通量差异。这种基于孔径选择性的分离机制，使得分子筛膜在乙醇脱水领域展现出高度的分离效率与应用潜力。

在煤基乙醇脱水工艺中（图 4.3），含有水分的乙醇混合物作为原料液被输送至无机分子筛膜分离系统的进料侧。基于分子筛膜对水分子的优先吸附特性及其孔径与分子尺寸的筛分效应，在跨膜压力差（Δp）驱动下，水分子凭借其较小的动力学直径与膜表面极性位点的强相互作用，优先被吸附进入分子筛膜的纳米级孔道网络。被吸附的水分子在浓度梯度与压力梯度的协同作用下，通过分子扩散机制穿过膜孔道，在膜渗透侧形成富含水的透过液；而动力学直径较大的乙醇分子因无法

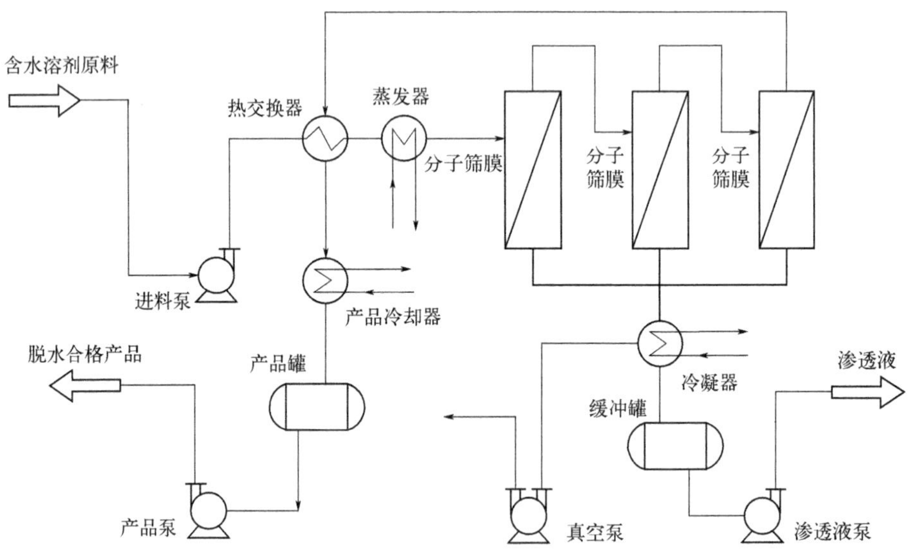

图 4.3　煤基乙醇脱水工艺中分子筛膜分离流程示意图

适配膜孔径且吸附能较低，难以进入孔道内部，被截留于进料侧形成高纯度乙醇截留液。该分离过程充分利用了分子筛膜的吸附选择性与尺寸筛分效应，实现了乙醇体系的高效脱水，为煤基乙醇产品质量提升提供了关键技术支撑。

③ 膜分离技术的优点

- 产品质量高：无机分子筛膜分离技术基于分子筛分与优先吸附机制，在煤基乙醇深度脱水中优势显著。通过调控膜材料孔道结构与表面性质，可突破传统分离纯度瓶颈。工程实践表明，该技术处理后的乙醇纯度达 99.5%（质量分数）以上，水分及杂质含量符合医药、电子等高端领域标准，为提升煤基乙醇产品附加值提供技术支撑。

- 能耗低：在煤基乙醇脱水工艺革新中，无机分子筛膜气相脱水技术展现出显著的热力学优势，单次汽化即可驱动分离，相较传统共沸精馏节能超 70%，较分子筛吸附节能超 30%，能有效规避高能耗相变过程。液相脱水时，该技术仅使水组分汽化，利用特异性吸附与筛分效应，大幅降低汽化潜热，兼具高效分离与节能特性，为煤基乙醇降本增效及绿色转型提供核心技术保障。

- 设备紧凑：无机分子筛膜乙醇脱水装置采用模块化集成设计，结构精简、占地面积小，可灵活适配不同规模的生产需求。装置依托自动化调控实现操作简便；模块化设计便于组件更换，使维护更高高效，为煤基乙醇工业规模化应用提供有力支撑。

- 连续稳定运行：无机分子筛膜分离系统凭借其高度的操作稳定性与设备可靠性，实现了煤基乙醇脱水工艺的稳态连续化运行。作为核心单元的膜组件属于无运动部件的静态设备，避免了机械磨损与动态密封失效等潜在风险，有效降低了设备故障率。工程实践表明，该系统可显著延长装置连续运行周期，大幅减少非计划停机时间，生产效率较传统动态分离设备提升 15% 以上，为工业化生产提供了可靠的技术保障。

④ 膜分离技术缺点

- 膜材料成本较高：分子筛膜作为 21 世纪兴起的新型膜分离技术，目前仍处于技术发展初期。受限于制备工艺复杂性及规模化生产技术瓶颈，其工业化应用仍处于探索阶段，尚未形成成熟的产业链体系。缺乏大规模量产带来的成本优势，加之合成过程中对原料纯度、制备设备及工艺参数的严格要求，导致当前分子筛膜材料生产成本居高不下，成为制约该技术大规模推广应用的关键因素之一。

- 原料预处理要求高：在分子筛膜乙醇脱水过程中，原料所含灰尘、夹带物等杂质会严重影响膜性能。这些杂质易附着、嵌入膜孔，导致膜孔堵塞，降低膜的渗透通量与分离选择性，还可能造成不可逆污染。为保证膜分离系统稳定高效运行，需对原料严格预处理。可采用精馏预处理去除与乙醇沸点差异大的杂质，运用高精度过滤（如微滤、超滤）去除微小颗粒污染物。优化预处理工艺，能减少杂质对膜组件的影响，延长膜使用寿命，保障脱水工艺稳定运行。

- 膜污染与维护：在煤基乙醇脱水连续化生产中，分子筛膜易受原料杂质、反应副产物等污染。污染物在膜表面及孔道吸附沉积，形成污垢层，导致膜孔堵塞、表面性质改变，造成渗透通量下降与分离效率降低。为维持膜性能，需定期进行化学清洗、物理冲洗等维护操作；当污染严重时，更需更换膜元件。此类清洗维护与元件更换显著增加了人力、物料及设备投入，导致运行成本攀升，成为制约该技术大规模工业化应用的关键因素。

2）分子筛吸附脱水技术

分子筛是一种具有均匀微孔结构的硅铝酸盐晶体，其工作原理基于分子筛的吸附特性和孔径筛分效应。

① 尺寸排阻效应。水分子尺寸小，可以进入分子筛的微孔，而大多数有机分子（如乙醇、甲醇等）由于尺寸较大，无法进入孔道，从而实现选择性分离。

② 极性优先吸附。水分子是极性分子，更容易被分子筛的极性表面吸附，而有机物通常为非极性或弱极性，吸附能力较弱。

在煤基乙醇脱水工艺中，含微量水的原料自固定床入口端进入，流经分子筛床层时，基于分子筛对水分子的优先吸附特性，水分子被选择性截留，脱水后的乙醇从固定床出口端流出。当分子筛达到吸附饱和后，需对其进行再生处理。再生过程采用真空解吸技术，通过降低系统压力促使吸附的水分子脱附，随后利用产品气吹扫进一步恢复分子筛的吸附性能。解吸出的气体经冷凝形成解吸液，其流量约占进料量的 20%，水含量达到 25% 左右。该解吸液需返回精馏系统进行二次分离处理，以实现水资源的循环利用。图 4.4 展示了分子筛吸附脱水技术的基本流程示意图。

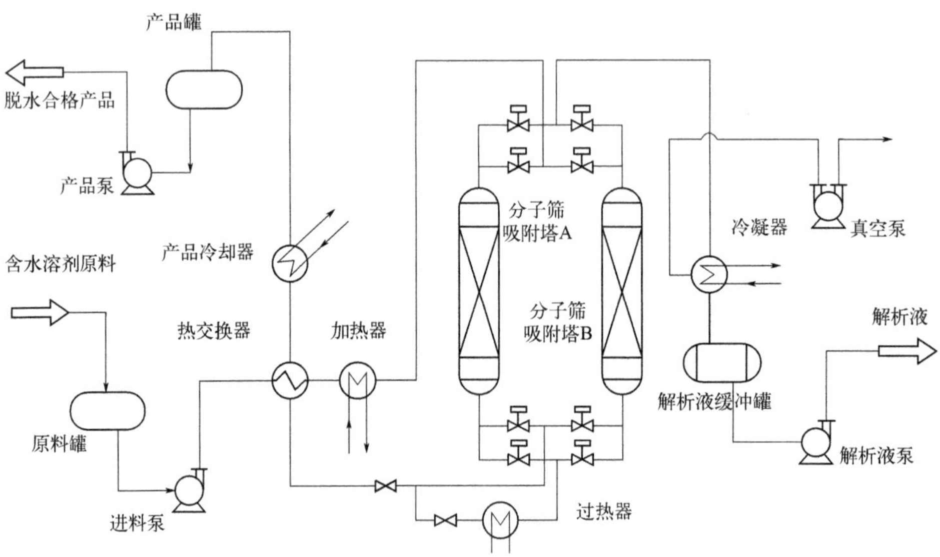

图 4.4　分子筛吸附脱水流程示意图

③ 分子筛吸附脱水技术的优点

● 自动化程度高：采用程控阀实现吸附和再生的自动化切换，装置整体自动化程度高。

● 对环境友好：分子筛吸附脱水过程不使用化学药剂，不会产生废水、废气等污染物，对环境影响小。

● 能耗较低：相比其他一些脱水方法，如共沸精馏等，分子筛吸附脱水技术的能耗较低，尤其是在大规模生产中，节能效果更为显著。

● 技术成熟：分子筛吸附技术经过半个多世纪的发展，已经相对成熟。

④ 分子筛吸附脱水技术的缺点

● 设备投资较大：需要配备专门的吸附塔、再生系统等设备，设备占地面积较大，投资成本较精馏更高。

● 对原料要求较高：原料中的杂质可能会影响分子筛的吸附性能和使用寿命，因此需要对原料进行预处理，以去除杂质，此外原料的水含量也不能过高。

● 工艺较烦琐：是一个非连续化/非稳定操作工艺，工艺路线长、吸附再生切换操作、操作温度变化频繁。

● 解吸液产生量大：解吸过程产生大量低浓度乙醇，需要额外处理，增加了处理成本。

● 吸附过程的缺陷：放热量大、床层升温明显，温度难控；局部过热现象严重，热量难以及时移走，分子筛品质受影响。

● 解吸过程的缺陷：分子筛易劣化、粉化和损耗。

在10万吨级煤基乙醇工业示范装置的脱水工艺选择中，分子筛膜分离技术凭借其卓越的脱水效率、运行稳定性、显著的节能优势以及紧凑的设备结构，被确立为核心脱水工艺。装置长期运行的监测数据显示，该技术在脱水过程中表现出优异的分离性能，能够有效提升乙醇产品的纯度指标，同时实现显著的能源节约效果。然而，该技术在实际应用中仍存在瓶颈，表现为渗透液中较高的乙醇含量，这一问题对系统整体经济性产生了不利影响。为进一步提升该技术的工程应用效能与经济效益，后续研究可从优化膜材料性能、改进工艺参数调控策略，或探索与其他分离技术的耦合工艺等方向展开系统性研究。

(6) 催化剂再生

第一代二甲醚羰基化催化剂寿命为6000 h，催化剂的再生和循环利用是非常必要的。但是再生过程中需在550 ℃高温工况下进行，这与工业化装置的实时运行要求存在本质冲突，致使催化剂在线再生无法实现。这种非稳态运行模式造成生产过程频繁中断，显著降低了工艺系统的时空产率与运行效能。突破该技术壁垒需聚焦催化剂结构设计创新与原位再生技术研发，构建动态平衡的催化反应体系。刘中民团队通过系统工程设计，开发了一套集成化催化剂再生装置。该系统由再生反应器、进料-出料换热单元、颗粒沉降分离装置及尾气净化吸收塔构成，形成完整的催化剂离线再生循环体系。系统设计处理能力达 5 m^3/ 次，采用高纯氮气作为再生气，实现了催化剂的高效再生。

(7) 合成气分离制备 CO 和 H_2

在乙醇装置的核心工艺环节中，羰基化反应器与加氢反应器分别依赖 CO 气源与 H_2 作为反应原料。为满足装置进料要求，需前置气体分离单元，将合成气分离为 CO 和 H_2 并增压输送。其中，H_2 分离采用成熟的变压吸附（PSA）技术，而 CO 分离存在膜分离与深冷分离两种工艺路径。膜分离法选用有机膜材料实现组分选择性透过，深冷分离法则借助冷箱系统通过低温冷凝实现分离。刘中民团队在工艺包编制阶段，针对上述两种 CO 分离方法开展系统性对比分析，具体参数详见表 4.1。

表4.1 CO分离方法对比

序号	项目	深冷分离法	膜分离法	备注
1	CO 气纯度	98.98%，增加脱 N_2 塔以后，可以达到 99.6%	98.24%	膜分离法乙醇装置弛放气量大
2	工业化业绩	有	有	
3	能耗	基准	略高	
4	占地	略高	基准	
5	流程	复杂	简单	
6	投资	基准	相当	
7	开车时间	物料消耗高	物料消耗低	

对深冷分离法与膜分离法两种 CO 分离方法进行系统评估，结果显示二者均能满足乙醇装置运行要求。通过工艺模拟与经济技术分析，鉴于 10 万吨级工业示范装置 CO 处理规模较小，膜分离法在设备投资、操作灵活性及能耗成本方面更具优势。经综合考量，在工艺包设计阶段，选定膜分离法作为 CO 分离核心工艺，为装置高效稳定运行提供技术支撑。

(8) 乙醇分离流程研究

加氢反应器出料为多组分复杂体系，包含乙醇、水、甲醇、乙酸甲酯、乙酸乙酯、异丙醇及 H_2 等物质。乙醇分离单元通过多效精馏、萃取精馏等分离技术，实现各组分的高效分离与资源化利用：将目标产物乙醇提纯制得合格产品；甲醇回收后返回甲醇脱水至二甲醚单元作为原料循环利用；乙酸甲酯与乙酸乙酯回输至加氢反应系统，实现物料循环；异丙醇和正丙醇作为高附加值副产品产出；H_2 等轻组分经压缩回收，从而构建起闭环物料循环体系，提升工艺经济性与资源利用率。

基于多组分分离目标，10 万吨级工业示范装置工艺包设计了四塔串联分离流程（图 4.5）。首塔 12-T-401 作为脱氢组分塔，通过减压精馏将氢气等轻组分有效

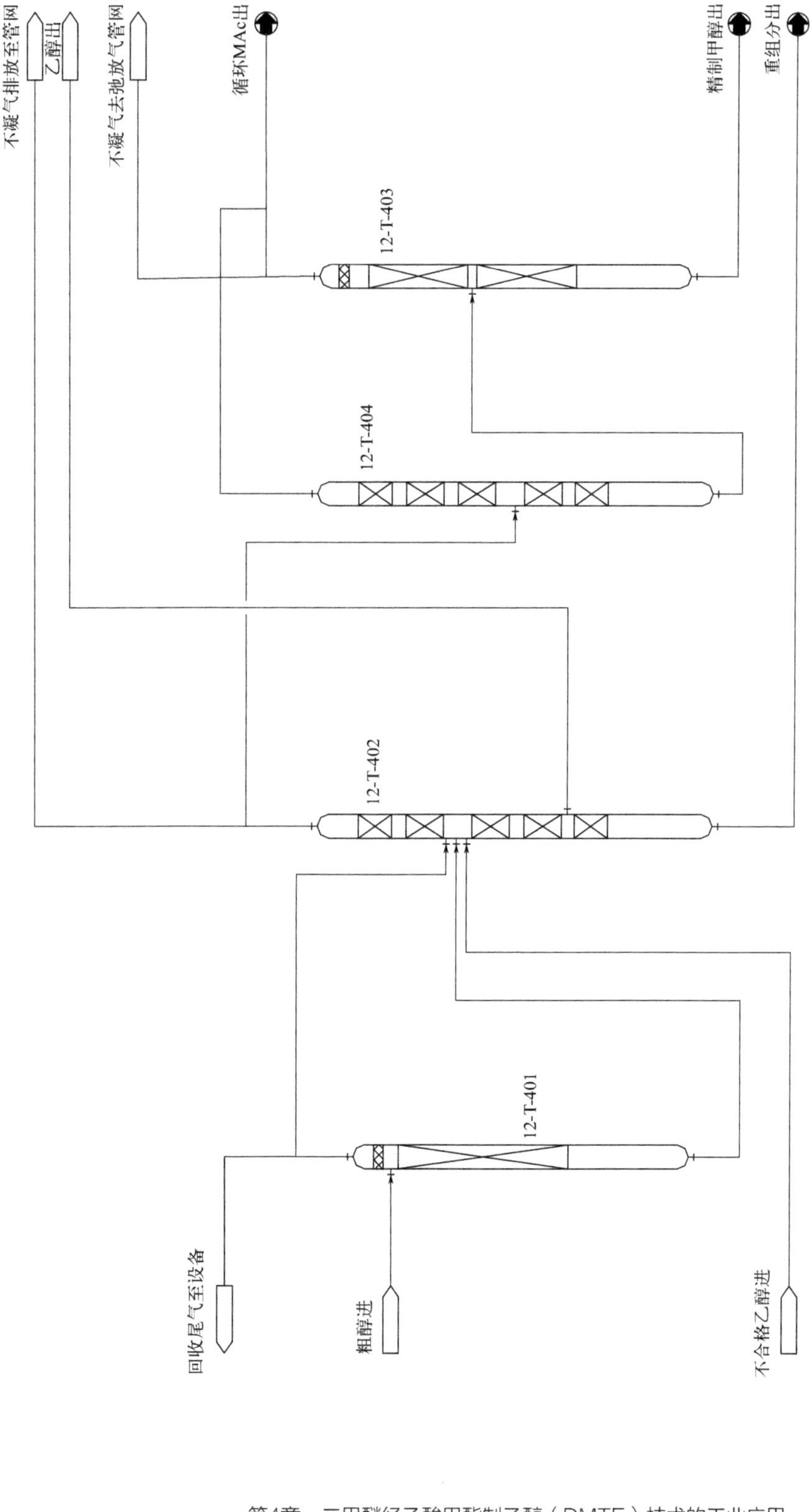

图 4.5　陕西兴化化学股份有限公司 10 万吨 / 年乙醇工业示范装置分离单元工艺流程图

脱除，塔釜物料进入乙醇产品塔 12-T-402。12-T-402 采用侧线气相采出工艺，在塔顶分离甲醇、乙酸甲酯、乙酸乙酯等轻组分，塔釜富集异丙醇、正丙醇等重组分，侧线气相采出乙醇产品以降低液相杂质含量。12-T-402 塔顶物料依次进入 12-T-404 与 12-T-403 塔进行深度分离，其中 12-T-404 塔顶采出乙酸甲酯和乙酸乙酯，塔釜物料进入 12-T-403 塔；12-T-403 通过精准控制操作参数，确保塔釜甲醇纯度达标后返回二甲醚单元，塔顶酯类混合物与 12-T-404 塔顶产物混合后回用于加氢反应，实现物料的高效循环利用。

陕西兴化化学股份有限公司 10 万吨 / 年 DMTE 技术工业示范装置（图 4.6）于 2014 年 2 月启动基础工程设计，2015 年 6 月完成详细设计阶段工作。该装置于 2016 年 10 月建成中交，并于 2017 年 1 月 11 日实现全流程贯通，成功产出纯度达 99.74% 的无水乙醇产品，主要指标均达到或优于设计值。这也标志着我国将率先拥有设计和建设百万吨级大型乙醇工厂的能力，对于缓解我国石油供应不足，石油化工原料替代，油品清洁化、煤炭清洁利用及促进国家粮食安全具有战略意义。通过 10 万吨 / 年 DMTE 技术工业示范装置的运行实践，设计团队在反应工程、分离工艺、设备可靠性等关键领域积累了丰富经验，提高了对 DMTE 技术工业化应用的认知。这些实践成果不仅有效解决了示范装置的运行难题，更为后续工业化装置的工程设计提供了技术支撑与数据积累，为推动该技术的规模化应用奠定了坚实基础。

图 4.6　陕西兴化化学股份有限公司 10 万吨 / 年乙醇工业示范装置现场照片

4.1.2.2　首套50万吨工业化装置技术开发

基于 10 万吨级工业示范装置的成功运行经验，陕西延长石油榆神能源化工有限责任公司启动世界首套50万吨/年煤基乙醇工业化项目建设。2018年8月，北京石油化工工程有限公司完成了项目可行性研究报告编制，并于同年11月经陕西延长石油（集团）有限责任公司批复。2019年4月，陕西延长石油榆神能源化工有限责任公司联合北京石油化工工程有限公司对中国科学院大连化学物理研究所编制的工艺包开展系统性审查。项目采用工程总承包（EPC）模式，由北京石油化工工程有限公司负责实施建设。该装置于2022年6月30日完成中交（图4.7），并于同年10月20日实现全流程贯通，成功产出合格无水乙醇产品。作为全球首套采用DMTE技术的煤基乙醇工业化项目，其建成投产对推动煤炭清洁高效利用、保障能源安全具有里程碑意义。

图4.7 陕西延长石油榆神能源化工有限责任公司50万吨/年煤基乙醇项目全景图

陕西延长石油榆神能源化工有限责任公司50万吨/年工业化乙醇装置在技术上和工程化方面取得了以下进步：

① 在50万吨/年煤基乙醇工业化项目建设中，通过系统性工程优化工业示范装置存在的一些问题。在乙醇分离环节，通过优化工艺流程，构建高效酯类与重组分分离体系，实现乙醇产品纯度稳定≥99.5%。同时，引入分子筛干燥脱水技术，进一步深度脱除水分，使乙醇纯度提升至99.9%以上，显著提升产品质量与工艺可靠性。

② 工艺包更加成熟。进一步优化了工艺流程，使DMTE技术从工艺流程方面更加完整。取得了以下的技术进步：(a) 通过重新核对修改工艺模拟，模拟结果与工业化装置运行数据更加吻合。(b) 根据工业示范装置换热器换热情况，反算换热器换热面积余量，重新对工艺介质的污垢系数进行调整，首套工业化乙醇装置换热器

换热面积得到大幅优化。(c) 根据工业示范装置反应器床层实际压降，对首套工业化乙醇装置循环气压缩机的进出口压差进行了调整，从而使压缩机能力得到了保证。

③ 实现了装备大型化。实现了反应器、塔器、压缩机核心设备的大型化，且全部国产化。装备运行更加可靠。

④ 装置能耗进一步降低。在 50 万吨 / 年煤基乙醇项目中，通过流程优化与换热网络重构，在保障产品质量前提下，每吨乙醇蒸气消耗从 7.35 t 降至 4.1 t。项目创新应用热泵压缩机技术，实现蒸汽与循环冷却水双效节能。经模拟预测，随着分离流程的持续优化及节能技术深化应用，每吨乙醇蒸气消耗可进一步降至 3.0 t 以下，显著提升工艺能效与经济性。

⑤ 催化剂性能不断提高。催化剂单程寿命从工业示范阶段的 6400 h 提升至 50 万吨工业化应用时的 16500 h，实现了重大突破。

⑥ 进一步规范了压缩机、机泵、仪表的选型原则。陕西延长石油榆神能源化工有限责任公司 50 万吨 / 年煤基乙醇项目投产后，四套工业化 DMTE 技术装置相继建成落地，验证了技术工程化的成熟度。DMTE 技术原料适用性广，可高效转化合成气、焦炉气及钢铁尾气等，不仅推动化工产业结构优化，还通过工业尾气资源化利用助力绿色低碳发展，为循环经济建设提供关键技术支撑。

4.1.3 DMTE 技术的原料及产品规格

(1) DMTE 技术的原料

DMTE 技术的原料包括甲醇、CO 和氢气。

① 原料甲醇规格。原料甲醇规格参考（GB/T 338—2011）《工业用甲醇》中优等品规格，其主要规格参数见表 4.2。

表4.2 原料甲醇规格表

项　目	指　标
甲醇（质量分数）/%	≥ 99.85
外　观	无色透明液体，无可见杂质
色度，Hazen 单位（铂-钴色号）	≤ 5
密度 (20 ℃)/(g/cm^3)	0.791 ~ 0.792
沸程① (0 ℃, 101.3 kPa)/℃	≤ 0.8
高锰酸钾试验 ,t/min	≥ 50
甲醇-水（1∶3）混溶试验	通过试验

续表

项　　目	指　　标
水质量分数 /%	≤ 0.1
酸度（以 HCOOH 质量分数计）/%	≤ 0.0015
碱度（以 NH_3 质量分数计）/%	≤ 0.0002
羰基化合物（以 HCHO 计）质量分数 /%	0.002
蒸发残渣含量 /(μg/g)	≤ 0.001
铁含量 /(μg/g)	≤ 0.15
硫含量 /(μg/g)	≤ 0.1
氯化物含量 /(μg/g)	≤ 0.1

① 包括 (64.6±0.1)℃。

② 原料 CO 规格。DMTE 技术的 CO 原料规格见表 4.3。

表4.3　原料CO规格表

项　　目	指　　标	项　　目	指　　标
压力 /MPa	≥ 4.5	CH_4 体积分数 /%	＜ 0.007
CO 体积分数 /%	≥ 98.825	C_2H_4+C_3H_6 体积分数 /10^{-6}	≤ 100
H_2 体积分数 /%	＜ 0.412	总硫体积分数 /10^{-6}	＜ 0.1
CO_2 体积分数 /10^{-6}	≤ 100	Cl 体积分数 /10^{-6}	＜ 0.01
N_2+Ar 体积分数 /%	＜ 0.756	NH_3	不能检出

③ 原料氢气规格。DMTE 技术的氢气原料规格见表 4.4。

表4.4　氢气原料规格表

项　　目	指　　标	项　　目	指　　标
压力 /MPa	≥ 5.2	总硫体积分数 /10^{-6}	＜ 0.1
H_2 体积分数 /%	≥ 99.9	Cl 体积分数 /10^{-6}	＜ 0.01
CO 体积分数 /%	＜ 0.02	NH_3	不能检出
N_2+Ar 体积分数 /%	≤ 0.08		

（2）DMTE 技术的乙醇产品规格

产品乙醇指标符合（GB/T 678—2023）《化学试剂乙醇（无水乙醇）》中化学纯规格，其主要规格参数见表 4.5。

表4.5 乙醇产品规格表

项目	指标	项目	指标
乙醇（CH_3CH_2OH）质量分数 /%	≥ 99.5	水分质量分数 /%	≤ 0.5
密度（20 ℃）/(g/mL)	0.789 ～ 0.791	甲醇（CH_3OH）质量分数 /%	≤ 0.2
与水混合实验	合格	异丙醇质量分数 /%	≤ 0.05
蒸发残渣质量分数 /%	≤ 0.001	羰基化合物（以 CO 计）质量分数 /%	≤ 0.005
酸度（以 H^+ 计）/(mmol/100 g)	≤ 0.1	易炭化物质	合格
碱度（以 OH^- 计）/(mmol/100 g)	≤ 0.03	还原高锰酸钾物质（以 O 计）质量分数 /%	≤ 0.0006

4.1.4 DMTE 技术的基本流程

（1）甲醇制二甲醚系统

新鲜甲醇原料源自上游甲醇生产装置，与装置内循环回用甲醇充分混合后，依次经历预热、蒸发及过热等工艺过程，随后输送至二甲醚反应器。在反应器内发生化学反应生成粗二甲醚产物，粗二甲醚经热量回收系统处理后，被引入二甲醚精馏塔进行分离精制。在精馏分离过程中，二甲醚产品通过上塔侧线采出，经冷凝处理后输送至二甲醚羰基化制乙酸甲酯单元；上塔塔顶所采出的燃料气则输送至燃料气管网；二甲醚下塔塔底得到甲醇与水的混合溶液，该混合溶液被输送至甲醇回收塔进一步分离。甲醇回收塔塔顶分离得到的甲醇经冷凝后，返回循环甲醇罐，作为二甲醚反应的循环原料；而塔底分离出的污水，则被送往污水处理厂进行净化处理。

（2）二甲醚羰基化系统

甲醇制二甲醚系统产出的二甲醚，依次经干燥、预热、汽化及过热处理后，与预热的 CO 按特定比例混合，进入羰基化反应器。反应生成的粗乙酸甲酯经热量回收后，送入三级冷凝系统，完成冷凝和气液分离。分离所得气相经循环气压缩机加压回收，与新鲜 CO 混合后，作为羰基化反应器原料循环利用；分离后的液相则输送至乙酸甲酯精制塔。在精制塔中，塔釜侧线采出的乙酸甲酯经冷却后，暂存于缓冲罐，随后泵送至加氢制乙醇单元；塔釜重酯及塔顶回收的未反应二甲醚（经压缩机加压），均与新鲜 CO 混合，再次作为羰基化反应器的进料。

（3）加氢系统

从二甲醚羰基化系统产出的乙酸甲酯，依次进行预热、汽化及过热处理，随后与来自原料气分离系统的氢气按设定比例充分混合，再送入预热器进行二次预热。经预热后的乙酸甲酯-氢气混合物料，被输送至乙酸甲酯加氢反应器内发生加氢反应。反应生成的粗醇产物经热量回收后，进入二级冷凝系统，完成深度冷凝与气液分离过程。分离所得气相经循环气压缩机加压回收后，与新鲜氢气混合，作为加氢反应器的循环原料；而分离后的液相物料，则被输送至乙醇脱轻塔，作后续分离系统的进料。

（4）分离系统

加氢系统产出的液相粗醇被输送至乙醇脱轻塔进行分离处理。在乙醇脱轻塔的分离过程中，塔顶采出的不凝气被输送至火炬系统进行处理；塔釜采出的物料则被送入乙醇精制塔进行进一步精制。在乙醇精制塔内，塔釜侧线采出的精制乙醇经压缩机加压后，进入脱水系统，经深度脱水处理得到合格的产品乙醇，随后通过热量回收实现降温，最终输送至产品罐区储存。乙醇精制塔塔釜收集的物料为部分乙醇与副反应生成的重醇混合物，该混合物被泵送至乙醇回收塔。在乙醇回收塔内，塔顶采出粗甲醇气体，经冷凝后输送至甲醇脱酯塔，以进行后续的分离与提纯工序。

乙醇精制塔塔釜所收集的乙醇与重醇混合物，被输送至乙醇回收塔进行乙醇回收处理。在乙醇回收塔的精馏分离过程中，塔顶采出的乙醇经冷凝、加压后进行汽化处理，随后输送至分子筛脱水系统，以实现深度脱水。而塔釜采出的副产重醇，经降温处理后，通过泵输送至储罐区，作为副产品对外销售。此工艺路线有效实现了乙醇的回收利用与重醇副产品的合理处置，保障了系统内物料的高效循环与资源的最大化利用。

乙醇精制塔塔顶产出的粗甲醇被输送至甲醇脱酯塔进行分离处理。在甲醇脱酯塔内，塔釜采出的甲醇-乙醇混合物被回送至乙醇精制塔进行再处理；塔顶采出包含甲醇、乙酸甲酯和乙酸乙酯的混合物料，则进入乙酸乙酯粗分塔进一步分离。在乙酸乙酯粗分塔中，塔顶采出的甲醇、乙酸甲酯和乙酸乙酯混合物被输送至甲醇回收塔，而塔釜采出的乙酸甲酯-乙酸乙酯混合物则送入乙酸甲酯精制塔。在甲醇回收塔内，塔顶采出的混合物料被返送至乙酸乙酯粗分塔进行二次分离，塔釜产出的精甲醇则回输至乙醇精制塔。乙酸甲酯精制塔通过精馏操作实现乙酸甲酯与乙酸乙酯的分离，塔顶采出的乙酸甲酯与乙醇脱轻塔塔顶回收的乙酸甲酯合并，塔釜产出的乙酸乙酯产品经降温后，输送至储罐区作为副产品对外销售，从而完成整个物料循环与产品分离的工艺流程。

DMTE 技术乙醇装置工艺流程见图 4.8。

4.1.5 DMTE 技术的工艺物料平衡及公用工程消耗

（1）物料平衡

陕西延长石油榆神能源化工有限责任公司 50 万吨 / 年 DMTE 技术的工艺乙醇装置物料平衡见表 4.6。

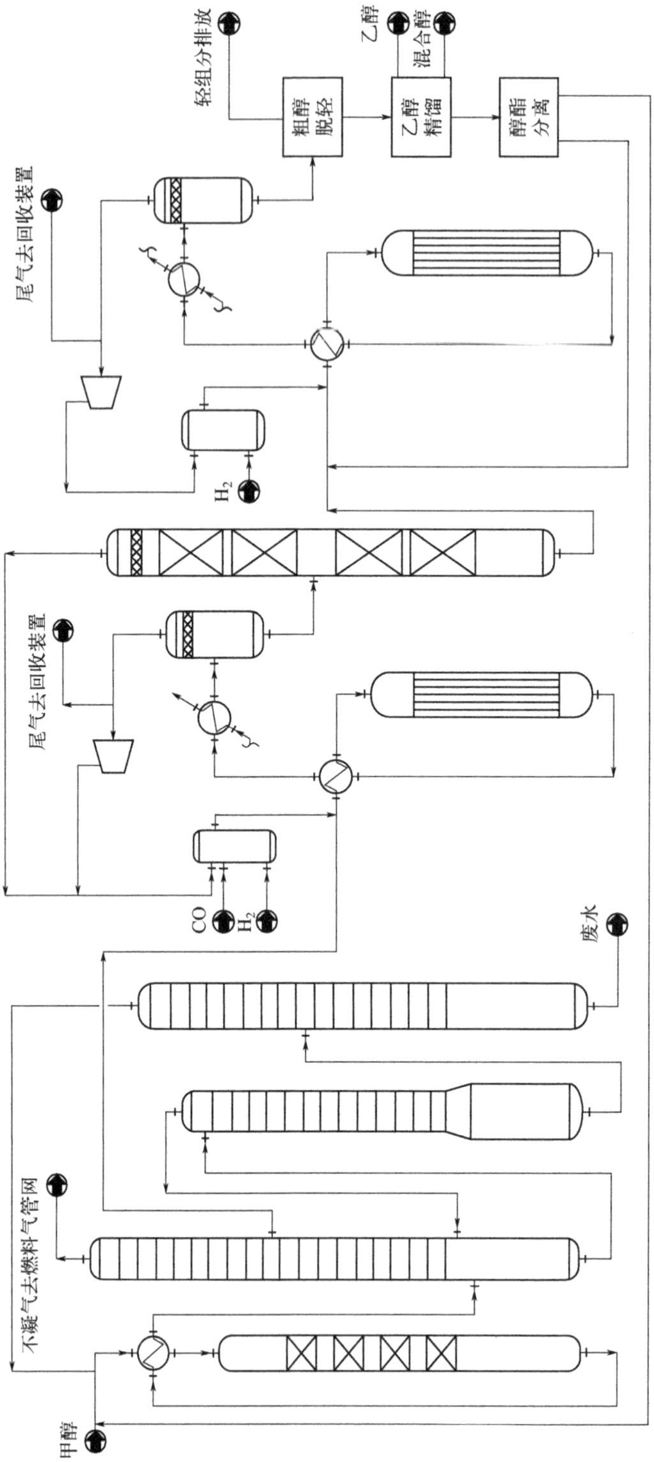

图 4.8 DMTE 技术乙醇装置工艺流程图

表4.6 乙醇装置物料平衡（以吨乙醇计）

项　　目	物料名称	流量 /[t/(t · h)]
入　　方	CO	0.679
	H_2	0.093
	甲　　醇	0.736
	合　　计	1.508
出　　方	乙　　醇	1
	乙酸乙酯	0.015
	重　　醇	0.0031
	废　　水	0.4044
	富 CO 弛放气	0.067
	富 H_2 弛放气	0.0042
	燃料气	0.0143
	合　　计	1.508

（2）公用工程消耗

陕西延长石油榆神能源化工有限责任公司 50 万吨 / 年 DMTE 技术的乙醇装置公用工程消耗见表 4.7。

表4.7 乙醇装置公用工程消耗

序　　号	名　　称	规　　格	单　　位	每吨产品消耗定额	备　　注
1	循环水	0.45 MPa	m^3	143.136	
2	新鲜水	—	m^3	—	间断使用
3	脱盐水	1.2 MPa	t	1.5	
4	中压蒸汽	4.0 MPa	t	0.541	压缩机汽轮机消耗
5	高压蒸汽	4.0 MPa	t	0.444	
6	低压蒸汽	2.0 MPa	t	0.151	
7	低压蒸汽	1.0 MPa	t	2.416	
8	低低压蒸汽	0.5 MPa	t	0.556	
9	蒸汽凝液		t	−4.1	
10	仪表空气	0.7 MPa	m^3	20.8	
11	工厂空气	0.7 MPa	m^3	—	间断使用
12	低低压氮气	0.7 MPa	m^3	—	间断使用
13	低压氮气	1.5 MPa	m^3	—	
14	高压氮气	6.0 MPa	m^3	—	间断使用
15	电	380 V	kW · h	190.48	3 台离心压缩机采用蒸汽透平
16	锅炉水	6.4 MPa	t	0.0672	蒸汽减温减压
17	天然气		t	—	间断使用

4.1.6 DMTE 技术的主要设备

截至 2025 年 10 月，国内有 6 套采用 DMTE 技术的乙醇装置投入商业化运行。下面，以 50 万吨 / 年工业装置为例介绍二甲醚经乙酸甲酯制乙醇的关键设备。

（1）反应器

① 二甲醚反应器。反应器结构型式为立式列管自取热反应器，反应器内部安装换热管、换热管支撑格栅、冷甲醇入口及支撑组件等内件，催化剂装填在换热管间。二甲醚反应器（共 1 台）的外形尺寸：5300 mm（内径）×16070 mm（切线高度），单台反应器金属净质量 204 t。因规格尺寸超限，需在项目现场制造，最后合拢环焊缝需现场局部热处理，反应器壳体和换热管束分别运输到设备基础旁，待反应器本体安装就位、检验合格后再安装 7 套换热管束，见 50 万吨 / 年乙醇装置中的二甲醚反应器现场照片如图 4.9 所示。

图 4.9　50 万吨 / 年乙醇装置中的二甲醚反应器现场照片

② 羰基化反应器。羰基化反应器为装置核心设备，是整个装置顺利运行的关键。反应器型式均为带有催化剂填充床的列管式反应器，反应器入口设有进料入口

分布器等内件。换热管中装满催化剂，并通过壳程介质饱和水将反应产生的热量移出，确保催化剂活性。

羰基化反应器（共 4 台）的外形尺寸：4700 mm（内径）×12000 mm（换热管长），单台反应器金属净质量为 436 t。因规格尺寸超限，反应器本体可以在制造厂完全制造、热处理，但需在现场组焊超限接管及裙座，反应器设备整体吊装。50 万吨 / 年乙醇装置中的羰基化反应器现场照片见图 4.10。

图 4.10　50 万吨 / 年乙醇装置中的羰基化反应器现场照片

③ 加氢反应器。乙酸甲酯加氢反应器为装置的关键设备，在整个装置中的地位至关重要。反应器型式均为列管式反应器，反应气走管程上进下出，换热管中装满催化剂，并通过壳程介质饱和水将反应产生的热量移出，确保催化剂活性。

加氢反应器（共 1 台）的外形尺寸：4700 mm（内径）× 12000 mm（换热管长），单台反应器金属净质量为 401 t。因规格尺寸超限，反应器本体可以在制造厂完成制造、热处理，但需现场组焊超限接管及裙座，反应器设备整体吊装。50 万吨 / 年乙醇装置中的加氢反应器现场照片见图 4.11。

（2）塔器

此规模乙醇装置中的塔器直径较大，比较典型的为乙醇精制塔和甲醇脱酯塔，结构型式均为填料塔，填料为不锈钢规整填料，内部设有液体收集器、液体分布器及填料支撑盘等内件。乙醇精制塔（共 1 台）的外形尺寸：8000 mm（内径）× 118000 mm（切线高差），单台塔体金属净质量为 840 t（不含内件及填料）。甲醇脱酯塔（共 1 台）的外形尺寸：6700 mm（内径）× 99160 mm（切线高差），单台塔体金属净质量为 540 t（不含内件及填料）。乙醇精制塔和甲醇脱酯塔均因规格尺寸超限，需在项目现场分段制造，涉及分段吊装、空中合拢、分段环焊缝等环节。50 万吨 / 年乙醇装置中的分离塔器现场照片见图 4.12。

图 4.11　50 万吨 / 年乙醇装置中的加氢反应器现场照片

图 4.12　50 万吨 / 年乙醇装置中的分离塔器现场照片

（3）压缩系统

陕西延长石油榆神能源化工有限责任公司 50 万吨 / 年的乙醇装置共有压缩机 9 台，规模放大后流量变大，循环氢气压缩机改为离心式压缩机，且工艺流程经过优化，取消了部分位号的压缩机。有 3 台离心式压缩机［循环氢气压缩机（图 4.13）、循环 CO 压缩机（图 4.14）、甲醇压缩机（图 4.15）］、1 台螺杆压缩机（乙醇压缩机）。3 个位号（循环二甲醚压缩机、循环乙酸甲酯压缩机、干燥活化压缩机）5 台往复式压缩机。循环氢气压缩机为两端支撑、垂直剖分式离心压缩机，采用汽轮机驱动，功率为 8243 kW，采用 PLC 控制。轴端密封采用串联式带中间迷宫密封的干气密封，配有一套润滑和控制联合油站。循环 CO 压缩机为两端支撑、垂直剖分式离心压缩机，采用汽轮机驱动，功率为 3751 kW，采用 PLC 控制。轴端密封采用串联式带中间迷宫密封的干气密封，配有一套润滑和控制联合油站。甲醇压缩机为两端支撑、水平剖分式离心压缩机，采用汽轮机驱动，功率为 8586 kW，采用 PLC 控制。轴端密封采用串联式带中间迷宫密封的干气密封，配有一套润滑和控制联合油站。乙醇压缩机为无油喷液双螺杆压缩机，采用变频电机驱动，功率为 2500 kW。轴端密封采用迷宫密封和碳环密封，配备有漏气回收系统和喷液系统。循环二甲醚压缩机采用两列两级对称平衡型往复式压缩机，电机功率为 355 kW。干燥活化压缩机采用两列一级对称平衡型往复式压缩机，电机功率为 2100 kW。循环乙酸甲酯压缩机采用四列四级对称平衡型往复式压缩机，电机功率为 185 kW。

图 4.13　陕西延长石油榆神能源化工有限责任公司 50 万吨 / 年乙醇装置中的循环 H_2 压缩机现场照片

图 4.14 陕西延长石油榆神能源化工有限责任公司 50 万吨 / 年乙醇装置中的循环 CO 压缩机现场照片

图 4.15 陕西延长石油榆神能源化工有限责任公司 50 万吨 / 年乙醇装置中的甲醇压缩机现场照片

4.2 DMTE技术的分析方法

在工业生产领域，为实现生产过程的稳定运行、高效产出与经济收益最大化，对关键工艺参数实施实时监测与优化控制具有不可或缺的重要性。对于 DMTE 技术而言，通过科学、精准的检测策略与方法体系，对该技术应用过程中的催化剂、原料、中间产物及最终产品开展系统性、精细化的检测分析，是保障产品质量均一性与稳定性的核心环节，对推动 DMTE 技术的产业化推广与广泛应用具有决定性意义。本节基于当前研究进展与工业实践需求，系统梳理并整合了 DMTE 技术全流程分析检测的相关方法，旨在为该技术的工业化应用提供全面、可靠的分析检测技术参考。未列出的相关分析方法可以参考相关行业标准及国家标准。

4.2.1 DMTE 技术的原料分析方法

DMTE 技术原料主要为甲醇、CO 和氢气，以下介绍这些原料的分析项目及方法。

4.2.1.1 甲醇分析项目及方法

原料甲醇对生产控制和产品质量有较大影响，因此需要严格控制甲醇各项指标，原料甲醇参考（GB/T 338—2011）《工业用甲醇》中优等品规格。

甲醇，化学式 CH_3OH，是一种无色透明、易燃、有毒的液体，带有醇香味。其熔点为−97.8 ℃，沸点为 64.8 ℃，闪点为 12.2 ℃，自燃点为 470 ℃，密度为 0.792 g/cm^3（20 ℃），爆炸极限为 5.5% ～ 44%，能与水、乙醇、乙醚、苯、丙酮以及其他大多数有机溶剂相混溶，是一种重要的有机化工原料和优质燃料。甲醇的分析项目、控制指标和分析方法见表 4.8。

表4.8 甲醇的分析项目、控制指标和分析方法

分析项目	控制指标	分析方法
甲醇含量 /(g/100 g)	≥ 99.85	GB/T 338—2011
外观	无色透明液体，无可见杂质	GB/T 338—2011
色度，Haze 单位（铂-钴色号）	≤ 5	GB/T 338—2011
密度（20 ℃）/(g/cm^3)	0.791 ～ 0.792	GB/T 338—2011
沸程①（0 ℃，101.3 kPa）/℃	≤ 0.8	GB/T 338—2011
高锰酸钾试验，t/min	≥ 50	GB/T 338—2011
甲醇-水（1∶3）混溶试验	通过试验	GB/T 338—2011
水含量 /(g/100 g)	≤ 0.1	GB/T 338—2011
酸度（以 HCOOH 计）/(g/100 g)	≤ 0.0015	GB/T 338—2011
碱度（以 NH_3 计）/(g/100 g)	≤ 0.0002	
羰基化合物（以 HCHO 计）含量 /(g/100 g)	0.002	GB/T 338—2011
蒸发残渣含量 /(g/100 g)	≤ 0.001	GB/T 338—2011
铁含量 /(μg/g)	≤ 0.15	GB/T 9723—2007
硫含量 /(μg/g)	≤ 0.1	GB/T 6324.4—2008
氯化物含量 /(μg/g)	≤ 0.1	GB/T 6324.9—2016

① 包括（64.6±0.1）℃。

4.2.1.2 CO分析项目及方法

二甲醚羰基化反应以CO为反应原料，在标准状况下，CO为无色、无臭、无刺激性的气体。其分子量为28.01，密度为1.25 g/L，冰点为−205.1 ℃，沸点为−191.5 ℃；在水中的溶解度甚低，极难溶于水；与空气混合爆炸极限为12.5%～74.2%；在冶金、化学、石墨电极制造等领域均有广泛应用。CO的分析项目、控制指标及分析方法见表4.9。

表4.9 CO的分析项目、控制指标及分析方法

分析项目	控制指标	分析方法
压力/MPa	≥ 5.2	GB/T 35995—2018
CO体积分数/%	≥ 98.5	GB/T 35995—2018
H_2体积分数/%	< 0.412	GB/T 35995—2018
CO_2体积分数/10^{-6}	≤ 100	GB/T 35995—2018
N_2+Ar+CH_4体积分数/%	< 0.763 V	GB/T 35995—2018
C_2H_4+C_3H_6体积分数/10^{-6}	≤ 100	GB/T 35995—2018
总硫体积分数/10^{-6}	< 0.1	GB/T 9722—2023
Cl^-体积分数/10^{-6}	< 0.01	GB/T 9722—2023
NH_3	不能检出	GB/T 9722—2023

4.2.1.3 H_2分析项目及方法

在乙酸甲酯加氢制乙醇的反应过程中，H_2作为关键反应原料，其纯度与品质对反应转化率、选择性及目标产物乙醇的产率起着决定性作用。H_2在常温常压条件下呈现为无色透明、无臭无味且极易燃烧的气态物质。在标准状况（0 ℃，101325 Pa）下，H_2的密度仅为0.0899 g/L。凭借其活泼的化学特性，H_2在工业生产领域中被广泛用作高效还原剂，参与各类加氢、还原等重要化学反应。为保障乙酸甲酯加氢制乙醇反应的高效稳定运行，对H_2原料实施严格的质量监控尤为关键。H_2的分析项目、控制指标及对应的分析方法详见表4.10。上述内容为H_2原料的质量管控提供了全面的技术依据，对确保反应工艺的安全性、可靠性及产品质量的稳定性具有重要意义。

表4.10 H_2的分析项目、控制指标及分析方法

分析项目	控制指标	分析方法
压力/MPa	≥ 5.2	GB/T 3634.2—2011
H_2体积分数/%	≥ 99.9	GB/T 3634.2—2011

续表

分析项目	控制指标	分析方法
CO 体积分数 /%	< 0.02	GB/T 3634.2—2011
N_2+Ar 体积分数 /%	≤ 0.08	GB/T 3634.2—2011
总硫体积分数 /10^{-6}	< 0.1	GB/T 9722—2023
Cl^-体积分数 /10^{-6}	< 0.01	GB/T 9722—2023

4.2.2 DMTE 技术的产品及中间产品分析方法

DMTE 技术产品为无水乙醇，分析方法可参考 GB/T 678—2023。本节介绍中间产品乙酸甲酯的技术规格及质量控制参数，分析方法可参考 HG/T 5626—2019。

在二甲醚羰基化反应体系中，乙酸甲酯作为核心主产物，其品质参数对后续加氢工艺的反应效率及终端产品质量具有决定性影响，乙酸甲酯产物的纯度及其所含甲醇、水、乙酸等杂质成分采用气相色谱仪实施精准检测。乙酸甲酯的相关技术规格及质量控制参数详见表 4.11。

表4.11　乙酸甲酯技术规格

分析项目	控制指标	分析方法
乙酸甲酯质量分数 /%	≥ 99.0	HG/T 5626—2019
甲醇质量分数 /%	< 0.2	HG/T 5626—2019
水质量分数 /%	≤ 0.05	HG/T 5626—2019
其他组分（丙酮、丙烯酸甲酯、甲酸正丙酯等）质量分数 /%	< 0.3	GB/T 9722—2023
乙酸质量分数 /%	< 0.05	HG/T 5626—2019

4.3 安全与环保

4.3.1 安全与卫生

4.3.1.1 火灾、爆炸危险和毒物危害分析

（1）火灾、爆炸危险分析

在 DMTE 技术工艺体系中，原料、中间产物及终端产品大多具有易燃易爆属性，或生产环境中存在易燃易爆物质。在物料的生产、使用、装卸、储存及运输全周期流程中，潜在风险源众多。泵体密封失效、法兰连接部位泄漏、管道破损，以及控制系统故障、雷电冲击、静电积聚、明火引入等因素，均可能触发火灾、爆炸事故。一旦上述诱因与可燃物质、助燃介质及点火能量形成危险耦合，将显著提升

火灾爆炸事故的发生概率。

生产场所内可燃物料高度聚集，一旦发生火情，不仅燃烧剧烈辐射热强度高，且火势扩散迅速，易引发连锁灾害。此外，部分生产设备的操作温度高于易燃物质的燃点和闪点，若设备及管线腐蚀导致物料泄漏，泄漏的可燃物质可能被直接引燃，或因接触高温表面而引发火灾，这对生产安全构成严重威胁。

(2) 毒物危害分析

在DMTE技术工艺体系中，多种危险物料的固有特性构成显著的职业健康风险。CO、氨、甲醇、乙醇及吡啶等物料均具有毒害性，其中CO与氨属于高危害物质，一旦发生泄漏，将对作业人员健康造成严重损害。从毒理机制来看，甲醇暴露可引发甲醇中毒，影响神经系统与视觉功能；接触乙醇可导致接触性皮炎、职业性痒疹等皮肤病；吡啶作为恶臭物质，长期吸入会引发头晕、头痛、失眠、步态不稳等神经系统症状，同时可造成消化道功能紊乱，并可能诱发皮肤炎症及肝肾功能损害。这些危险物料在生产、储存及转运过程中，若防护措施不当或发生泄漏，将显著增加作业人员罹患职业病的风险，严重威胁职业健康安全。

4.3.1.2 安全卫生危害防范措施

① 密闭化生产，采用分散控制系统（DCS）对工艺参数进行监控、操作、记录、报警和联锁，提高机械化、自动化程度；设置安全联锁及安全仪表系统（SIS）；

② 反应器合理选材，配备温度、压力实时监测及自动控制系统，安装安全阀和紧急泄压设施；

③ 在易发生可燃气体和有毒气体泄漏或积聚的场所设置可燃有毒气体检测报警仪；

④ 生产区域使用防爆电气设备，加强通风，控制静电（如接地装置），并限制火源；

⑤ 对存在CO、易燃气体等的重要设施处，设置紧急切断阀；

⑥ 羰基化反应、加氢反应考虑防飞温措施；

⑦ 管道、设备的选材充分考虑到腐蚀、临氢、高温、高压等各种不利因素的影响；

⑧ 对存在毒性危害的场所设置事故淋浴洗眼器，配备急救包，培训急救人员；

⑨ 采用密闭操作，提供个人防护装备，如防毒面具和防护服等。

4.3.2 环境保护

4.3.2.1 主要污染源和污染物

(1) 二甲醚合成单元

① 废气（二甲醚不凝气，G7-1）。冷凝二甲醚塔回流罐会产生少量二甲醚不凝

气主要成分为二甲醚、CH_4、CO、CO_2、H_2、C_2H_4 等。

② 废水（甲醇回收塔废水，W7-1）。即甲醇脱水反应生成的废水，来自甲醇回收塔塔釜，其中含有少量甲醇。

③ 固废。产生的固废主要是废二甲醚催化剂（S7-1）。

④ 噪声。产生噪声的设备主要包括各类泵。

（2）羰基化单元

① 废气。在羰基化反应过程中，进入反应器的混合气体包含少量不参与反应的杂质气体。随着反应的持续进行，这些杂质气体在系统内不断积累，当浓度达到阈值后，将显著影响羰基化反应速率及进程。为维持反应体系的高效稳定运行，通常采用放空部分循环气的方式，以实现杂质气体的有效脱除。在此过程中，少量反应物也会随循环气带出。所产生的富 CO 弛放气（G7-2）主要成分包括 CO、DME、H_2、CH_4 及 CO_2 等。经工艺优化与系统统筹规划，该富 CO 弛放气被输送至甲醇装置，以实现资源的再利用与能量回收，从而提升整个工艺系统的经济性与环保性。

间歇加热炉烟气（G7-3）：是催化剂干燥、活化过程中产生的含有颗粒物、SO_2 和 NO_x 的废气。

再生加热炉烟气（G7-4）：分子筛再生初期和末期，需要加热炉提供热量，加热炉燃料由全厂的燃料气管网提供，燃烧后产生的烟气主要污染物为颗粒物、SO_2 和 NO_x。

甲醇加热炉烟气（G7-6）：甲醇精制过程需要加热炉提供热量，加热炉燃料由全厂的燃料气管网提供，燃烧产生的烟气主要污染物为颗粒物、SO_2 和 NO_x。

② 废水。本环节无废水产生。

③ 固废。产生的固废主要是废羰基化催化剂（S7-2）、废 3A 分子筛（S7-3）和废 H-Y 分子筛（S7-4）。

④ 噪声。产生噪声的设备主要包括各类泵和压缩机等。

（3）乙酸甲酯加氢单元

① 废气。在加氢反应过程中，进入反应器的混合气体中存在少量不参与化学反应的杂质气体。随着反应的持续进行，这些杂质气体在系统内逐渐富集，当浓度超过临界值时，将对加氢反应速率和整体反应进程产生不利影响。为保障反应体系的高效稳定运行，常规采用部分循环气放空的策略，以实现杂质气体的有效脱除。在此过程中，少量反应物也伴随循环气排出。由此产生的富 H_2 弛放气（G7-5），其主要成分为氢气、乙酸乙酯、甲醇、乙醇、甲烷等。基于系统的资源回收与优化利用考量，该富 H_2 弛放气被输送至分离单元的变压吸附（PSA）提氢装置，通过吸附分离技术实现氢气的高效回收与提纯，进而提升氢气利用率并优化工艺经济性。

② 废水。本环节无废水产生。

③ 固废。产生的固废主要是废乙酸甲酯加氢催化剂（S7-5）和废瓷球（S7-6）。

④ 噪声。产生噪声的设备主要包括各类泵和压缩机等。

(4) 产品分离单元

本环节无废气、废水、固废产生，产生噪声的设备主要包括各类泵等。

4.3.2.2 环境保护治理措施

(1) 废气治理措施

① 二甲醚不凝气（G7-1）：具有良好的燃烧性能，送往燃料气管网。

② 富 CO 弛放气（G7-2）：产生于羰基化反应器产物经冷凝后的弛放气，羰基化富 CO 弛放气送甲醇装置。

③ 间歇加热炉烟气（G7-3）：由高排气筒排放。

④ 再生加热炉烟气（G7-4）：加热炉采用低氮燃烧器，烟气由高排气筒排放。

⑤ 甲醇加热炉烟气（G7-6）：加热炉采用低氮燃烧器，烟气由高排气筒排放。

⑥ 富 H_2 弛放气（G7-5）：产生于加氢反应器产物经分离后的弛放气，富 H_2 弛放气送往甲醇联合中心。

⑦ 装置 VOC 无组排放：装置机泵、阀门等生产设备的 VOC 泄漏。

(2) 废水治理措施

尾气回收塔废水（W7-1）：甲醇回收塔塔釜中是甲醇脱水反应生成的废水，其中含有少量甲醇，冷却后送污水处理站。

(3) 固废治理措施

① 废二甲醚催化剂（S7-1）：每 1 年更换一次，废催化剂类型为分子筛等，属于危险废物，在装置停车时取出，送有催化剂回收资质单位处置。

② 废羰基化催化剂（S7-2）：每 1 年更换一次，属于危险废物，在装置停车时取出，送有催化剂回收资质单位处置。

③ 废 3A 分子筛（S7-3）：每 3 年更换一次，属于危险废物，在装置停车时取出，送有资质单位处置。

④ 废 H-Y 分子筛（S7-4）：每 1 年更换一次，属于危险废物，在装置停车时取出，送有资质单位处置。

⑤ 废加氢反应催化剂（S7-5）：每 1 年更换一次，属于危险废物，在装置停车时取出，送有催化剂回收资质单位处置。

⑥ 废瓷球（S7-6）：每 6 年更换一次，属于危险废物，在装置停车时取出，送有资质单位处置。

⑦ 废乙醇脱水分子筛（S7-7）：每 3 年更换一次，属于危险废物，在装置停车时取出，送有资质单位处置。

(4) 噪声控制措施

在装置平面布置时，应利用地形、厂房、声源方向性等因素，对噪声源进行合理集中布局，并充分结合综合治理措施来降低噪声污染。在满足工艺设计的前提下，尽量选用低噪声型号的产品。工作人员在噪声较高的区域作业时，应携带防噪声耳塞并严格控制在高噪声环境中的作业时间。

4.4 DMTE技术的经济性

4.4.1 国内煤基乙醇生产成本分析

以 50 万吨 / 年煤基乙醇项目为例，在煤价为 600 元 / 吨的价格下，生产 1 t 乙醇的完全成本为 4643.12 元（含税价）。具体构成见表 4.12。

表4.12 煤基乙醇单位成本构成表

序 号	项 目	乙醇成本 /(元 / 吨)
1	材料费	1450.94
1.1	原料煤	1341.55
1.2	化学品及药剂	109.39
2	燃料煤	883.87
3	动 力	446.46
4	人员工资及福利	122.88
5	制造费用（折旧、修理及其他制造费）	1131.88
6（1 ～ 5 之和）	生产成本	4036.03
7	其他费用（管理费、财务费、营业费等）	607.09
8（6+7 之和）	总成本	4643.12

4.4.2 钢厂煤气制乙醇生产成本分析

以钢厂 100 万吨 / 年乙醇项目为例，在甲醇 2400 元 / 吨，焦炉煤气 0.93 元 /m^3[❶]、高炉与转炉煤气分别为 0.17 元 /m^3 和 0.34 元 /m^3 的价格下，生产 1 t 乙醇的完全成本为 4213.5 元（含税价）。具体构成见表 4.13。

表4.13 钢厂煤气制乙醇单位成本构成表

序 号	项 目	乙醇成本 /(元 / 吨)
1	材料费	3076.36
1.1	甲 醇	1817.38

❶ 指在 0 ℃和 1 atm（101325 Pa）下测得的气体体积。

续表

序　号	项　目	乙醇成本/(元/吨)
1.2	高炉煤气	347.46
1.3	转炉煤气	525.97
1.4	焦炉煤气	1102.86
1.5	富甲烷气	86.10
1.6	氢　气	−10.68
1.7	燃料气 1687 kcal	−187.01
1.8	燃料气 4240 kcal	−706.09
1.9	重组分	−4.75
1.10	化学品及药剂	105.12
2	外购动力	581.20
3	人员工资及福利	32.77
4	制造费用（折旧、修理及其他制造费）	310.54
5（1～4之和）	生产成本	4000.86
6	其他费用（管理费、财务费、营业费等）	212.65
7（5+6之和）	总成本	4213.51

4.4.3　国外天然气制乙醇生产成本分析

以50万吨/年天然气、甲醇制乙醇项目为例，在甲醇2400元/吨，天然气2.14元/m^3的价格下，生产1 t乙醇的完全成本为5634.32元（含税价）。具体构成见表4.14。

表4.14　天然气、甲醇制乙醇单位成本构成表

序　号	项　目	乙醇成本/(元/吨)
1	直接材料费	3749.69
1.1	天然气	1700.65
1.2	甲　醇	1766.40
1.3	CO_2	122.64
1.4	化学品及药剂	160.00
2	外购燃料	370.07
3	外购动力	269.24
4	人员工资及福利费	180.00
5	制造费用（折旧、修理及其他制造费）	673.47
6（1～5之和）	生产成本	5242.47
7	其他费用（管理费、财务费、营业费等）	64.42
8（6+7之和）	总成本	5306.89

4.4.4 煤基乙醇项目经济效益评价实例

（1）工艺方案说明

陕西延长石油榆神能源化工有限责任公司 50 万吨 / 年煤基乙醇项目采用以煤为原料的工艺路线。原料煤经磨煤干燥处理后，送入气化炉进行气化反应，生成的粗合成气分为两股处理：一股粗合成气经变换工序后进入净化主洗塔 1，净化后的合成气与其他装置输送的气体混合，随后进入甲醇合成装置；另一股粗合成气经热量回收后进入净化主洗塔 2，净化后的合成气进入气体分离单元，分离出 CO 和 H_2，提氢尾气则送入甲醇合成装置入口。其中，分离得到的 CO 和 H_2 作为原料输送至乙醇装置，净化单元产生的酸性气作为硫黄装置的原料气。

甲醇合成装置产出的甲醇作为原料输送至乙醇装置，其弛放气经膜分离技术回收气体后，未回收部分作为燃料气，回收气体则返回甲醇合成装置入口循环利用。乙醇装置副产的弛放气进一步分为三股：富 CO 弛放气作为原料气输送至甲醇装置；富 H_2 弛放气进入气体分离装置进行后续处理；二甲醚弛放气则作为燃料气使用。该项目通过多装置协同运作，最终实现乙醇、甲醇及硫黄三种产品的生产。

（2）投资估算范围

投资估算内容包括：卸储煤与磨煤单元、煤气化单元、变换单元、净化单元、气体分离单元、空分装置、硫黄装置、甲醇装置、乙醇联合中心以及相应配套的辅助及公用工程设施、厂外工程等工程费用，工程建设其他费用，建设期资金筹措费以及铺底流动资金。

（3）相关原料及产品的价格选取

原料煤：项目原料用煤来自国家能源集团陕西神延煤炭有限公司西湾露天煤矿，其地质储量为 15 亿吨，开采规模可达 1500 万吨 / 年，煤种品质优良，是化工及动力用煤。综合考量近年来煤价的起伏，经济测算煤价按 600 元 / 吨（含税价）计取。

产品乙醇：乙醇按 5500 元 / 吨计取。

（4）财务评价结论

根据上述数据经测算，陕西延长石油榆神能源化工有限责任公司乙醇项目的主要财务指标见表 4.15。

表4.15 主要财务指标汇总表

序号	指标与数据名称	单位	指标与数据	备注
1	报批总投资	万元	706227	
1.1	建设投资	万元	669184	
1.2	建设期利息	万元	33355	
1.3	铺底流动资金	万元	3688	
2	年均营业收入	万元	307096	生产期平均

续表

序号	指标与数据名称	单位	指标与数据	备注
3	年均增值税	万元	13628	生产期平均
4	年均营业税金及附加	万元	1363	生产期平均
5	年均总成本费用	万元	237404	生产期平均
6	年均利润总额	万元	54702	生产期平均
7	年均所得税	万元	13675	生产期平均
8	年均税后利润	万元	41026	生产期平均

由表4.15可以看出，以煤基作为源头利用DMTE技术生产乙醇，年均税后利润可以达到41026万元，具有可观的财务收益。

4.4.5 DMTE技术乙醇产品与其他路线乙醇产品综合竞争力分析对比

截止到目前，乙醇生产工艺主要有发酵法和化学法两类。发酵法包括生物质发酵法和合成气微生物发酵法两种；化学法包括乙烯水合法和合成气法两种，而合成气法又包括合成气直接催化法、乙酸加氢法、乙酸酯化加氢法、DMTE技术等。不同生产工艺所应用的技术手段、化学反应原理等都存在较大的差距。乙烯水合法是20世纪70年代发展起来的技术，因为反应条件苛刻，单程转化率很低（只有5%～7%），能耗高，且生产成本高，该技术已经被淘汰。以下重点对生物质发酵法、合成气微生物发酵法、合成气法等乙醇生产技术进行说明。

4.4.5.1 生物质发酵法

为实现经济的可持续发展，降低对石油等化石类能源的依赖程度，我国从2000年开始以“陈化粮”为生产原料，开展燃料乙醇替代石油的试点工作。根据《车用乙醇汽油扩大试点工作实施细则》要求，本着先试点后推广的原则，我国在河南、吉林、黑龙江、辽宁和安徽五省从2002年起开展了为期一年的封闭式车用乙醇汽油使用试点工作。2004年2月，将试点区域进一步扩大至湖北、山东、河北、江苏等省的27个地市。

伴随着全球粮食价格攀升与粮食安全战略地位的凸显，燃料乙醇产业发展过程中“与人争粮，与粮争地”的矛盾日益尖锐。2006年12月，国家发展和改革委员会、财政部相继发布《关于加强生物燃料乙醇项目建设管理，促进产业健康发展的通知》，旨在规范生物燃料乙醇产业发展秩序。2007年6月7日，国务院在可再生能源会议上指出，我国将停止在建粮食乙醇项目，并确立“不占耕地、不耗粮食、不损生态”的非粮燃料乙醇发展原则。

非粮乙醇以木薯、甘蔗、甜高粱、红薯等经济作物为原料，采用传统发酵工艺制备。受技术发展水平制约，目前我国非粮乙醇技术体系中，木薯乙醇占据主导地位。

然而，自2011年起，木薯乙醇产业发展遭遇原料供应瓶颈。由于我国木薯干80%以上依赖从泰国、越南、印度尼西亚等国进口，原料价格的快速上涨导致生产成本大幅攀升，使得木薯乙醇丧失相对于玉米乙醇的成本竞争力，制约了整个产业的规模化发展。

在非粮乙醇领域，纤维素乙醇凭借其独特优势成为行业关注焦点。纤维素作为地球上最丰富的生物质资源，广泛存在于农作物秸秆、皮壳等农林废弃物中，具有来源广泛、成本低廉的显著特点，我国在纤维素乙醇原料储备方面具备天然优势。与传统粮食乙醇及其他非粮乙醇不同，纤维素乙醇以玉米秸秆、玉米芯等富含纤维素的物质为原料，经预处理后，通过高活性纤维素酶将纤维素转化为可发酵糖类，再经特殊发酵工艺制得。该技术路线在原料处理、酶解转化及发酵工艺等环节与传统乙醇生产存在显著差异。

由于其原料取自农林生产废弃物，不涉及耕地占用与粮食消耗，纤维素乙醇成为国内外科研机构和企业的重点研发方向。国内科研团队积极开展相关研究，如赵雪冰等[1]开发了微生物菌群同步产纤维素酶水解纤维素、工程细菌共发酵戊糖与己糖的生产技术；山东大学微生物技术国家重点实验室深入研究"纤维素原料转化乙醇关键技术"[2]。尽管纤维素乙醇技术在商业化进程中取得一定进展，但其工业化应用仍主要停留在小试或中试阶段。全球范围内，纤维素乙醇生产规模长期受限，美国已运营的商业化项目实际产量与供应量不足设计产能的5%。

制约纤维素乙醇规模化生产的核心瓶颈在于技术体系尚未成熟，导致生产成本居高不下。木质纤维素原料复杂的固体基质特性研究仍处于探索阶段，由此产生的"固体基质颗粒效应"，包括组分基质效应、纤维素酶吸附解吸效应、水束缚效应及抑制物效应等[3]，显著改变了反应体系的传递与反应特性，造成能耗攀升、反应效率下降，严重阻碍发酵过程的有效控制与工业化放大。这些技术难题的存在，使得纤维素乙醇在短期内难以实现大规模商业化生产。

4.4.5.2 合成气微生物发酵法

当前，生物质经合成气微生物发酵法制乙醇技术领域呈现高度集中的市场格局，美国塞纳达生物公司（Synata Bio，简称塞纳达）、朗泽科技公司（LanzaTech）及巨鹏生物科技有限公司（Jupeng）作为主要专利持有方，其技术体系与商业模式存在显著差异化特征。各企业基于自身技术优势，在全球范围内开展针对性的商业化推广，形成了独特的市场竞争态势。

北京首钢朗泽科技股份有限公司（简称首钢朗泽）作为中国生物质能源领域的代表性企业，依托引入美国朗泽科技公司核心技术，通过本土化创新与自主研发，成功实现技术知识产权的国产化。该企业突破传统合成气制乙醇单一产品路线，创新性开发出合成气制蛋白粉技术，将其作为饲料原料推向市场。该蛋白产品已通过国家权威认证，并建立规模化生产与销售体系，不仅拓展了合成气生物转化的应用领域，也为生物质能源产业的多元化发展提供了新范式。首钢朗泽，是首钢集团控股的中外合资高新技术企业、国家级专精特新“小巨人”企业。2018 年，以首钢朗泽生物乙醇为原料制成的可持续航空燃料（SAF）应用于维珍大西洋航空公司的波音 747 型客机中，完成首次商业飞行。2020 年，首钢朗泽生产的生物乙醇通过了国际可持续生物材料圆桌会议（RSB）的认证[4]。2021 年，首钢朗泽以工业尾气为原料生产生物乙醇技术被国际能源署列为先进生物液体燃料案例。

依据现有公开资料，塞纳达开发的合成气微生物发酵技术聚焦于工业废气与尾气资源化再利用领域。该技术流程中，原料气需预先进行脱氧、脱硫等净化预处理，随后输送至发酵罐底部气体分布器，以自下而上的方式参与生物发酵过程，气体在发酵罐内的平均停留时间约为 1.6 天。发酵完成后，罐内醪液被输送至蒸馏塔进行分离提纯，通过多级蒸馏工艺可获得浓度超过 95% 的乙醇产品。蒸馏塔底部排出的含有微生物菌体的残余物，经离心过滤处理后，可副产蛋白粉，该蛋白粉可作为高端有机肥料进入市场流通；其余产生的污水、废气及废渣等废弃物，则统一输送至界区外进行专业化处置，以实现全流程的环境友好性。塞纳达的技术优势体现在以下几方面：

① 转化率高、原料气单耗低。合成气的 H_2/CO 适用范围为 1.5 ～ 3.0，最优值为 2.0 左右，与甲醇合成原料气类似。该技术相对于其他技术具有超长停留时间的优势，因此有效气转换率高、原料气单耗低。在惰性组分＜ 10% 的前提下，H_2 转化率为 87% ～ 89%，CO 转化率为 86% ～ 93%，有效气（H_2+CO）吨乙醇单耗为 4175 m^3。

② 新型菌种。塞纳达的核心技术是菌种和发酵罐，其中菌种为新型菌种，生命周期长，具有更高的 H_2 摄取率和更高的乙醇产率。

③ 大型发酵罐。塞纳达具有专利设备-鼓泡式发酵罐，该核心设备气液传质速率高、能耗低、投资省、无易损件；同时原料气停留时间长（约 1.6 天，朗泽公司仅为 30 s），易于大型化（最大可放大到 4 万吨 / 年），操作、维护简便。

截至目前，我国已建成 5 座合成气微生物发酵工厂，技术来源呈现多元化格局。其中 4 座工厂采用首钢朗泽技术体系，分别为河北首钢朗泽新能源科技有限公司 4.5 万吨 / 年乙醇装置、宁夏首朗吉元新能源科技有限公司 4.5 万吨 / 年乙醇装置、贵州金泽新能源科技有限公司 6 万吨 / 年乙醇装置以及宁夏滨泽新能源科技有限公司 6 万吨 / 年乙醇装置，上述装置合计形成 21 万吨 / 年的工业产能。另有 1 座工厂，采用巨鹏生物公司技术，即山西拜奥埃森纳新能源有限公司 2 万吨 / 年乙醇装置，该装置以潞安化工集团有限公司煤化工尾气为原料进行乙醇生产。此外，塞纳达正在国内推进河南赛龙图生物科技有限公司 5 万吨 / 年乙醇装置建设项目。

DMTE 技术与合成气微生物发酵法相比，有以下优点：

① 占地面积小，10 万吨 / 年 DMTE 技术乙醇装置占地 2 $hm^2$❶ 左右；

② 投资小，10 万吨 / 年 DMTE 技术装置的工程投资在 3 亿元左右；

❶ 1 $hm^2 = 10^4$ m^2。

③ 污水排放量小，10 万吨 / 年 DMTE 技术的乙醇装置污水排放量仅有 6 t/h 左右，污水处理容易；

④ 乙醇产品完全成本较低。

4.4.5.3 合成气法

采用煤基合成气制乙醇是 C_1 化学重要课题之一，煤基合成气制乙醇可分为直接法和间接法两种。

（1）直接法

合成气（$CO+H_2$）在催化剂存在下直接合成乙醇的反应式为

$$2CO + 4H_2 \longrightarrow C_2H_5OH + H_2O \tag{4.29}$$

美国联合碳化物公司（UCC）首先发现[5,6]，铑（Rh）对合成气合成 C_2 氧化物具有独特的活性，并于 1974 年取得第一个专利，催化剂是负载型 Rh、Rh-Fe 与 Rh-Mn-Fe 系。合成气气相直接法合成乙醇的催化剂主要有：美国联合碳化物公司的 Rh 与 Rh-Fe、Rh-Mn、Rh-Mo 或 Rh-W，德国赫斯特公司的 Rh-Mg，日本相模中央化学研究所的 $Rh_4(CO)_{12}$ 等。在直接法合成中，铑系催化剂占主导地位，并均为双金属催化剂。

合成气制乙醇项目也被列为日本 1980 ～ 1987 年“C_1 化学大型项目”中四大项目之一，进行了大量研究并完成了 2.2 kg/d 的模式研究[7,8]，上段催化剂为 $Rh\text{-}Mn\text{-}Li/SiO_2$，下段催化剂为 $Rh\text{-}Ti\text{-}Ir/SiO_2$，反应温度为 280 ℃，$H_2/CO$ 比 =2，循环比为 100 ～ 200，CO 单程转化率为 10%，C_2 选择性为 72%，乙醇时空产率为 250 g/(L · h)。催化剂中铑含量约为4%，对于10万吨/年乙醇装置，一次催化剂装填量折合纯铑640 kg，费用非常昂贵。

国内进行合成气直接法制乙醇研发的单位包括西南化工研究设计院有限公司、中国科学院大连化学物理研究所、神华集团北京低碳清洁能源研究所等。

合成气直接合成乙醇的技术要比合成甲醇难，产物组分也比较复杂，选择性较低，C_4、C_5 等副产物含量高，不能满足工业乙醇的要求；另外，铑系催化剂资源紧缺，导致其成本非常高。

（2）间接法

20 世纪 70 年代，巴斯夫等化学公司曾提出“煤—甲醇—乙酸—乙醇”的间接法技术路线。合成气制甲醇和甲醇羰基化合成乙酸是成熟并已经大型化生产的技术。只要乙酸加氢制乙醇技术实现突破，这条路线完全可以大型化工业生产乙醇，实现非石油和非粮食路线生产乙醇。

美国塞拉尼斯公司于 2010 年申请了专利[9]：乙酸在铂锡催化剂的作用下，加氢生产乙醇，该公司有意向在中国投资约 7 亿美元，建设 2 个 40 万吨 / 年工业乙醇装置。但乙酸加氢过程生成大量的水，具有很强的腐蚀性，对整个流程的设备防腐要求较高，投资较大。

西南化工研究设计院有限公司、中国科学院大连化学物理研究所进行了合成气间接法制乙醇的研究。西南化工研究设计院有限公司从 2008 年开始乙酸酯化加氢制乙醇技术的研究与开发[10]，开发了乙酸甲酯加氢和乙酸乙酯加氢生产乙醇两条工艺路线，先后完成了小试和单管模试，进行了百吨级乙酸酯加氢制乙醇中试。与乙酸直接加氢合成乙醇方法相比，西南化工研究设计院有限公司开发的乙酸酯化加氢制乙醇的技术特点是：

① 非贵金属加氢催化剂成本低、性能优异。加氢催化剂为非贵金属体系催化剂，乙酸酯转化率为 95% ～ 98%，醇选择性＞ 95%。

② 对设备耐腐蚀要求低。乙酸直接加氢，乙酸在高温高压、含水的条件下，腐蚀性很强，因此整个工艺过程所需要的设备管线等都需要使用耐腐蚀的材料，设备成本非常高。而该技术路线中，反应过程无腐蚀性物质生成，因此加氢过程对设备的材质没有特殊要求。

③ 产品分离能耗低。该技术中乙酸酯加氢反应理论上没有水生成，实际实验过程中反应产物中水含量为 1% ～ 2%；而乙酸直接加氢技术中每生成 1 mol 乙醇就会生成 1 mol 水，因此产品中水含量高，后续分离的能耗也大。

④ 该技术不仅能解决乙酸行业产能过剩的问题，也同时能拉动乙酸酯行业。另外，对副产乙酸甲酯的企业（如聚乙烯醇装置），可采用乙酸酯加氢生产乙醇并回收甲醇，解决副产乙酸甲酯的销路。

西南化工研究设计院有限公司开发的两条乙酸酯加氢技术工艺路线分别是：

① 乙酸甲酯生产乙醇路线（乙酸—乙酸甲酯—乙醇），路线图详见图 4.16；

② 乙酸乙酯生产乙醇路线（乙酸—乙酸乙酯—乙醇），路线图详见图 4.17。

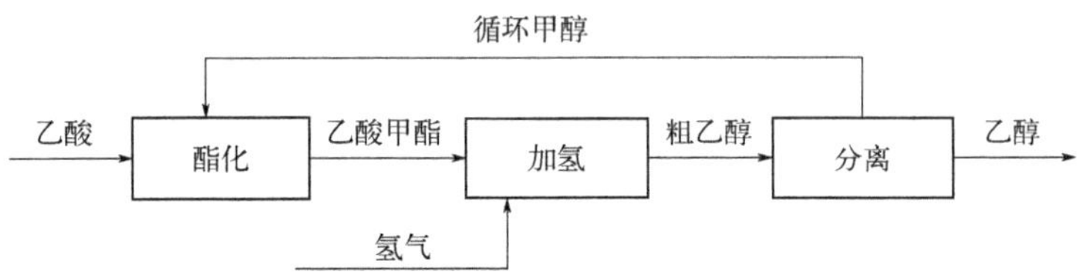

图 4.16　乙酸甲酯生产乙醇路线图

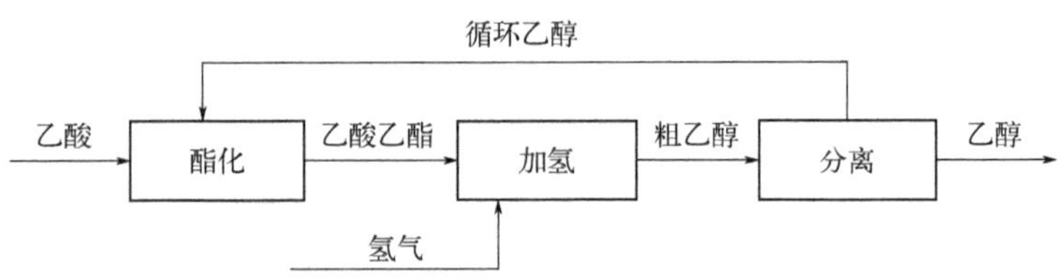

图 4.17　乙酸乙酯生产乙醇路线图

中国科学院大连化学物理研究所开发的 DMTE 技术也属于典型的合成气间接法制乙醇。DMTE 技术的特点是：

① 非贵金属催化剂成本低。二甲醚催化剂、羰基化催化剂和加氢催化剂均为非贵金属催化剂，催化剂成本低。

② 催化剂性能优异。二甲醚催化剂甲醇转化率≥ 80%，二甲醚选择性≥ 99.9%；羰基化催化剂二甲醚单程转化率≥ 40%，乙酸甲酯选择性≥ 99%；加氢催化剂乙酸甲酯转化率≥ 93%，乙醇选择性≥ 95%。这条工艺路线为世界首创。

③ 无腐蚀介质，材质主要用碳钢，装置投资低。

④“三废”排放小，绿色环保。

若统一以甲醇和合成气为原料，DMTE 技术路线与西南化工研究设计院有限公司开发乙酸酯化法的流程对比见图 4.18 和图 4.19。

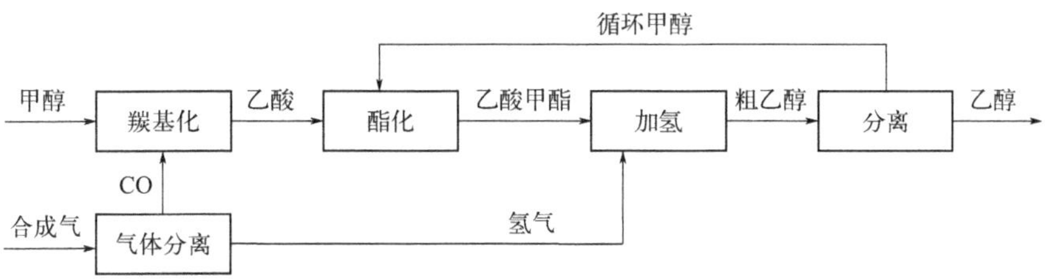

图 4.18　西南化工研究设计院有限公司技术流程框图

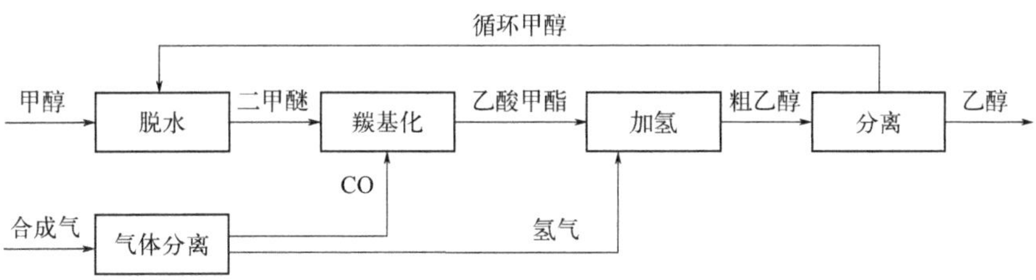

图 4.19　DMTE 技术流程框图

两个技术均包含五个单元，其中气体分离、加氢和分离三个单元基本相同，关键差别在于另外两个单元。西南化工研究设计院有限公司技术流程采用了甲醇羰基化制乙酸，乙酸酯化制乙酸甲酯的路线，DMTE 技术采用了甲醇脱水制二甲醚、二甲醚羰基化制乙酸甲酯的路线。两者相比，甲醇羰基化制乙酸材质选择高、投资高、能耗高，乙酸酯化制乙酸甲酯过程也有腐蚀介质存在，而甲醇脱水制二甲醚、二甲醚羰基化制乙酸甲酯过程简单、无腐蚀、投资低、能耗低、生产成本较低。

DMTE 技术国内已有 9 套工业化装置投产或在建。

图 4.20 中，以煤基、钢厂煤气和合成气三种原料通过 DMTE 技术生产乙醇的平均成本 4500 元 / 吨作为比较标准，传统生物质发酵法成本大约 7000 元 / 吨，成本最高；其次是合成气微生物发酵法制乙醇，成本约 6300 元 / 吨，高出 DMTE 技术 40% 的成本，乙酸直接加氢法制乙醇的生产成本为 5600 元 / 吨，乙酸酯化加氢法制乙醇的生产成本约 5200 元 / 吨。从这五种工艺路线对比来看，DMTE 技术生产乙醇的成本最低，成本优势明显。

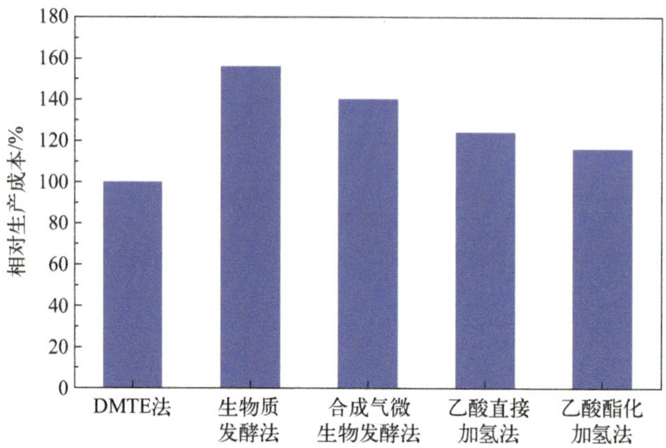

图 4.20 不同工艺路线生产乙醇的成本对比图

4.5 DMTE技术的应用

4.5.1 DMTE 技术工业应用情况

乙醇既是能源产品，又是基础化学品，其生产一直依赖粮食和糖类。DMTE 技术开发的二甲醚经乙酸甲酯制乙醇工艺，开辟了非粮乙醇新路线，实现了无水乙醇的大规模生产，促进了乙醇新兴战略产业的快速形成，为煤化工产业高端化、多元化、低碳化发展提供了一条全新的煤制含氧化学品路线。同时为我国体量巨大的钢厂煤气低碳化利用提供了新途径，对中国能源和产业结构低碳化转型和“双碳”目标的实现提供了有力的技术支撑。二甲醚经乙酸甲酯制乙醇技术的大规模推广应用，有效促进了乙醇和粮食脱钩，可避免粮食乙醇所带来的粮食安全问题。

随着 DMTE 技术的工业化落地，2017 年成立的延长中科（大连）能源科技股份有限公司聚焦 DMTE 技术推广、配套催化剂生产销售及技术服务，目前已签 15 套工业装置技术实施许可合同，实现乙醇累计产能 515 万吨 / 年，相关已投产项目见表 4.16。该技术通过延伸煤化工产业链、高效利用钢厂煤气资源，为我国能源与产业结构低碳化转型及“双碳”目标实现提供了关键技术支撑，兼具经济价值、社会价值与环境效益。

表4.16　DMTE技术许可已投产公司情况汇总

序号	被许可公司名称	规模 /(万吨 / 年)
1	陕西兴化集团有限责任公司	10
2	陕西延长石油榆神能源化工有限责任公司	50
3	河南利源新能科技有限公司	20
4	山东荣信集团有限公司	50
5	新疆天合意达投资有限公司	25
6	安徽碳鑫科技有限公司	60
7	榆林凯越煤化有限责任公司	50
合计		265

4.5.2　DMTE 技术下游产品应用拓展

基于 DMTE 技术，构建了从富碳化合物到高附加值化工产品的多元化转化路径。该技术可有效利用生物质、天然气、煤炭等富碳化合物以及钢厂煤气等合成气资源，实现乙醇产品的规模化生产，且其关键中间产物二甲醚、乙酸甲酯均属于大宗化工产品，具备成熟的市场流通体系与应用基础。

乙醇作为重要的基础化工原料，经各类化学反应可进一步衍生出丰富的化工产品，实现价值提升。在氧化反应中，精乙醇可转化为乙酸、乙醛；乙醇分子间脱水生成乙醚，分子内脱水生成乙烯，乙烯下游应用更为广泛：乙烯可通过聚合反应制备聚乙烯、聚氯乙烯等聚合物；经乙酸化反应生成乙酸乙烯酯（VA），用于生产胶黏剂、涂料、纺织助剂等；VA 与乙烯共聚生产乙烯-乙酸乙烯酯共聚物（EVA）等高性能材料；VA 聚合生成聚乙酸乙烯酯，再醇解生产聚乙烯醇（PVA）。值得注意的是，随着碳酸甲乙酯（EMC）电解液等新能源产业的迅猛发展，新兴高端化工品对乙醇原料的需求呈显著增长趋势。此外，在特定反应条件下，乙醇还可生成 1,3-丁二醇、丁醛、丁醇等化学品，进一步拓展了其应用边界。

DMTE 技术构建的下游化工技术路线（图 4.21）展现出高度的灵活性与扩展性，为化工产业的绿色化、高值化发展提供了新路径。随着技术的持续创新与产业需求的升级，基于 DMTE 技术的下游化工应用体系有望实现更为广泛的技术突破与产业延伸，在化工新材料、新能源等领域发挥重要作用。

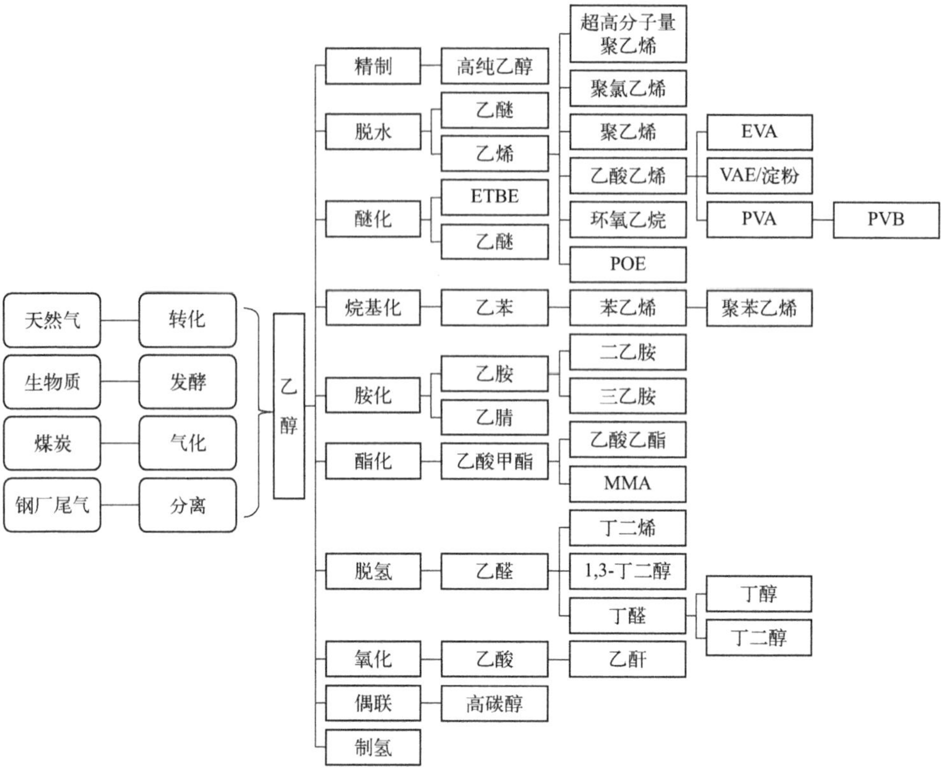

图 4.21 DMTE 技术构建的下游化工技术路线

POE—聚烯烃弹性体；MMA—甲基丙烯酸甲酯；VAE—乙酸乙烯酯-乙烯共聚物；PVB—聚乙烯醇缩丁醛

4.5.2.1 乙醇制乙烯

乙烯，分子式为 C_2H_4，是一种无色、有甜味的易燃气体。乙烯作为全球产量最大的化学产品之一，是石油化工产业的核心支柱，其产品占石化产品总量的 75% 以上，在国民经济中占据关键地位。作为合成树脂、合成橡胶、合成纤维等众多下游产品的关键原料，乙烯广泛应用于包装材料、农业用品、建筑材料、纺织品、电子电器和汽车等行业。

我国已成为全球第二大乙烯生产国，但产业发展面临总量不足与结构性短缺并存的问题。从行业发展趋势来看，国内乙烯产能持续增长，预计 2025 年底产能将达 6000 万吨 / 年，然而同期需求量高达 6600 万吨，供需缺口显著，产业规模仍有较大扩张空间 [11]。因此，适度扩大乙烯产业规模、提升国内自给率是未来产业发展的重要方向。

在技术创新方面，乙醇脱水制乙烯工艺的应用，能够替代石油裂解法制乙烯的传统路线，这不仅有助于降低环境污染，更能减少对石油资源的依赖，为乙烯工业的可持续发展提供新路径；同时该路线简单灵活，可以小规模制备乙烯，有效满足下游精细化工产业对乙烯的少量需求，这对保障我国化工产业安全具有重要战略意义。

工业上一般通过乙醇脱水，实现高效连续生产，其化学反应方程式可表示为

$$C_2H_5OH \xrightarrow{\text{固体酸催化剂}} C_2H_4 + H_2O \tag{4.30}$$

该反应在实验室条件下通常采用浓硫酸催化液相脱水或固体酸催化剂（如 γ-Al_2O_3、ZSM-5 分子筛）催化气相脱水实现。以 γ-Al_2O_3 催化剂为例，在 360 ～ 380 ℃条件下，乙醇转化率可达 95% 以上，乙烯选择性超过 98%。实验室研究表明，通过调控催化剂酸性位点分布及反应空速，可有效抑制乙醚、积碳等副反应，实现乙烯的高纯度制备（纯度≥ 99.5%）。

该反应在乙烯供应链存在区域壁垒的场景中具有显著应用价值。例如，在乙醇资源丰富但远离大型石化基地的地区（如巴西甘蔗乙醇产区、我国西南生物乙醇产业带），通过建设乙醇脱水制乙烯装置，可突破传统石油裂解制乙烯对原油资源的依赖，降低乙烯运输成本 30% ～ 40%。与煤制烯烃、甲醇制烯烃（MTO）等工艺相比，乙醇脱水技术具有反应流程短（仅需脱水单元）、投资成本低（较 MTO 装置降低 25%）、建设期短（18 ～ 24 个月）的优势，尤其适用于乙烯需求规模中等的区域市场。典型工业化装置运行数据显示，每吨乙烯消耗乙醇为 1.45 ～ 1.55 t（以质量计），综合能耗较低。目前，该技术已形成“乙醇—乙烯—下游聚合物”的绿色化工产业链，在生物基聚乙烯、环氧乙烷等产品生产中逐步实现规模化应用，为构建非石油基烯烃原料路线提供了重要技术支撑[12,13]。

4.5.2.2 乙醇经乙烯制氯乙烯

氯乙烯，分子式为 C_2H_3Cl，是一种分子内包含氯原子的不饱和有机化合物，常温常压下为有甜味的无色气体。氯乙烯主要是作为均聚、共聚的单体，共聚产物可以制得各种性能的树脂，加工成管材、板材、薄膜等，其主要用于生产聚氯乙烯（PVC）——一种重要的合成塑料材料，由氯乙烯单体在过氧化物、偶氮化合物等引发剂或在光、热作用下通过自由基聚合反应制得，是世界上产量第三的合成聚合物塑料。因其优异的耐热性、耐磨性、防腐性、防火阻燃性和绝缘性等特点，PVC 广泛应用于建筑、电力、汽车、家电、包装、医疗等众多领域。乙醇可以通过一系列化学反应制备氯乙烯。

乙醇在固体酸催化剂的作用下加热发生消去反应，生成乙烯（$CH_2{=}CH_2$）和水，生成的乙烯与氯化氢和氧气在催化剂作用下反应生成 1,2-二氯乙烷（CH_2ClCH_2Cl）。1,2-二氯乙烷高温裂解生成氯乙烯和氯化氢。

$$C_2H_5OH \xrightarrow[\triangle]{\text{固体酸催化剂}} C_2H_4 + H_2O \tag{4.31}$$

$$C_2H_4 + 2HCl + \frac{1}{2}O_2 \xrightarrow{\text{催化剂}} CH_2ClCH_2Cl + H_2O \tag{4.32}$$

$$CH_2ClCH_2Cl \xrightarrow[\triangle]{} CH_2=CHCl + HCl \tag{4.33}$$

总反应方程式为:

$$C_2H_4 + HCl + \frac{1}{2}O_2 \xrightarrow{\text{催化剂}} CH_2=CHCl + H_2O \tag{4.34}$$

PVC 在建筑、工业、日用品等众多领域应用广泛。我国现行 PVC 制备工艺以电石法为主，该工艺在生产过程中产生大量固体废弃物和二氧化碳，环境污染问题突出，且劳动密集程度高。与之相比，乙烯法制备 PVC 可显著降低污染物排放，有效减少企业人力成本支出。当前，我国 PVC 生产企业多布局于煤炭资源丰富地区，乙烯原料供应不足。通过以煤为原料制备乙醇，经脱水获得乙烯，进而采用乙烯法制备 PVC，可充分发挥煤炭资源优势，优化原料结构。该工艺路线有望成为未来我国 PVC 制备的主流方向，推动行业向绿色、高效方向转型。

4.5.2.3 乙醇与苯反应制苯乙烯

苯乙烯，分子式为 C_8H_8，是一种重要的基本有机化工原料，苯最大用量的衍生物，生产塑料和合成橡胶的重要原料，上承石油和煤两大基础能源，下接合成树脂和合成橡胶两大产业，广泛用于建筑保温、汽车制造、家用电器、玩具制造、纺织、造纸、制鞋、包装等领域。此外，它还可以作为医药、农药、染料和选矿剂的中间体，具有广泛的用途。

乙醇与苯在固体酸催化剂作用下发生反应可制乙苯，核心反应为酸催化亲电取代反应[14]，主反应方程式如下:

$$C_6H_6 + C_2H_5OH \xrightarrow{\text{固体酸催化剂}} C_6H_5C_2H_5 + H_2O \tag{4.35}$$

副反应包括乙苯进一步烷基化生成二乙苯及深度烷基化产物，反应选择性受催化剂酸性位点分布与反应条件共同影响。目前工业应用的 ZSM-5 分子筛催化剂通过纳米级孔道调控与磷改性技术，可将乙苯选择性提升至 92% ～ 95%，乙醇转化率达 90% 以上。反应工艺采用固定床连续催化反应器，通过苯 / 乙醇摩尔比优化（通常控制在 4∶1 ～ 6∶1）与反应压力调节（1.0 ～ 2.0 MPa），可有效抑制多烷基化副反应，以及降低后续分离能耗。

乙苯脱氢反应为可逆吸热反应，其方程式为

$$C_6H_5C_2H_5 \xrightleftharpoons{\text{催化剂}} C_6H_5C_2H_3 + H_2 \tag{4.36}$$

工业装置采用列管式等温反应器或绝热式反应器串联技术，以Fe-K-Ce-O体系催化剂为核心，通过通入过量水蒸气［水/乙苯质量比为(6～8):1］实现三方面作用：①降低乙苯分压，推动平衡向产物方向移动；②提供反应所需热量；③清除催化剂表面积碳。在空速1.0～1.5 h^{-1}条件下，乙苯单程转化率可达60%～65%，苯乙烯选择性92%～94%。未反应的乙苯经冷凝分离后循环利用，总产率可达95%以上。

该工艺路线与传统乙烯烷基化法相比，具有原料多元化（可采用生物乙醇或煤基乙醇）与流程短（省去乙烯分离提纯步骤）的显著优势。

聚苯乙烯是由苯乙烯单体经自由基加聚反应合成的聚合物。它是一种无色透明的热塑性塑料，具有高于100 ℃的玻璃转化温度，以及优良的绝热、绝缘和透明性。聚苯乙烯可广泛用于轻工市场、日用装潢、照明指示和包装等方面。在电气方面是良好的绝缘材料和隔热保温材料，可以制作各种仪表外壳、灯罩、光学化学仪器零件、透明薄膜、电容器介质层等。随着国民经济和石油化工的发展，我国聚苯乙烯生产规模不断扩大，产量不断增加，但是产量还远不能满足市场需求。

4.5.2.4 乙醇制乙醛

乙醛，结构式为CH_3CHO，属醛酮类有机化合物。乙醛是有机合成中常见的亲电试剂，其结构中有一个羰基，由于羰基氧原子的电负性，碳原子成为缺电子中心，活泼的羰基碳正离子容易发生加成、聚合及环化等反应，是吡啶衍生物、季戊四醇、巴豆醛等多种高附加值化学品的重要前驱体[15]。全球范围内，乙醛消费量超过100万吨/年，广泛应用于医药、农药、食品添加剂、化工等领域，对我国精细化学品的发展有重大意义，具有很高的工业价值。

目前，乙醛的工业生产工艺主要包括乙烯氧化法、乙酸还原法、乙炔水合法和乙醇脱氢法。乙烯氧化法以乙烯和氧气为原料，通过一步氧化反应结合精馏工艺实现乙醛的制备，然而该方法存在设备腐蚀性强的问题；在乙酸还原法中，乙酸的转化率可达到90%，但存在乙醛选择性较低、副产物复杂的弊端，且需较大规模的设备投资；乙炔水合法采用汞作催化剂，虽然能够实现乙醛的合成，但其带来的严重环境污染问题，与当前绿色化学和环保要求相悖，难以满足可持续发展需求。

开发高效的乙醇脱氢制乙醛技术，对推动乙醇化学工业发展意义重大。目前，乙醇脱氢制乙醛主要存在有氧脱氢和无氧脱氢两种技术路线。

（1）有氧脱氢

乙醇有氧脱氢制乙醛反应方程式如下：

$$C_2H_5OH + 1/2O_2 \xrightarrow{\text{电解银催化剂}} CH_3CHO + H_2O \tag{4.37}$$

在传统工艺中，电解银是该反应体系常用的催化剂。然而，在此反应过程中，乙醇存在过度氧化生成 CO_2 的现象，致使乙醛产率难以提升。因此，开发高活性、高选择性的催化剂以有效抑制乙醇过度氧化，成为提升乙醛产率的关键研究方向。此外，反应过程中会大量生成水，这对多相催化剂的稳定性与活性提出了严峻挑战；同时，反应产生的甲酸、乙酸等副产物，在产物冷凝与回收环节易引发严重的设备腐蚀问题，亟须通过工艺优化与材料创新加以解决[16]。

(2) 无氧脱氢

乙醇无氧脱氢制乙醛反应方程式如下：

$$C_2H_5OH \xrightarrow{\text{铜催化剂}} CH_3CHO+H_2 \tag{4.38}$$

乙醇无氧脱氢制乙醛相较于传统有氧脱氢法，符合绿色化工理念，在能耗与资源利用方面优势明显，减少了副产物的生成与有害气体的排放，是一个环境友好反应。该方法的副产物氢气是高价值化工原料，还可作为未来绿色能源载体，进一步提升乙醛竞争力。乙醇无氧脱氢法具体有诸多优点：其一，单程转化率高于乙醇有氧脱氢法；其二，反应副产物少，产物几乎不含水，对设备材质要求低，无须处理大量含醇、酸废水，且流程短；其三，可副产大量氢气，原子利用率高。在乙醇无氧脱氢制乙醛反应中，铜（Cu）因具有良好的催化活性而常被选作催化剂的活性组分。二氧化硅（SiO_2）凭借其高熔点、可有效促进金属高度分散的大比表面等特性，成为该反应催化剂载体的研究热点。此外，研究者还通过添加 Cr、Co、碱金属、碱土金属等助剂以提高乙醇转化率，延长催化剂寿命，同时提高产物乙醛的选择性。这些研究为该反应高性能催化剂开发提供了重要策略[18]。

4.5.2.5 乙醇制乙胺

乙胺是一种重要的脂肪胺类化合物，根据氨基取代数目可分为一乙胺（$C_2H_5NH_2$）、二乙胺［$(C_2H_5)_2NH$］、三乙胺［$(C_2H_5)_3N$］。它们具有不同的化学性质和应用领域，广泛应用于化工、医药、农药、纺织、橡胶等行业。

乙胺市场因下游应用的广泛性和刚需性，呈现持续稳定增长态势，其中高纯度、专用化产品（如医药级三乙胺、电子级一乙胺）附加值更高。未来，随着合成工艺优化和高端应用场景的拓展，乙胺行业将向低碳化、精细化、定制化方向发展。

乙胺（包括一乙胺、二乙胺、三乙胺）的合成可通过乙醇与氨的催化胺化反应制备，属于典型的脂肪胺合成路线。其反应方程式如下：

$$C_2H_5OH+NH_3 \xrightarrow{\text{催化剂}} CH_3CH_2NH_2+H_2O \tag{4.39}$$

一乙胺可进一步与乙醇反应生成二乙胺、三乙胺，反应产物为三种乙胺的混合物，可通过调节原料配比和工艺条件控制产物比例。

4.5.2.6 乙醇制乙腈

乙腈，分子式为 CH_3CN，是一种有机腈，在工业上常用作溶剂、萃取剂。目前，工业乙腈的合成主要依赖于丙烯腈生产的副产物，其市场价格与丙烯腈装置开工率密切相关。为降低对石油化工体系的依赖，开发独立、高效且低投资的乙腈合成工艺具有重要意义。其中，色谱纯乙腈作为高附加值产品，其工艺开发更具有广阔前景。

乙醇脱氢氨化法制乙腈是以乙醇和氨气为原料，在催化剂作用下，通过脱氢、氨化等步骤生成乙腈，同时副产水和氢气。

$$C_2H_5OH+NH_3 \xrightarrow{\text{催化剂}} CH_3CN+2H_2+H_2O \tag{4.40}$$

主要反应共分为两步：乙醇先脱氢生成乙醛；乙醛与氨气发生缩合、脱氢反应，最终生成乙腈。乙醇脱氢氨化法具有乙腈选择性高、副反应少、对设备无腐蚀、操作成本低等特点，是极具工业化前景的技术。

4.5.2.7 乙醇制乙酸乙酯

乙酸乙酯是一种有机化合物，分子式为 $C_4H_8O_2$，无色透明液体，具有水果香味；密度为 0.902 g/mL（20 ℃）；沸点为 77.1 ℃，熔点为−83.6 ℃；微溶于水（溶解度约 8.3 g/100 mL，20 ℃），易溶于乙醇、乙醚、氯仿等有机溶剂；易挥发。乙酸乙酯是重要的有机溶剂，广泛应用于涂料、食品、制药和化工等行业。其中，工业级和食品级乙酸乙酯占据市场主导地位[17]。同时，乙酸乙酯具有—COOR 官能团，能发生醇解、氨解、酯交换、还原等反应。

2023 年全球乙酸乙酯产能约 280 万吨 / 年，主要集中在亚太地区（占比 55%）、北美地区（占比 20%）和欧洲地区（占比 15%）。乙酸乙酯主要应用于涂料（占比 35%）、胶黏剂（占比 20%）、油墨（占比 15%）、食品添加剂（占比 10%）及医药中间体（占比 10%）等领域。中国为最大生产国和消费国，2023 年国内乙酸乙酯产量达 180 万吨 / 年，占全球产量的 40%，主要企业包括江苏索普集团、山东兖矿鲁南化工有限公司、塞拉尼斯（Celanese）等。

乙醇乙酯由乙醇和乙酸发生酯化反应制得，反应式如下：

$$C_2H_5OH+CH_3COOH \xrightarrow{\text{催化剂}} CH_3COOC_2H_5+H_2O \tag{4.41}$$

乙酸酯化法技术成熟、原料易得，需通过乙醇过量或分离水提高转化率（通常为 60% ～ 70%）。固体酸催化剂（如离子交换树脂、分子筛）和催化蒸馏技术的结合可以显著提高乙醇和乙酸的转化率，提高效率并减少污染。

4.5.2.8 乙醇制碳酸甲乙酯

碳酸甲乙酯（EMC），分子式为 $C_4H_8O_3$，是一种无色透明液体。其吸湿性强、不溶于水、易燃；分子含甲基、乙基及羰基活性基团，兼具碳酸二甲酯（DMC）和碳酸二乙酯（DEC）的优良性能，是一种优良的锂离子电池电解液的溶剂，这是随着碳酸二甲酯及锂离子电池产量增大而衍生出的最新产品。DMC 与乙醇在催化剂作用下生成 EMC 和副产甲醇，反应式如下：

$$CH_3OCOOCH_3 + C_2H_5OH \xrightarrow{催化剂} CH_3OCOOC_2H_5 + CH_3OH \tag{4.42}$$

EMC 可以提升电池低温性能与循环寿命（闪点 23 ℃，介电常数高），2024 年全球锂电需求驱动市场年增长率超 15%；EMC 产量需求有望在未来几年持续增加。乙醇制碳酸甲乙酯以酯交换法为绝对主流，技术核心在于催化剂创新（树突纤维载体等）与连续化工艺（反应精馏耦合）。未来行业增长将依托锂电需求的持续扩张及高端电子级产品国产化过程，而 DMTE 技术的推广将加速该产业绿色转型。

4.5.2.9 乙烯制乙酸乙烯酯及EVA

乙酸乙烯酯主要用于合成维尼纶，同时也广泛应用于化学试剂领域（如黏结剂、涂料工业），此外还可用于鞋材、化工油墨、胶水的生产以及医药用品领域。现阶段，我国乙酸生产企业，大多拥有合成气及甲醇资源，但乙酸及甲醇产品的市场效益在多数情况下并不理想。采用 DMTE 技术把甲醇转化为乙醇，乙醇脱水得到乙烯，进一步来制备乙酸乙烯酯，能有效释放乙酸和甲醇产能，提升企业经济效益，增强市场竞争力[18]。

$$C_2H_4 + CH_3COOH + 1/2O_2 \xrightarrow{催化剂} CH_3COOCH{=\!=}CH_2 + H_2O \tag{4.43}$$

$$nC_2H_4 + nCH_3COOCHCH_2 \xrightarrow{催化剂} EVA \tag{4.44}$$

乙烯（E）和乙酸乙烯酯（VA）经共聚反应形成乙烯-乙酸乙烯酯共聚物（EVA）。该材料兼具优异特性：一方面拥有柔软质地、良好弹性，以及出色的透明性与光泽度，同时具备耐化学腐蚀、耐水的稳定性；另一方面加工适应性强，可通过注塑成型、挤出成型、吹塑成型等多种工艺进行加工。凭借综合优势，EVA 的应用场景极为广泛，覆盖鞋类、运动器材、包装材料、医疗器械、建筑材料等多个领域。

4.5.2.10 乙酸甲酯和甲醛制丙烯酸甲酯及甲基丙烯酸甲酯

甲基丙烯酸甲酯（MMA）主要用作有机玻璃的单体，也用于制造其他树脂、塑料、涂料、黏合剂、润滑剂、木材和软木的浸润剂、纸张上光剂等[19]。

$$CH_3COOCH_3 + HCHO \xrightarrow{催化剂} CH_2{=\!=}CHCOOCH_3 + H_2O \tag{4.45}$$

$$CH_2{=\!=}CHCOOCH_3 + H_2 \xrightarrow{催化剂} CH_3CH_2COOCH_3 \tag{4.46}$$

$$CH_3CH_2COOCH_3 + HCHO \xrightarrow{\text{催化剂}} CH_2{=}C(CH_3)COOCH_3 + H_2O \quad (4.47)$$

以 DMTE 技术生产的乙酸甲酯为原料，进一步生产丙烯酸和甲基丙烯酸甲酯。此工艺路线具有较大的经济性。该工艺路线可避免丙酮氰醇法中氢氰酸等有毒介质的使用，以及硫酸盐等固废对环境的污染；同时，相比异丁烯法，它可摆脱对石油路线原料的依赖，能实现较大规模的应用推广。

DMTE 技术是我国近年来通过自主创新形成的具有完整知识产权的新型煤化工技术，正在带动形成一个新型的煤化工产业。以乙醇为原料不断拓展上下游产业链，不仅能缓解部分产品的产能过剩问题，实现产业升级，还能有效解决我国原料短缺的难题，丰富我国化工产品结构。二甲醚经乙酸甲酯制乙醇的技术突破和工业化，开辟了煤炭清洁高效利用新技术路线，有效推动了乙醇和粮食脱钩，促进了非粮食乙醇新兴战略产业的快速形成，对于保障国家粮食安全、能源安全、化工产业链稳定具有战略意义。

4.6 小结

DMTE 技术是在中国科学院大连化学物理研究所成功研发的催化剂基础上发展起来的新兴煤化工技术。从 2017 年工业示范装置试车成功至今，该技术已在 6 套工业化装置中实现投产，另有 3 套装置在建，此外还有多个拟建项目。8 年来，DMTE 技术本身的可靠性和经济性得到了验证，并且技术不断迭代进步，主要表现在以下方面：

① 催化剂性能不断提升。尤其是羰基化催化剂寿命从早期的 6400 h 提高到目前的 16500 h，实现了装置的长周期稳定运行。

② 装置能耗不断减低。以蒸气消耗为例，吨乙醇产品蒸气消耗由工业示范装置时期的 7.35 t 降到第 1 套工业化装置的 4.1 t，近期投产的乙醇装置进一步减低到 3.0 t 以下。

③ 突出的生产成本优势。以相同原料生产乙醇，DMTE 技术较其他技术有明显的成本优势。

④ 工业化成熟度越来越高。装置规模实现系列化，设备全部实现国产化，同时带动了膜分离、分子筛脱水等技术进步。

⑤ 安全低碳、绿色环保。与其他煤化工技术相比，DMTE 技术生产乙醇目标产物产率高、副产物少；乙醇为含氧化合物，氧原子固定在产品中，综合能效高，污水排放量少；装置无废气排放，催化剂固体废物可实现安全处理。

⑥ 产品质量好。采用 DMTE 技术的乙醇装置生产的是无水乙醇，纯度达到

99.9%，产品中的杂质可以得到有效控制。

随着技术的进步，众多研究者发现，煤基乙醇是非常好的化工原料，可以生产高端的含氧化合物或者含氮化合物，以乙醇为原料的化工新兴产业正在快速形成，可有效维护化工产业链的稳定。

参考文献

[1] 赵雪冰，刘德华．一种以木质纤维素为原料联产乙醇和电能的方法：CN105420289B[P]. 2019-02-05.

[2] 方诩，秦玉琪，李雪芝，等．纤维素酶与木质纤维素生物降解转化的研究进展 [J]. 生物工程学报，2010(7): 864-869.

[3] 王岚，赵启红，陈洪章．规模化纤维素乙醇的困境与出路 [J]. 高科技与产业化，2018 (6): 55-61.

[4] 首钢朗泽生物乙醇通过了国际可持续生物材料圆桌会议（RSB 组织）认证．2020. https://rsb.org/certification/rsb-certificates.

[5] Ellgen P C, Bhasin M M. Process for producing oxygenated two carbon compounds: US 4014913[P]. 1977-03-29.

[6] Bhasin M M, Bartley W J, Ellgen P C, et al. Synthesis gas conversion over supported rhodium and rhodium-iron catalysts[J]. J Catal, 1978, 54(2): 120-128.

[7] The Research Association for C1 Chemistry. Progress in C1 Chemistry in Japan.vol.1[M]. Tokyo: Kodansha/Amsterdam: Elsevier, 1989:394.

[8] 谢光全．日本合成气制乙酸研究概况．天然气化工：C1 化学与化工，1989, 14(1): 34-39.

[9] Johnston V J, Chen L Y, Kimmich B F, et al. Direct and selective production of ethanol from acetic acid utilizing a platinum/tin catalyst: US7863489B2[P]. 2011-01-04.

[10] 吴路平，王科，陈鹏．乙酸酯加氢制乙醇技术进展 [J]. 乙醛乙酸化工，2013 (10): 13-16.

[11] 董雁春．我国乙烯产业链发展现状及对策建议 [J]. 现代化工，2025, 45(1): 1-6.

[12] Mohsenzadeh A, Zamani A, Taherzadeh M J. Bioethylene production from ethanol: A review and techno-economical evaluation[J]. ChemBioEng Rev, 2017, 4(2): 75-91.

[13] Phung T K, Busca G. Ethanol dehydration on silica-aluminas: Active sites and ethylene/diethyl ether selectivities[J]. Catal Commun, 2015, 68: 110-115.

[14] Yang W M, Wang Z D, Sun H M, et al. Advances in development and industrial applications of ethylbenzene processes[J]. Chin J Catal, 2016, 37(1): 16-26.

[15] Takei T, Iguchi N, Haruta M. Synthesis of acetoaldehyde, acetic acid, and others by the dehydrogenation and oxidation of ethanol[J]. Catal Surv Asia, 2011, 15: 80-88.

[16] Pang J F, Yin M, Wu P F, et al. Advances in catalytic dehydrogenation of ethanol to acetaldehyde[J]. Green Chem, 2021, 23(20): 7902-7916.

[17] Santacesaria E, Carotenuto G, Tesser R, et al. Ethanol dehydrogenation to ethyl acetate by using copper and copper chromite catalysts[J]. Chem Eng J, 2012, 179: 209-220.

[18] Omanov B S, Fayzullaev N I, Musulmonov N K, et al. Optimization of vinyl acetate synthesis process[J]. Int J Control Autom, 2020, 13(1): 231-238.

[19] Guan Y N, Ma H Q, Chen W Y, et al. Methyl methacrylate synthesis: Thermodynamic analysis for oxidative esterification of methacrolein and aldol condensation of methyl acetate[J]. Ind Eng Chem Res, 2020, 59(39): 17408-17416.

第 5 章　分子筛催化甲缩醛羰基化反应

5.1　引言

甲醛羰基化反应在 C_1 化学领域是一个重要的有机合成反应，可定向构建 C—C 键，为乙二醇的合成提供了一条可持续的全新技术路线。早期催化剂包含硫酸、氢氟酸等无机强酸，遵循 Koch 反应机理：甲醛被活化生成羟甲基碳正离子；CO 与羟甲基碳正离子反应生成酰基碳正离子，实现碳链增长；最后酰基碳正离子与水反应生成乙醇酸[1]。1940 年，美国杜邦公司率先开展了甲醛羰基化合成乙二醇的研究[2]，并建设了一套工业示范装置，但因硫酸催化剂对设备的强腐蚀性以及苛刻的反应条件，装置于 1968 年被迫停产。雪佛龙公司以氢氟酸为催化剂也开展了甲醛羰基化研究工作，尽管反应条件有所缓和，但其腐蚀性和环境污染问题依然严重，无法进一步发展。为克服这些问题，研究人员开发了多种固体酸催化体系，发现酸性树脂是有效的甲醛羰基化反应催化剂[3]，但存在催化剂失活、再生困难、不耐高温且机械强度差等问题，无法进一步实现工业应用。除树脂类催化剂外，杂多酸类催化剂也广泛应用于甲醛羰基化反应[4]，但因稳定性不足，限制了其应用。

分子筛催化二甲醚羰基化反应制乙酸甲酯已取得巨大成功，将分子筛催化羰基化反应的理念扩展应用至其他小分子化合物是科研人员的目标。Barri 和 Chaduick[5] 将 H-ZSM-5（MFI）与 H-Y（FAU）分子筛应用于甲醛羰基化反应，发现其单位酸性位点的羰基化活性高出树脂催化剂一个数量级，展现出良好的性能。但甲醛分子不稳定，易于在分子筛上发生副反应并使催化剂失活。2009 年，Celik 等利用相对稳定的甲缩醛替代甲醛，在 H-Y 分子筛上实现了甲缩醛高效羰基化反应。在 Y 分子筛的空间限域效应和酸催化性能协同作用下，甲缩醛羰基化反应条件更温和，副产物主要为歧化产物二甲醚和甲酸甲酯。分子筛催化甲缩醛羰基化反应是继二甲醚羰基化反应后另一个醚类羰基化反应，但由于其应用前景尚不明确，在较长时间内没有引起科学界的关注。

5.2 甲缩醛羰基化反应

5.2.1 甲缩醛羰基化反应特征

甲缩醛（dimethoxymethane，DMM），化学名称为二甲氧基甲烷，是一种高反应活性的小分子含氧化合物。在工业制备领域，甲缩醛主要由甲醇与甲醛在酸性催化剂作用下发生缩合反应制得，该制备技术成熟度高，原料来源广泛，使得甲缩醛市场价格较为低廉。2009 年，美国加州大学伯克利分校 A. T. Bell 团队首次报道了利用酸性分子筛催化甲缩醛羰基化制备甲氧基乙酸甲酯（MMAc）的反应体系[6]，该研究为甲醛衍生物的羰基化反应开辟了新方向。从反应本质来看，甲缩醛羰基化过程属于甲醛衍生物羰基化反应的重要分支。

回顾酸催化甲醛羰基化的发展历程，主要历经三个阶段：第一阶段以浓硫酸等传统强酸为催化剂构建液体均相酸催化体系，虽能实现较高的反应活性，但存在强腐蚀性，且产物分离过程能耗高、成本大；第二阶段以固体杂多酸和离子交换树脂等固体酸为催化剂，在保持较高反应活性的同时，有效缓解了设备腐蚀问题，然而，其普遍缺乏择形催化能力，且此类催化剂耐高温性能欠佳，热稳定性较差；第三阶段也就是现阶段聚焦于酸性分子筛催化的甲缩醛羰基化体系。基于分子筛多样的拓扑结构和高密度且易调控的酸性位点分布，通过优化合成策略并利用其独特的限域效应，可催化甲缩醛羰基化反应并实现该反应的高选择性、高活性与高稳定性，使其成为甲醛衍生物羰基化领域最具研究价值与应用前景的方向。

在甲缩醛羰基化反应体系中，除主反应外，同时还伴随甲缩醛歧化副反应，生成二甲醚和甲酸甲酯。这一反应特性要求在追求主反应高转化率的同时，必须高度关注反应选择性。从热力学角度分析，主反应羰基化属于强放热反应，而副反应则呈现微吸热特征，具体反应方程式如下。

主反应:

$$CH_3OCH_2OCH_3 + CO \longrightarrow CH_3OCH_2COOCH_3 \tag{5.1}$$

副反应:

$$2CH_3OCH_2OCH_3 \longrightarrow 2CH_3OCH_3 + HCOOCH_3 \tag{5.2}$$

A. T. Bell 团队针对酸性分子筛催化甲缩醛羰基化反应展开了系统性研究。实验数据表明，甲缩醛转化率与温度呈正相关，而 MMAc 选择性在 373 K 时达到峰值；一氧化碳（CO）分压的增加可同步提升甲缩醛羰基化反应速率与 MMAc 选择性，并促使最大反应速率与选择性向低温区域移动；随着甲缩醛分压的升高，歧化反应速率显著增加，羰基化反应速率则先升高后降低，导致甲缩醛转化率与 MMAc 选择性降低。综合来看，CO/DMM 分压的比值对反应选择性具有关键影响，比值越大，甲缩醛转化为 MMAc 的选择性越高。此外，动力学分析显示，甲缩醛羰基化反应遵循典型的 Koch 羰基化反应机理，为后续催化剂设计与工艺优化提供了重要理论依据。

5.2.2 甲缩醛羰基化反应机理

A.T. Bell 团队采用原位傅里叶变换红外光谱（*in-situ* FTIR）技术，对酸性 FAU 分子筛催化甲缩醛（DMM）羰基化合成 MMAc 的基元反应过程进行了动态监测[7]。结果表明，当甲缩醛分子吸附于分子筛表面后，Brønsted 酸性位点的红外特征峰强度出现显著衰减，与此同时，分子筛表面上甲氧基亚甲基（MMZ）的特征吸收峰强度则相应增强。该光谱变化特征直观反映了甲缩醛分子与分子筛表面 Brønsted 酸性位点的相互作用过程。

在连续通入甲缩醛的反应进程监测中，副产物甲醇和水的特征吸收峰强度在反应初期呈现快速上升趋势，并迅速达到峰值，随后逐渐衰减（图 5.1）。基于上述实验现象，结合反应动力学理论，可推断甲缩醛分子与分子筛 Brønsted 酸性位点的桥式羟基（bridging-OH）发生质子化反应，进而生成表面 MMZ 物种（图 5.2），该基元反应步骤被认为具有较快的反应速率。此基元过程的快速进行，解释了反应初期副产物快速生成的现象，同时也为后续羰基化反应的发生奠定了重要基础。

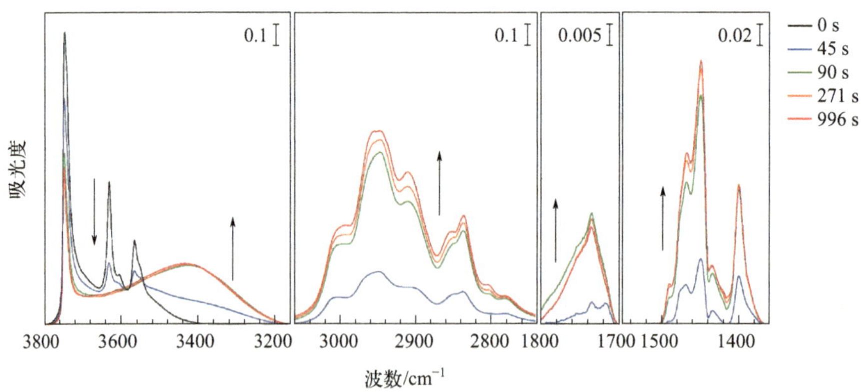

(a)

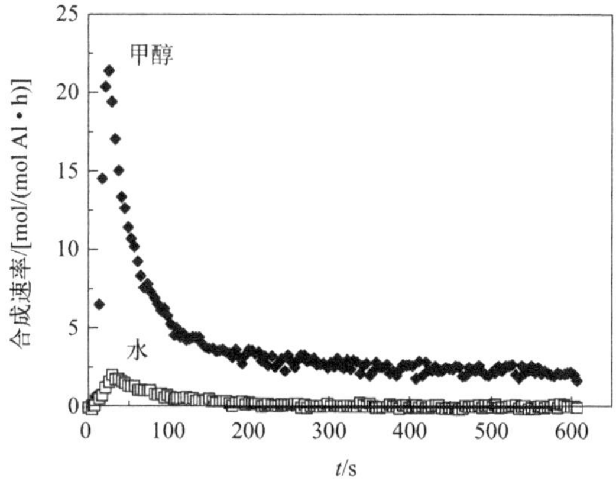

(b)

图 5.1　酸性分子筛催化甲缩醛羟基化反应过程中红外光谱特征变化

(a) 红外光谱图；(b) 反应过程中副产物甲醇和水随反应时间的变化

3744 cm^{-1} 对应硅羟基；3628 cm^{-1} 和 3564 cm^{-1} 为 Brønsted 酸羟基

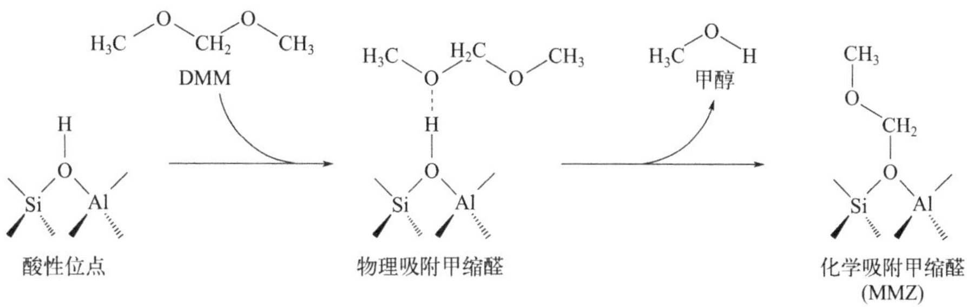

图 5.2　甲缩醛与酸性分子筛表面桥式羟基反应过程

进一步实验中，在预吸附甲缩醛且表面已生成 MMZ 的分子筛上引入 CO 后，*in-situ* FTIR 监测到分子筛表面甲氧基乙酰基（MAZ）特征峰的出现（图 5.3）。这一光谱信号变化为反应机理研究提供了关键证据。结合羰基化反应化学原理，可推断出 CO 分子在分子筛表面发生插入反应的过程: CO 分子插入吸附态的 MMZ 物种，形成具有 MAZ 结构的表面中间体。该表面羰基化反应过程为甲缩醛羰基化生成 MMAc 的后续步骤提供了直接的光谱学证据，同时也揭示了 MMZ 物种在反应体系中向 MAZ 物种的转化路径，完善了甲缩醛羰基化反应的基元反应机理。

基于 *in-situ* FTIR 技术捕捉的反应动态信息，A. T. Bell 等深入剖析了甲缩醛羰基化过程中平行的主副反应机理。研究表明，甲缩醛分子在酸性 FAU 分子筛表面的转化路径受反应物分子亲核进攻机理控制，其中 CO 或甲缩醛分子的亲核进攻步骤构成了羰基化反应与歧化反应的速率控制环节。

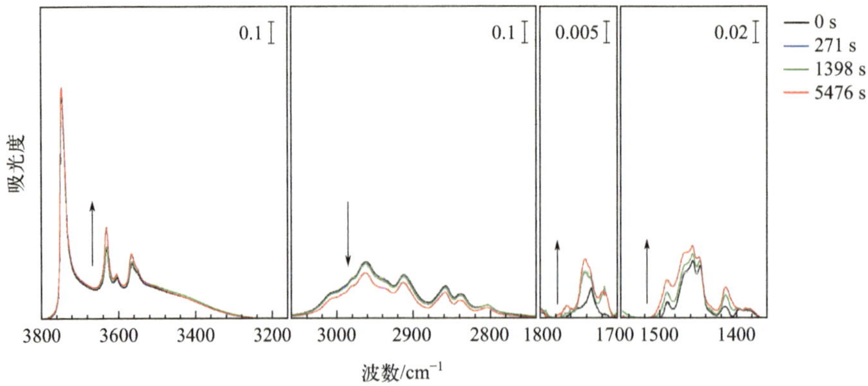

图 5.3 *in-situ* FTIR 监测预吸附甲缩醛且表面已生成 MMZ 的分子筛与 CO 反应过程变化

1744 cm^{-1} 归属于表面甲氧基乙酰基的羰基信号

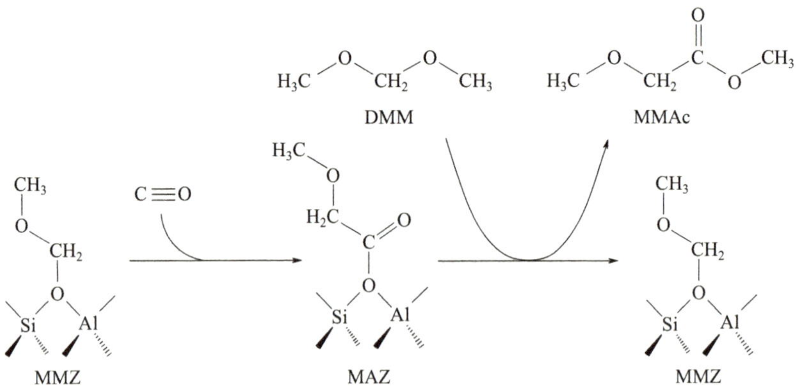

图 5.4 CO 与酸性分子筛表面甲氧基亚甲基反应过程

在羰基化反应路径中，CO 分子对吸附态 MMZ 物种的亲核进攻引发羰基插入过程，形成 MAZ 中间体。该中间体随后与甲缩醛分子发生甲氧基化反应，通过亲核取代机制释放目标产物 MMAc，同时再生 MMZ 活性位点，完成催化循环（图 5.4）。此过程中，CO 的插入是决定羰基化反应效率的关键因素，其动力学行为直接影响 MMAc 的生成速率与选择性。

相较于羰基化反应，甲缩醛歧化反应遵循分步氢转移机制。首先，甲缩醛分子对 MMZ 物种发起亲核进攻，经氢转移过程生成表面二甲氧基甲基（DMZ）中间体；其次，DMZ 中间体发生第二次氢转移，形成表面甲酰基（MFZ）中间体。MFZ 中间体与甲缩醛分子通过甲氧基化反应生成歧化产物甲酸甲酯，并恢复 MMZ 活性位点。值得注意的是，歧化反应的两步氢转移过程均伴随二甲醚的生成，根据化学计量关系，理论上歧化产物二甲醚和甲酸甲酯摩尔比应为2∶1，这一推论与 *in-situ* FTIR 监测到的副产物生成规律高度吻合。

通过 *in-situ* FTIR 对反应中间体动态演变的实时追踪，该研究团队成功构建了酸性分子筛催化甲缩醛羰基化反应和歧化反应的协同机理模型（图 5.5）。该模型不仅揭示了两种反应路径的竞争机制，还为优化反应条件、调控产物选择性提供了理论依据，对深入理解分子筛催化甲醛衍生物转化反应具有重要指导意义。

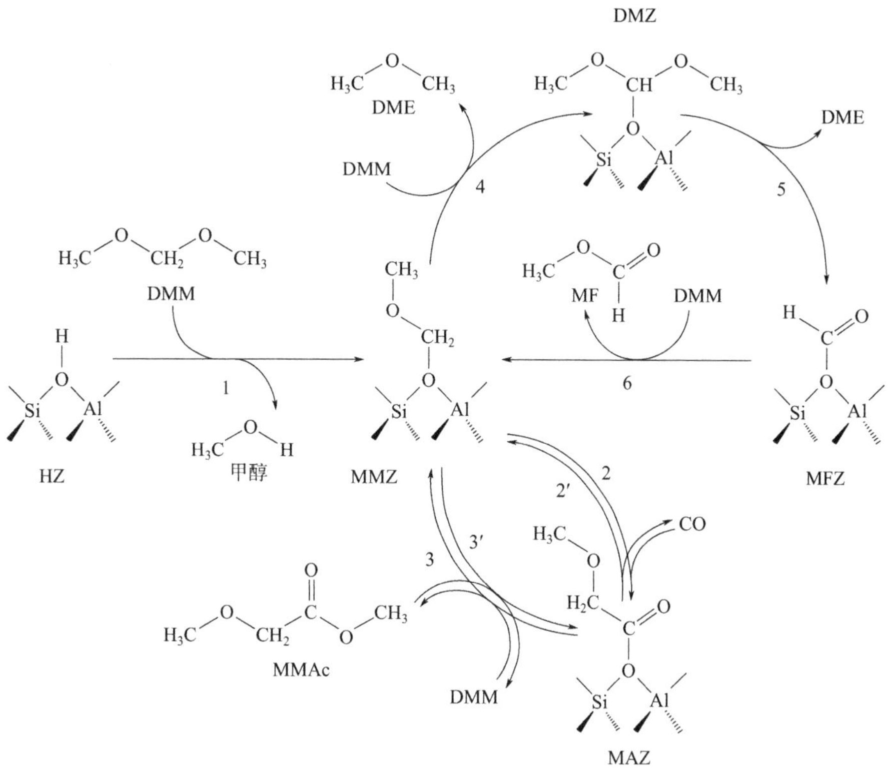

图 5.5　酸性分子筛（HZ）催化甲缩醛羰基化反应和歧化反应的协同机理

5.2.3　甲缩醛羰基化反应失活机制

尽管甲缩醛羰基化反应在制备 MMAc 方面展现出良好的应用前景，但大量研究表明，在甲缩醛羰基化反应过程中，常用的酸性分子筛催化剂反应稳定性较差，远不能满足工业应用的严苛要求，这成为限制该技术工业化推广的瓶颈之一。

在此背景下，刘中民团队运用 *in-situ* FTIR 技术，针对 H-SSZ-13 分子筛吸附甲缩醛后表面物种的演变规律展开深入研究（图 5.6）[8]。当反应温度设定为 353 K 时，随着甲缩醛的引入，在 3734 cm^{-1} 和 3667 cm^{-1} 处出现显著的吸收峰，这一现象有力地证明甲缩醛与分子筛表面的 Si—OH 和 Brønsted 酸性位点发生了强烈的相互作用。同时，在 3001 cm^{-1}、2950 cm^{-1}、2935 cm^{-1}、2896 cm^{-1}、2835 cm^{-1} 和 2778 cm^{-1} 处出现一系列特征峰，经光谱解析，分别归属于甲缩醛的 C—H 键和 C—O 键。随着反应时间的持续推进，上述特征峰的强度均呈现逐渐增大的趋势，然而 Si—OH 振动峰的变化却微乎其微，由此可以合理推断，Si—OH 仅起到吸附甲缩醛的作用，并不实质性参与化学反应。特别值得关注的是，在 2935 cm^{-1} 和 2896 cm^{-1} 处能够清晰观察到归属于—CH_2—的振动峰。结合反应初期甲醇选择性的变化情况进行综合分析，可以推测该—CH_2—振动峰可能源于甲缩醛在 H-SSZ-13 分子筛上吸附时所形成的 MMZ。

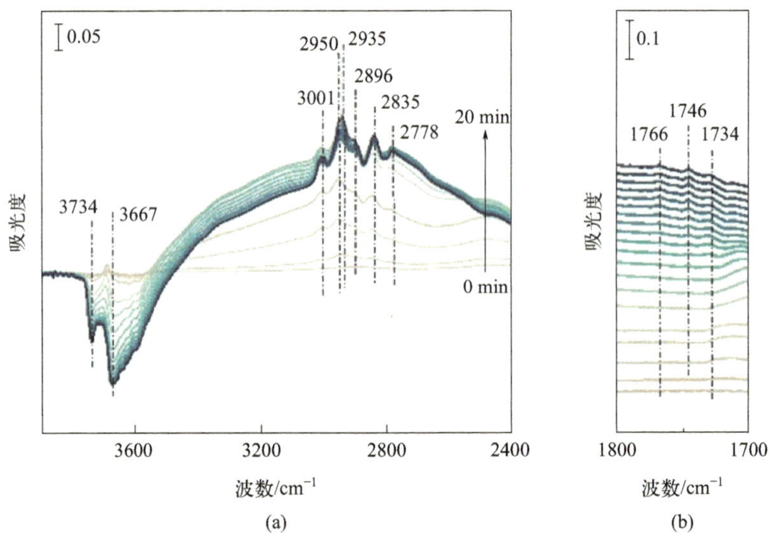

图 5.6 H-SSZ-13 分子筛催化甲缩醛歧化制甲酸甲酯的 *in-situ* FTIR 分析

基于上述一系列实验现象，研究团队提出了如下反应路径：甲缩醛先在 H-SSZ-13 分子筛的 Brønsted 酸性位点上发生吸附，进而生成 MMZ 以及甲醇。随着反应时间的进一步延长，3001 ～ 2778 cm^{-1} 的振动峰强度持续增强，并且在 1734 cm^{-1} 处明显出现了归属于醛基中 C═O 键的振动峰，这清晰地表明，随着时间的推移，醛类物种在逐渐生成。与此同时，在 1746 cm^{-1} 和 1766 cm^{-1} 处出现两个显著的特征峰，经鉴定归属于甲酸甲酯中的 C═O 键。由此，刘中民团队提出了完整的反应机理：甲缩醛在 H-SSZ-13 分子筛的 Brønsted 酸性位点上吸附产生 MMZ 和甲醇，MMZ 进一步转化为甲醛，甲醛再经过一系列反应最终生成甲酸甲酯。这一研究成果不仅丰富了对甲缩醛在分子筛表面反应机理的认识，更为后续新型高效催化剂的研发提供了重要的理论参考。

为进一步探究甲缩醛在 H-SSZ-13 分子筛表面的反应历程，研究团队采用程序升温表面反应（TPSR）技术，系统研究了甲缩醛吸附饱和后表面物种随温度变化的演变规律［图 5.7（a)］。实验过程中，先在室温条件下使甲缩醛在分子筛表面吸附至饱和状态，随后切换为高纯氦气（He）吹扫，此时气相中已检测不到甲缩醛信号。当温度逐步升高至 350 K 时，气相产物中开始检测到甲醇和甲醛，且其信号强度随温度升高逐渐增强，该现象表明吸附态的 MMZ 发生分解，生成甲醛与甲醇，此结果与 *in-situ* FTIR 的结论高度吻合。

为直观验证甲醛的生成，研究团队利用在碱性条件下甲醛的特异性显色反应进行辅助验证。实验结果显示，收集的气相产物在碱性环境中呈现明显的紫色，证实了反应过程中甲醛的生成，该结论与 TPSR 实验及 *in-situ* FTIR 检测到的甲醛信号峰一致。当温度进一步升至 375 K 时，TPSR 谱图中出现二甲醚和甲酸甲酯的特征信号峰，表明甲醛在分子筛表面进一步发生转化生成甲酸甲酯。

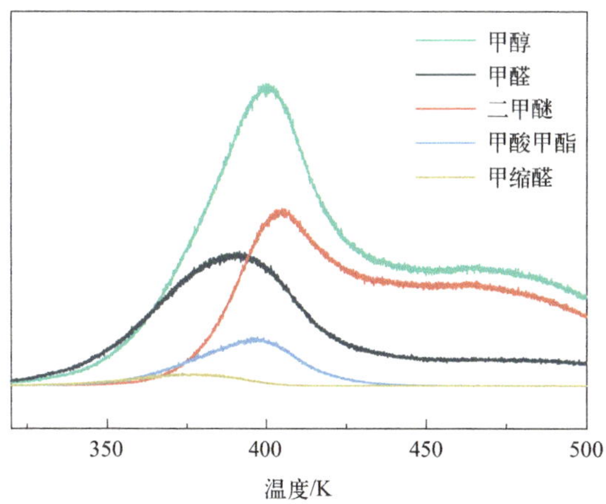

(a)

图 5.7

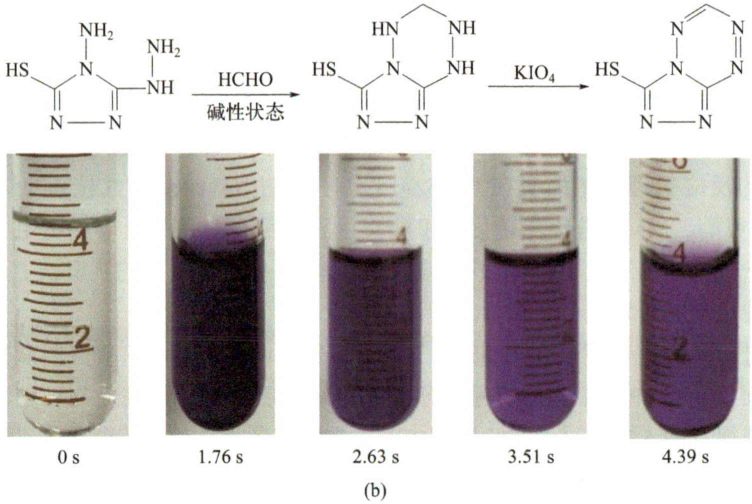

图 5.7　甲缩醛在 H-SSZ-13 分子筛上的 TPSR 结果（a）及中间产物甲醛的显色反应及显色分析（b）

此外，通过设置不同接触时间（1.76 ～ 4.39 s）收集反应产物，并进行甲醛显色反应定量分析［图 5.7（b）］。结果表明，随着接触时间的延长，甲醛浓度呈现先下降后稳定的趋势，这一现象表明甲醛在 H-SSZ-13 分子筛表面持续发生转化，与 *in-situ* FTIR 中甲酸甲酯信号峰滞后于甲醛信号峰的实验现象相互印证。上述实验结果进一步完善了对甲缩醛在 H-SSZ-13 分子筛表面反应机理的认知，为催化剂优化及反应工艺改进提供了更详实的实验依据。

综合 *in-situ* FTIR 与 TPSR 实验结果，刘中民团队构建了甲缩醛在 H-SSZ-13 分子筛表面完整的反应机理（图 5.8）：甲缩醛分子通过与分子筛 Brønsted 酸性位点的相互作用发生化学吸附，经质子转移过程生成甲醇和 MMZ 物种；随后，吸附态的 MMZ 发生 C—C 键断裂，分解产生甲醛与甲氧基；生成的甲醛中间体在分子筛表面 Brønsted 酸性位点作用下，进一步通过氧化、甲基化等反应步骤转化为甲酸甲酯。该机理模型不仅揭示了甲醛中间体的生成路径及其后续转化规律，更为理解甲缩醛在分子筛表面的反应网络提供了理论框架，对指导高性能催化剂的设计与反应工艺优化具有重要意义。

同时，刘中民团队在研究中还发现，当甲缩醛在 H-ZSM-5 分子筛上反应时，其反应路径更为复杂。甲缩醛不仅可分解生成甲醛，还进一步发生普林斯（Prins）缩合反应、加氢酰基化（hydroacylation）反应以及羟醛（aldol）缩合反应等[9]。在 Prins 缩合反应中，甲醛与烯烃（或含烯基中间体）发生亲核加成，生成二烯中间体；氢甲酰化反应促使中间物种引入醛基官能团；而羟醛缩合反应

则通过醛基与 α-H 的相互作用，形成 C═C 键，促进分子链增长。这些反应的协同作用，最终使得甲缩醛高选择性地转化为芳烃类化合物，并伴随积碳的生成（图 5.9）。积碳物种在分子筛孔道内的沉积与累积，覆盖活性位点、阻碍反应物扩散，这正是甲缩醛羰基化反应中酸性分子筛催化剂失活的本质原因。该发现为深入理解催化剂失活机制、开发抗积碳性能优异的新型催化剂提供了关键线索与理论依据。

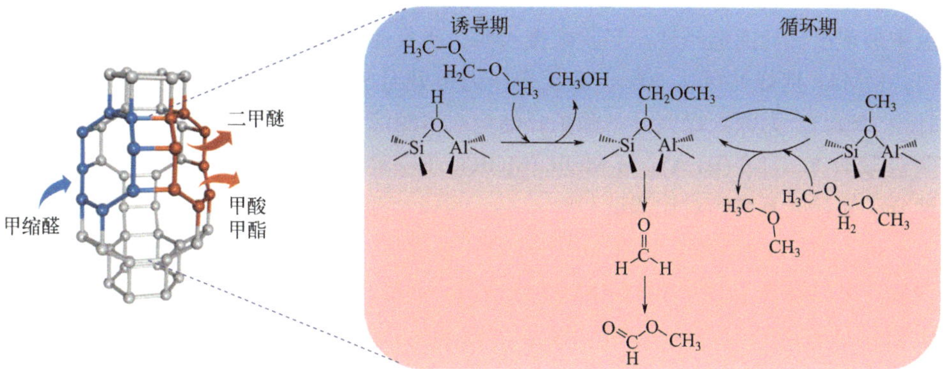

图 5.8　H-SSZ-13 分子筛上甲缩醛转化机理

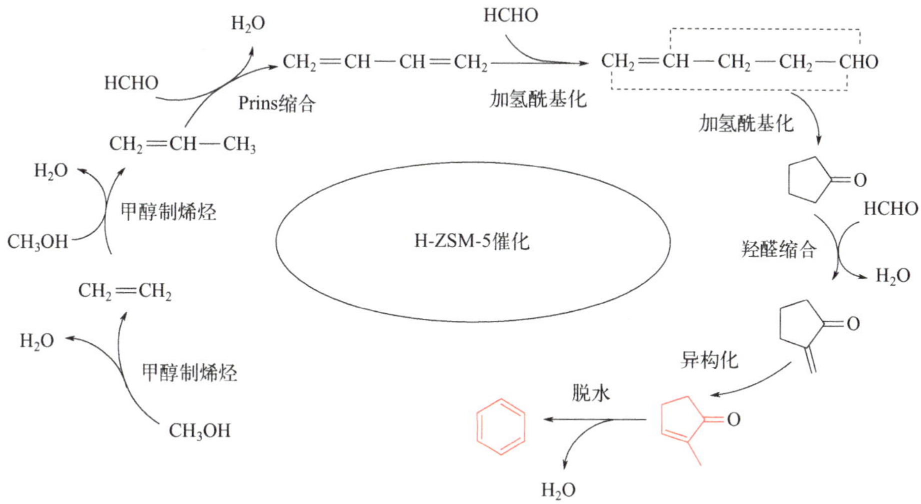

图 5.9　酸性分子筛催化甲醛或甲缩醛生成芳烃的反应机理

5.3 甲缩醛羰基化催化剂

5.3.1 酸性分子筛羰基化催化剂

5.3.1.1 酸性中孔分子筛及其改性后的催化性能

A. T. Bell 团队发现，酸性高硅 H-Y 分子筛在催化甲缩醛羰基化制备 MMAc 反应中展现出优异的选择性。实验数据表明，当反应温度低于 373 K 且处于常压条件时，MMAc 选择性可达 50%；将反应压力提升至 3 MPa 后，MMAc 选择性显著提升至 79% [6]。为深入探究分子筛拓扑结构对甲缩醛羰基化反应性能的影响，研究团队选取 H-Y、H-β (BEA)、H-MOR (MOR)、H-ZSM-5 (MFI)、H-ZSM-35 等多种酸性分子筛开展系统的对比测试 [10]。

动力学研究结果显示，在 363 ～ 393 K 条件下，H-MOR 和 H-β 分子筛的 MMAc 合成速率显著高于 H-Y 和 H-ZSM-5 分子筛；而当反应温度提高至 393 ～ 433 K 时，H-Y 和 H-ZSM-5 分子筛的 MMAc 合成速率则高于 H-MOR 和 H-β 分子筛。通过对最大 MMAc 合成速率的量化分析发现，H-Y、H-ZSM-5、H-MOR 和 H-β 四种分子筛的该指标处于相近水平，彼此间差异仅约 2 倍。值得注意的是，H-ZSM-35 分子筛在 393 K 以下时甲缩醛歧化反应速率较低，但随着温度提高，歧化反应速率急剧上升，在 453 K 时，其二甲醚和甲酸甲酯的生成速率已超过 H-MOR 和 H-β 分子筛。相比之下，H-Y 和 H-ZSM-35 分子筛在全温度范围内均保持较低的歧化活性。

基于对分子筛微观结构与反应性能关联性的深入分析，A. T. Bell 团队指出，H-Y 分子筛对甲缩醛羰基化反应具有高选择性，根源在于其独特的超笼结构。较大的超笼反应空间有效抑制了歧化副反应的发生，从而显著提升了目标产物的选择性。进一步研究发现，由于 Brønsted 酸性位点取向的差异，H-Y 超笼中的 O(1) 位点被确定为羰基化反应的活性中心，而 O(4) 位点则主要参与歧化反应。

结合 DFT 计算结果（图 5.10），不同分子筛的反应机理差异得到进一步揭示。在 H-Y 分子筛上，CO 插入过程的能垒比 MFI 分子筛高约 20 kJ/mol；对于 MAZ 中间体的甲氧基化过程，H-Y 分子筛的能垒比 H-ZSM-5 分子筛低约 40 kJ/mol。由此可知，H-Y 分子筛的反应速率控制步骤为 CO 插入过程，因此在实际反应中，增大 CO 分压可有效提升其反应速率；而 H-ZSM-5 分子筛由于孔道尺寸较小，对 MAZ 中间体的扩散与转化形成空间位阻，导致甲氧基化反应难以顺利进行，最终使得整体反应速率相对较慢。

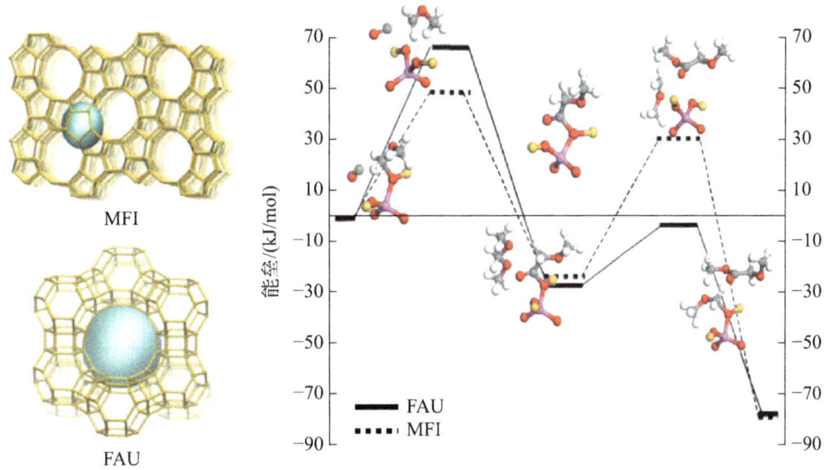

图 5.10　H-ZSM-5 和 H-Y 催化甲缩醛羰基化过程酰基生成与转化能垒

除分子筛拓扑结构与活性位点分布外，分子筛硅铝比（Si/Al）作为衡量空间酸密度的关键参数，同样对甲缩醛羰基化反应性能起着决定性作用[10]。针对 H-Y 分子筛体系的研究表明，在特定范围内，随着硅铝比的增加，甲缩醛羰基化反应中单位活性位点的催化效率与目标产物选择性呈现同步提升趋势。这一现象的本质源于分子筛骨架中铝原子的空间分布特性：当铝原子密度过高时，相邻铝位点间距缩短，而甲缩醛羰基化与歧化反应初期生成的 MMZ 中间体由于空间尺寸较大，在分子筛孔道内产生显著的静电相互作用。这种相互作用大幅提高了 MMZ 中间体的解离能垒，进而阻碍后续 CO 分子插入生成 MAZ 中间体的关键步骤（图 5.11）。

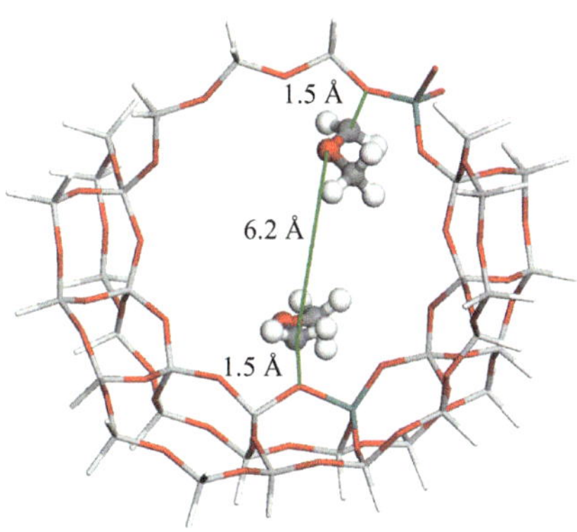

图 5.11　H-Y 分子筛超笼中两个甲氧基亚甲基距离示意图

通过理论计算与实验验证相结合的方法，研究发现，当 H-Y 分子筛的 Si/Al 比达到约 25 时，其骨架结构中平均每个超笼仅含有一个骨架铝原子。在此条件下，酸性位点间的适度距离有效规避了反应中间体之间的静电排斥效应，同时确保了较高的酸密度水平。此时，H-Y 分子筛在甲缩醛羰基化反应中表现出最优的催化活性与选择性，为该反应体系的催化剂优化设计提供了关键的理论依据与实践指导。

分子筛的酸强度及扩散性质同样对甲缩醛羰基化反应具有重要影响。刘中民团队采用后处理法对 H-Y 分子筛进行改性，通过增加分子筛的介孔容，大幅降低了反应物和产物在孔道内的扩散阻力，使得甲缩醛羰基化反应的活性、选择性和稳定性均得到显著提升 [11]。Xie 等 [12] 对 H-Y 分子筛进行 NH_3 处理，通过调控脱附温度改变酸位点的暴露程度，研究发现甲缩醛羰基化活性与 NH_3 脱附温度呈线性关系，其中强酸性位点对羰基化反应具有更高的催化活性，而弱酸性位点则更倾向于催化歧化反应。Wu 等 [13] 在 H-ZSM-5 分子筛合成过程中，通过精确调节 NaOH 的含量有效调控了其中强酸含量与介孔容，显著提高了甲缩醛羰基化反应的活性与选择性。这些研究成果进一步丰富了对分子筛催化甲缩醛羰基化反应机制的认识，为开发高性能催化剂提供了新的思路与方法。

5.3.1.2 酸性大孔分子筛的催化性能

在对 H-Y 分子筛催化甲缩醛羰基化反应的深入研究中，A. T. Bell 团队发现，正碳离子中间体之间的静电排斥作用，成为制约 H-Y 分子筛催化性能的关键因素。研究表明，H-Y 分子筛的硅铝原子比需达到 25 ～ 30，才能削弱这种静电排斥，实现最佳催化活性。然而，传统直接合成方法制备的高硅 H-Y 分子筛，其空间铝密度仍无法完全满足甲缩醛羰基化反应的严苛要求，这促使研究人员将目光投向具有特殊结构的超大孔分子筛。

H-ZEO-1 分子筛凭借其独特的结构特性，展现出解决上述问题的潜力。与 H-Y 分子筛相比，H-ZEO-1 分子筛拥有更大的孔道尺寸，这一结构优势为甲缩醛分子的扩散与转化提供了更有利的空间条件。同时，高硅 H-ZEO-1 分子筛可通过直接合成获得，无须后处理脱铝，在简化制备工艺的同时，降低了生产成本，因此被视为潜在的优良甲缩醛羰基化催化剂。

刘中民团队针对 H-ZEO-1 分子筛开展了系统研究，将具有超大笼结构（16×16-MRs 等）的 H-ZEO-1 分子筛应用于甲缩醛羰基化反应与歧化反应，并与 H-Y 分子筛的催化性能进行了全面对比 [14]。实验数据显示，H-ZEO-1（Si/Al=21）分子筛单位 Brønsted 酸性位点的甲缩醛羰基化活性达到 H-Y（Si/Al=15）分子筛的 2.5 倍，这一结果直观地展现了 H-ZEO-1 分子筛在催化效率上的显著优势。虽然具有更高硅铝比的 H-Y（Si/Al=30）分子筛能够提升甲缩醛羰基化活性，使其本征活性与 H-ZEO-1 分子筛相近，但从动力学角度分析，H-ZEO-1 分子筛催化甲缩醛羰基化的表观活化能为 59.30 kJ/mol，远低于 H-Y 分子筛的 89.87 kJ/mol，这充分表明 H-ZEO-1 分子筛的大反应空间在促进大分子羰基化转化方面具有显著优势。

通过长周期甲缩醛羰基化测试（图 5.12），两种分子筛在活性与稳定性方面差异进一步显现。在选定的测试条件下，H-Y（Si/Al=30）分子筛在 65 h 内，甲缩醛转化率由 69.7% 逐渐下降至 48.9%；而 H-ZEO-1 分子筛在 75 h 内，甲缩醛转化率仅从 88.5% 略微下降至 85.0%。在整个测试周期内，H-ZEO-1 分子筛的 MMAc 选择性始终维持在 89% 以上，而 H-Y 分子筛的 MMAc 选择性则随着反应时间的延长，从 89% 逐渐降至 85%。由此可见，H-ZEO-1 分子筛在保持与 H-Y 分子筛相近的高 MMAc 选择性基础上，其催化活性与稳定性均实现了明显提升。深入分析可知，H-ZEO-1 分子筛优异的扩散性能是其高催化活性和高稳定性的关键，更大的孔道结构有效降低了反应物和产物在分子筛内部的扩散阻力，保障了反应的高效进行。

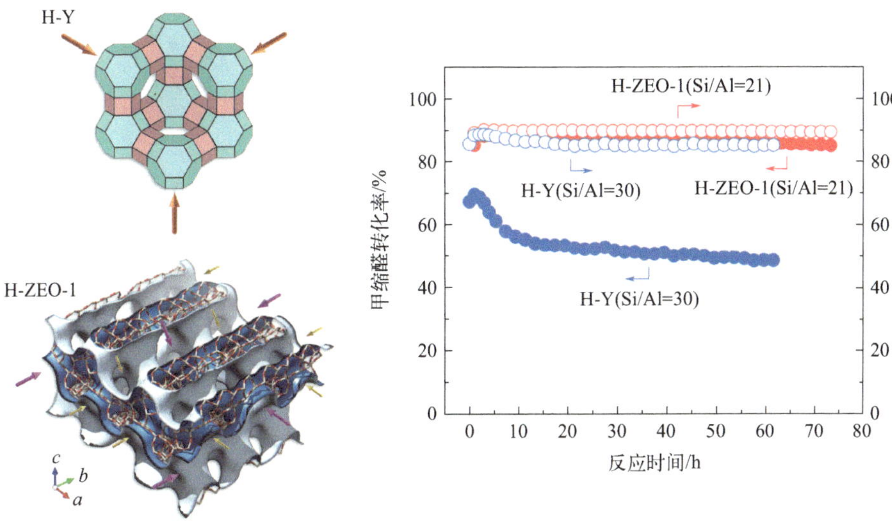

图 5.12　H-ZEO-1 和 H-Y 分子筛催化甲缩醛羰基化稳定性测试结果

H-ZEO-1 分子筛与 H-Y 分子筛在催化甲缩醛羰基化和歧化反应中呈现出显著不同的动力学行为，其根本原因在于二者孔结构的显著差异（图 5.13）。H-ZEO-1 分子筛拥有由 16 元环 ×16 元环、16 元环 ×12 元环、12 元环 ×12 元环交叉位组成的独特笼结构，相比之下，H-Y 分子筛仅具备由 12 元环构成的超笼结构。这种孔道结构的差异，直接影响了反应物分子在分子筛内的扩散路径、中间体的形成与转化，进而导致二者在催化性能上的明显差异。

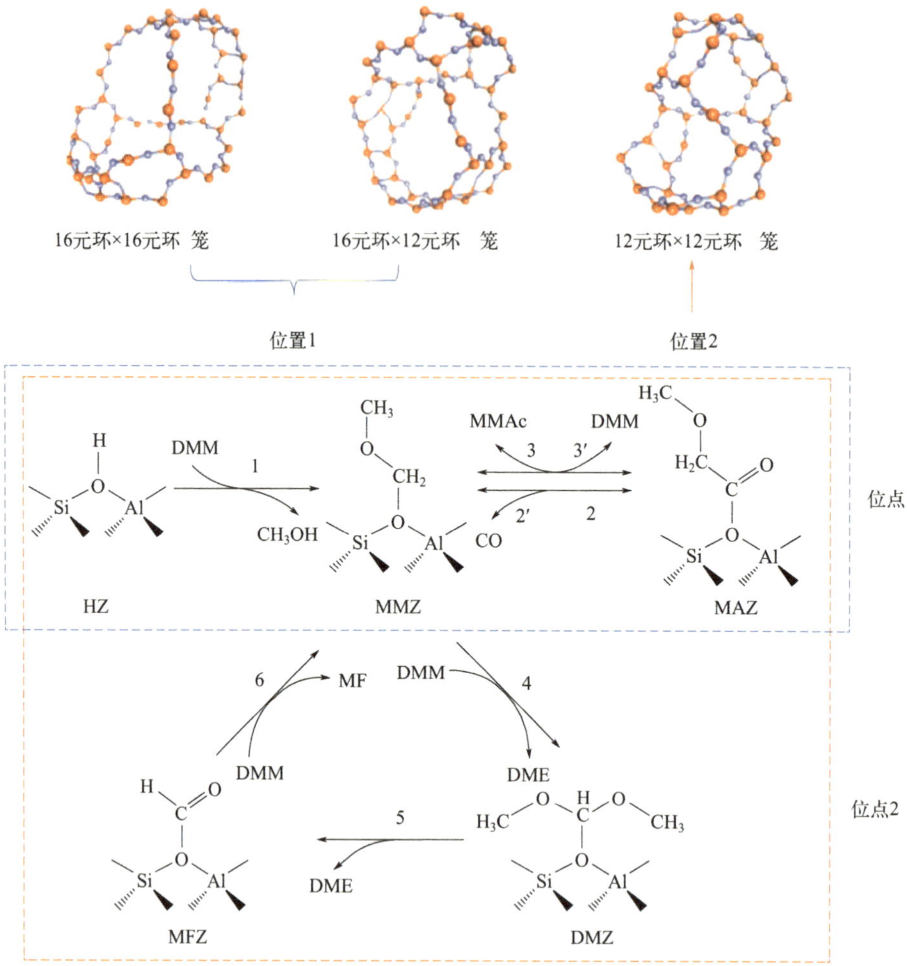

图 5.13 H-ZEO-1 分子筛不同位点催化甲缩醛羰基化及歧化反应机理

基于对 H-ZEO-1 分子筛孔结构的深入剖析，研究人员提出了双活性位点理论。根据该理论，H-ZEO-1 分子筛中存在两种功能各异的活性位点：其一为位于 16 元环 ×16 元环和 16 元环 ×12 元环交叉位的位点 1，该位点凭借较大的空间结构与适宜的酸性环境，成为甲缩醛羰基化反应的主要活性中心；其二是处于 12 元环 ×12 元环交叉位的位点 2，其相对紧凑的空间构型与特定的电子环境，使其更倾向于催化甲缩醛的歧化反应。

这一活性位点分布理论得到了 H-β 分子筛相关实验的有力佐证。H-β 分子筛仅含有 12 元环交叉结构，在其催化体系中，CO 对甲缩醛歧化反应表现出明显的抑制作用。这一现象与 H-ZEO-1 分子筛中位点 2 作为歧化活性中心，且 CO 分子能够通过与该位点的相互作用影响歧化反应进程的推断高度契合。从分子层面来看，CO 分子在 H-β 分子筛和 H-ZEO-1 分子筛 12 元环 ×12 元环交叉位上，可能通过改变活性位点的电子云密度、空间位阻等因素，抑制甲缩醛歧化反应的进行，间接证明了 H-ZEO-1 分子筛中位点 2 的歧化活性中心属性。

5.3.2 酸性树脂羰基化催化剂

5.3.2.1 酸性磺酸树脂的催化性能

目前，酸性分子筛是研究甲缩醛羰基化反应的主要催化剂。作为固体酸催化剂，酸性分子筛凭借其均一的孔道结构、较高的比表面积、适宜的酸强度以及积碳失活后可再生等优势，在石油化工、能源等领域广泛应用。然而，其固有的局限性也不容忽视：狭窄的微孔孔道会对反应物分子产生束缚作用，这种束缚作用不仅阻碍分子扩散，还会促使甲缩醛发生歧化反应，进而降低 MMAc 的选择性，成为限制该反应工业化应用的关键因素。

与之形成鲜明对比的是，磺酸树脂作为另一类常用的固体酸催化剂，不存在微孔道束缚的问题，并且磺酸基团的酸强度可根据需求灵活调节，近年来在甲缩醛羰基化反应研究中备受关注。众多研究报道表明，通过对酸性磺酸树脂的改性优化，能够显著提升其在甲缩醛羰基化反应中的性能。

王岩[15]采用正己烷、甲苯、丙酮、甲醇、二甲基亚砜和环丁砜等不同极性溶剂对磺酸树脂进行处理，并在间歇式反应器中开展甲缩醛羰基化反应研究。实验数据（表 5.1）显示，未经溶剂处理的磺酸树脂催化剂，虽能实现 98.6% 的甲缩醛转化率，但 MMAc 选择性仅为 49.5%；而经过环丁砜处理后，甲缩醛转化率基本维持不变，MMAc 选择性却大幅提升至 72.7%。研究认为，环丁砜能够有效去除磺酸树脂中的水分等杂质，消除其对催化活性中心的干扰，从而显著改善催化性能。

表5.1 溶剂处理磺酸树脂对甲缩醛羰基化的影响

溶　剂	偶极矩 /D	DMM 转化率 /%	选择性 /%					
			DME	MF	MeOH	DMM2	MMAc	MG
无溶剂	—	98.6	26.4	4.8	1.3	0.3	49.5	3.2
正己烷	0.0	93.0	29.6	2.9	2.6	1.7	55.5	0.5
甲　苯	1.0	86.3	47.0	2.0	2.2	1.6	37.4	6.8
丙　酮	9.0	84.4	52.3	1.7	2.2	2.3	31.9	5.8
甲　醇	9.6	79.8	58.0	1.6	0.2	3.3	26.5	7.6

续表

溶　剂	偶极矩/D	DMM转化率/%	选择性/%					
			DME	MF	MeOH	DMM2	MMAc	MG
二甲基亚砜	13.5	32.6	85.5	0.0	2.1	4.8	0.9	1.6
环丁砜	16.0	98.2	15.1	3.4	1.6	0.1	72.7	2.1

注: DMM—甲缩醛; DME—二甲醚; MF—甲酸甲酯; MeOH—甲醇; DMM2—二聚甲缩醛; MMAc—甲氧基乙酸甲酯; MG—乙醇酸甲酯。

研究人员进一步对环丁砜改性方法进行优化后，成功制备出具有极低水含量、优异CO吸附能力，以及较大孔径与孔体积的树脂催化剂。该催化剂在甲缩醛羰基化反应中表现出卓越的活性与稳定性，甲缩醛转化率和MMAc选择性均接近100%，为甲缩醛羰基化反应催化剂的开发开辟了全新路径，有望突破现有分子筛催化剂的性能瓶颈。

除磺酸树脂外，刘中民团队还在负载型有机磺酸催化剂领域开展了深入研究，制备了系列不同酸强度的负载型有机磺酸催化剂，并系统考察了其在甲缩醛羰基化反应中的性能[16]。研究结果表明，该类催化剂在甲缩醛羰基化反应中展现出高效的催化能力。以三氟甲基磺酸/SBA-15为催化剂，在373 K、3.0 MPa反应条件下，甲缩醛转化率可达76.5%，MMAc选择性可达到91.5%（表5.2）。

表5.2　SBA-15负载不同有机磺酸催化剂的甲缩醛羰基化性能对比

性能	4-乙基苯磺酸	对甲基苯磺酸	乙基磺酸	甲基磺酸	全氟-1-丁磺酸	三氟甲基磺酸
酸密度函数值 H_0	＞0.55	0.55	＞−7.8	−7.8	−13.2	−14.1
磺酸实际含量/%	16.3	12.2	10.8	9.0	18.3	9.0
DMM转化率/%	19.7	20.0	16.4	28.8	72.7	76.5
DME选择性/%	1.7	1.7	1.0	1.1	3.6	3.5
MF选择性/%	12.9	9.7	10.9	7.5	1.6	4.4
MMAc选择性/%	84.7	83.2	86.4	88.4	93.3	91.5
MMAc产率/%	16.7	16.7	14.2	25.2	67.8	70.0
MMAc合成速率/[mol/(mol H^+·h)]	1.2	1.5	0.94	1.7	7.2	7.6

注: 甲缩醛—DMM; DME—二甲醚; MF—甲酸甲酯; MMAc—甲氧基乙酸甲酯。

通过对具有不同酸强度的有机磺酸催化剂的系统研究发现，有机磺酸的酸强度与甲缩醛羰基化反应活性及产物选择性呈现显著的正相关关系，即酸强度越高，甲缩醛转化率及MMAc选择性越高。在众多有机磺酸催化剂中，含氟有机磺酸凭借极高的酸强度脱颖而出，展现出更为优异的甲缩醛羰基化性能。此外，研究还证实，提高负载型有机磺酸催化剂的酸密度，同样能够有效提升甲缩醛羰基化反应性能。这一系列研究成果不仅深化了对有机磺酸催化剂作用机制的认识，更为甲缩醛羰基化反应催化剂的设计与优化提供了新的理论依据和技术方向。

5.3.2.2 酸性Nafion树脂的催化性能

在酸性磺酸树脂体系中，强阳离子交换树脂占据重要地位，其主要包含两类典型材料：一类是以 Amberlyst®-15 为代表的聚苯乙烯磺酸树脂，另一类则是以 Nafion 树脂为代表的全氟磺酸树脂。从分子结构本质来看，聚苯乙烯磺酸树脂以碳氢骨架为基础，结合磺酸基团；全氟磺酸树脂则依靠全氟碳链骨架与磺酸基团相连。这种核心结构差异，直接决定了两类树脂在酸强度上的显著差异（图 5.14）。比较二者哈米特（Hammett）函数，Amberlyst®-15 的 Hammett 函数值为−2.2，而 Nafion 树脂的 Hammett 函数值为 −13 ～ −11，其酸强度已接近浓硫酸的水平。

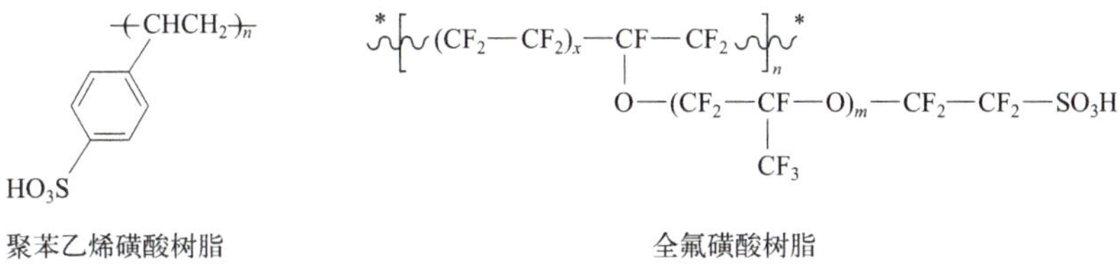

图 5.14 聚苯乙烯磺酸树脂和全氟磺酸树脂结构

鉴于在甲缩醛羰基化反应中，酸强度对反应活性存在显著影响，且有机磺酸的酸强度与甲缩醛羰基化活性呈正相关趋势，即酸强度越高，甲缩醛羰基化活性越有可能提升。刘中民团队针对具有超高酸强度的 Nafion 树脂开展了深入的甲缩醛羰基化反应性能研究[16]，制备并考察了纯 Nafion 树脂、负载型 Nafion 催化剂 SiO_2/Nafion-15 和 TEOS/Nafion-15 三种 Nafion 树脂催化剂的性能。

实验数据显示，在相同反应条件下，纯 Nafion 树脂的甲缩醛转化率仅为 14.0%，而 SiO_2/Nafion-15 和 TEOS/Nafion-15 催化剂的甲缩醛转化率分别达到 47.2% 和 49.8%，这表明提高 Nafion 树脂的分散度能够有效增强其催化活性。其中，TEOS/Nafion-15 的羰基化活性略高于 SiO_2/Nafion-15，研究推测这可能是由于两种催化剂分散度的差异。Nafion-Silica 复合催化剂（如 TEOS/Nafion-15 和 SiO_2/Nafion-15）能够更充分地暴露 Nafion 树脂的酸中心，其表面酸密度显著高于纯 Nafion 树脂。值得注意的是，甲缩醛在 Nafion-Silica 复合催化剂上进行羰基化反应时，初始阶段存在明显的诱导期，反应初期甲缩醛转化率随反应进行持续上升，2 h 后达到最高值 49.8%。与负载型有机磺酸催化剂不同，Nafion-Silica 催化剂不存在活性组分流失问题，反应稳定性良好。即便反应进行 12 h，甲缩醛转化率仅小幅降至 47.8%，同时目标产物 MMAc 和其他副产物的选择性始终保持稳定。

5.3.3 杂多酸羰基化催化剂

杂多酸同样是固体酸催化剂体系的重要成员。Badmaev 等[17]对几种常见固体酸的物理化学特性进行了系统比较，并考察其在甲缩醛羰基化反应中的性能表现。研究发现，这些固体酸催化剂在 Brønsted 酸密度、酸强度及比表面积等方面存在显著差异（表 5.3）。其中，酸性最弱的 γ-Al_2O_3 样品在测试反应中未表现出催化活性，而在其他固体酸催化剂表面均观察到 MMAc、二甲醚和甲酸甲酯等产物的生成。特别值得关注的是，$Cs_{2.5}H_{0.5}PW_{12}O_{40}$ 杂多酸在 MMAc 合成效率上远优于 H-erionite（毛沸石）、H-ZSM-5、SO_4^{2-}/ZrO_2、SO_4^{2-}/TiO_2 和 WO_x/ZrO_2 等催化剂。该实验结果进一步验证了在甲缩醛羰基化反应中，Brønsted 酸强度与反应活性的紧密关联。Brønsted 酸越强，羰基化和歧化反应活性越高，凸显了杂多酸在该反应体系中潜在的应用价值。

表5.3 不同固体酸的甲缩醛羰基化性能比较

催化剂	比表面积 /(m^2/g)	B 酸量		产品浓度 /vol%			转化率 $_{DMM}$ /%	选择性 $_{MMAc}$ /%	转化频率 $_{MMAc}$ /h^{-1}	转化频率 $_{DME}$ /h^{-1}
		强度 /(kJ/mol)	数量 /(mmol/g)	MMAc	DME	MF				
$Cs_{2.5}H_{0.5}PW_{12}O_{40}$	150	1150	0.05	0.22	0.85	0.40	30.00	20.00	53.00	207.00
SO_4^{2-}/ZrO_2	120	1160	0.07	0.15	0.70	0.33	24.00	17.60	4.50	21.00
WO_x/ZrO_2	75	1170	0.05	0.14	0.55	0.27	19.70	20.30	5.00	20.00
H-ZSM-5	325	1180	0.18	0.03	0.60	0.28	18.00	5.00	0.70	14.30
SO_4^{2-}/TiO_2	160	1180	0.07	0.01	0.20	0.06	60.00	6.50	0.54	7.70
H-erionite	450	1200	0.10	0.00	0.02	0.008	0.60	5.00	0.04	0.85
γ-Al_2O_3	200	1360	0.02	无活性						

5.4 小结与展望

甲醛羰基化反应在有机合成领域至关重要，传统无机强酸催化剂存在强腐蚀性及环境污染等问题，固体酸催化剂也面临稳定性不足或选择性差等挑战。以稳定性更高的甲缩醛替代甲醛作为底物，利用分子筛的限域效应和可调酸性位点，在温和条件下实现甲缩醛高选择性羰基化合成甲氧基乙酸甲酯是一个重要的研究方向。分子筛拓扑结构对反应选择性起关键作用，如 H-Y 分子筛的超大笼结构能抑制歧化副反应、使甲氧基乙酸甲酯选择性可达 79%，而 H-ZEO-1 等超大孔分子筛因扩散性能优异而具有更优的催化活性和稳定性。另外，H-Y 分子筛的硅铝比、酸性位点分布及强度也显著影响反应：高硅铝比可减少中间体之间的静电排斥，Brønsted 酸性位点中的 O (1) 位点主导羰基化反应、O (4) 位点则参与歧化反应。反应机理显示，甲缩醛先质子化生成甲氧基亚甲基，CO 插入后形成甲氧基乙酰基中间体，最终生成甲氧基乙酸甲酯，副反应为甲缩醛歧化生成二甲醚和甲酸甲酯，而催化剂失活主要因甲醛中间体生成的积碳覆盖活性位点和阻碍扩散。未来研究需聚焦分子筛结构优化，开发兼具大孔扩散优势与适宜酸强度的复合分子筛，通过表面改性等调控酸性位点分布与强度、增强抗积碳性能，同时优化反应条件并结合 DFT 计算与原位表征技术深入解析反应机理，推动工程化应用研究以实现该技术绿色高效的工业化转化。

参考文献

[1] 孙颖 . 杂多化合物催化甲醛与一氧化碳羰基化反应研究 [D]. 大连 : 中国科学院大连化学物理研究所 , 2009.

[2] Mcketta J J, Cunning W A. Encyclopedia of Chemical Processing and Design[M]. New York: Marcel Dekker Inc, 1988: 484-508.

[3] Lee S Y, Kim J C, Lee J S, et al. Carbonylation of formaldehyde over ion-exchange resin catalysts[J]. 1. Batch reactor studies. Ind Eng Chem Res, 1993, 32(2): 253-259.

[4] Sun Y, Wang H, Shen J H, et al. Highly effective synthesis of methyl glycolate with heteropolyacids as catalysts[J]. Catal Commun, 2009, 10(5): 678-681.

[5] Barri S A I, Chadwick D. Carbonylation of formaldehyde with zeolite catalysts[J]. Catal Lett, 2011, 141(6): 749-753.

[6] Celik F E, Kim T J, Bell A T. Vapor-phase carbonylation of dimethoxymethane over H-Faujasite[J]. Angew Chem, 2010, 48(26): 4813-4815.

[7] Celik F E, Kim T, Mlinar A N, et al. An investigation into the mechanism and kinetics of dimethoxymethane carbonylation over FAU and MFI zeolites[J]. J Catal, 2010, 274(2): 150-162.

[8] Yang L L, Ni Y M, Xie M G, et al. A green and moderate approach for the synthesis of methyl formate via dimethoxymethane disproportionation over H-zeolites[J]. Appl Catal A: Gen, 2024, 683, 119860.

[9] Ni Y M, Zhu W L, Liu Z M. H-ZSM-5-catalyzed hydroacylation involved in the coupling of methanol and formaldehyde to aromatics[J]. ACS Catal, 2019, 12(9): 11398-11403.

[10] Celik F E, Kim T J, Bell A T. Effect of zeolite framework type and Si/Al ratio on dimethoxymethane carbonylation[J]. J Catal, 2010, 270: 185-195.

[11] Zhang D X, Shi L, Wang Y, et al. Effect of mass-transfer control on H-Y zeolites for

dimethoxymethane carbonylation to methyl methoxyacetate[J]. Catal Today, 2018, 316: 114-121.

[12] Xie Z Q, Chen C B, Hou B, et al. Study of the nature of high-silica H-Y acid sites in dimethoxymethane carbonylation by NH_3 poisoning[J]. J Phys Chem C, 2018, 19(122): 9909-9917.

[13] Wu J B, Zhang X Y, Sun Z P, et al. Effect of NaOH content in the synthesis gel on the catalytic performance of H-ZSM-5 zeolites in the gas phase carbonylation of dimethoxymethane. J Fuel Chem Techn, 2019, 10(47): 1226-1234.

[14] Gao S L, Lu P, Qi L, et al. Dimethoxymethane carbonylation and disproportionation over extra-large pore zeolite ZEO-1: Reaction network and mechanism[J]. Chin J Catal, 2025, 68: 230-245.

[15] 王岩 . 固体酸高效催化甲缩醛制备甲氧基乙酸甲酯及聚甲氧基二甲醚的研究 [D]. 沈阳 : 沈阳化工大学 , 2015.

[16] 刘世平 . 固体酸催化醚类羰基化研究 [D]. 北京 : 中国科学院大学 , 2015.

[17] Badmaev S D, Smorygina A S, Paukshtis E A, et al. Gas-phase carbonylation of dimethoxymethane to methyl methoxyacetate on solid acids: The effect of acidity on the catalytic activity[J]. Kinet Catal, 2018, 1: 99-103.

第 6 章 甲缩醛经甲氧基乙酸甲酯制乙醇酸甲酯技术研究与开发

6.1 引言

甲缩醛作为廉价易得的 C_1 平台化合物，其高值化转化路径近年来受到广泛关注。2009 年，Celik 等[1]首次报道了分子筛催化甲缩醛气相羰基化反应的研究成果，发现具有超笼结构的 FAU 分子筛在该反应中表现出良好的甲氧基乙酸甲酯选择性[1-3]。然而，该体系中 Y 分子筛催化剂存在反应活性低、易失活等问题，难以满足工业化要求。另外，产物甲氧基乙酸甲酯是一种精细化学品，市场容量有限。但是，如果把甲氧基乙酸甲酯作为一种平台化合物，可以进一步转化生成附加值更高的大宗化学品，拓展其应用空间。例如，甲氧基乙酸甲酯水解可以生成乙醇酸甲酯和乙醇酸。作为重要的基础化工原料，乙醇酸及其酯类衍生物广泛应用于化工、医药、农药等领域，同时也是合成理想可降解塑料聚乙醇酸（PGA）的关键原料。PGA 凭借优良的生物相容性、机械强度、成型加工性能及气体阻隔特性，近年来成为医药、工程塑料、薄膜材料及一次性消费品等领域的研究热点。由于已有路线生产的乙醇酸及其酯类原料成本高，其生产规模受限。目前，PGA 主要集中于医用高端领域，如手术缝合线、人体组织修复支架等精密医疗耗材。因此，系统、深入开展甲缩醛经羰基化、水解制乙醇酸 / 乙醇酸甲酯具有重要的理论意义和工业应用前景。

中国科学院大连化学物理研究所刘中民团队通过大量的探索与创新性研究，成功突破了分子筛催化甲缩醛羰基化反应活性低、稳定性差等关键技术瓶颈，并创新性地提出了甲缩醛羰基化合成甲氧基乙酸甲酯及其水解制备乙醇酸甲酯的全新技术路线。在甲缩醛羰基化反应单元，研究团队研制了高活性分子筛羰基化催化剂，并构建了气-液-固三相羰基化反应体系，实现了高选择性、高转化率的连续反应过程。所研发的甲缩醛羰基化催化剂具有良好的稳定性，寿命超过 11000 h，且具有良好的再生性能，显著提升了技术经济性与可持续性。在水解单元中，研究团队开发了高性能分子筛水解催化剂，采用气固相反应体系，在低水 / 酯比条件下实现了甲氧基乙酸甲酯水解反应。催化剂使用寿命达到 8000 h，同样具备良好的再生能力，为工业化应用提供了坚实的基础。此外，研究团队通过工艺流程模拟、反应器放大设计、产物分离技术开发以及腐蚀性评估等一系列工程化研究，成功解决了该技术从实验室规模向工业化放大过程中面临的关键工程问题，为技术的工业化奠定了坚实基础，并成功编制了 20 万吨 / 年甲缩醛制乙醇酸甲酯工艺包，形成了成套技术。目前，中国科学院大连化学物理研究所正与国家能源集团开展战略合作，积极推进 40 万吨 / 年煤经甲缩醛羰基化、水解制乙醇酸甲酯工业示范项目，标志着该技术开始迈向大规模工业应用新阶段。

6.2 乙醇酸甲酯及其生产技术概述

6.2.1 乙醇酸甲酯及其下游产品的性质及用途

乙醇酸甲酯（methyl glycolate，MG），又名羟基乙酸甲酯，分子式为 $C_3H_6O_3$，结构式为 $HOCH_2COOCH_3$，分子量为 90。常温常压下，乙醇酸甲酯为无色透明液体，密度为 1.117 g/mL，沸点范围为 149 ～ 151 ℃ [4]。从结构上看，乙醇酸甲酯分子中同时含有 α-H、羟基与酯基活性官能团，兼具醇类与酯类化合物的典型化学性质。这种独特的分子结构不仅赋予其优良的溶剂性能，也使其在药物合成与有机合成中占据重要的中间体地位，广泛应用于化工、医药、农药及塑料等多个领域 [5]。

乙醇酸甲酯可通过加氢、水解、氧化、胺化、缩合等一系列有机反应衍生出多种高附加值产物，包括但不限于乙二醇、乙醇酸、乙醛酸、乙醛酸甲酯及聚乙醇酸（PGA）等，详见图 6.1。该衍生网络为乙醇酸甲酯提供了广泛的产品转化路径与产业化潜力。

其中，乙醇酸（glycolic acid，GA）为乙醇酸甲酯水解产物，是结构最简单的 α-羟基酸，分子式为 $C_2H_4O_3$，结构式为 $HOCH_2COOH$，分子量为 76。乙醇酸在常温下为无色晶体，具有显著的吸湿性，可溶于水、甲醇、乙腈、丙酮等极性有机溶剂，在烃类等非极性溶剂中几乎不溶。热分析结果显示，乙醇酸在超过 100 ℃时发生热分解反应，生成甲醛、CO 和水，表现出明显的热不稳定性。

由于分子中同时含有羟基和羧基，乙醇酸具有高度反应活性，是重要的有机合成中间体和基础化工原料，广泛应用于金属清洗剂、日化品、织物处理及生物可降解材料等多个领域，被列入国家“十三五”规划重点发展的化工产品之一 [6]。然而，乙醇酸存在较强的分子内和分子间脱水缩合倾向，易生成乙交酯、PGA 等聚合产物，或发生分解反应，对其储存和加工过程提出了更高要求[7]。工业上，乙醇酸主要由乙醇酸甲酯的水解反应获得，一般在 70 ℃、常压条件下进行，反应条件温和、能耗较低，是当前实现乙醇酸规模化、绿色化生产的有效路径。

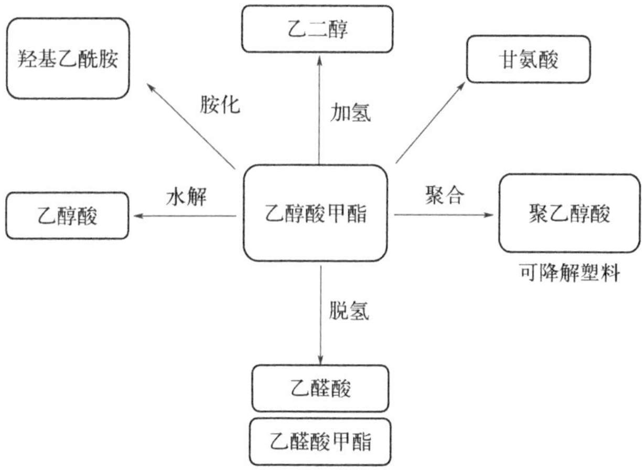

图 6.1　乙醇酸甲酯的应用

乙醇酸甲酯也可通过氧化脱氢反应转化为乙醛酸甲酯，后者再经水解生成乙醛酸。乙醛酸是最简单的醛酸类化合物，具有极高的官能团活性，广泛应用于青霉素、香兰素、扁桃酸、尿囊素等高附加值精细化学品的合成[8]。目前，国内乙醛酸的工业化生产主要依赖乙二醛硝酸氧化法[9]。该路线存在两个主要问题：其一，大量废酸的产生导致分离与回收困难，对环境危害大；其二，副反应影响产品纯度，限制了乙醛酸的高端应用发展。因此，开发以乙醇酸甲酯为原料的清洁乙醛酸制备技术具有重要现实意义。

此外，乙醇酸甲酯经加氢还原可高效生成乙二醇（EG），后者是现代化工的基础大宗原料，其最大用途为合成聚对苯二甲酸乙二酯（PET）。PET 作为重要的聚酯材料，广泛应用于纤维、包装材料及工程塑料等领域。乙二醇还可用于生产抗冻剂、润滑剂、增塑剂、表面活性剂、软化剂及炸药等化学品，具备多元化市场需求。

当前，乙醇酸甲酯的最大下游应用是 PGA 合成。PGA 是一种脂肪族聚酯类高分子材料，具有单元碳数少、降解速率快及完全生物分解性等显著优势，符合绿色环保材料的发展趋势。乙醇酸甲酯也可与乳酸共聚制得聚乳酸-乙醇酸共聚物（PLGA）。PLGA 具有优异的生物相容性、可控降解性以及适宜的玻璃化转变温度，是组织工程支架、生物可吸收缝合线、药物缓释载体等高端生物医用材料的重要原料[10]。除医用领域外，PLGA 还因其良好的机械强度与阻隔性能，被认为在医药包装、工程塑料与一次性消费品等领域具有广阔的潜在应用前景。然而，目前 PLGA 的规模化制备仍面临诸如原料成本高、聚合过程控制难、纯度要求高等工艺难点，导致主要应用仍集中于高附加值的医疗器械和生物医用领域。

6.2.2 乙醇酸甲酯的合成技术

乙醇酸及其酯类衍生物具有多种合成技术路线，主要包括草酸二甲酯加氢法、甲醛羰基化法、氯乙酸水解法等，是目前实现乙醇酸 / 乙醇酸甲酯小批量商业化制备的主要技术路径。

甲醛羰基化法通常以浓硫酸为催化剂，在约 18 MPa 的高压条件下甲醛与 CO 发生羰基化反应。尽管理论产率较高，但工业应用面临诸多挑战，主要是高压下浓硫酸催化剂使反应体系具有极强的腐蚀性，且废酸难以回收处理，进而导致严重的环境污染与设备釜腐蚀问题。

氯乙酸水解法和乙醇腈水解法也可实现乙醇酸 / 乙醇酸甲酯的合成，但均伴随大量无机盐副产物的生成，三废处理压力大，污染物排放量高，限制了其在大规模绿色生产中的应用潜力。此外，乙二醇选择性氧化法、乙二醛催化歧化法、草酸电还原法及生物酶催化法等新型合成路线，尽管理论上具备一定的可行性，但多处于实验室验证阶段。

基于我国“富煤、贫油、少气”资源禀赋特征，亟须构建基于煤、天然气、钢厂煤气、生物质及 CO_2+H_2 等多元化原料的可降解塑料生产体系，推动煤化工向绿色、低碳、高附加值方向转型。在此背景下，草酸二甲酯加氢制乙醇酸甲酯技术作为新兴工艺路线引起广泛关注，万吨级工业示范装置已投入运行。该工艺以煤经合成气制草酸酯为起点，通过加氢反应合成乙醇酸甲酯，具有较好的原料适应性和能源转化效率。但当前仍面临催化剂活性与选择性不足、反应体系稳定性差及工程放大复杂等关键瓶颈，亟须进一步的技术突破。

中国科学院大连化学物理研究所提出了一条全新的以甲醇为原料的技术路线：通过甲缩醛羰基化反应制备甲氧基乙酸甲酯，并进一步水解生成乙醇酸 / 乙醇酸甲酯。该技术路线突破了传统金属催化羰基化反应的范式，首次实现分子筛多相催化体系中甲缩醛的高效羰基化转化。该工艺具有催化剂稳定性好、产物分离简单、可连续化大规模生产等显著优势。此项技术的突破与产业化应用，将为 PGA 可降解塑料的大规模生产与市场推广提供坚实的技术支撑，对推动我国煤化工产业向高端化、多元化、低碳化发展具有重要战略意义。

6.2.2.1 草酸二甲酯加氢制乙醇酸甲酯

近年来，随着我国煤基乙二醇产业快速扩张，产能与实际市场需求之间的结构性矛盾愈发凸显。随着国内煤化工项目的集中建成投产，叠加下游聚酯行业需求增速放缓，煤制乙二醇市场供需失衡加剧，产能过剩压力持续增大。在此背景下，推动煤制乙二醇行业向多元化、精细化方向转型升级已成为行业可持续发展的必然选择。

草酸二甲酯选择性加氢制备乙醇酸甲酯技术为煤基乙二醇产业链延伸、产品结构优化提供了全新路径。通过优化加氢催化剂体系及反应工艺参数，该技术在提高反应选择性、控制副反应等方面展现出显著优势。一方面，它可有效提升煤化工产品附加值，拓展出乙醇酸甲酯及其下游可降解材料 PGA 的绿色制备路线；另一方面，其技术方案契合我国“富煤、贫油、少气”的资源结构，具备良好的产业推广前景。

目前，国内在该领域的实践探索也取得了重要进展。2014 年 5 月，中国石化扬子石油化工有限公司与上海石油化工研究院成功开发煤制乙醇酸专有技术，并实现质量分数 70% 乙醇酸（水溶液）的产出[11]。上海浦景化工技术股份有限公司则于 2010 年自主研发出具有完全自主知识产权的乙醇酸甲酯制备技术，并完成千吨级工业中试装置建设，稳定生产质量分数 70% 的乙醇酸（水溶液），验证了技术的可行性[12]。2021 年 3 月，国家能源集团神华榆林化工有限公司启动 5 万吨 / 年 PGA 可降解材料示范项目建设[13]。该项目的实施不仅为草酸二甲酯加氢制备乙醇酸甲酯技术的工业化应用提供了重要实践支撑，也标志着我国在可降解材料产业化领域取得重大突破。草酸二甲酯加氢制乙醇酸甲酯技术路线如图 6.2 所示。

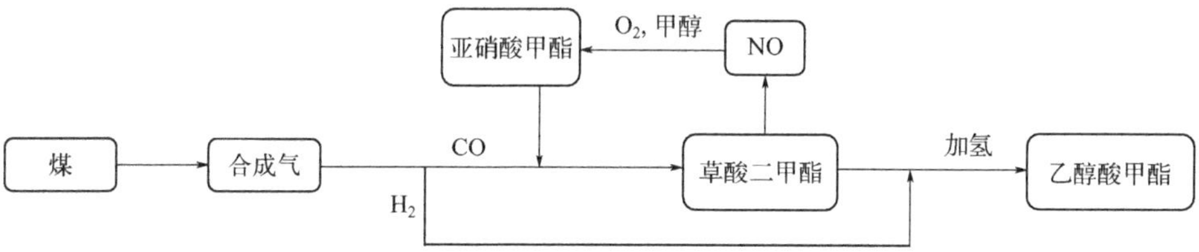

图 6.2　草酸二甲酯加氢制乙醇酸甲酯技术路线

在草酸二甲酯加氢制备乙醇酸甲酯的反应过程中，草酸二甲酯先通过选择性加氢转化为乙醇酸甲酯。由于乙醇酸甲酯分子中同时包含酯基与羟基，具有较高反应活性，极易进一步加氢生成乙二醇、乙醇等副产物，反应方程式如式(6.1)～式(6.3)所示。因此，草酸二甲酯选择性加氢反应对温度、压力、氢酯比、空速、进料浓度等工艺参数高度敏感。尤其是反应温度的控制至关重要：温度过高将加速深度加氢反应的发生，而温度过低则会抑制草酸二甲酯转化，且草酸二甲酯是阻聚剂。因此，实现草酸二甲醚加氢工艺条件的精准匹配与系统优化，是提升目标产物选择性与时空产率的关键[14]。

$$(COOCH_3)_2 + 2H_2 \longrightarrow HOCH_2COOCH_3 + CH_3OH \tag{6.1}$$

$$HOCH_2COOCH_3 + 2H_2 \longrightarrow HOCH_2CH_2OH + CH_3OH \tag{6.2}$$

$$HOCH_2CH_2OH + H_2 \longrightarrow CH_3CH_2OH + H_2O \tag{6.3}$$

从热力学角度分析，乙醇酸甲酯进一步加氢生成乙二醇的热力学平衡常数（K_p）远高于草酸二甲酯加氢制乙醇酸甲酯的 K_p，通常高出两个数量级。这一趋势决定了在常规反应条件下，体系更容易向深度加氢方向偏移，造成乙醇酸甲酯选择性下降。因此，草酸二甲酯选择性加氢反应过程存在明显的热力学驱动障碍，亟须通过催化剂设计与反应条件调控突破该限制[15]。

当前草酸二甲酯加氢催化体系主要分为均相催化与多相催化两类。其中，均相催化体系以钌（Ru）为代表的贵金属催化剂可在相对温和条件下实现较高的乙醇酸甲酯产率。但其工业应用受到多重限制：钌成本昂贵，催化剂存在易流失和产物分离困难等问题，反应体系需引入含氮（N）、磷（P）配体，进一步加剧了体系复杂性与后续处理难度，难以满足大规模工业化生产[16]。

相比之下，多相催化体系尤其是气固相加氢模式逐渐成为主流研究方向。铜基催化剂凭借其优良的催化活性及低廉的制备成本，成为草酸二甲酯加氢制备乙二醇的理想催化材料。在草酸二甲酯加氢制备乙醇酸甲酯的研究领域，早期开发的催化剂体系同样以铜基催化剂为主。尽管科研人员围绕铜基催化剂开展了大量改性研究，包括活性组分调控、载体优化及助剂掺杂等策略，但该催化体系仍面临显著挑战：在提升草酸二甲酯加氢活性的同时，乙醇酸甲酯的选择性往往呈现下降趋势，形成活性与选择性之间难以调和的“跷跷板”效应。这种矛盾性导致催化剂性能难以满足工业化生产对高活性、高选择性及长周期稳定性的综合需求，与工业化应用所需的技术指标仍存在较大差距，亟须通过创新催化剂设计与反应机制研究实现关键突破[17]。

为克服上述问题，银基催化剂因其较弱的加氢活性，在草酸酯向乙醇酸甲酯的选择性加氢中展现出独特优势。早在 20 世纪 90 年代，日本宇部株式会社率先采用简单浸渍法制备 Ag/SiO_2 催化剂，在较低反应压力下实现了乙醇酸甲酯产率超 80% 的良好性能[16]。但其稳定性不足，银颗粒易团聚导致催化剂失活速度较快，限制了其工业化应用。

针对这一问题，研究人员通过多种策略对银基催化剂进行改性优化：在载体选择方面，尝试引入不同种类的多孔材料以调控活性位点分散性；在活性组分设计上，采用掺杂其他金属元素或非金属助剂的方式调节电子结构与表面性质；在制备方法上，探索沉淀法、溶胶-凝胶法、原子层沉积法等新型技术以改善催化剂微观结构。经系统性优化后，在最优反应条件下，草酸酯转化率可达 100%，乙醇酸甲酯选择性突破 98%，显著提升了该催化体系的性能指标，为银基催化剂在草酸二甲酯加氢制乙醇酸甲酯领域的工业化应用奠定了理论与实践基础[18-22]。

6.2.2.2 甲醛羰基化、酯化制乙醇酸甲酯

甲醛羰基化制备乙醇酸甲酯以甲醛、CO 和水为原料，在硫酸、盐酸或磷酸等强酸催化剂作用下，于 160 ～ 200 ℃、15 ～ 90 MPa 的反应条件下进行。该反应过程包含两个关键步骤：甲醛先经羰基化反应生成乙醇酸，随后，乙醇酸通过酯化反应转化为乙醇酸甲酯。作为典型的酸催化反应体系，甲醛羰基化的反应机理涉及以下步骤：首先，在强酸作用下，甲醛分子发生质子化形成羟基碳正离子，实现反应物的活化；其次，CO 分子与羟基碳正离子发生亲核加成反应，生成酰基碳正离子，完成碳链的增长过程；最后，酰基碳正离子与体系中的富电子基团结合，形成稳定的中间产物或目标产物。该反应路径的高效进行依赖于催化剂的酸性强度、反应温度和压力等关键参数的协同调控[23]。反应方程式如下：

$$HCHO + CO + H_2O \longrightarrow HOCH_2COOH \tag{6.4}$$

$$HOCH_2COOH + CH_3OH \longrightarrow HOCH_2COOCH_3 + H_2O \tag{6.5}$$

1940 年，杜邦公司率先实现甲醛羰基化法工业化生产乙醇酸，开创了该领域的技术先河。此工艺以液体强酸（如硫酸、盐酸等）作为催化剂，在高压条件下进行。尽管该路径具备原料来源广泛、生产成本低廉的显著优势，但其固有的技术缺陷严重制约了工业化应用，如液体强酸催化剂无法实现循环利用，不仅造成资源浪费，还带来严重的环境污染问题，且强腐蚀性对反应设备材质提出极高要求，同时给高压反应体系增加了工艺操作难度与安全风险。鉴于上述技术瓶颈，杜邦公司于 1968 年终止了该工艺的工业化推进[24]。尽管如此，得益于其原料经济性，甲醛羰基化法至今仍作为国外小批量制备乙醇酸甲酯的重要技术路线之一被沿用。

甲醛羰基化制备乙醇酸甲酯的工业化进程长期受制于液体强酸催化剂在高压条件下的强腐蚀性问题。近半个世纪以来，固相酸性催化剂的快速发展为突破这一瓶颈、开发低腐蚀且反应条件温和的甲醛羰基化技术带来了新契机。研究表明，酸性树脂作为一类新型固相催化剂，在甲醛羰基化反应中展现出优良的催化活性。在 24 MPa CO 压力条件下，以酸性树脂为催化剂，乙醇酸甲酯产率可达 78%，显著优于传统 ZSM-5 分子筛催化剂[25]；在酸性树脂与 1,4-二氧六环溶剂的催化体系及 135 ℃、24 MPa 的条件下，乙醇酸甲酯产率可提升至 80%[26]。

酸性树脂催化剂的应用有效缓解了液体强酸引发的设备腐蚀问题，并通过固-液分离特性简化了原料、产物与催化剂的分离流程。然而，该类催化剂仍存在诸多不足，限制其工业化应用拓展：其一，酸性树脂催化剂失活后难以再生，且热稳定性较差，无法耐受高温反应条件；其二，尽管较传统液体强酸体系有所改善，其催

化羰基化反应仍需较高压力条件。因此，酸性树脂催化剂的酸强度增强、热稳定性提升及反应条件温和化，仍是当前亟须解决的关键问题，这对推动甲醛羰基化制乙醇酸甲酯技术的工业化具有重要意义。

杂多酸作为一类独特的酸性催化剂，兼具高强度酸性与杂多阴离子的软碱稳定特性，且具有低温酸性优势，在甲缩醛羰基化反应中展现出良好的催化活性与乙醇酸甲酯选择性。中国科学院大连化学物理研究所基于甲醛羰基化反应机理与特性，系统设计并合成系列新型催化剂开展探索性研究。通过对杂多酸及其固载化催化剂的催化性能进行深入剖析，成功构建了以磷钨酸（HPW）为活性组分、环丁砜为溶剂的高效稳定催化体系。研究团队采用高压釜式反应装置与鼓泡床连续反应装置，系统优化反应工艺参数与操作条件，分别开发出适用于温和条件下的连续化与间歇式反应工艺路线。实验结果表明，在优化条件下，连续反应与间歇反应工艺中乙醇酸甲酯产率分别可达 80% 与 90%。以合成气作为 CO 源时，所开发的催化剂在甲醛羰基化制备乙醇酸的反应过程中均表现出良好的催化活性，为该技术的工业化应用提供了重要的理论与实践基础 [24]。

6.2.2.3 氯乙酸甲酯水解制乙醇酸甲酯

氯乙酸碱性水解制备 PGA 的技术路线如图 6.3 所示，该工艺以氯乙酸的碱性水解反应为核心步骤。早在 1916 年，Witzemann[27] 首次报道了以碳酸钙或碳酸钡为碱试剂，氯乙酸水解制乙醇酸的方法。具体反应路径包括：氯乙酸与碳酸钙反应生成乙醇酸钙，乙醇酸钙与草酸进一步反应制得乙醇酸；或者氯乙酸与碳酸钡反应生成乙醇酸钡，乙醇酸钡进一步和硫酸反应得到乙醇酸。然而，此路线碳酸钙 / 碳酸钡及强酸试剂消耗量大，成本高，同时产生大量无机盐副产物（如草酸钙、硫酸钡等），造成资源浪费与环境污染。受制于上述因素，该工艺的经济可行性较差，目前仅适用于实验室少量合成。

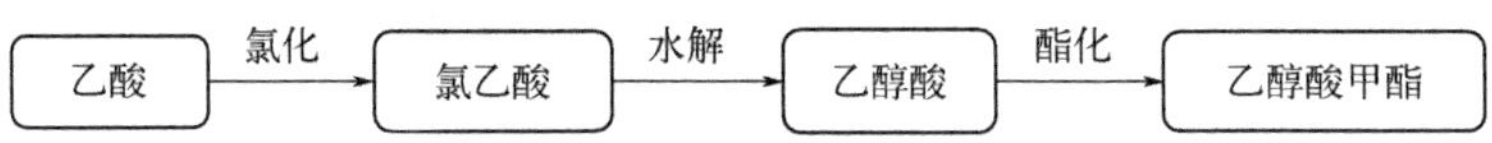

图 6.3　氯乙酸碱性水解制乙醇酸甲酯技术路线

Rakhmatullin 和 Gavrilov[28] 提出了基于氯乙酸碱性水解制备乙醇酸的工艺，其反应机理如图 6.4 所示。该反应遵循典型的亲核取代机制：由于氯原子的强电负性，氯乙酸分子中 C—Cl 键的电子云显著偏向氯原子，导致 α-碳原子呈现明显的正电性。这种电子云分布特性使得 α-碳原子成为亲核反应的活性位点，极易受到氢氧根负离子（OH^-）的亲核进攻，发生亲核取代反应，氢氧根取代氯原子，生成乙醇酸 [29]。

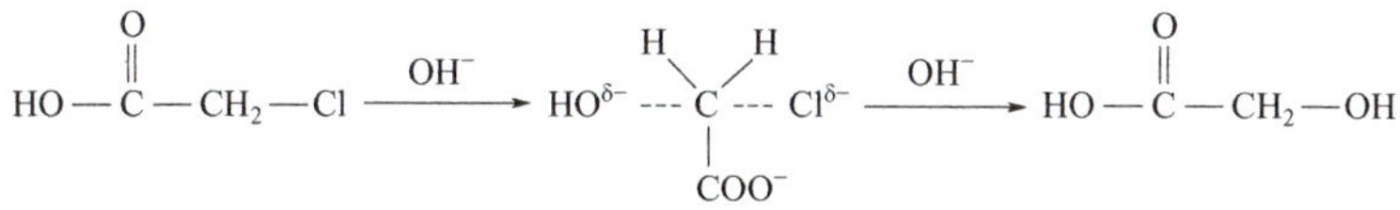

图 6.4 氯乙酸碱性水解法合成乙醇酸

Li[30] 等针对氯乙酸与氢氧化钠的碱性水解反应开展了系统性研究，揭示了反应温度对该过程具有决定性影响。研究数据表明，在强碱性反应体系中，温度与反应进程呈现显著相关性：当反应温度为 45 ℃时，氯乙酸转化率低于 10%，显示出较低的反应活性；随着温度升高至 85 ℃，氯乙酸转化率突破 90%；然而，当反应温度进一步升高，尽管氯乙酸转化率可达 95% 以上，但伴随温度升高引发的副反应显著增加，导致目标产物乙醇酸的选择性出现明显下降。该研究结果表明，氯乙酸碱性水解反应存在最佳温度窗口，温度过高或过低均不利于乙醇酸的高效制备，为该反应的工艺优化与工业化应用提供了重要的理论依据。

1980 年，日本 Otsuka 化学公司 [31] 采用氯乙酸与氢氧化钠水溶液在 100 ℃下进行水解反应，实现乙醇酸的制备。反应结束后，采用盐酸中和反应液，继而利用甲基异丁基酮（MIBK）对中和液进行萃取以分离乙醇酸，随后通过水相反萃取获得乙醇酸水溶液，经浓缩后可得到质量分数为 88% 的乙醇酸水溶液产品。该工艺基于氯乙酸碱性水解的可逆反应机制，其工业化应用面临多重技术瓶颈。首先，受化学平衡限制，反应转化率难以突破；其次，萃取-反萃取分离流程存在乙醇酸产率较低的问题，导致原料损耗显著；此外，强碱及盐酸的使用加剧了设备腐蚀，产生了大量含盐废水，造成环境污染，同时显著增加处理成本。尽管该工艺具有原料成本低廉、反应条件温和、操作流程简便等优势，但其经济性与环境友好性的缺陷使其难以满足大规模工业化生产需求。目前，该工艺仍作为国内传统小规模制备乙醇酸的技术路线沿用，但亟须通过技术创新实现绿色化与规模化升级。

6.2.2.4 甲缩醛羰基化、水解制乙醇酸甲酯

中国科学院大连化学物理研究所首次提出甲缩醛羰基化制甲氧基乙酸甲酯，进一步水解制乙醇酸甲酯技术路线，如图 6.5 所示。该路线可以以非石油资源为原料，如煤、天然气、生物质、钢厂煤气，先由合成气制甲醇，再脱氢缩合后制甲缩醛，然后甲缩醛羰基化、水解制取乙醇酸甲酯。此技术路线中甲缩醛生产方法成熟，羰基化反应和水解反应条件温和，都采用分子筛催化剂，反应工艺和反应器成熟，产物选择性高，产品品质高（不含 N、Cl、S 等元素），是一条极具工业化前景的新途径。

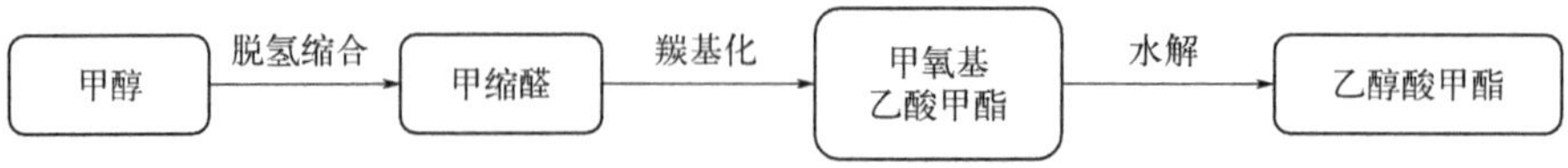

图 6.5　甲醇经甲缩醛羰基化、水解制乙醇酸甲酯示意图

目前，中国科学院大连化学物理研究所在关键的甲缩醛羰基化制甲氧基乙酸甲酯方面取得了突破性进展，解决了分子筛催化剂在甲缩醛羰基化反应中活性低、稳定性差的难题。甲缩醛羰基化催化剂的甲氧基乙酸甲酯选择性≥ 90%，甲氧基乙酸甲酯时空产率≥ 0.5 g/(g · h)，单程寿命达到 11000 h，可重复再生。同时开发了高活性、高稳定性的甲氧基乙酸甲酯水解催化剂，甲氧基乙酸甲酯转化率≥ 30%，乙醇酸甲酯时空产率≥ 0.2 g/(g · h)，催化剂寿命达到 8000 h。在实验室小试的基础上，已经完成了甲缩醛羰基化制甲氧基乙酸甲酯以及甲氧基乙酸甲酯水解制乙醇酸甲酯中试，取得了良好的结果，获取了用于工艺包设计的关键数据，为甲醇经甲缩醛羰基化、水解制乙醇酸甲酯技术的工业化奠定坚实基础。

6.3　甲氧基乙酸甲酯水解制乙醇酸甲酯

6.3.1　水解催化剂的研究进展

在化学工业中，醚酯类有机化合物的水解反应属于典型的化学平衡反应，传统上多采用液体强酸（如硫酸）或强酸性磺酸树脂作为催化体系。在此基础上，催化精馏技术的引入一定程度上降低了能耗，提升了反应速率。然而，传统催化体系仍存在诸多局限。具体而言，酯基的水解平衡常数较大，即便在 100 ℃以下也可展现出良好的反应活性，如乙酸甲酯水解制乙酸、乙醇酸甲酯水解制乙醇酸均为代表性反应。相比之下，醚键结构更为稳定，其水解反应平衡常数较小，以二甲醚水解制甲醇为例，即使在 150 ℃以上的高温条件下，转化率仍难以突破 30%。此外，液体强酸在高温环境下腐蚀性强且难以从产物中分离；而强酸性磺酸树脂因热稳定性较差，在 150 ℃以上难以长期稳定使用，这些问题限制了传统催化体系在高温醚酯类化合物水解反应中的应用。

甲氧基乙酸甲酯水解制乙醇酸甲酯是一条新型的反应路径，目前在国内外尚未见公开文献报道。该反应的核心是对甲氧基乙酸甲酯分子中的醚键进行选择性水解，并形成乙醇酸甲酯这一高价值产物。酯基水解产物甲氧基乙酸作为原料可在反应体系中循环再利用。然而，该反应体系面临诸多挑战：从动力学角度分析，酯基比醚键更易水解，实现高选择性地获得醚键水解产物乙醇酸甲酯的难度极大；反应过程中酯键水解产生的酸，在高温环境下可能导致分子筛骨架脱铝塌陷；甲氧基乙酸甲酯水解产物多样，平衡体系复杂，且反应温度区间处于气相，不适用于催化精馏工艺；此外，醚键和酯键水解产生的乙醇酸具有热敏性，极易分解为甲醛和CO，这不仅降低了原子经济性，还会对催化剂的稳定性产生负面影响。

面对上述技术瓶颈，中国科学院大连化学物理研究所刘中民团队首次提出使用分子筛催化剂替代传统液体酸或磺酸树脂催化剂催化甲氧基乙酸甲酯的气相水解反应。尽管目前尚无工业化先例，但分子筛催化剂潜在优势显著，包括易分离、可重复使用、热稳定性高等。

为提升反应的目标选择性与催化剂耐久性，研究团队开展了系统性的研发工作。首先，通过设计低温高活性、耐酸性能强的分子筛材料，有效提升了对醚键的选择性水解能力；其次，采用改性技术强化分子筛骨架结构稳定性，延长其在水热环境下的寿命；针对甲氧基乙酸甲酯水解的多参数耦合特性，团队还优化了反应温度、水 / 酯比、空速等工艺参数，实现了反应体系的精细控制。图 6.6 给出了六种不同催化剂在常压条件下的甲氧基乙酸甲酯水解反应结果。可以看出，相较于磺酸树脂和γ-氧化铝，分子筛展现出更优的催化性能，并筛选出对甲氧基乙酸甲酯水解性能优良的分子筛催化剂。结合 SEM 与氨程序升温脱附（NH_3-TPD）表征结果，研究团队发现该分子筛具有纳米结构且酸性较强的基本特征。这为甲氧基乙酸甲酯水解反应研究提供了新思路，也为开发适用于醚酯类化合物水解反应的多相催化剂开发奠定了基础。

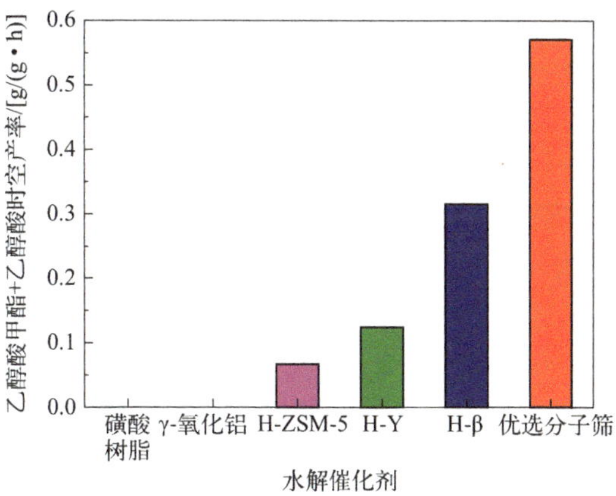

(a)

图 6.6

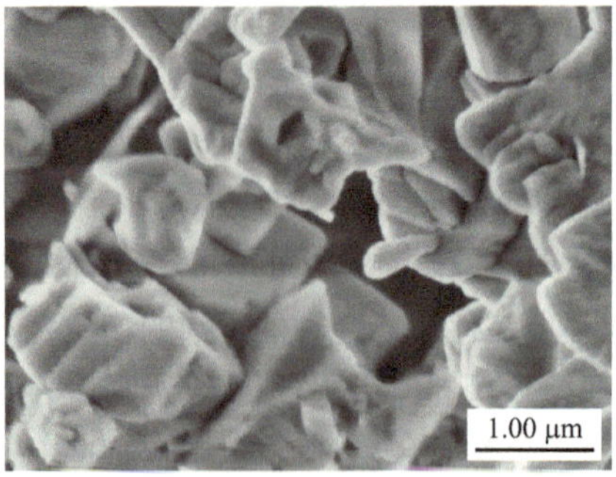

(b)

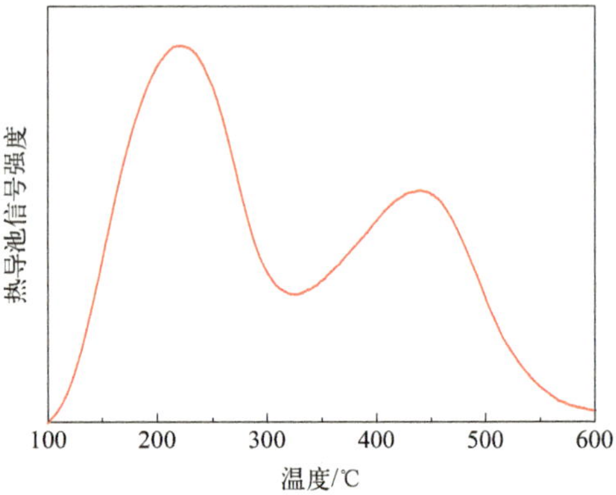

(c)

图 6.6　六种不同催化剂的甲氧基乙酸甲酯水解反应性能及其优选分子筛表征结果

(a) 水解反应结果；(b) 优选分子筛扫描电镜图；(c) 优选分子筛 NH_3-TPD 结果

6.3.2　甲氧基乙酸甲酯水解反应机理

在酸性分子筛的催化作用下，甲氧基乙酸甲酯分子中的醚键和酯基均可发生水解反应。这两类水解过程均属于典型的吸热反应。从反应热力学角度分析，其正向反应依赖于持续的能量输入以克服反应活化能垒。这种吸热特性在提高反应温度促进转化的同时，也对反应过程控制提出了更高要求，增加了反应体系的操作复杂度。

在反应初始阶段，甲氧基乙酸甲酯先发生初步水解反应，生成甲氧基乙酸、乙醇酸甲酯和甲醇等主要产物。随着反应的深入，乙醇酸甲酯可继续发生水解反应生成乙醇酸；而甲氧基乙酸与乙醇酸甲酯之间也可能发生分子间脱水酯化反应，生成酯交换产物。同时，副产物甲醇在高温酸性环境中可进一步脱水转化为二甲醚。上述一系列的连续反应与平行反应交织进行，构成了一个高度复杂的反应网络（图 6.7）。这种复杂的反应网络不仅导致体系中存在多种中间产物与副产物，还使各类中间体之间可能发生二次反应，进一步改变最终产物分布。这种反应路径之间的相互竞争显著降低了乙醇酸甲酯的选择性，对催化反应机理解析、反应路径调控与产品分离纯化均提出了更高的挑战。

图 6.7 甲氧基乙酸甲酯水解反应网络

从微观反应机理来看，甲氧基乙酸甲酯水解过程遵循典型的 Brønsted 酸催化反应路径。如图 6.8 所示，在反应起始阶段，甲氧基乙酸甲酯分子与分子筛 Brønsted 酸的桥式羟基发生质子交换，形成质子化中间体。该质子化过程削弱了分子筛中醚键与酯基的电子密度，显著降低了断裂难度。具体而言，在乙醇酸甲酯生成过程中，甲氧基乙酸甲酯经过质子化后，其甲氧基被激活并脱离，形成甲醇分子，并在分子筛表面形成“—CH_2COOCH_3”基团。随后，水分子通过亲核进攻该基团的亚甲基碳原子，最终生成乙醇酸甲酯。同时，分子筛上的 Brønsted 酸位点可通过水中的质子重新补充，从而形成一个闭合的催化循环过程。甲氧基乙酸的生成机理与乙醇酸甲酯的形成过程类似，同样是甲氧基乙酸甲酯分子在 Brønsted 酸作用下，先进行质子化，随后分子内化学键发生断裂与重组，最终生成甲氧基乙酸。

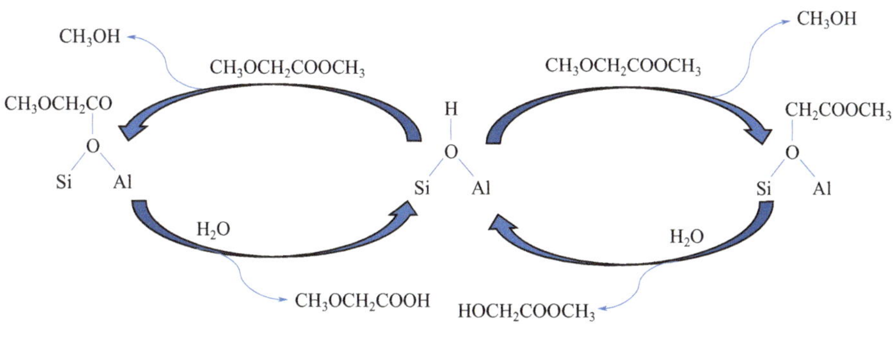

图 6.8 分子筛催化甲氧基乙酸甲酯水解反应机理

6.4 甲缩醛羰基化工业催化剂定型与放大

目前，酸性分子筛是研究甲缩醛羰基化反应的核心催化剂。甲缩醛羰基化反应作为主反应，伴随大量热量释放，而歧化反应则是主要副反应，会副产二甲醚和甲酸甲酯。文献调研显示，尽管该反应具备潜在价值，但甲氧基乙酸甲酯选择性较低、催化剂稳定性欠佳，难以满足工业化应用要求，也使得甲缩醛羰基化反应及催化剂技术研发面临巨大挑战。

深入剖析可知，该研究主要存在三大技术难点：①在羰基化反应进程中，同时发生的甲缩醛歧化反应，降低了甲缩醛目标产物甲氧基乙酸甲酯的选择性；②甲缩醛在酸性分子筛催化剂表面极易发生缩聚和缩合反应，致使催化剂快速积碳失活；③分子筛催化剂在低温下表现出强吸附性能，不利于高沸点或强极性产物从酸性活性位点脱附。

针对这些问题，研究人员提出了系统性解决方案：①致力于研制低温、高活性分子筛催化剂，并构建“气-液-固”三相反应体系；②充分利用低温环境抑制歧化反应，从而提高甲氧基乙酸甲酯的选择性；③借助产物自身的溶解能力，溶解强吸附产物和积碳前驱体，释放催化剂活性中心，从而有效抑制积碳生成，提升催化剂的稳定性。

通过对五种常用分子筛催化剂 H-β、H-ZSM-5、H-Y、H-MOR 和 H-ZSM-35 在甲缩醛羰基化反应中的性能研究发现，在 70 ℃时，甲缩醛转化率呈现出 H-β ≫ H-ZSM-5 ＞ H-Y ≈ H-MOR ＞ H-ZSM-35 的顺序［图 6.9（a）］；甲氧基乙酸甲酯选择性顺序则为 H-Y ≈ H-β ≈ H-MOR ≫ H-ZSM-5 ≫ H-ZSM-35［图 6.9（b）］。

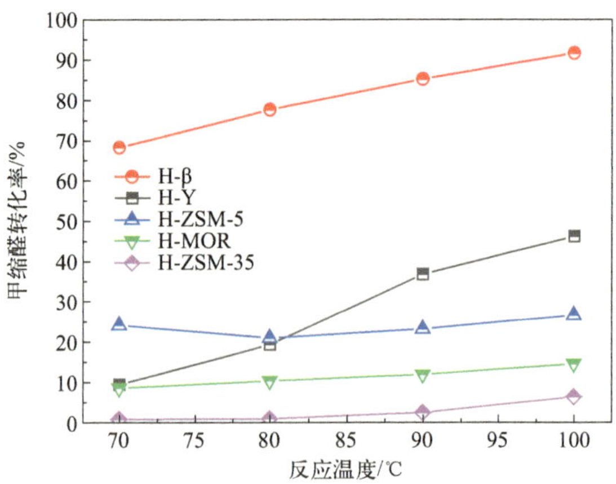

(a)

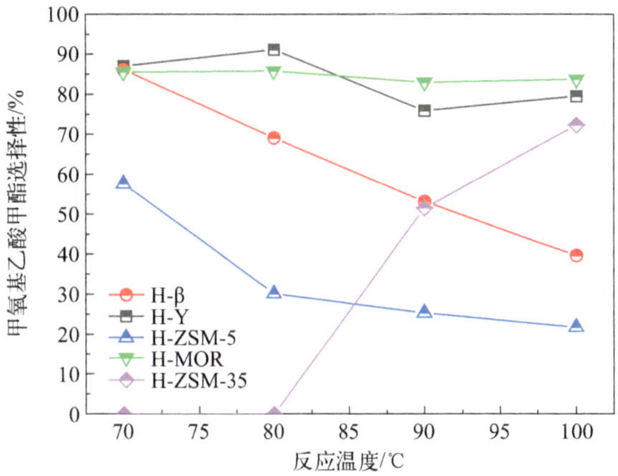

(b)

图 6.9 不同分子筛催化剂的甲缩醛羰基化性能

(a) 甲缩醛转化率随反应温度的变化；(b) 甲氧基乙酸甲酯选择性随反应温度的变化

图 6.10 中各分析表征结果揭示了其优良性能的内在原因：SEM 表征结果表明，H-β 分子筛催化剂是由堆积的纳米小晶体构成，这种独特的纳米晶体堆积结构提供了丰富的反应位点；氮气物理吸脱附实验表明分子筛 H-β 具有回滞环，结合 SEM 结果可知，它具有晶体间堆积介孔，这些介孔结构有利于反应物和产物的扩散，减少了分子在孔道内的扩散限制；NH_3-TPD 结果则表明分子筛 H-β 的强酸和弱酸的量接近，这种酸特性使其在催化反应中既能有效活化反应物分子，又能避免因酸性过强导致副反应的过度发生。

在明确了高性能分子筛催化剂的结构与性能关系后，研究团队进一步聚焦于催

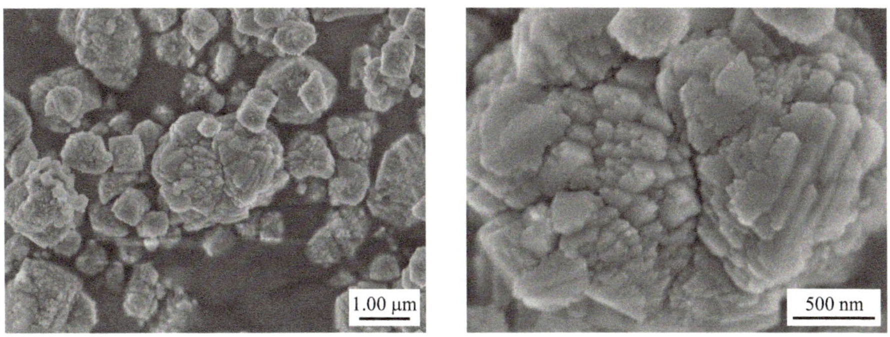

(a)

图 6.10

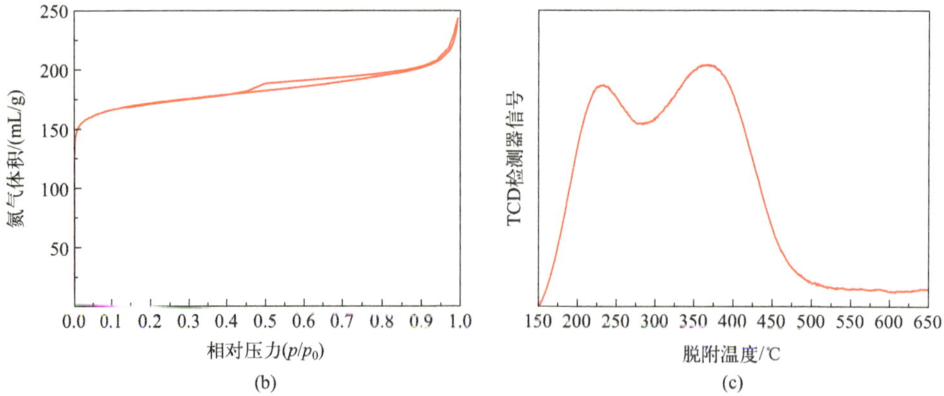

图 6.10　H-β 分子筛的 SEM（a）、氮气物理吸脱附（b）及 NH_3-TPD（c）表征结果

化剂的定型与工业化生产。采用挤条成型方法对羰基化分子筛进行定型，系统研究了基质种类和含量、交换、处理和煅烧等条件对催化剂性能的影响。经过大量实验探索，筛选出合适的基质剂及其与分子筛的配比，优化了各工艺参数，成功制备出高活性定型甲缩醛羰基化分子筛催化剂。定型催化剂不仅有较高的机械强度，能够满足工业应用需求，而且最大限度保留了分子筛的活性位点和孔道结构，确保催化性能不受影响。

在此基础上，利用工业催化剂生产线对羰基化分子筛催化剂进行了百公斤级放大（图 6.11）。在放大过程中，严格控制工艺参数，确保实验室制备条件与工业生产条件的一致性和稳定性。通过对生产过程中各个环节的精细化管理，解决了放大过程中可能出现的诸如物料混合不均、挤出困难等问题。同时，建立了完善的工业

图 6.11　羰基化分子筛催化剂百公斤级放大生产流程

催化剂生产质量控制标准，从原材料检验、生产过程监控到成品性能检测，制定了一系列严格的指标和规范，保证每批次生产的催化剂都具有稳定的性能和质量，为甲缩醛羰基化反应的工业化应用奠定了坚实的基础。

6.5 甲缩醛经甲氧基乙酸甲酯制乙醇酸甲酯小试研究

6.5.1 羰基化反应

酸性分子筛是甲缩醛羰基化反应中最关键的催化材料。在低温、高压条件下，目标产物甲氧基乙酸甲酯以“液态”形式存在，大量未反应的甲缩醛原料及部分副产物也可溶于甲氧基乙酸甲酯相中；原料 CO 以“气态”存在，而催化剂则为固态的酸性分子筛材料。因此，该反应系统自然形成了“气 - 液 - 固”三相反应体系。这种独特的反应体系状态，对反应进程、物质传质及产物分布具有重要影响。

温度作为影响甲缩醛羰基化反应的关键因素，其作用不容忽视。如图 6.12 所示，当反应温度低于 80 ℃时，升高温度能显著提升甲缩醛转化率，同时对甲氧基乙酸甲酯选择性影响较小。当温度达到 80 ℃时，甲缩醛转化率可达 80%，甲氧基乙酸甲酯选择性为 73%，甲氧基乙酸甲酯时空产率达 0.6 g/(g · h)。然而，若进一步升高温度，甲缩醛歧化反应会明显加剧，导致二甲醚和甲酸甲酯等副产物大量生成。这表明，在甲缩醛羰基化反应中，精确控制温度是获取理想反应效果、提高目标产物选择性的关键。

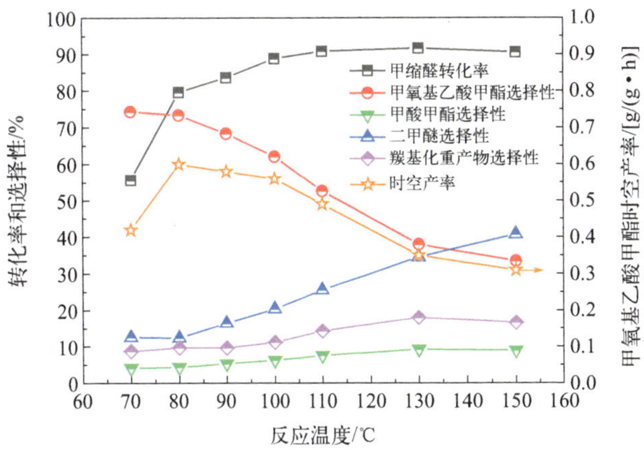

图 6.12 甲缩醛羰基化小试研究反应温度考察结果

Koch 羰基化反应机理表明，CO 插入分子筛表面烷氧物种的步骤为该反应的速率控制步骤。从动力学角度分析，当反应压力升高时，气相中 CO 分子的空间密度显著增加，根据气体分子碰撞理论，这直接增大了 CO 分子与分子筛表面基团的有效碰撞概率。基于此，表面酰基物种的生成速率得以显著提升，进而促进了整个羰基化反应进程，实现了羰基化效率的有效提高。针对甲缩醛羰基化反应，通过系统的实验探究（图 6.13），证实其反应过程同样遵循上述压力影响规律。实验数据表明，随着反应压力的逐步升高，甲氧基乙酸甲酯时空产率呈现显著的线性增长趋势，同时歧化反应得到有效抑制。这为甲缩醛羰基化反应工艺的优化提供了重要的理论依据与数据支撑。

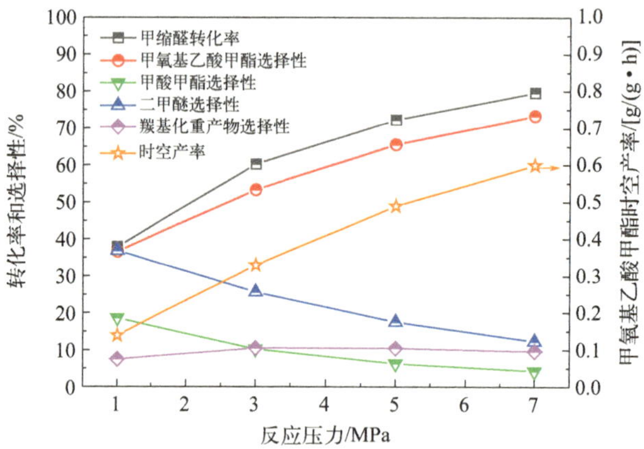

图 6.13　甲缩醛羰基化小试研究反应压力考察结果

在催化反应动力学研究框架下，质量空速作为关键工艺参数，其对反应进程的影响遵循化学工程基本原理。在反应未达到化学平衡状态前，适度提升原料质量空速，可有效强化传质过程，缩短原料在催化剂表面的停留时间，进而提升单位时间、单位催化剂体积内产物的生成量，显著提高产物时空产率，实现催化剂活性位点的高效利用。然而，过高的质量空速会导致原料与催化剂的接触时间过短，致使反应进行不充分，原料转化率显著降低；同时，未反应原料的循环利用会大幅增加分离、压缩等环节的能耗，给工业生产带来额外成本。因此，精准筛选适宜的质量空速，是提升反应过程整体效率的核心策略。

通过对图 6.14 中实验数据的系统分析可知，在甲缩醛羰基化反应体系中，随着甲缩醛质量空速的逐步提升，甲氧基乙酸甲酯时空产率呈现出明显的增长趋势，且产物选择性受质量空速变化的影响较小。这一现象充分表明，该反应所采用的催化剂具备优异的催化活性，能够在较短接触时间内有效促进反应进行；同时也反映出甲缩醛羰基化反应的平衡常数较大，反应正向进行的驱动力较强，使得在较高质量空速条件下，反应仍能保持较高的转化效率与良好的产物选择性。基于上述研究结果，在实际工业生产过程中，选择相对较高的质量空速进行工艺操作，不仅能够实现装置的高效运行，还可在保证产物产率与质量的前提下，降低设备投资与运行成本，具有显著的经济可行性与技术合理性。

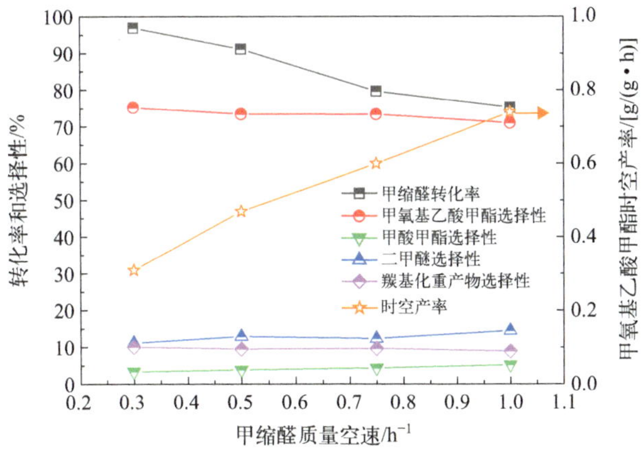

图 6.14　甲缩醛羰基化小试研究甲缩醛质量空速考察结果

基于 Koch 羰基化反应机理，CO 作为关键反应物，其与甲缩醛的比例调整本质上是通过改变 CO 的分压与空间密度，进而影响反应速率控制步骤——CO 插入分子筛表面烷氧物种的进程。从反应动力学角度分析，在一定范围内提高 CO 比例，可显著增加 CO 分子与催化剂活性位点的碰撞频率，加速表面酰基物种的生成，从而推动羰基化反应向正向进行。然而，过高的 CO 比例会导致 CO 单程转化率下降、循环能耗显著攀升。

由对图 6.15 中实验数据的系统性解析可知，在保持“$CO+H_2$”总流量恒定的条件下，随着 CO 比例（分压）的逐步提升，甲缩醛羰基化反应速率呈现出先增后缓的趋势，同时副反应歧化反应受到明显抑制。定量分析表明，当 CO/ 甲缩醛摩尔比达到 6 时，甲氧基乙酸甲酯时空产率基本达到峰值，继续增大 CO 比例对甲氧基乙酸甲酯的时空产率的提升效果趋于平缓。这一结果揭示了 CO 参与反应的最佳化学计量区间，既保证了羰基化反应的高效进行，又有效避免了因 CO 过量引发的能耗浪费，为甲缩醛羰基化反应的工业化工艺参数优化提供了重要的理论依据与数据支撑。

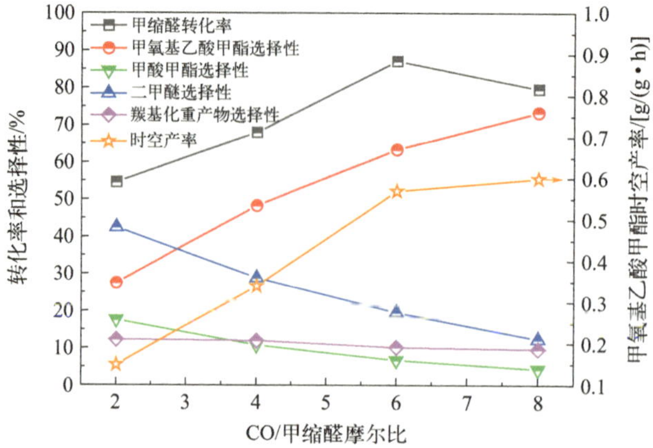

图 6.15 甲缩醛羰基化小试研究 CO/ 甲缩醛摩尔比考察结果

在甲缩醛羰基化反应体系中，低温高压的特定反应条件致使体系呈现独特的相态分布。产物甲氧基乙酸甲酯（沸点约 130 ℃）在此条件下以液态形式存在，作为溶剂溶解大部分原料甲缩醛及其他反应产物；原料一氧化碳则维持气态，羰基化分子筛成型催化剂保持固态，由此构成典型的“气-液-固”三相反应体系。对于此类三相反应，传质与传热效率是影响反应性能的关键因素，工业上常用的滴流床和鼓泡床两种反应床模式在“气-液-固”三相接触方式与传质传热机制上存在显著差异。

滴流床模式下，气体以连续相通过催化剂床层，液体以液膜形式自上而下缓慢流动，在催化剂表面形成薄液层，这种流动方式极大地减小了气液传质阻力，同时催化剂表面更新速率较快，有利于反应物分子向活性位点的扩散与产物的脱附。而鼓泡床模式中，气体以气泡形式分散于液体中，气泡在上升过程中易发生聚并，导致气液接触面积不稳定，且液体在床层内的返混程度较高，影响反应的选择性与效率。

根据图 6.16 中的实验数据，在相同的反应条件下，滴流床模式下的甲缩醛羰基化反应表现出更高的甲缩醛转化率与甲氧基乙酸甲酯时空产率，同时副反应得到更有效抑制，其羰基化性能显著优于鼓泡床模式。这一结果验证了滴流床模式在强化“气-液-固”三相传质、优化反应动力学方面的优势。基于上述分析，选择滴流模式的固定床开展甲缩醛羰基化研究，旨在充分发挥该反应床模式的性能优势，为工业化应用提供更可靠的技术参数与理论基础。

在甲缩醛羰基化反应初期，由于产物甲氧基乙酸甲酯生成量有限，不足以形成连续的液相环境，导致分子筛催化剂表面无法实现均匀润湿。这种非均匀的润湿状态使得“气-液-固”三相间的传质过程受阻，加剧了催化剂表面的副反应发生概率，进而对催化剂寿命产生负面影响。从反应体系的相态演变角度分析，此时尚未完全形成稳定的“气-液-固”三相反应状态，限制了反应的高效进行。

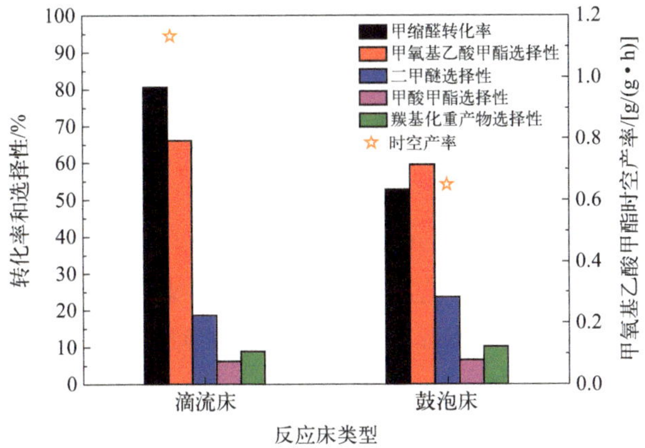

图 6.16 甲缩醛羰基化反应中滴流床与鼓泡床对比结果

为改善上述问题，引入甲氧基乙酸甲酯共进料的策略可有效促进三相体系的快速形成。通过预先引入液态的甲氧基乙酸甲酯，能够在反应起始阶段即构建起完整的“气-液-固”三相环境，优化反应物与催化剂之间的传质路径，确保催化剂表面的均匀润湿，缓解局部过热与反应物浓度不均现象。根据图 6.17 中的实验数据，当在甲缩醛原料中掺入 16.7% 的甲氧基乙酸甲酯时，甲缩醛羰基化反应的转化率、甲氧基乙酸甲酯时空产率及选择性等关键性能指标与未添加时相比变化幅度极小，这表明该添加比例既能够有效促进三相状态的快速建立，又不会对反应的本质化学过程产生显著干扰。该结果为甲缩醛羰基化反应的工艺优化提供了新的技术思路，

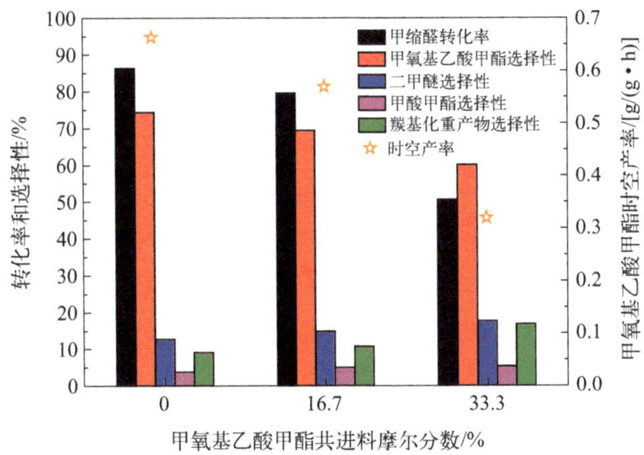

图 6.17 甲氧基乙酸甲酯共进料考察结果

通过合理调控共进料中产物甲氧基乙酸甲酯的比例，可在保障反应性能的前提下，提升操作稳定性与催化剂使用寿命，为工业化连续生产奠定坚实基础。

分子筛羰基化反应催化剂的稳定性考察结果如图 6.18 所示。数据显示，该催化剂展现出良好的羰基化活性与稳定性，甲缩醛转化率始终保持在≥ 80%，甲氧基乙酸甲酯选择性≥ 75%，甲氧基乙酸甲酯时空产率≥ 0.6 g/(g · h)，且能够稳定运行 1600 h 以上。这样的稳定性表现意味着该催化剂在长时间连续作业的情况下，依然能维持高效的反应性能，减少因频繁更换催化剂带来的成本增加与生产中断，完全满足工业化装置对催化剂稳定性、活性及使用寿命的要求，为甲缩醛羰基化反应实现大规模工业化生产提供了有力支撑，也标志着该技术向产业化应用迈出了关键一步。

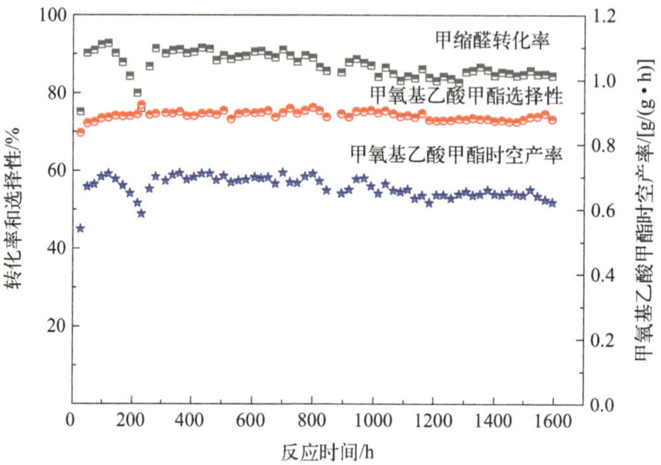

图 6.18 分子筛羰基化反应催化剂的稳定性考察结果

6.5.2 水解反应

小试采用定型的分子筛水解催化剂，系统考察了甲氧基乙酸甲酯水解过程中工艺条件对反应性能的影响。从化学反应动力学与热力学原理出发，温度作为关键影响因素，对水解反应进程起着决定性作用。实验数据（图 6.19）表明，随着反应温度的逐步升高，分子筛催化剂水解甲氧基乙酸甲酯醚键的催化活性显著增强，乙醇酸甲酯选择性呈现明显的增长趋势。然而，温度的升高在促进主反应进行的同时，也加剧了副反应的发生。随着温度的升高，乙醇酸分解等副反应速率加快，导致分解产物的总选择性相应增高。当反应温度达到 170 ℃时，甲氧基乙酸甲酯转化率达到 46%，该数据为甲氧基乙酸甲酯水解工艺的温度参数优化提供了重要参考依据。

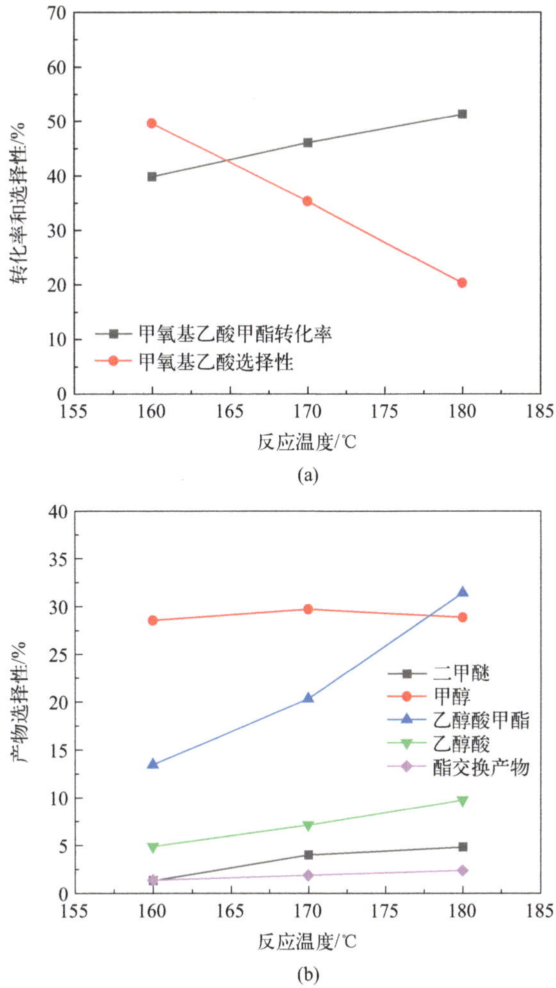

图 6.19　小试反应温度对甲氧基乙酸甲酯水解性能影响结果

(a) 甲氧基乙酸甲酯转化率和甲氧基乙酸选择性；(b) 产物选择性

在甲氧基乙酸甲酯水解反应的工艺研究中，除温度外，反应压力同样是影响反应进程与产物分布的关键因素。小试通过系统考察压力参数对反应性能的影响（图 6.20），揭示了其内在作用机制。实验数据显示，随着反应压力的升高，甲氧基乙酸甲酯转化率未呈现明显变化趋势，然而产物选择性发生显著改变：乙醇酸甲酯选择性降低，甲氧基乙酸的选择性则呈现上升态势。压力升高促使酯键水解生成更多酸性产物，导致体系中酸浓度显著增加。酸性环境的强化不仅加剧了对反应设备的腐蚀程度，还对设备材质的耐腐蚀性提出更高要求，也增加了工程化过程中设备维护、防腐处理等环节的难度与成本。综合考虑反应性能与工程可行性，相较于高压条件，近常压甚至负压环境更适宜甲氧基乙酸甲酯水解反应的进行。在此压力条件下，可有效抑制酯键过度水解带来的不利影响，降低设备腐蚀风险，为甲氧基乙酸甲酯水解工艺的工业化应用提供更具经济性与安全性的操作参数选择，对推动相关工艺的工程化进程具有重要指导意义。

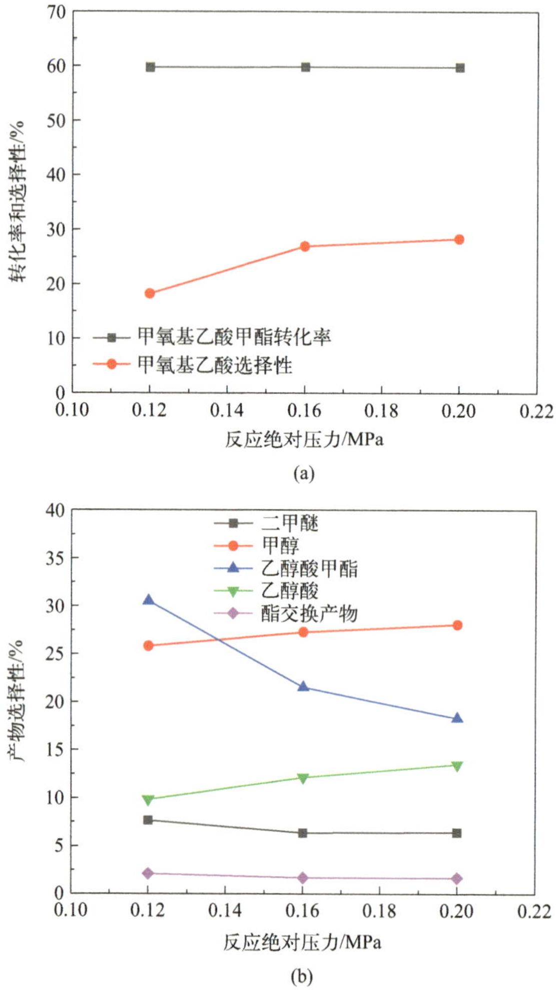

图 6.20　反应绝对压力对甲氧基乙酸甲酯水解性能影响结果

(a) 甲氧基乙酸甲酯转化率和甲氧基乙酸选择性；(b) 反应产物选择性

在甲氧基乙酸甲酯水解反应体系中，水 / 甲氧基乙酸甲酯摩尔比作为关键工艺参数，对产物分布的调控作用显著。实验数据（图 6.21）表明，随着水 / 甲氧基乙酸甲

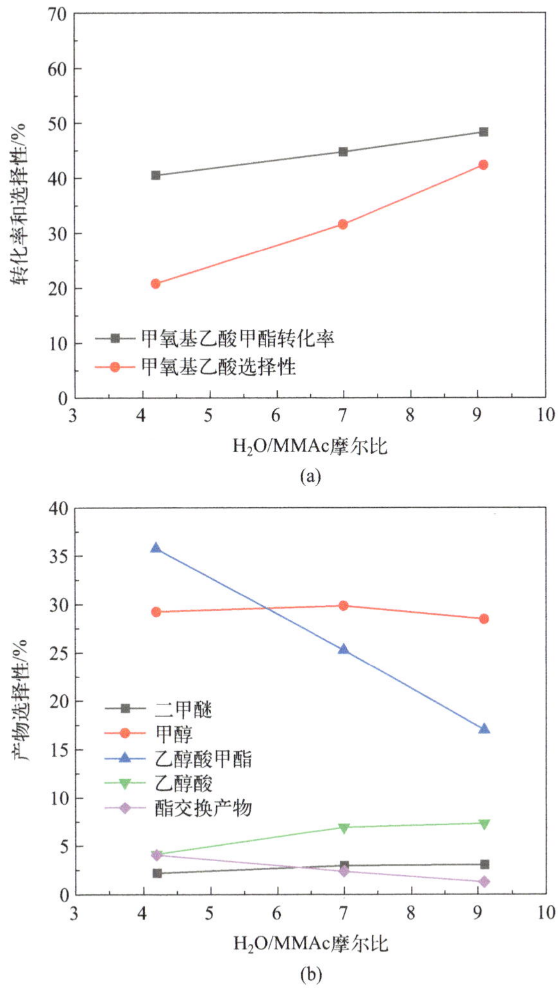

图 6.21 H_2O/MMAc 摩尔比对甲氧基乙酸甲酯水解性能影响结果

(a) 甲氧基乙酸甲酯转化率和甲氧基乙酸选择性；(b) 产物选择性

酯摩尔比的逐步提高，甲氧基乙酸甲酯转化率呈现线性增长趋势，甲氧基乙酸和乙醇酸的选择性也相应提升。这一现象可从化学平衡移动原理进行解释：增加反应物水的比例，促使水解反应平衡向生成产物的方向移动，从而提升甲氧基乙酸甲酯的转化效率。然而，在此过程中，乙醇酸甲酯的选择性下降速率明显加快，这可能是由于过量的水进一步促进乙醇酸甲酯发生二次水解反应，生成乙醇酸，改变了产物的选择性分布。从工艺优化角度分析，在较低的水 / 甲氧基乙酸甲酯摩尔比下，虽然甲氧基乙酸甲酯转化率有限，但能够获得较高的醚键水解产物乙醇酸甲酯选择性。此外，降低水 / 甲氧基乙酸甲酯摩尔比可有效减少反应后体系中水分含量，大幅降低后续分离过程中用于水蒸发、精馏等操作的能耗，同时显著提升乙醇酸甲酯的选择性和时空产率。不过，在实际工业应用中，水 / 甲氧基乙酸甲酯摩尔比的选择需综合多方面因素进行考量。水在反应体系中不仅作为反应物参与水解过程，还对抑制催化剂表面预积碳物质的生长、延缓催化剂失活具有重要作用。同时，为满足工业化生产对甲氧基乙酸甲酯转化率的要求，需要维持一定的水含量以确保反应充分进行。因此，综合平衡产物产率、能耗成本、催化剂稳定性及转化率需求，水 / 甲氧基乙酸甲酯摩尔比在实际工业过程中不宜过低，需通过进一步的实验与模拟优化，确定其最佳取值范围，为工业化生产提供精准的工艺参数指导。

在甲氧基乙酸甲酯水解反应体系中，质量空速作为关键工艺操作参数，对反应性能与产物分布具有显著影响。根据图 6.22 中的实验数据，随着甲氧基乙酸甲酯质量空速的逐步增加，乙醇酸甲酯的时空产率呈现上升趋势，但其选择性降低，与此同时，甲氧基乙酸的选择性显著升高。从反应动力学角度分析，甲氧基乙酸甲酯质量空速的提升加快了原料在催化剂表面的传质速率，使得单位时间内参与反应的甲氧基乙酸甲酯分子数量增多，从而在一定程度上提高了乙醇酸甲酯的生成量，表现为时空产率增加。然而，过高的甲氧基乙酸甲酯质量空速导致甲氧基乙酸甲酯分子在催化剂活性位点的停留时间过短，反应难以充分进行，不仅使得原料转化率下降，还促使反应向生成甲氧基乙酸方向偏移，进而造成目标产物乙醇酸甲酯选择性降低。在实际工业生产过程中，甲氧基乙酸甲酯质量空速的选择需综合考虑反应效率与经济成本。若甲氧基乙酸甲酯质量空速过高，未反应的原料比例大幅增加，必然导致工业流程中原料循环量急剧上升，这不仅显著增加了分离、泵送等环节的能耗，还会提高设备投资与运行成本。因此，为确保反应过程的高效性与经济性，甲氧基乙酸甲酯的质量空速不宜设置过高。

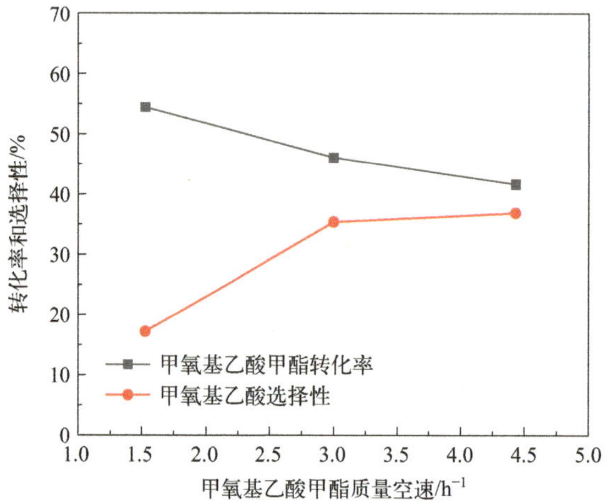

(a)

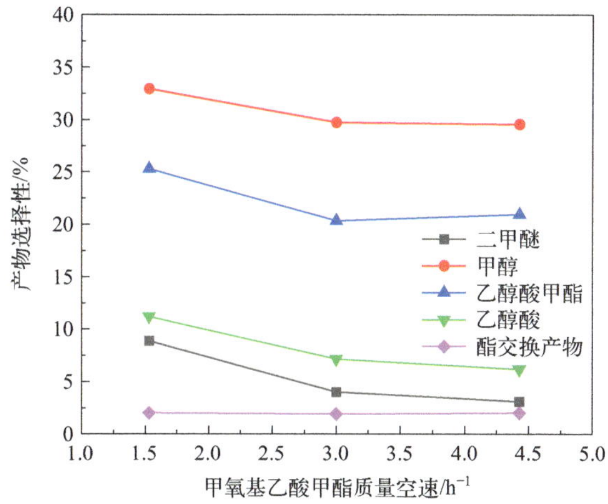

(b)

图 6.22 甲氧基乙酸甲酯质量空速对水解性能影响结果

在甲氧基乙酸甲酯水解工艺研究中，产物的应用价值与反应过程的优化紧密相关。作为可降解塑料聚乙醇酸的重要单体来源，甲氧基乙酸甲酯水解生成的乙醇酸甲酯和乙醇酸具有显著的工业应用潜力，而酯基水解产物甲氧基乙酸则可作为原料循环利用，以提升资源利用率。由对混合原料组成的系统研究发现，当原料中甲氧基乙酸的质量分数 [甲氧基乙酸 /(甲氧基乙酸 + 甲氧基乙酸酯)] 达到 27% 时（图 6.23），实验数据表明，甲氧基乙酸几乎不发生转化，同时其生成量也维持在

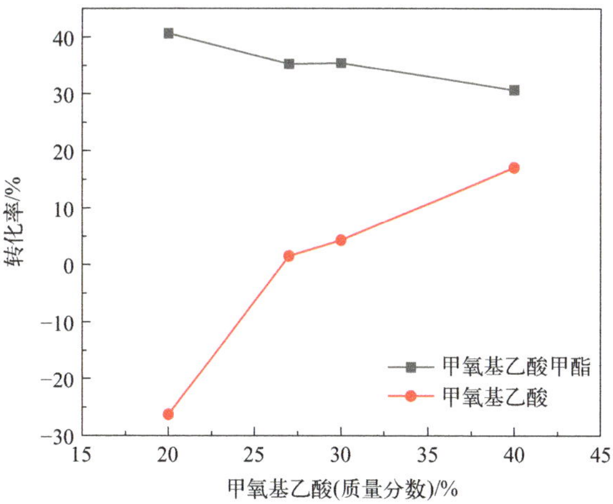

(a)

图 6.23

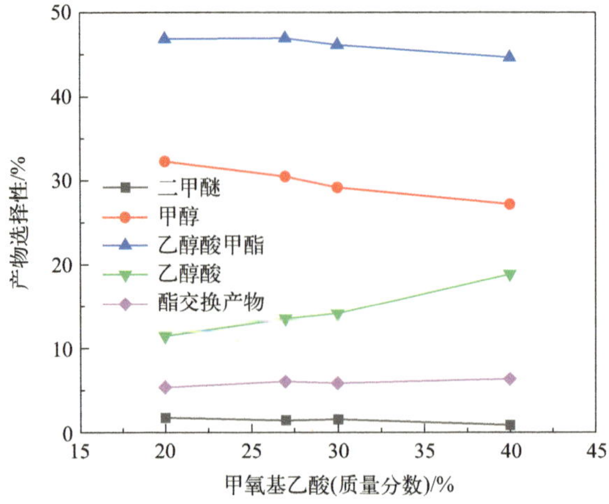

(b)

图 6.23 甲氧基乙酸含量对甲氧基乙酸甲酯水解性能影响结果

极低水平，这意味着在该反应体系中，甲氧基乙酸甲酯的水解过程高度趋向于生成乙醇酸甲酯和乙醇酸，近乎实现了只生成有用产物的理想状态。

分子筛水解催化剂的稳定性考察结果如图 6.14 所示。该催化剂展现出良好的活性和稳定性，甲氧基乙酸甲酯转化率约为 30%，乙醇酸甲酯时空产率≥ 0.2 g/(g・h)，且催化剂寿命≥ 3000 h，并继续运行。长时间的稳定运行数据表明，该催化剂在复杂的水解反应体系中，能够持续发挥高效的催化作用，有效减少催化剂失活而导致的生产中断与成本增加，其性能指标完全契合工业化装置对催化剂稳定性、活性及使用寿命的严格要求，为甲氧基乙酸甲酯水解反应的工业化应用筑牢了坚实基础，也预示着该技术在工业生产转化方面具有广阔的发展前景。

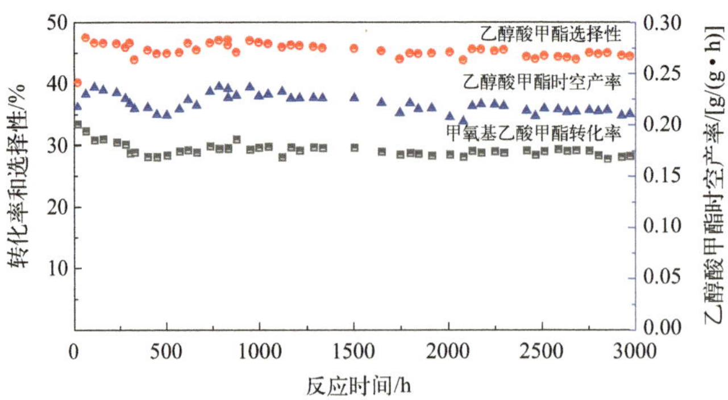

图 6.24 分子筛水解催化剂的稳定性考察结果

6.6 甲缩醛经甲氧基乙酸甲酯制乙醇酸甲酯实验室中试研究

图 6.25 为甲缩醛羰基化实验室中试固定床反应装置。分子筛羰基化催化剂直径为 3 mm，长度为 3 ～ 6 mm，质量为 100 g，装填于 28 mm 内径的固定床反应器中。此反应器内径基本和工业列管式反应器一致，能较好模拟工业反应环境。反应温度分 5 段控制和监测，以便精准控制反应进程中的温度变化。值得一提的是，水解中试与羰基化中试反应装置相同，甲氧基乙酸甲酯水解实验室中试反应装置也采用这一装置。水解催化剂的质量和颗粒尺度与羰基化催化剂一样，同样为直径 3 mm、长度 3 ～ 6 mm、质量 100 g，并且反应温度同样分 5 段控制和监测。

图 6.25　甲缩醛羰基化实验室中试固定床反应装置

6.6.1 甲缩醛羰基化制甲氧基乙酸甲酯

在甲缩醛羰基化反应从实验室小试向中试的工艺放大进程中，反应条件的精准优化是确保技术可行性与经济合理性的关键环节。以 CO/ 甲缩醛摩尔比为 0.5 作为中试反应的基准参数。相较于小试研究，中试研究考察的条件范围进行了适度收窄，以聚焦核心工艺参数的优化验证，提升工艺放大的可靠性。依据图 6.26 中的中试数据，在 72 ～ 87 ℃温度区间，反应温度对甲缩醛羰基化反应性能的影响呈现出与小试研究一致的规律：随着反应温度的逐步升高，甲缩醛转化率呈现显著的上升趋势，而甲氧基乙酸甲酯选择性则相应降低，二者呈现典型的“跷跷板”特征。这种现象可归因于温度对主副反应速率的差异化影响。升温加速了甲缩醛羰基化主反应进程，提高了原料转化率，但同时也加剧了副反应的发生，导致目标产物选择性下降。值得注意的是，在该温度考察范围内，甲氧基乙酸甲酯的时空产率未出现明显波动，表明在此温度区间内，温度变化对甲氧基乙酸甲酯生成速率的促进与抑制作用达到某种动态平衡。上述中试研究结果不仅验证了小试阶段的反应规律，更为后续工业化装置的温度参数设定提供了重要的中试数据支撑。

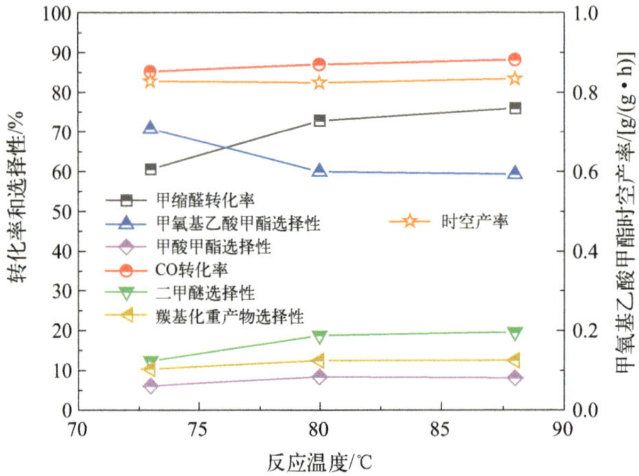

图 6.26　反应温度影响

在羰基化反应的中试工艺研究中，反应压力作为核心工艺参数之一，其对反应性能的影响通过对 5.0 ～ 7.0 MPa 的系统考察得以揭示。实验数据（图 6.27）表明，随着反应压力的升高，甲缩醛转化率、CO 转化率、甲氧基乙酸甲酯选择性及时空产率均呈现显著提升趋势，这一规律与小试研究结果高度吻合，验证了反应压力对羰基化反应的正向调控机制。从反应机理角度分析，压力升高直接增加了气相中 CO 分子的空间密度，强化了 CO 与分子筛表面烷氧物种的碰撞概率，加速了速率控制步骤（CO 插入）的进程，从而促进了表面酰基物种的生成，提升了羰基化反应速率。中试研究结果不仅确认了小试阶段关于压力影响的结论，更为工业化装置的压力参数设计提供了关键支撑。在实际工艺优化中，需综合考虑设备耐压成本、能耗效率与产物产率的平衡，结合经济技术分析确定最佳操作压力区间，以实现反应性能与工业可行性的协同优化。

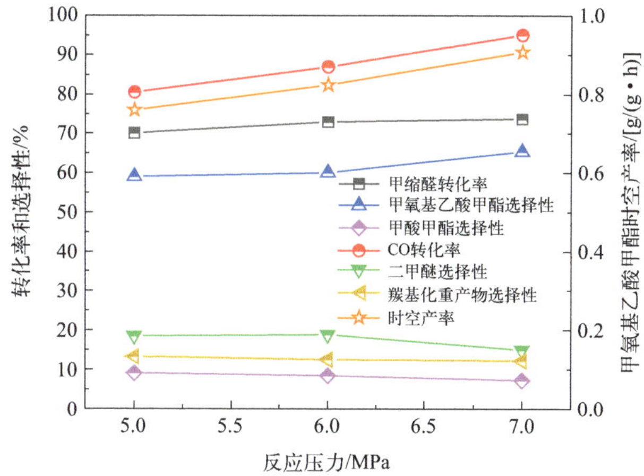

图 6.27　反应压力影响

在甲缩醛羰基化反应的中试工艺研究中，甲缩醛质量空速（1.0 ～ 2.5 h^{-1}）对反应性能的影响得以揭示。如图 6.28 所示，随着甲缩醛质量空速的增大，甲氧基乙酸甲酯的时空产率呈现显著上升趋势，这表明单位催化剂在单位时间内的产物生成效率提高，催化剂活性位点的利用效率得到优化。然而，实验数据同时表明，甲缩醛质量空速的提升伴随甲缩醛和 CO 转化率的下降。当甲缩醛质量空速过高时，甲缩醛与催化剂活性位点的接触时间不足，导致反应进程不充分，未转化的甲缩醛及 CO 需通过循环系统返回反应单元，显著增加了分离、压缩等环节的能耗。

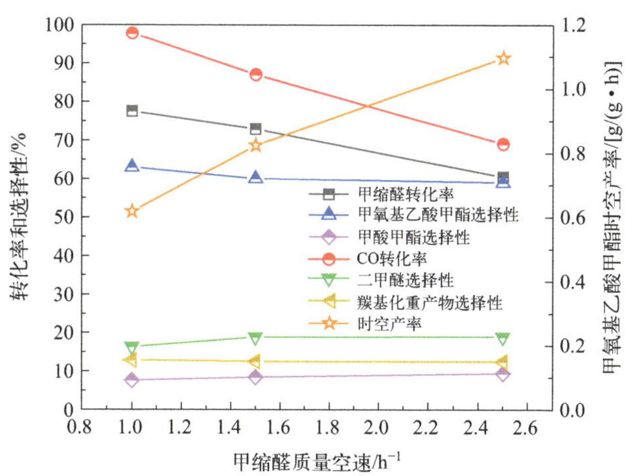

图 6.28　甲缩醛质量空速影响

在甲缩醛羰基化反应的中试工艺研究中，CO/ 甲缩醛摩尔比作为关键工艺参数，对反应性能有着至关重要的影响。如图 6.29 所示，当 CO/ 甲缩醛摩尔比为 0.3 时，实验数据表明，CO 几乎全部转化。然而，此时甲缩醛转化率、甲氧基乙酸甲酯选择性及时空产率较低。随着 CO/ 甲缩醛摩尔比增加至 0.5，反应性能出现显著变化。甲缩醛转化率、甲氧基乙酸甲酯选择性及时空产率都显著增加。这是适量增加 CO 的比例，为甲缩醛的羰基化反应提供了更充足的反应物，使得更多的甲缩醛分子能够参与反应，进而提高了甲缩醛转化率，以及目标产物甲氧基乙酸甲酯的选择性和时空产率。

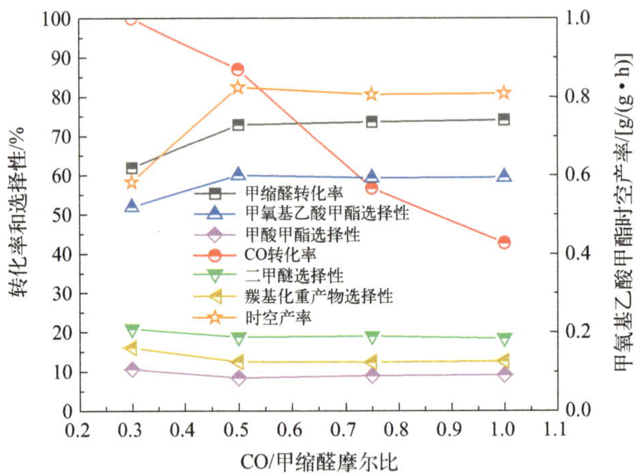

图 6.29　CO/ 甲缩醛摩尔比的影响

继续增大 CO/ 甲缩醛摩尔比，对甲缩醛转化率、甲氧基乙酸甲酯选择性及时空产率的影响逐渐减小。综上所述，在甲缩醛羰基化反应中试工艺里，CO/ 甲缩醛摩尔比为 0.5 左右时，反应性能能够达到较为理想的状态。

综上所述，甲缩醛羰基化中试反应温度、反应压力、甲缩醛质量空速以及 CO/ 甲缩醛摩尔比的影响规律与小试研究基本一致。

从表 6.1 甲缩醛羰基化反应的衡算结果可以看出，甲缩醛转化率达 74.91%，甲氧基乙酸甲酯的选择性和时空产率分别为 66.18% 和 0.92 g/(g · h)。物料衡算结果表明，质量平衡度和 C、H、O 平衡度均较高，证明了中试的可靠性，这些数据将为工艺包设计提供关键基础数据。此次实验室中试研究不仅验证了甲缩醛羰基化催化剂在更大规模反应中的可靠性，也证实了列管反应器对该强放热反应的适用性，为后续工业化装置的设计与建设提供了坚实的实验依据。

表6.1　甲缩醛羰基化反应的衡算结果

参　　数	数　　值	参　　数	数　　值
质量平衡度 /%	99.21	CO 转化率 /%	94.99
C 平衡度 /%	99.02	甲缩醛转化率 /%	74.91
H 平衡度 /%	98.59	甲氧基乙酸甲酯选择性 /%	66.18
O 平衡度 /%	99.72	甲氧基乙酸甲酯时空产率 /[g/(g · h)]	0.92

6.6.2　甲氧基乙酸甲酯水解制乙醇酸甲酯

甲氧基乙酸甲酯水解的中试研究表明，反应温度对反应进程影响显著。如图 6.30 所示，随着反应温度的升高，甲氧基乙酸甲酯转化率、乙醇酸甲酯的选择性与时空产率均得到有效提升，而甲氧基乙酸的选择性则显著下降。在中试中，当反应温度为 170 ℃时，甲氧基乙酸甲酯转化率达到 47%，乙醇酸甲酯时空产率为 0.54 g/(g · h)；与之形成对比的是，在同等条件下的小试结果显示，甲氧基乙酸甲酯转化率为 46%，乙醇酸甲酯时空产率为 0.47 g/(g · h)。由此可见，中试反应结果比小试更为理想。经分析，中试反应线速度的大幅提高，极有可能是促使水解反应性能得以改善的关键因素。

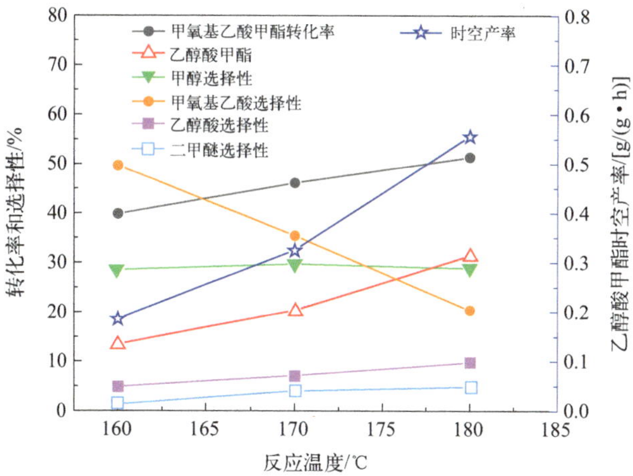

图 6.30　反应温度的影响

在中试反应压力的影响研究中发现，当反应压力从 0.12 MPa 逐步升高至 0.20 MPa 时，甲氧基乙酸甲酯的转化率始终稳定维持在 60% 左右，然而乙醇酸甲酯的选择性与时空产率却出现了显著下降，与此同时，甲氧基乙酸和乙醇酸的选择性呈现出相应的上升态势（图 6.31）。这一现象表明，反应压力的提升不仅导致反应体系酸性物质含量增加，还对乙醇酸甲酯的生成产生明显的抑制作用。值得注意的是，该结果与小试研究中观察到的现象高度吻合。甲氧基乙酸甲酯水解反应在近常压条件下进行，能够更有效地实现预期的反应目标。

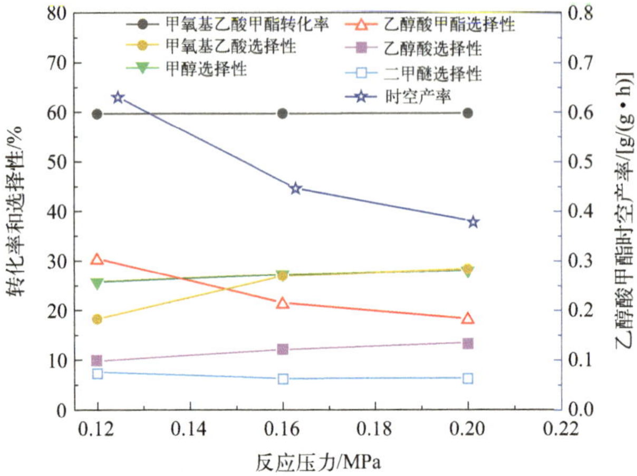

图 6.31 反应压力的影响

甲氧基乙酸甲酯质量空速对反应的影响如图 6.32 所示。随着甲氧基乙酸甲酯质量空速的提高，甲氧基乙酸甲酯转化率、乙醇酸甲酯选择性和乙醇酸选择性虽有所下降，但醚键水解产物乙醇酸甲酯的时空产率得以增加。这表明提高甲氧基乙酸甲酯质量空速可提升催化剂生产目标产物的效率，但未转化甲氧基乙酸甲酯的循环能耗也会随之上升。因此，在工业化应用中，需综合考量生产效率与能耗成本，通过整体分析选择适宜的甲氧基乙酸甲酯质量空速，以实现反应效益的最大化。

在水 / 甲氧基乙酸甲酯摩尔比对反应的影响方面，中试结果（图 6.33）表明，降低该比例时，甲氧基乙酸甲酯转化率、甲氧基乙酸选择性和乙醇酸选择性均相应降低，而乙醇酸甲酯选择性和时空产率均显著增加，此现象与小试结果完全一致。低水 / 甲氧基乙酸甲酯摩尔比不仅降低了未反应的水分离能耗，还有利于醚键水解。但需注意的是，水在反应体系中兼具反应物与抑制积碳前驱体生成的双重作用，体系中水含量过少会对催化剂稳定性产生不利影响。

综上所述，中试阶段对甲氧基乙酸甲酯水解反应的温度、压力、质量空速以及水 / 甲氧基乙酸甲酯摩尔比进行了考察，其结果与小试阶段也基本一致。甲氧基乙酸甲酯水解反应物料衡算结果（表 6.2）表明，当甲氧基乙酸甲酯转化率为 39.58% 时，乙醇酸甲酯时空产率为 0.308 g/(g · h)，质量平衡度和 C、H、O 平衡度较高，均超过 99.8%，这一结果充分证明了水解中试结果的可靠性。上述中试条件考察数据以及物料衡算结果，能够为后续工业性试验提供坚实基础，有助于推动甲氧基乙酸甲酯水解工艺由实验室研究向工业化应用的转化。

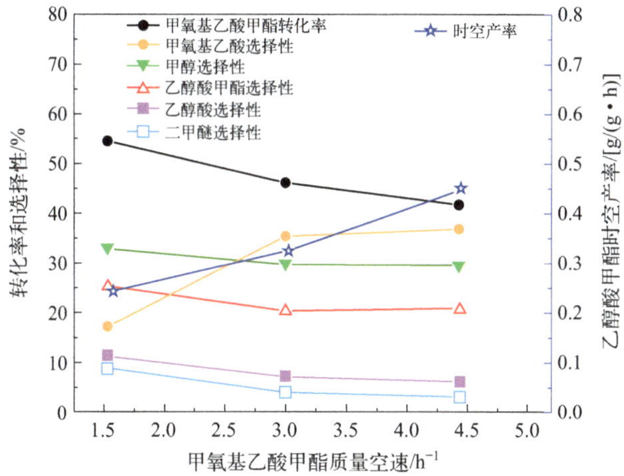

图 6.32　甲氧基乙酸甲酯质量空速的影响

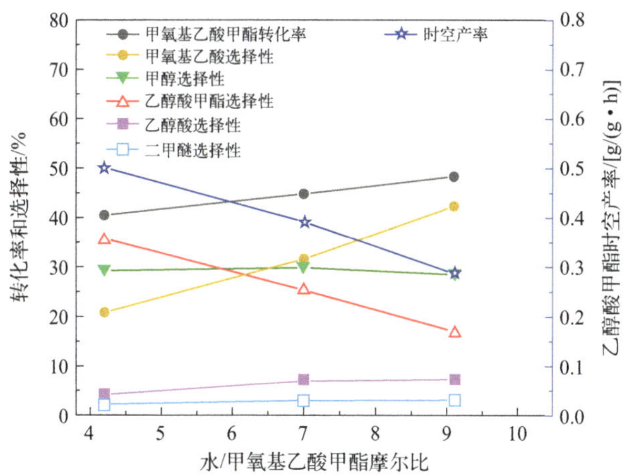

图 6.33　水 / 甲氧基乙酸甲酯摩尔比的影响

表6.2　甲氧基乙酸甲酯水解反应物料衡算结果

参　数	数　值	参　数	数　值
质量平衡度 /%	99.28	O 平衡度 /%	98.86
C 平衡度 /%	99.82	甲氧基乙酸甲酯转化率 /%	39.58
H 平衡度 /%	99.43	乙醇酸甲酯时空产率 /[g/(g · h)]	0.308

6.7 甲缩醛经甲氧基乙酸甲酯制乙醇酸甲酯工程化研究

在实验室小试、中试的基础上，为加快该技术走向工业化应用，并确保大型工业化装置的成功，实现长期满负荷稳定运行，需针对性地开展系统性工程化研究，解决放大过程中的工程问题，包括热力学研究、动力学研究、反应器放大设计、分离方案确定、流程设置、材料选型、安全环保等多个方面。关于热力学研究方法，本文已在 3.6.1 节中进行了详细阐述，本章节不再赘述。

6.7.1 反应器放大研究

甲缩醛经甲氧基乙酸甲酯制备乙醇酸技术主要涉及羰基化反应与水解反应两个关键步骤。

6.7.1.1 羰基化反应器

甲缩醛与 CO 在催化剂作用下发生羰基化反应，生成甲氧基乙酸甲酯:

$$CH_3OCH_2OCH_3(l) + CO(g) \longrightarrow CH_3OCH_2COOCH_3(l) \quad \Delta H = -110\ kJ/mol \tag{6.6}$$

其中，关键步骤包含甲缩醛活化、CO 插入、甲氧基乙酸甲酯的生成。首先，催化剂表面酸性位点（H^+）吸附甲缩醛分子，诱导分子内 C—O 键断裂生成甲氧基亚甲基碳正离子（$CH_3OCH_2^+$）；其次，CO 与甲氧基亚甲基碳正离子结合形成酰基中间体（$CH_3OCH_2CO^+$）；最后，甲缩醛和酰基中间体通过酯交换反应生成目标产物甲氧基乙酸甲酯。

甲缩醛羰基化反应属于典型的强放热反应，温度提升虽可显著加快反应速率，但持续高温（> 120 ℃）会引发甲缩醛发生自身缩合生成多聚甲醛或醚类副产物（如 DMM2），导致甲氧基乙酸甲酯的选择性降低。同时，CO 在高温环境下可能发生歧化反应生成 CO_2 和积碳，积碳覆盖催化剂活性中心，导致催化效率下降。因此，需将反应温度控制在 80 ～ 120 ℃。从传质动力学角度分析，CO 在常压下溶解度低，提高系统压力（5.5 MPa）可显著增强 CO 的溶解度与传质效率，从而推动羰基化反应的进行。鉴于该反应体系涉及“气-液-固”三相共存，且催化剂具有颗粒粒径较大、寿命长的特性，工业化反应器选用配备移热系统的滴流床反应器。

滴流床反应器作为典型的“气-液-固”三相固定床催化反应装置，凭借其优良的传质传热性能与操作稳定性，广泛应用于石油炼制、石油化工、环境催化、精细化学品合成等领域。该反应器采用气液两相并流向下的操作模式，通过重力驱动实现气液两相在固定催化剂床层中的流动，形成独特的滴流流动状态。其核心结构由催化剂填充床层、气液分布系统及床层分隔组件构成，其中气液分配盘直接影响流体的初始分布均匀性[32-34]。

在羰基化反应器放大过程中需要确定的核心操作参数有以下几个方面：①反应工艺参数，包含温度、压力、空速及进料比例等操作条件；②流体力学参数，包括流型特征与流速分布；③传质强化参数，涉及气体分布、液体分布均匀性及填料表面润湿率；④温度控制方案与温度分布。

基于实验室小试与中试研究，确定羰基化反应工艺的基本操作条件。在综合考量移热效率与系统压降的基础上，经多工况模拟与实验验证，确定实际操作气速为 0.1 ～ 0.15 m/s。通过分析气液两相流强度并结合流体力学特征图，可基本确定该工况下流体处于滴流区。

为系统考察反应器内气液两相分布特性，搭建高度为 7.5 m 的板式和管式冷模实验装置，通过该冷模装置考察了不同高度下的流体流动状态。实验发现，在一定的操作范围内，金属板式装置的静持液量低于金属圆管（管式）装置，但动持液量在不同负荷下均高于圆管装置，如图 6.34 所示。

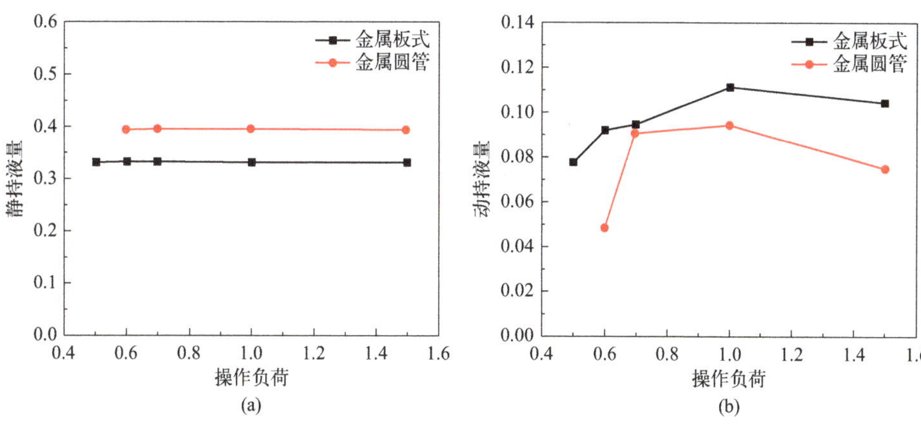

图 6.34　两种冷模实验装置在不同负荷下的持液量对比

针对羰基化反应器内部温度分布情况，研究团队采用计算流体力学数值模拟方法展开系统性研究。首先，基于工业尺度催化剂颗粒构建反应动力学模型，该模型深度考量颗粒内扩散过程及其浓度分布的影响。通过将本征动力学与传递过程进行有效耦合，得到适用于工业尺度的宏观动力学方程。通过实验室规模的小试研究，对实验数据进行深入分析，获得的动力学方程相关参数，具体参数值详见表 6.3 和表 6.4。

表6.3 组分简化符号和流量随高度的变化率

简化符号	名　称	结构式	$\frac{dF}{dh}$ /[mol/(mm·h)]
CO	一氧化碳	CO	$-r_1+r_4-r_5-2r_6$
DMM	甲缩醛	$CH_3OCH_2OCH_3$	$-r_1-2r_2-2r_3-r_5-r_6$
DME	二甲醚	CH_3OCH_3	$2r_2+r_3$
MF	甲酸甲酯	$HCOOCH_3$	r_2-r_4
MeOH	甲　醇	CH_3OH	r_4
DMM2	二聚甲缩醛	$CH_3OCH_2OCH_2OCH_3$	$r_3-r_5-r_6$
MMAc	甲氧基乙酸甲酯	$CH_3OCH_2COOCH_3$	r_1
DMM3		$CH_3OCH_2OCH_2COOCH_3$	r_5
DMM4		$CH_3OOCCH_2OCH_2COOCH_3$	r_5

注：r_i 为对应方程 i 的速率，其物理意义为流量随反应器轴向长度的变化率。

表6.4 羰基化反应动力学模型

序号	反应方程式	r/[mol/(mm·h)]	A_i	(E_{ai}/R)/K	f
1	DMM + CO══MMAc	$k_1C^2F_1F_2$	5.10×10^5	5.00×10^3	1.5
2	2DMM══2DME + MF	$k_2C^2F_2F_2$	3.84×10^{11}	9.8×10^3	2.5
3	2DMM══DME + DMM2	$k_3C^2F_2F_2$	2.16×10^7	6.9×10^3	1.2
4	MF══MeOH + CO	k_4CF_4	4.80×10^{-4}	0.10×10^3	1.2
5	DMM2 + CO══DMM3	$k_5C^2F_1F_6$	2.42×10^8	6.5×10^3	2.2
6	DMM2 + 2CO══DMM4	$k_6C^3F_1F_1F_6$	1.12×10^9	6.5×10^3	2.8

注：F_i 为相应反应中的流量，mol/h；$\frac{E_{ai}}{R}$ 为相应反应的活化能与摩尔气体常数的比值，K。

无量纲参数 C 与空速密切相关，其定义式为

$$C=\frac{0.026316}{F_2^{\text{inlet}}} \tag{6.7}$$

式中，F_2^{inlet} 表示入口处甲缩醛的流量，mol/h。反应速率常数 k_i 可通过阿伦尼乌斯（Arrhenius）方程进行表达，具体形式为

$$k_i = x_i A_i \exp\left(\frac{-E_{ai}}{RT}\right) \tag{6.8}$$

其中，x_i定义如下：

$$x_i = f_i \times \frac{0.026316 - F_2^{\text{inlet}}}{0.026316 - 0.013158} + 1.0 \times \frac{F_2^{\text{inlet}} - 0.013158}{0.026316 - 0.013158} \tag{6.9}$$

实验仅试了$F_2^{\text{inlet}} = 0.026316$和$F_2^{\text{inlet}} = 0.013158$两种情形。其中，$f_i$为无量纲系数，见表6.4。

基于平推流理论假设，以横截面积为71 mm^{2}的流量随高度的变化率为核心变量，建立反应动力学模型。在表6.3中给出了各物种流量随高度的变化率（$\frac{\mathrm{d}F_i}{\mathrm{d}h}$）的表达式。求解这些常微分方程组，并结合实验数据得到表6.3中的参数值。

在测得动力学方程后，采用计算流体力学软件Ansys Fluent 2020R2分别对实验室小试和中试反应器进行数值仿真。模拟中将反应物料简化为拟均相，设定反应器壁温为常数。为提升计算效率，忽略占比较小的副反应，仅考虑表6.4中前三个反应。通过对动力学模型进行进一步修正与参数优化，得到反应器内温度分布云图（图6.35）与轴向温度分布曲线（图6.36）。此外，通过模拟计算得到小试与中试条件下CO和甲缩醛的转化率数据（表6.5）。经对比分析，模拟值与实验值吻合良好，验证了模型及仿真方法的有效性与可靠性。

表6.5　CO和甲缩醛转化率

项　目		小　试	中　试
CO转化率/%	实验值	6.4	12
	模拟值	5.7	10.14
甲缩醛转化率/%	实验值	53	82.1
	模拟值	49.55	86.29

最后，采用经过验证、完善后的动力学模型对工业级反应器进行模拟，得到工业级反应器床层的温度分布，如图6.37所示，该结果可为工业级反应器的设计优化、操作参数调控及安全运行提供重要的理论依据。

6.7.1.2　水解反应器

甲氧基乙酸甲酯的水解在分子筛催化剂的作用下进行，反应如下：

$$CH_3OCH_2COOCH_3(g) + H_2O(g) \longrightarrow HOCH_2COOCH_3(g) + CH_3OH(g) \quad \Delta H = 22\ \text{kJ/mol} \tag{6.10}$$

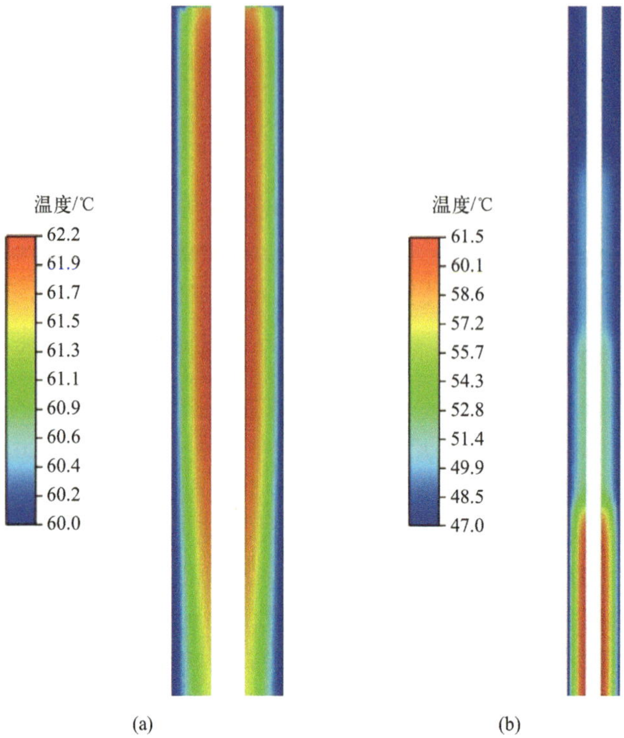

图 6.35 反应器内温度分布云图：小试（a）与中试（b）仿真模拟结果

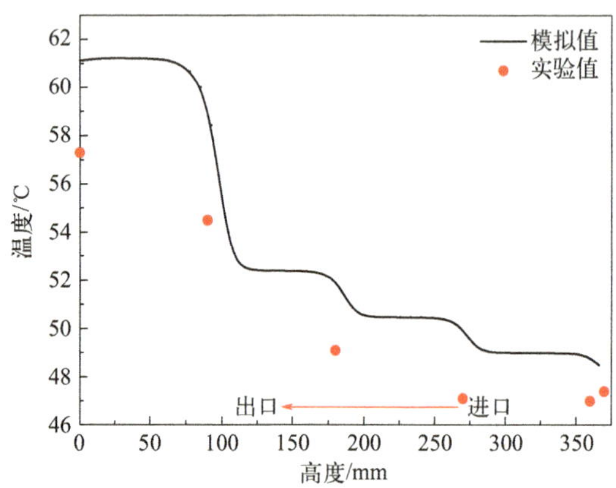

图 6.36 轴向温度分布曲线：中试仿真模拟值与实验值对比

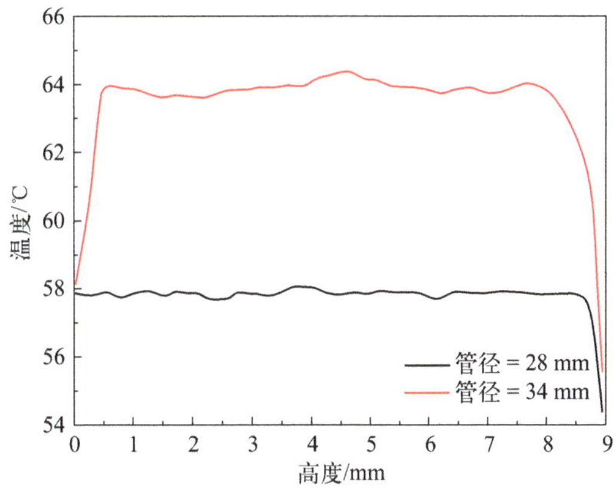

图 6.37　工业级反应器床层的温度分布

该反应属于常压微吸热反应，反应温度为 165 ～ 180 ℃、操作压力为 0.11 ～ 0.15 MPa，整体反应条件较为温和，对设备耐压及温控要求较低。基于反应特性及催化剂性能特点，工业级反应器采用径向流反应器或卧式固定床反应器。

在径向流反应器中流体沿径向穿过催化剂床层，相较于传统轴向流反应器，径向流反应器具有压降低、传质效率高、处理能力大的优势。研究团队采用 Ansys Fluent 2020R2 软件针对工业级径向流反应器开展数值模拟研究，为实现床层内气体沿轴向不同高度上均匀分布，通过改变开孔率，建立不同开孔率下的数值模型，基于连续性方程和动量方程的耦合求解，结合反应器内流场分布特性，最终确定反应器的最佳开孔率参数。

考虑到工业级反应器开孔数量庞大，为平衡计算精度与计算资源消耗，研究团队选取其 1/18 结构单元作为数值模拟对象，对应模型结构如图 6.38 所示。模拟中进口采用质量流速边界条件，出口设定为压力出口边界条件。

水解反应器内气体的质量流速云图和流线图如图 6.39 所示。从图 6.39 中可以看出，在优化后的开孔率条件下，反应器轴向各个高度处的物料量呈现良好的均匀性。流线图直观显示物料在床层内部的流动方向以径向为主，自反应器轴心区域向外侧壁面流动，为反应器内气固两相高效传质与反应提供了良好的流体力学基础。

6.7.2　分离工艺研究和流程设计

分离工艺研究和流程设计主要包括确定工艺流程、气液平衡实验、全流程模拟及精馏实验。

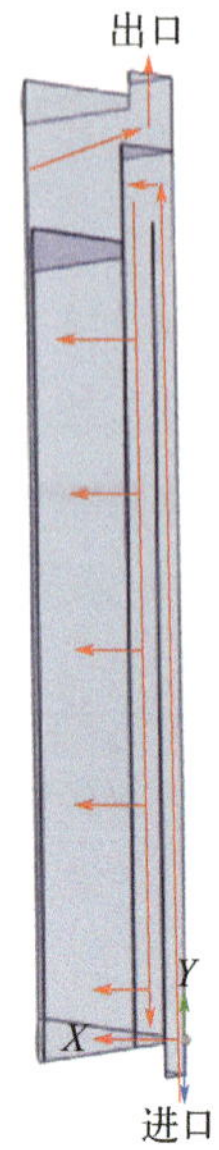

图 6.38　反应器 1/18 结构图

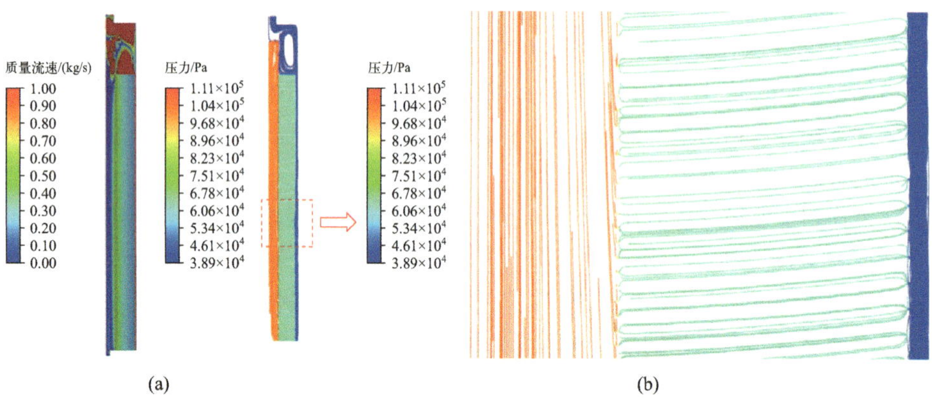

图 6.39　水解反应器内气体的质量流速云图（a）和流线图（b）

（1）确定工艺流程

工艺流程主要由羰基化反应与水解反应两大核心单元构成。在羰基化反应环节中，反应产物的处理主要有：对未反应的 CO 进行回收处理后进行循环利用，提升原料利用率；对主产物甲氧基乙酸甲酯（MMAc）进一步提纯，以满足后续水解反应工艺的要求；实现副产物二甲醚、甲酸甲酯等组分的高效分离与提纯。

水解反应产物体系具有复杂性与腐蚀性双重特性，其分离过程存在进一步反应的风险。在该环节中，工艺设计着重于：未反应的水与酯类物质的循环利用；副产物中的轻组分可与羰基化反应副产物轻组分共同分离；酸和酯交换产物等重组分可通过循环回流至水解或酯化单元。

综合上述反应特点及分离需求，可以初步构建甲缩醛经甲氧基乙酸甲酯制乙醇酸甲酯工艺的总体流程，流程简图如图 6.40 所示。

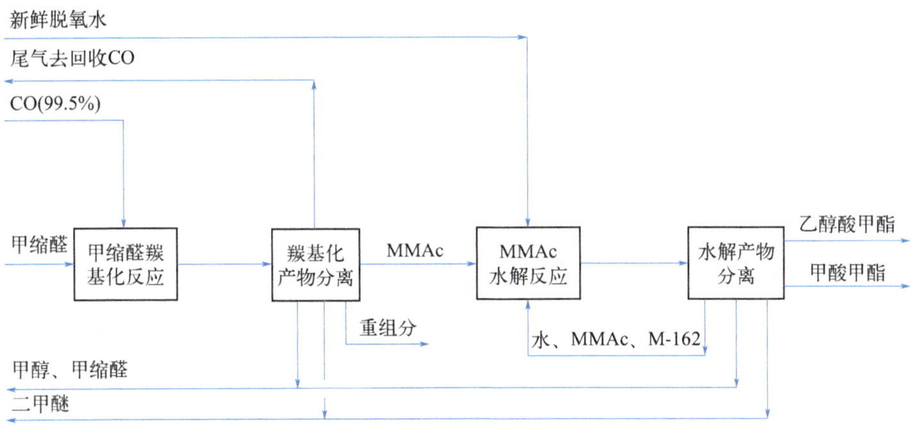

图 6.40　工艺流程示意图

M-162 表示分子量为 162 的酯交换产物

(2) 气液平衡实验

在工艺流程确定后，为实现工艺系统的高效运行与精准控制，需系统开展物料衡算与能量衡算工作，并针对各单元操作设定具体的工艺参数。在此过程中，各物料物性数据的准确性对衡算结果及操作条件的设定具有决定性影响，特别是分离过程设计所需的饱和蒸气压曲线与二元交互参数。为确保数据的可靠性，研究团队采用气液平衡测定装置对物系的气液平衡参数进行了系统测定。

气液平衡实验所需物性基础数据如表 6.6 所示，实验需要对多组二元体系进行实验，实验内容如表 6.7 所示。

表6.6　气液平衡实验所需物性基础数据

序　号	英文简称	中文全称	变　量
1	CPV-M	气体质量热容	温度、压力
2	CPL-M	液体质量热容	温度、压力
3	DHLV	摩尔气化焓值	温度、压力

续表

序　号	英文简称	中文全称	变　量
4	HL	液相摩尔焓值	温度、压力
5	HV	气相摩尔焓值	温度、压力
6	KL	液相导热系数	温度、压力
7	KV	气相导热系数	温度、压力
8	MUL	液相黏度	温度、压力
9	MUV	气相黏度	温度、压力
10	PL	饱和蒸气压	温度
11	RHOL	液相密度	温度、压力
12	RHOV	气相密度	温度、压力
13	SIGL	表面张力	温度、压力

表6.7　气液平衡实验内容

序　号	气液平衡实验内容
1	乙醇酸和乙醇酸甲酯气液平衡数据
2	乙醇酸和甲氧基乙酸气液平衡数据
3	乙醇酸和甲氧基乙酸甲酯气液平衡数据
4	乙醇酸和水气液平衡数据（验证 Aspen 是否准确）
5	乙醇酸和甲醇气液平衡数据
6	乙醇酸甲酯和甲氧基乙酸气液平衡数据
7	乙醇酸甲酯和甲氧基乙酸甲酯气液平衡数据
8	乙醇酸甲酯和水气液平衡数据
9	乙醇酸甲酯和甲醇气液平衡数据
10	甲氧基乙酸和甲氧基乙酸甲酯气液平衡数据
11	甲氧基乙酸和水气液平衡数据
12	甲氧基乙酸和甲醇气液平衡数据
13	甲氧基乙酸甲酯和水气液平衡数据

在气液平衡实验中，因所获数据较多，书中选取典型数据进行举例分析，结果见图 6.41 气液平衡实验 TXY 相图（温度-液相组分-气相组分相图）。基于 TXY 相图分析表明：(a) 水与甲氧基乙酸体系不存在共沸现象，且二者间分离度显著，易分离；(b) 水与甲氧基乙酸甲酯体系存在最低共沸点，共沸温度约为 93 ℃；(c) 甲氧基乙酸甲酯与乙醇酸甲酯体系虽无共沸特性，但二者分离度较低；(d) 乙醇酸甲酯与甲醇体系同样不存在共沸现象，分离度大，易分离。

(3) 全流程模拟

基于气液平衡实验数据，采用非线性最小二乘法对二元交互参数进行回归分析，得到关键参数。将所回归的二元交互参数导入计算模型，开展系统的工艺全流程模拟计算。

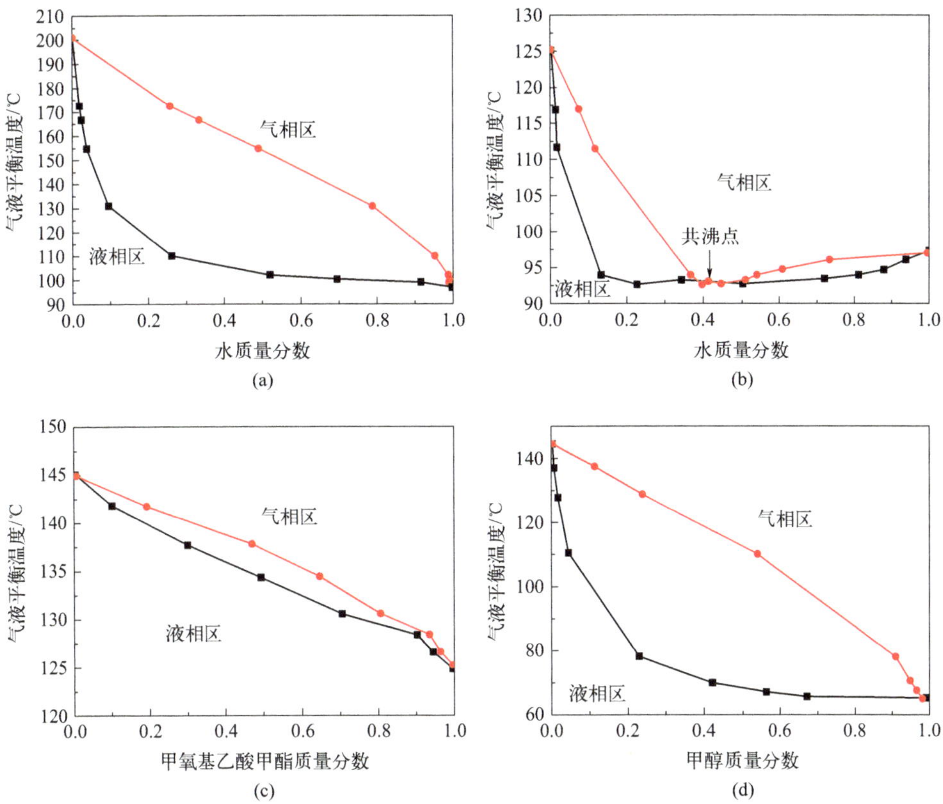

图 6.41　气液平衡实验 TXY 相图

(a) 水与甲氧基乙酸体系；(b) 水与甲氧基乙酸甲酯体系；(c) 甲氧基乙酸甲酯与乙醇酸甲酯体系；(d) 乙醇酸甲酯与甲醇体系

6.7.3　工艺包设计

本工艺包设计乙醇酸甲酯产能为 20 万吨 / 年，其设计范围包括界区内主工艺装置流程、主要设备、自控系统及分析系统。其中，主工艺装置流程包含甲缩醛羰基化单元与甲氧基乙酸甲酯水解单元，聚焦于工艺流程的系统设计；主要设备设计（不包括成套设备）针对关键单体设备开展参数优化与结构设计；自控系统设计着重于非成套设备控制方案的制定；配套分析系统设计，以确保工艺过程的精准监测与质量把控。

6.7.3.1　工艺原理

甲缩醛经甲氧基乙酸甲酯制备乙醇酸甲酯技术，是以甲缩醛与 CO 为核心原料构建的绿色合成工艺。该工艺主要包含两个关键反应步骤：在特定催化体系与反应条件下，甲缩醛先经羰基化反应生成甲氧基乙酸甲酯；随后，甲氧基乙酸甲酯经水解得到乙醇酸甲酯。反应过程中伴随副反应的发生，产物体系中含有二甲醚、甲醇、甲酸甲酯及重组分等副产物。

该反应路线主要包括两个反应步骤：羰基化单元和水解单元，所设计的主要反应方程式如表 6.8 所示。

表6.8　工艺单元涉及具体反应

反应单元	反应方程式
羰基化单元	$CH_3OCH_2OCH_3 + CO \longrightarrow CH_3OCH_2COOCH_3$（主反应）
	$2CH_3OCH_2OCH_3 \longrightarrow 2CH_3OCH_3 + HCOOCH_3$
	$CH_3OCH_2OCH_3 + CH_3OCH_2COOCH_3 \longrightarrow CH_3OCH_2COOCH_2OCH_3 + CH_3OCH_3$
	$2CH_3OCH_2COOCH_3 \longrightarrow CH_3OCH_2COOCH_2COOCH_3 + CH_3OCH_3$
水解单元	$CH_3OCH_2COOCH_3 + H_2O \longrightarrow HOCH_2COOCH_3 + CH_3OH$（主反应）
	$CH_3OCH_2COOCH_3 + H_2O \longrightarrow CH_3OCH_2COOH + CH_3OH$
	$HOCH_2COOCH_3 + H_2O \longrightarrow HOCH_2COOH + CH_3OH$
	$HOCH_2COOH \longrightarrow HCHO + CO + H_2O$

6.7.3.2　工艺特点

（1）分子筛催化剂体系

采用分子筛催化剂取代传统硫酸或其他均相催化剂，构建高效绿色催化体系。分子筛的布朗斯特-路易斯（Brønsted-Lewis）双酸协同活性中心与限域孔道结构，使甲氧基乙酸甲酯的选择性提升至 92% 以上，同时有效抑制副反应的发生。

（2）反应条件温和

甲缩醛羰基化：甲缩醛羰基化反应在 80 ～ 120 ℃、2 ～ 5 MPa 的工艺条件下进行。在此参数区间，甲缩醛与 CO 发生羰基化反应，生成目标产物甲氧基乙酸甲酯。

水解反应：甲氧基乙酸甲酯在 170 ～ 200 ℃条件下发生水解反应生成乙醇酸甲酯。该工艺无须高压或液体强酸环境，能耗相较于传统工艺降低 40% 以上。

（3）工程化可行性高

经系统的小试探索、中试优化及工程化研究验证，该技术具备良好的放大特性。反应-精馏耦合装置的设计实现了过程强化，使单程转化率提升至 89%，CO 利用率达到 98.5%。

（4）绿色低碳

本工艺以甲醇为起始原料，创新性地通过甲缩醛路径实现碳链延伸，原料甲醇的利用率高达 93.4%，每吨产品可减少 12.5 m^3 废水排放，同时降低 98% 的化学需氧量（COD）负荷。全流程的碳排放较氯乙酸法降低 65%，契合煤化工向高端化、低碳化转型的战略发展方向。

羰基化单元主要工艺操作条件：反应温度为80～120℃，操作压力为2.0～5.0 MPa，甲缩醛转化率为90%，甲氧基乙酸甲酯选择性为92%，催化剂年活性衰减率＜2%。催化剂可有效多次再生，且再生性能可有效恢复。

水解反应单元主要工艺操作条件：反应温度为170～200℃，低压，甲氧基乙酸甲酯转化率＞35%，乙醇酸甲酯选择性为40%(全组分)，催化剂年活性衰减率＜2%。催化剂可有效多次再生，且再生性能可有效恢复。

6.7.3.3 工艺流程

本工艺流程主要分为甲缩醛羰基化制甲氧基乙酸甲酯单元和甲氧基乙酸甲酯水解制乙醇酸甲酯单元。

(1) 甲缩醛羰基化制甲氧基乙酸甲酯单元

在羰基化反应体系中，甲缩醛与CO作为核心反应原料，在羰基化反应器内甲缩醛与CO发生羰基化反应，生成甲氧基乙酸甲酯及少量二甲醚、甲酸甲酯、甲醇及酯交换产物等。

羰基化反应产物经脱轻塔、脱重塔分离得到甲氧基乙酸甲酯产品，作为原料输送至水解单元。其中，轻组分经压缩、冷凝、分离后，得到二甲醚、甲酸甲酯等作为副产物输出至界区外。与此同时，未反应的CO气体循环回羰基化反应器，实现原料的高效循环利用。

(2) 甲氧基乙酸甲酯水解制乙醇酸甲酯单元

水解反应的原料主要为甲氧基乙酸甲酯与除氧水。在原料预处理阶段，两种物料充分混合，并通过预热装置提升至反应温度，随后输送至水解反应器。在催化剂的作用下，甲氧基乙酸甲酯与水发生水解反应，得到主要产物乙醇酸甲酯以及副产物甲氧基乙酸、乙醇酸、甲醇、二甲醚等。

6.7.3.4 工艺设备

本装置中主要工艺介质有甲缩醛、CO、甲氧基乙酸甲酯、二甲醚、甲酸甲酯、甲醇、甲氧基乙酸、乙醇酸甲酯、乙醇酸、酯交换-134、酯交换-148、酯交换-162、二聚甲缩醛等。依据《危险化学品目录汇编》及《石油化工企业设计防火标准（2018年版）》（GB 50160—2008）等规范判定，上述介质均具有易燃、易爆特性。

本工艺装置核心设备有塔器、容器、换热器、压缩机、泵等。鉴于装置内涉及多种易燃、易爆危险介质，在防爆区内的用电设备选用防爆设备。在设备材料选型过程中，系统考量工艺介质的腐蚀性、毒性、操作温度与压力等参数，结合材料的力学性能、化学性能、物理性能及工艺性能，同时兼顾市场供应情况，遵循安全可靠性优先、经济性适配的双原则进行优化配置，确保设备在复杂工况下具备优异的耐腐蚀性能与长周期运行稳定性。

6.7.3.5 控制系统

本装置的工艺参数监视、控制和管理依托分散型控制系统（DCS）实现全流程自动化运行，以中央控制室作为核心管控枢纽，执行集中化操作与管理。在装置各单元有潜在可燃 / 有毒气体泄漏或聚集的区域，科学部署高精度可燃 / 有毒气体传感器，实时采集环境数据，并通过标准信号传输协议将监测信号接入 DCS 系统，构建起覆盖全装置的动态安全监测网络。

成套设备（如压缩机等）采用 DCS 或成套设备提供的可编程逻辑控制（PLC）系统进行控制，成套设备既可以接入 DCS 实现全流程集中管控，也能够依托设备自带的 PLC 系统执行本地化精准控制。为确保两种控制系统间的数据交互与协同运行，建立 DCS 与 PLC 系统间的双向数据通信链路。

为保障系统运行的可靠性与稳定性，DCS 控制器、控制器电源、通讯卡、网络总线均采用冗余配置。此外，系统配备独立的工程师站，其具备系统级管理权限，可实现对系统软件及工作应用软件的修改、维护等工作。

6.8 甲缩醛经甲氧基乙酸甲酯制乙醇酸甲酯工业中试

本项目是以煤基甲醇为原料开发出的具有自主知识产权的新型工艺技术体系，该技术涵盖甲醇经甲缩醛羰基化水解制 PGA 单体乙醇酸甲酯的全流程工艺，以及配套的系统集成优化与工程放大技术。该工艺路线核心为甲缩醛羰基化制甲氧基乙酸甲酯和甲氧基乙酸甲酯水解制乙醇酸甲酯两步反应，均采用固定床反应器，有效实现甲缩醛（甲醇）向乙醇酸甲酯的定向转化。

工业性试验主要围绕上述两步反应及催化剂工业性放大生产展开，实验基于前期小试与中试研究成果，系统开展工艺全流程的工业化验证工作。通过对反应条件、设备运行参数的动态监测与优化，深入评估该技术路线在工业应用场景下的安全性、稳定性及可靠性；同时采集反应动力学、设备性能等关键参数，为工业示范装置的建设、稳定运行及安全操作提供系统性技术支撑，加速推动该创新技术的产业化进程。

6.8.1 工业中试装置及工艺流程

工业性试验工艺过程主要由四大核心单元构成，分别为液相进料系统、气相进料系统、反应系统及精馏分离系统，各单元流程简图见图 6.42～图 6.45。

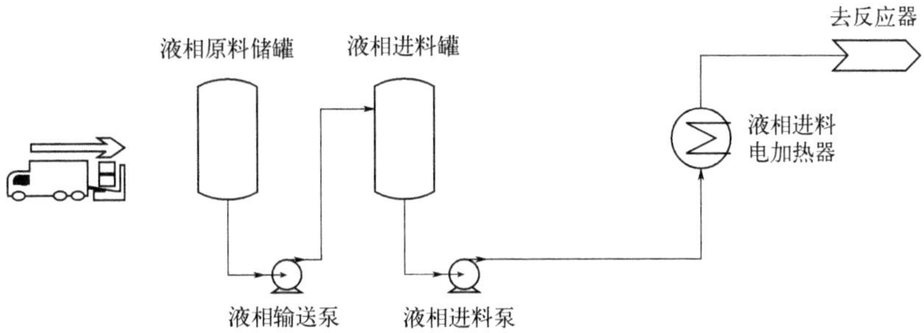

图 6.42　液相进料系统工艺流程简图

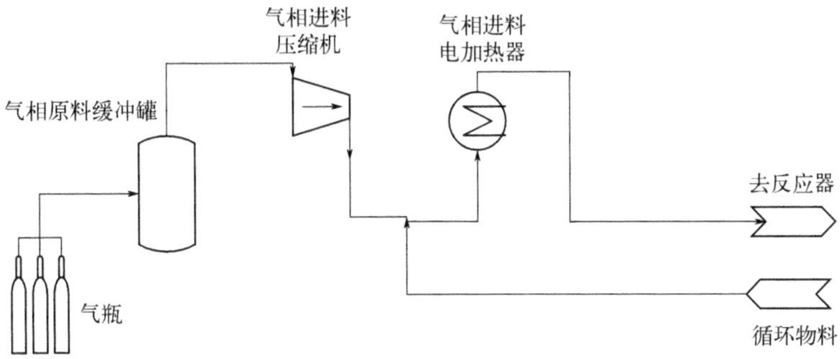

图 6.43　气相进料系统工艺流程简图

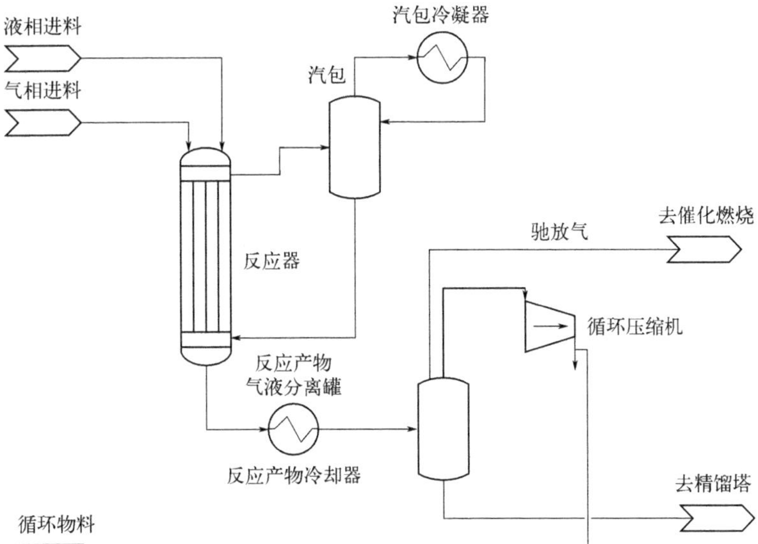

图 6.44　反应系统工艺流程简图

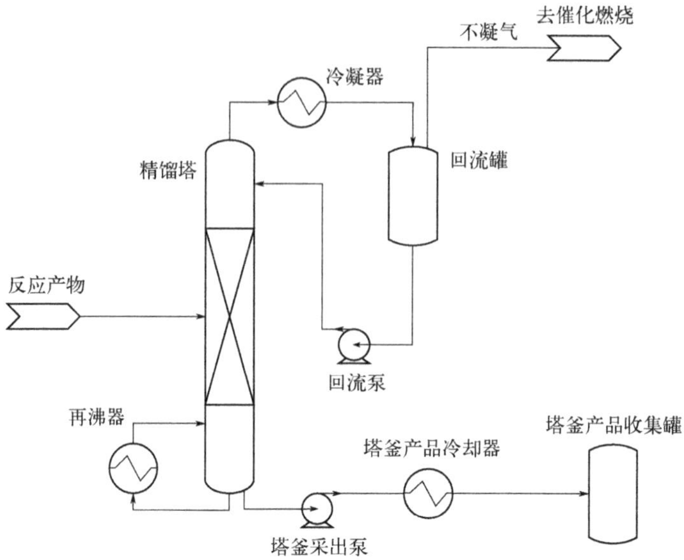

图 6.45 精馏分离系统工艺流程简图

6.8.2 工业中试主要设备

主要设备以及相关参数如表 6.9 所示。

表6.9 主要设备及相关参数一览表

主要设备	设备参数
液相原料储罐	尺寸：ϕ1300 mm×2400 mm；设计参数：6 MPa、100 ℃；容积：3.76 m^3
液相进料罐	尺寸：ϕ1600 mm×3500 mm；设计参数：6 MPa、100 ℃；容积：8.11 m^3
液相干燥罐	尺寸：ϕ600 mm×1200 mm；设计参数：6 MPa、100 ℃；容积：0.48 m^3
气相原料缓冲罐	尺寸：ϕ700 mm×1200 mm；设计参数：6 MPa、100 ℃；容积：0.55 m^3
反应器 1	尺寸：ϕ325 mm×6000 mm；设计参数：6 MPa、500 ℃；催化剂装填量：0.123 m^3；型式：列管式固定床反应器
反应器 2	尺寸：ϕ356 mm×6000 mm；设计参数：6 MPa、500 ℃；催化剂装填量：0.24 m^3；型式：固定床反应器
汽　包	尺寸：ϕ530 mm×800 mm；设计参数：6 MPa（FV）、280 ℃；容积：0.19 m^3
反应产物气液分离罐	尺寸：ϕ530 mm×800 mm；设计参数：6 MPa、100 ℃；容积：0.2 m^3
精馏塔	尺寸：ϕ219 mm/457 mm×13020 mm；设计参数：6 MPa、320 ℃；容积：0.62 m^3
回流罐	尺寸：ϕ426 mm×600 mm；设计参数：6 MPa、100 ℃；容积：0.08 m^3

续表

主要设备	设备参数
塔釜产品收集罐	尺寸：ϕ1200 mm×2500 mm；设计参数：6 MPa、100 ℃；容积：3.28 m^3
冷凝器	型式：BFU；管侧：OD10 mm×1000 mm，163 U；壳侧：ϕ356 mm×1000 mm；设计参数：6 MPa、320 ℃（壳侧）/4.8 MPa、65 ℃（管侧）
再沸器	型式：BFU；管侧：OD10 mm×1000 mm,163 U；壳侧：ϕ356 mm×1000 mm；设计参数：6 MPa、320 ℃（壳侧）/4.8 MPa、65 ℃（管侧）
液相进料电加热器	尺寸：ϕ500 mm×1150 mm；设计参数：6 MPa、320 ℃；功率：40 kW
气相进料电加热器	尺寸：ϕ450 mm×2310 mm；设计参数：6 MPa、320 ℃；功率：140 kW
气相进料压缩机	公称容积流量：2.4 m^3/min；排气压力：5.2 MPa
循环压缩机	公称容积流量：0.72 m^3/min；排气压力：4.6 MPa
液相进料泵	型式：隔膜泵；流量：0.8 m^3/h（最大）；出口压力：6 MPa（最大）
回流泵	型式：隔膜泵；流量：0.336 m^3/h（最大）；出口压力：6 MPa（最大）
塔釜采出泵	型式：隔膜泵；流量：0.6 m^3/h（最大）；出口压力：6 MPa（最大）

6.8.3 工业中试工艺安全控制

工业性试验操作过程。开车前，需系统开展全方位检查与确认工作，具体涵盖以下内容：

① 对整套装置实施密封性测试；

② 对各关键设备及部件进行系统性功能测试与状态核验。确认电加热器、泵、压缩机、仪表阀门、管道阀门及管件等均无异常；

③ 对热电偶、压力表、液位计及流量计进行全面校准工作；

④ 确认仪表报警、联锁、安全阀、可燃有毒气体检测器等均能正常工作；

⑤ DCS 系统、各 PLC 系统均无异常，各开关按钮正常、各控制参数显示准确；

⑥ 循环水、冷冻水、导热油、氮气等公用工程设施能正常工作；

⑦ 装置内已通过氮气充分置换；

⑧ 实验环境通风正常。

在确认上述各项事宜后，开展工业性试验。

6.8.3.1 甲缩醛羰基化反应实验

（1）反应移热

鉴于甲缩醛羰基化反应的强放热特性，此次工业性试验选用列管式固定床反应器，构建基于 R134A 相变传热的高效移热系统。液相 R134A 在重力作用下，自汽包流入反应器壳程，与反应管内的反应体系进行热量交换。吸收热量后，部分 R134A 汽化，形成气液两相混合物，利用密度差循环回汽包。汽化的 R134A 经汽包冷凝器冷凝后，回流至汽包。通过 R134A 的持续相变循环，构建起动态平衡的热量移除机制，有效维持催化剂床层温度的稳定。

(2) CO 循环

在甲缩醛羰基化反应进入稳态运行阶段后，于反应器出口处进行周期性取样分析，采用气相色谱对产物组成进行定量分析。当产物满足预设工艺要求时，启动未反应 CO 的分离回收与处置流程。一部分作为尾气输送至催化燃烧系统；另一部分则经压缩机增压至反应进料压力，并入进料管线，在加热器前与新鲜原料混合后重新进入反应系统参与反应。

(3) 精馏

精馏部分主要针对甲缩醛羰基化反应后，进行甲氧基乙酸甲酯脱轻处理。反应产物经管道输送至精馏塔，通过控制进料流量，使塔釜液位稳定在大约 80% 的设计工况。与此同时，启动塔顶冷凝器的冷冻水系统及塔釜采出冷却器的循环水系统，确保冷却回路处于稳定循环状态。

启动塔釜再沸器的导热油循环系统，逐步升高导热油温度，控制塔顶操作压力维持在 20 kPa，并实时监测塔内各段填料层的温度分布情况以及回流罐内是否出现液位。当回流罐开始出现液位时，立即稳定塔釜温度；待回流罐液位达到约 50% 时，打开回流切断阀、开启回流计量泵，启动全回流操作模式。在全回流运行阶段，每隔大约 1 h 分别对塔顶和塔釜物料进行取样分析，并依据分析结果适当调整塔釜温度，直至样品合格。

塔顶、塔釜样品质量合格后，开启连续进料流程，同时启动塔釜采出计量泵，将回流比调节至预设值。运行期间，每隔大约 1 h 分别在塔顶和塔釜进行取样分析，根据分析结果适当调整塔釜加热功率。当塔内温度分布再次趋于稳定，且塔顶、塔釜产品组成合格时，开始收集产品。初期采出的不合格产品，可充分混合后返回塔内，降低原料损耗，减少工艺过程中的废液产生量。

甲缩醛羰基化工业中试过程中的关键操作参数如表 6.10 所示。

表6.10 甲缩醛羰基化工业中试关键操作参数

序号	名称	单位	控制点
1	CO 气相原料缓冲罐压力	MPa	0.10 ~ 0.20
2	CO 气相进料压缩机出口流量	kg/h	10.2 ~ 10.3
3	甲缩醛液相原料储罐液位	%	40 ~ 70
4	甲缩醛液相进料罐液位	%	40 ~ 70
5	甲缩醛液相进料泵出口流量	kg/h	29.0 ~ 29.5
6	汽包压力	MPa	0.91 ~ 0.93
7	汽包液位	%	40 ~ 70
8	羰基化反应产物气液分离罐液位	%	40 ~ 70
9	羰基化反应产物气液分离罐温度	℃	20 ~ 22

续表

序　　号	名　　称	单　　位	控制点
10	羰基化反应弛放气流量	kg/h	1.7 ～ 1.8
11	循环 CO 压缩机出口流量	kg/h	85.2 ～ 85.6
12	精馏塔进料流量	kg/h	37.4 ～ 37.8
13	精馏塔塔顶压力	MPa	0.018 ～ 0.020
14	精馏塔塔顶温度	℃	37 ～ 39
15	精馏塔塔釜压力	MPa	0.037 ～ 0.041
16	精馏塔塔釜温度	℃	142 ～ 144
17	精馏塔塔釜液位	%	40 ～ 70
18	精馏塔回流罐液位	%	40 ～ 70
19	精馏塔塔釜采出泵出口流量	kg/h	31.0 ～ 31.4
20	塔釜产品收集罐液位	%	40 ～ 70

6.8.3.2　甲氧基乙酸甲酯水解实验

反应原料为甲氧基乙酸甲酯与去离子水，通过计量泵设定进料流量。水解反应运行平稳后，进行取样并对样品进行定性定量检测，以获取反应进程及产物分布的精确数据。反应产物经冷却后，液相产品经管道输送至专用储罐进行收集与储存，不凝气则通过密闭管道输送至催化燃烧系统。

甲氧基乙酸甲酯水解工业中试过程中主要操作参数如表 6.11 所示。

表6.11　甲氧基乙酸甲酯水解工业中试主要操作参数

序　　号	名　　称	单　　位	控制点
1	甲氧基乙酸甲酯和水原料储罐液位	%	40 ～ 70
2	甲氧基乙酸甲酯和水进料罐液位	%	40 ～ 70
3	甲氧基乙酸甲酯和水进料泵出口压力	MPa	1.0 ～ 1.2
4	液相进料泵出口流量	kg/h	274.5 ～ 276.5
5	水解反应产物气液分离罐液位	%	40 ～ 70
6	水解反应产物气液分离罐温度	℃	40 ～ 42
7	水解反应产物气液分离罐压力	kPa	3.6 ～ 4.0
8	水解反应不凝气流量	kg/h	6.4 ～ 6.6

6.8.4　工业中试试验安全控制措施

工业性试验的安全控制措施围绕温度、压力、液位、成套设备的控制以及可燃有毒气体检测和用电安全等方面展开。

（1）温度控制

① 反应器超温联锁。在反应器上管板上方设置多点温度计安装口，安装口与

反应器轴线夹角呈 50°便于安装。采用 4 缆式多点温度计，每缆配置 5 个温度传感器，共计 20 个测温点。测温点按空间分布特性分为 10 组，每组 2 个测温点处于同一高度平面，沿反应器轴向以约 560 mm 的间距均匀布设，实现对反应空间的立体温度监测。当任意 3 个测温点数据达到预设联锁阈值时，系统立即自动切断液相进料电加热器、气相进料电加热器电源，关停液相进料泵，并关闭反应器液相进料阀，通过多维度应急响应切断反应热量输入与物料供给，有效防范局部过热引发的安全风险，确保反应过程安全可控。

② 电加热器超温联锁。液相进料电加热器与气相进料电加热器内部均设置超温联锁。过热器内部设置三支温度传感器。任意一点温度达到联锁值时，系统将立即激活超温联锁程序，关停液相进料电加热器、气相进料电加热器、液相进料泵及反应器液相进料阀。

（2）压力控制

① 液相原料储罐压力控制。采用氮封技术对罐内压力实施动态调控。通过在罐顶设置氮封，一方面有效抑制甲缩醛等低沸点物料的挥发；另一方面确保储罐内压力的稳定。基于 DCS 系统搭建智能化压力监测体系，设置压力高限与低限双重预警阈值。

② 气相原料缓冲罐压力控制。在工艺运行过程中，采用压力分程控制对罐顶进行精准调控，维持罐内压力的稳定；同时，在 DCS 系统中设置压力高限与压力低限报警阈值。

③ 反应器压力控制。在反应器进出口分别安装压力表，构建压力监测系统。测定压力的同时监测反应床层的压降，判断反应床层的运行状态。

④ 汽包压力控制。汽包压力通过汽包冷凝器的循环水流量控制，保证汽包内的饱和温度，从而使汽包与催化剂床层之间保持合理的换热温差以及合理的气化率，及时带走反应产生的热量，实现反应温度的稳定控制。

⑤ 精馏塔压力控制。采用不凝气排放流量控制策略实现塔顶压力的精准调节。

（3）液位控制

在本次工业性试验中，针对液相原料储罐、汽包、精馏塔等关键容器，均配备了高精度液位监测系统。各容器安装的液位计具备就地显示与远程传输双重功能，可就地观察液位的同时将信号传输至 DCS，并设置高、低液位报警阈值。

（4）成套设备控制

本次工业性试验涉及的成套设备主要包含气相进料压缩机、循环压缩机、冷冻系统、导热油系统等。各设备均配备独立的 PLC 控制系统，实现控制功能的同时，设置相关联锁措施，保障设备的安全稳定运行。

（5）可燃有毒气体检测

可燃有毒气体监测系统采用独立于 DCS 的冗余设计架构，确保监测信号的可靠性与响应及时性。装置核心区域设置 H_2、CO、二甲醚气体检测报警器，各检测设备依据相应的安全标准设定报警阈值：氢气检测器报警值为25%LEL，CO检测器报警值为100%PC-STEL，二甲醚检测器报警值为0～25% LEL。此外，鉴于甲缩醛和甲氧基乙酸甲酯具有较强的渗透特性，水解产物甲氧基乙酸和乙醇酸具有一定的腐蚀性，作业人员在操作过程中需全程佩戴耐腐蚀性橡胶手套。

(6) 用电安全

本装置接地系统由接地装置、工作接地汇总板、保护接地汇总板、接地干线及各类汇流排组成，配备合理的接地导线，严格按照规范要求进行接地电阻测试，确保现场各带电设备的接地安全。同时，针对泵、压缩机等用电设备，设计了冗余式远程控制回路，可实现紧急状态下远程一键停车。

另外，为切实保障生产过程安全性，杜绝跑、冒、滴、漏，建立定时巡检与设备定期检修制度，以保证设备完好率，降低泄漏率。在环境安全控制方面，实验区域构建高效通风系统，以便在浓度超标时尽快将易燃易爆物质排到室外。在操作风险防控领域，采用国际标准色标体系，对不同功能管线进行颜色编码，提升操作人员对管线走向、介质属性的辨识能力；针对核心阀门，采用挂牌标识与机械锁双重防护措施。

6.8.5 三废处理

(1) 废气

甲缩醛羰基化实验的废气主要是系统弛放的CO气体和精馏塔塔顶产生的不凝气，主要组成为CO、甲缩醛、二甲醚等。实验工况下，废气排放总量不超过5 m^3/h，均密闭排放至催化燃烧系统处理。

甲氧基乙酸甲酯水解实验产生的废气主要为反应产物中的不凝气，主要组成为二甲醚、甲醇、CO_2、甲缩醛等。实验工况下排放量不超过5 m^3/h，均密闭排放至催化燃烧系统处理。

(2) 废液

工业性试验运行阶段不产生废液，废液主要源自实验结束后装置内的残留物料，以及管道、设备清洗过程产生的冲洗液。该类废液未含特殊危险化学物质，采用专用容器收集并交由园区统一处理。

(3) 废固

废固主要为固体分子筛催化剂、吸附剂以及干燥剂等，可进行填埋等无害化处理或交由有资质的处置中心统一处理。

6.8.6 工业中试主要数据

工业中试包括甲缩醛羰基化制甲氧基乙酸甲酯、甲氧基乙酸甲酯水解制乙醇酸甲酯两步反应，试验规模如表 6.12 所示。

表6.12 工业中试规模

工业性试验内容	催化剂装填量 /kg	工业性试验规模 /(t/a)
甲缩醛羰基化反应	61.5	246（按甲氧基乙酸甲酯计）
甲氧基乙酸甲酯水解反应	156	257（按乙醇酸甲酯计）

（1）甲缩醛羰基化制甲氧基乙酸甲酯实验

表 6.13 和表 6.14 为原料甲缩醛和新鲜 CO 的规格。甲缩醛羰基化工业性试验主要物料的进出数据（72 h 平均值）见表 6.15。

表6.13 原料甲缩醛规格

项　目	指　标
甲缩醛质量分数 /%	≥ 99.95
甲醛含量 /(μg/g)	≤ 10
密度（20 ℃）/(g/cm^3)	0.858 ～ 0.870

表6.14 新鲜CO规格

项　目	指　标
CO 体积分数 /%	≥ 99.99
氢气体积分数 /10^{-6}	＜ 10
氧气＋氩气体积分数 /10^{-6}	＜ 10
氮气体积分数 /10^{-6}	＜ 50
二氧化碳体积分数 /10^{-6}	＜ 20
总烃（THC）体积分数 /10^{-6}	＜ 5

表6.15 甲缩醛羰基化工业性试验主要物料进出数据（72 h平均值）

位　置	物　料	流量 /(kg/h)
反应器进料	甲缩醛	29.22
	新鲜 CO	10.23
	循环 CO	85.41
反应器出料	反应出口物料	124.67
精馏塔	精馏塔进料	37.61
	塔釜出料	31.19

甲缩醛羰基化制甲氧基乙酸甲酯工业性试验的主要技术指标如图 6.46 和表 6.16 所示。

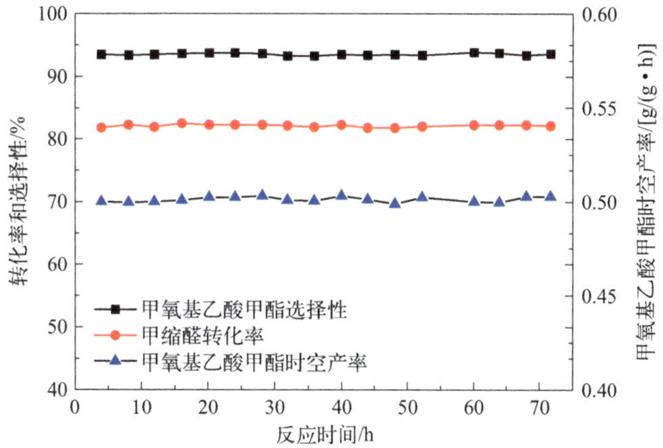

图 6.46　甲缩醛羰基化制甲氧基乙酸甲酯工业性试验的主要技术指标

表6.16　甲缩醛羰基化制甲氧基乙酸甲酯工业性试验主要技术指标（72 h平均值）

项　　目	指　　标
甲缩醛转化率 /%	82.04
甲氧基乙酸甲酯选择性 /%	93.61（基于产物质量）
甲氧基乙酸甲酯时空产率 /[g/(g·h)]	0.501

（2）甲氧基乙酸甲酯水解制乙醇酸甲酯实验

表 6.17 和表 6.18 为甲氧基乙酸甲酯水解制乙醇酸甲酯实验所用原料甲氧基乙酸甲酯和去离子水的规格。

表6.17　原料甲氧基乙酸甲酯规格

项　　目	指　　标
甲氧基乙酸甲酯质量分数 /%	≥ 99.95
水质量分数 /10^{-6}	≤ 50
甲醇质量分数 /10^{-6}	≤ 50
密度（20 ℃）/（g/cm^3）	1.05
Fe 质量分数 /10^{-6}	≤ 5

表6.18　去离子水规格

项　　目	指　　标
电导率（25 ℃）/（μS/cm）	＜ 0.2
SiO_2 浓度 /(μg/L)	＜ 20
总 Fe 浓度 /(μg/L)	＜ 30

续表

项　　目	指　　标
总 Cu 浓度 /(μg/L)	< 5
油浓度 /(μg/L)	≤ 0.3
pH	6.5 ~ 7.2

表 6.19 为甲氧基乙酸甲酯水解制乙醇酸甲酯工业中试连续 72 h 运行周期内主要物料的进出数据。

表6.19　甲氧基乙酸甲酯水解制乙醇酸甲酯工业中试主要物料的进出数据（72 h平均值）

位　　置	物　　料	流量 /(kg/h)
反应器进料	甲氧基乙酸甲酯	237.05
	去离子水	41.01
反应器出料	反应出口物料	275.95

甲氧基乙酸甲酯水解制乙醇酸甲酯工业性试验的主要技术指标如图 6.47 和表 6.20 所示。

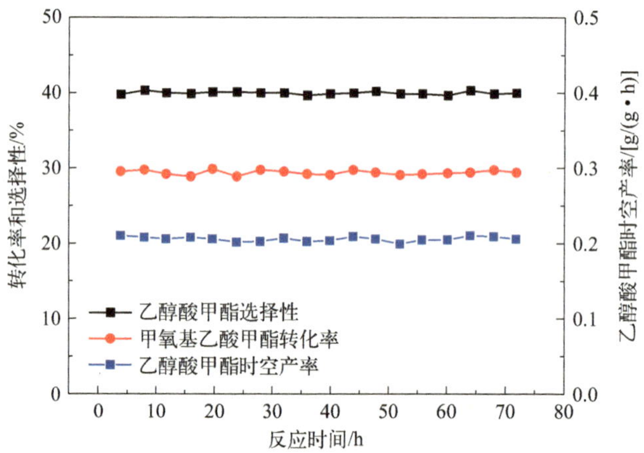

图 6.47　甲氧基乙酸甲酯水解制乙醇酸甲酯工业性试验的主要技术指标

表6.20　甲氧基乙酸甲酯水解制乙醇酸甲酯工业性试验的主要技术指标（72 h平均值）

技术指标	数　　值
甲氧基乙酸甲酯转化率 /%	29.50
乙醇酸甲酯选择性 /%	40.09（基于产物碳数）
乙醇酸甲酯时空产率 /[g/(g · h)]	0.206

6.8.7 甲缩醛羰基化制甲氧基乙酸甲酯及水解制乙醇酸甲酯技术成果评价

中国科学院大连化学物理研究所刘中民团队开发的甲缩醛羰基化制甲氧基乙酸甲酯及水解制乙醇酸甲酯技术于 2022 年 12 月通过中国石油和化学工业联合会（简称石化联合会）组织的科技成果评价。评价委员会一致认为，该成果创新性突出、自主知识产权完整，达到国际领先水平，建议加快工业示范装置建设。

该技术成果具有以下核心特点：

① 技术优势与创新。反应条件温和，甲缩醛羰基化制甲氧基乙酸甲酯阶段的温度为 80 ～ 120 ℃，压力为 2 ～ 5 MPa；甲氧基乙酸甲酯水解制乙醇酸甲酯阶段的温度为 170 ～ 200 ℃。相比于传统甲醛羰基化路线（高压、强腐蚀性），该技术显著降低了设备投资和操作成本。

② 催化剂与工艺创新。该技术采用分子筛催化剂，具备高选择性、工艺易放大、成本低等特点。以甲醇为原料，经甲缩醛羰基化构建产业链，符合煤化工高端化、多元化、低碳化发展方向。

③ 应用前景。乙醇酸甲酯是可降解材料 PGA 的关键单体，该技术为大规模生产提供了绿色路径，契合环保政策需求。

该技术通过分子筛催化剂创新、温和反应条件设计及工艺放大优化，实现了乙醇酸甲酯的高效、低碳生产，为可降解材料产业及煤化工升级提供了重要技术路径，其产业化推进将加速我国在绿色化学品制造领域的全球竞争力。

6.9 甲缩醛经甲氧基乙酸甲酯制乙醇酸甲酯的工业化潜力

6.9.1 技术的成熟度

乙醇酸及乙醇酸甲酯作为重要的有机合成中间体与功能化产品，广泛应用于可降解材料、医药、农药及电子化学品等领域。然而，现有生产路线普遍存在成本高、污染重、工艺条件苛刻等问题，难以满足绿色、低碳、规模化生产要求。当前市场上小批量制备乙醇酸 / 乙醇酸甲酯主要依赖甲醛液相羰基化法与氯乙酸水解法。但二者均存在腐蚀性强、副产物多、能耗高等明显缺陷，制约其工业化拓展。

针对上述问题，中国科学院大连化学物理研究所提出了一条以甲醇为原料，经甲缩醛羰基化制甲氧基乙酸甲酯，再水解生成乙醇酸甲酯的全新技术路线。该路线以分子筛为核心催化体系，成功突破了传统金属催化体系在稳定性与选择性方面的限制，构建了绿色高效、过程清洁、具备良好应用前景的乙醇酸甲酯合成平台。路线的核心技术环节为甲缩醛羰基化反应与甲氧基乙酸甲酯水解反应。

2010 年，中国科学院大连化学物理研究所开始对路线中关键步骤甲缩醛羰基化反应开展了系统深入的研究。在催化剂装填量为 1 g 和 10 g 反应装置上，开展了分子筛催化剂性能的基本工艺条件考察（包括反应温度、反应压力、反应空速，原料气配比等）和改性研究，并结合表征分析，深入研究了催化剂的酸性、孔结构和其催化性能的构效关系，发现了甲缩醛羰基化反应的基本规律、基本特征，取得了较好的结果，突破了制约甲缩醛经甲氧基乙酸甲酯制乙醇酸甲酯工业路线的瓶颈。在此基础上，进一步研究了载体对分子筛催化剂的影响，考察了不同的黏结剂、定型方法和改性条件对甲缩醛羰基化反应的活性、选择性和稳定性的影响。在大量实验的基础上，完成了催化剂的定型工作，实现了公斤级催化剂的放大制备，成功开发出高性能甲缩醛羰基化分子筛催化剂，目标产物甲氧基乙酸甲酯的时空产率为 0.5 g/(g · h)，选择性为 95%，催化剂单程稳定性为 12000 h，并可反复再生使用，完全达到工业应用要求，为此项技术的工业化奠定了坚实基础。同时对于全新的甲氧基乙酸甲酯水解制乙醇酸甲酯反应，开发了活性高、稳定性好的催化剂，甲氧基乙酸甲酯转化率约为 30%，目标产物乙醇酸甲酯的选择性约为 40%（约 60% 产物进行循环），催化剂稳定性达 10000 h，并可重复再生使用，各项指标达到了工业化要求。

在实验室中试研究中，研究团队采用工业催化剂（催化剂装填量 100 g，高度 370 mm）和工业单管内径的固定床反应器，进行了羰基化 / 水解中试研究。工艺条件考察结果显示，羰基化 / 水解中试反应规律和结果与小试基本一致，反应放大特异性不显著；72 h 物料衡算结果表明，羰基化中试 C、H、O 平衡度和质量平衡度超过 98%，水解中试 C、H、O 平衡度、质量平衡度超过 98.9%。通过实验室中试，验证了定型催化剂性能和工艺路线的可行性。

为保证大型工业装置长期满负荷稳定运行，研究团队开展系统化的工程化研究，为工业化提供可靠优质的解决方案。主要的研究内容包括：反应器放大、分离方案确定、流程设置、材质选择问题以及安全与环保。

研究团队根据实验室小试和中试研究结果，确定了反应体系：①羰基化反应是低反应温度下强放热反应（$\Delta H_{220} = -110$ kJ/mol），若温度过高会致使催化剂快速失活；高压有利于羰基化反应的进行，反应压力确定为 5.0 MPa；反应物甲缩醛和产物甲氧基乙酸甲酯是液相，表明反应体系中存在“气-液-固”三相共存的特性；采用的催化剂为大颗粒，寿命较长。综上所述，研究团队将采用滴流床反应器。②甲氧基乙酸甲酯水解制乙醇酸甲酯是微吸热反应，不存在催化剂床层飞温等不利因素，同时反应压力为常压，整体反应条件较为温和，反应器采用常规径向流或卧式固定床反应器，以确保反应高效进行。通过开展工业冷模实验，构建仿真模型，并结合实际工程经验进行优化，所设计的反应器能够有效满足工业化放大生产的需求。

根据羰基化反应和水解反应的物料组成，数据库没有甲氧基乙酸甲酯、甲氧基乙酸、乙醇酸甲酯和乙醇酸的基本物性数据，产物分离设计所需要的饱和蒸气压曲线以及二元交互参数也不存在，因此研究团队对上述的基本物性和各物系气液平衡参数进行了测定。在此基础上，根据实验所得的数据进行回归，得到模型所需的二元交互参数，并进行全系统的流程模拟计算，所得到的模拟结果用中试精馏实验进行验证，并发现工艺流程模拟结果和精馏实验结果基本一致，证明了流程模拟模型和气液平衡数据相对可靠，验证了分离方案的可行性。该数据可以作为工业装置的设计依据。

根据反应的介质组成以及操作条件，本技术在材质选择方面进行了特别关注。在综合考虑操作条件、腐蚀数据、实际应用经验和材料价格等因素后，对羰基化反应单元、水解反应单元和分离单元相应选用了合适的材质。为了保证选材的可靠，研究团队进一步通过正式的腐蚀性实验进行验证，发现样品仅有轻微均匀腐蚀，未见明显局部腐蚀，可有效保证未来工业装置长周期稳定运行。

在已有甲缩醛羰基化反应和甲氧基乙酸甲酯水解反应实验室小试和中试研究的基础上，进一步完成了工业性试验。在甲缩醛羰基化单元考核中，72 h 现场考核结果显示：甲缩醛转化率为 82.8%（考核值 70%）。甲氧基乙酸甲酯选择性为 91.55%（考核值 90%），甲氧基乙酸甲酯时空产率为 0.567 kg/(kg·h)［考核值 0.5 kg/(kg·h)］。物料质量平衡度为 97.37%，C 质量平衡度为 97.8%，H 质量平衡度为 102.4%，O 质量平衡度为 96.3%，完全符合工业性试验要求。工业性中试结果和实验室小试、中试结果基本一致，均达到了考核值，验证了工业催化剂和实验室小试和中试结果的可靠性；实验过程中装置运行平稳，过程安全，得到了符合要求的甲氧基乙酸甲酯产品，验证了工艺流程的可靠性；反应器和精馏塔操作稳定，为工业示范装置的建设提供了可靠的工艺包设计基础数据。在此基础上编制了工艺包，形成了甲缩醛经甲氧基乙酸甲酯制乙醇酸甲酯成套技术。

6.9.2 技术的知识产权与创新性

（1）知识产权

在知识产权方面，甲缩醛经甲氧基乙酸甲酯制备乙醇酸 / 乙醇酸甲酯技术正加速构建全球知识产权保护体系。该技术聚焦于催化剂研发、工艺流程创新和反应器创新三大核心要点，系统性培育高价值专利组合，形成技术创新与专利布局的良性循环。截至目前，该技术已在知识产权领域取得显著成果：国内已获授权专利 8 项，涵盖关键催化材料和核心反应工艺；同步布局的国外同族专利达 19 项，实现对欧洲、美国、日本等核心市场的专利覆盖。此外，另有 9 项国内外专利处于申请阶段，持续完善技术保护网络。值得一提的是，该技术专利已在欧洲、美国、中亚、日本等19个国家和地区获得授权，标志着其技术先进性与市场应用价值获得国际认可，为全球产业化推广奠定坚实基础。

在技术转化层面，项目团队将通过多元化路径推动专利技术产业化。一是开展专利许可与转让，通过与国内外化工企业建立技术合作，实现专利技术的快速市场应用；二是以无形资产出资成立专业化公司，整合产业链资源，打造集研发、生产、销售于一体的创新平台，加速技术成果向规模化生产转化。通过构建“专利保护-技术转化-产业升级”的完整链条，该技术有望在新能源材料、生物降解塑料等领域形成新的产业增长点，引领绿色化工技术革新。

(2) 技术创新性

甲醇经甲缩醛羰基化制甲氧基乙酸甲酯及其水解制乙醇酸/乙醇酸甲酯技术路线的核心是以分子筛为催化剂的羰基化反应，已有多年的研究，但无法解决分子筛催化剂低活性、低稳定性的难题。中国科学院大连化学物理研究所低碳催化与工程研究中心于2010年开始分子筛催化甲缩醛羰基化反应研究工作，对反应的基本原理、反应特征、构效关系等进行了深入系统的研究，在分子筛活性和稳定性方面取得了系列进展，并提出甲醇经甲缩醛羰基化制甲氧基乙酸甲酯及其水解制乙醇酸甲酯的技术路线。通过大量的研究和攻关，成功研制出高效的甲缩醛羰基化催化剂和甲氧基乙酸甲酯水解催化剂，其性能满足工业化要求。在此基础上进行催化剂定型、放大和实验室小试、中试研究及工业性试验，验证了催化剂和工艺路线的可行性，获取了工艺包设计所需基础数据，设计开发了相应的反应器，并编制了工艺包，形成了具有自主知识产权的成套技术。主要发明和创新如下：

① 创新性地提出了甲缩醛羰基化制甲氧基乙酸甲酯及其水解制乙醇酸甲酯技术路线，并通过小试、中试、工业性试验及工程化研究，验证了技术的可行性，为煤化工发展开辟了新的技术路线。该项技术可以以煤/天然气/生物质/钢厂煤气/CO_2为初始原料，大规模、低成本生产乙醇酸甲酯。

② 研制了高活性的分子筛羰基化催化剂，采用“气-液-固”三相反应体系，优化了反应工艺条件，实现了甲缩醛羰基化反应的高效进行。催化剂寿命大于12000 h，且催化剂具有良好的再生性能。工业性试验结果甲缩醛转化率约为82%，甲氧基乙酸甲酯选择性约为94%，甲氧基乙酸甲酯时空产率约为0.5 g/(g·h)。

③ 研制了高活性分子筛水解催化剂，采用气固相反应体系，优化了反应工艺条件，在低水/酯比条件下实现了甲氧基乙酸甲酯水解反应过程的稳定运行。催化剂寿命大于8000 h，且催化剂具有良好的再生性能。工业性试验结果为甲氧基乙酸甲酯转化率约为30%，乙醇酸甲酯选择性约为40%，乙醇酸甲酯时空产率约为0.2 g/(g·h)。

④ 以工业性试验结果作为工艺包设计基础数据，通过反应器放大研究、分离工艺研究和流程设计、工艺包设计等一系列工程化研究，解决了该技术从实验室到工业化放大过程中的关键工程问题，使该技术具备了大型工业化的基础，并编制了

20 万吨 / 年甲缩醛制乙醇酸甲酯的成套工艺包。

6.9.3 技术的经济性

在全球可持续发展浪潮下，塑料污染治理已成为不可逆的时代趋势。目前，欧盟、美国、日本等 60 余个国家和地区已通过立法限制一次性塑料使用；中国自 2020 年全面推行“禁塑令”后，可降解塑料市场需求呈爆发式增长。国际能源署（IEA）数据显示，2023 年全球可降解塑料消费量达 200 万吨，其中中国贡献 35% 的市场需求，但本土产能仅能满足 40% 的实际需求，技术路线的经济性和产品价格成为制约行业发展的关键因素。

在众多可降解材料中，PGA 凭借卓越性能脱颖而出。其不仅具备优良的阻隔性、力学强度，更能在海水环境下 3 ～ 6 个月实现完全降解，分解产物仅为 CO_2 和 H_2O，是医疗植入、高端包装等领域无可替代的理想材料。然而，高昂的生产成本长期阻碍其大规模应用。

中国科学院大连化学物理研究所历时 10 余年攻关，成功研发出甲醇经甲缩醛羰基化制备乙醇酸甲酯技术，构建起具有国际竞争力的 PGA 全产业链解决方案。该技术突破传统合成工艺桎梏，依托我国“富煤、缺油、少气”的资源禀赋，以甲醇和 CO 为核心原料，深度整合现有煤化工基础设施，实现低成本原料供应。根据中国煤炭工业协会数据，当前煤制甲醇成本为 1800 ～ 2200 元 / 吨，经羰基化反应后，甲氧基乙酸甲酯成本为 3000 ～ 3500 元 / 吨，水解反应后乙醇酸甲酯成本为 3500 ～ 4000 元 / 吨，聚合为 PGA 的成本为 8000 ～ 9000 元 / 吨，首次与传统聚乙烯（PE）塑料成本区间持平。同时，该工艺具备极强的原料兼容性，可灵活采用钢厂煤气、天然气等多元气源，其中钢厂煤气的高效利用更能使原料成本降低 15% ～ 20%，创新打造的“钢化联产”模式，推动重工业与化工产业深度融合。

在核心单体乙醇酸甲酯领域，该技术展现出颠覆性优势：现行市场价格高达 2.8 万元 / 吨，而新工艺可将成本控制在 4000 元 / 吨以内。工业级 PGA 项目报价约 2 万元 / 吨，医用级（纯度 99%）更达 247 万～ 800 万元 / 吨。以 20 万吨 PGA 装置测算，年产值超 45 亿元，企业内部收益率突破 20%（根据企业 20 万吨 PGA 可行性研究报告）。由于乙醇酸甲酯产品纯度可达 99.9% 以上，可有效满足高端应用需求，技术的经济性更高。

面对千亿级可降解塑料市场，传统技术因成本高企陷入“政策热、市场冷”的困境。中国科学院大连化学物理研究所的创新成果以突破性成本优势打破僵局，其原料普适、工艺高效、环境友好的特性，有望推动行业从政策驱动向市场驱动转型，加速全球塑料污染治理进程。随着 2025 年“禁塑令”阶段性目标的推进，包括完善管理制度体系、实现重点领域替代率、构建多元共治模式等，该技术的产业化将成为我国引领绿色化学革命的里程碑实践，为全球可持续发展贡献中国智慧与解决方案。

6.9.4 乙醇酸甲酯上下游产业链

基于我国的能源资源“富煤、贫油、少气”的结构特征，煤炭在经济发展进程中长期扮演着“压舱石”的作用。探索煤炭清洁、高效、低碳转化为油、气及大宗化学品的路径，不仅是破解未来能源短缺困局的重要突破口，在当前复杂多变的国际形势下，更是保障国家能源安全、维护产业链与供应链稳定的战略之举。煤经合成气/甲醇制含氧化合物，不仅原子经济性高，同时还可以弥补石油化工难以生产含氧化合物的不足，是具有战略意义的研究和产业化方向。

中国科学院大连化学物理研究所成功开发的甲醇经甲氧基乙酸甲酯制乙醇酸甲酯成套技术。此项技术的初始原料可以为煤、天然气、钢厂煤气、生物质、磷化工尾气、CO_2+ 绿氢等，具有原料及成本优势，社会经济效益显著，完全符合国家对大宗化学品生产绿色、低碳、清洁、高效的要求，具有良好的发展潜力。同时，此项技术以乙醇酸甲酯和甲氧基乙酸甲酯为核心平台化合物，可合成高附加值、精细化、差异化的产品，包括甲酸甲酯、乙二醇单甲醚、乙二醇二甲醚及衍生醚类、甲氧基乙酸、乙醛酸、乙醛酸甲酯、乙二醇、甘氨酸和 PGA 等，构建上下游产业链，形成战略性新兴产业，推动煤化工产业向高端化、多元化、低碳化发展，为国家的可持续发展和“双碳”目标提供一项全新的技术路线。甲醇经甲缩醛羰基化、水解制乙醇酸甲酯上下游产业链如图 6.48 所示。

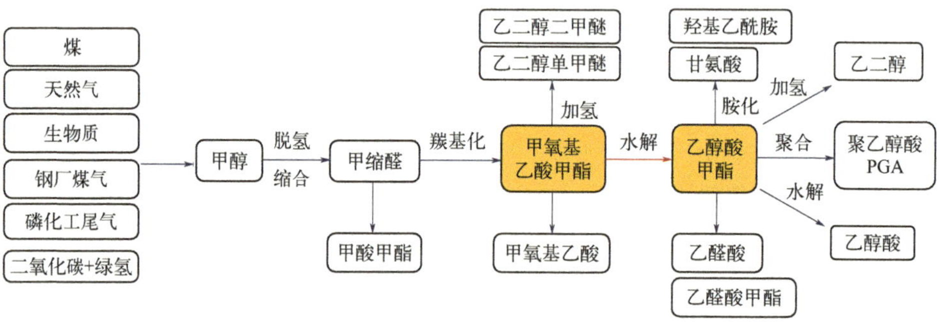

图 6.48 甲醇经甲缩醛羰基化、水解制乙醇酸甲酯上下游产业链

产品除此前详细介绍的甲氧基乙酸甲酯、乙醇酸甲酯、乙醇酸和 PGA 外，还有以下产品。

6.9.4.1 甲酸甲酯

甲缩醛经歧化反应可制取甲酸甲酯。甲酸甲酯是一种酯类有机化合物，常温下为无色、有特殊香味易挥发液体，是 C_1 化学中重要的中间体之一，广泛应用于工业、农业、医疗和化工等领域，且需求量逐年上升。2022 年，我国甲酸甲酯产量为 146 万吨，约占全球产量的 15%。在市场不景气的背景下，目前甲酸甲酯价格稳定在 9000 元 / 吨左右，具有很好的经济性。

目前，甲酸甲酯的主要合成路径为甲醇液相羰基化法，被巴斯夫公司保持技术垄断。此技术以 CH_3ONa 为催化剂，在 4 MPa、80 ℃条件下在均相反应器中进行，具有反应条件温和、产物选择性高等特点，但同时存在以下不足：①由于采用甲醇钠催化剂，原料中 H_2O、CO_2、O_2 含量要求极低；②甲醇钠为强碱，具有较强腐蚀性，反应系统需采用特殊材质；③催化剂与产物分离较困难。开发新的甲酸甲酯合成路径很有必要。

中国科学院大连化学物理研究所创新性地提出并开发了甲缩醛歧化制备甲酸甲酯路线，在国内外属于首创。反应方程式如下：

$$2CH_3OCH_2OCH_3 \xlongequal{\quad} HCOOCH_3 + 2CH_3OCH_3 \tag{6.11}$$

本技术路线以分子筛为催化剂，反应条件温和（70 ℃，常压），采用多相反应系统，体系无腐蚀，易于工程放大。反应中生成的二甲醚，可作为原料经羰基化反应制乙酸甲酯，进而加氢制乙醇。

6.9.4.2 乙二醇单甲醚及各种乙二醇醚类衍生物

甲氧基乙酸甲酯经加氢反应后可制取乙二醇单甲醚。乙二醇单甲醚是重要的工业溶剂及中间体，其下游可衍生出各种醚类，其中，乙二醇二甲醚、乙二醇乙醚、乙二醇丙醚、乙二醇丁醚，乙二醇苯醚、二乙二醇单甲醚、三乙二醇单甲醚、三乙二醇乙醚、三乙二醇丁醚等在多个领域具有广泛应用。目前，全球乙二醇醚市场需求为 250 万～ 300 万吨 / 年，大约有 50% 以上的乙二醇醚被用作各种工业过程的溶剂，其中以乙二醇丁醚及其乙酸酯的需求量最大[35]。乙二醇单甲醚是性能优良的溶剂，可溶解油脂、硝化纤维素、合成树脂等，广泛应用于涂料、印染、农药和医药领域。据中国石油和化学工业联合会（CPCIF）统计，2024 年中国乙二醇单甲醚市场规模已达 58 亿元，占全球总需求的 35%。乙二醇二甲醚因优良的低温性能和电化学稳定性，成为锂电池电解液的重要添加剂，可显著提升电池的循环寿命和低温适应性。此外，其还用于燃料添加剂和汽车制动液，市场潜力随着新能源产业的扩张持续增长。

二乙二醇单甲醚主要用作高沸点溶剂，适用于油墨、染料和树脂行业，其能提升涂料流动性，并作为萃取剂用于石油烃分离。据中国化工信息中心（CNCIC）数据，2024 年中国二乙二醇单醚市场规模达 12 亿元，其中涂料行业需求占比 60%；三乙二醇单甲醚主要用于汽车制动液和有机合成原料，2024 年全球市场规模约 8 亿美元，汽车领域贡献超 70% 的消费量。

综上，乙二醇单甲醚及其衍生物凭借多元化的应用场景和持续增长的市场需求，在化工、新能源及医药领域占据重要地位。通过技术创新与产业链整合，相关产品将进一步推动行业高质量发展。

6.9.4.3 乙醛酸甲酯

乙醇酸甲酯脱氢可制取乙醛酸甲酯，其水解后可制取乙醛酸。乙醛酸甲酯同时含有醛基和酯基两种官能团，属于最简单的 α-羰基酯类化合物，在多种有机化学反应中表现出独特的反应活性，如迪尔斯-阿尔德（Diels-Alder）反应、羟醛缩合反应、维蒂希（Witting）反应及阿尔德-烯（Alder-Ene）反应等[36]，是有机合成和化工生产中重要原料，可用于合成扁桃酸、喹硫磷、尿囊素、2-羟基喹喔啉等化合物[37]。

由于羧基的存在，乙醛酸羰基的亲电性增强，化学性质活泼，可同时发生醛、酸的反应以及环化反应和缩合反应。乙醛酸是香料、医药、农药、食品、清漆原料、染料、塑料添加剂等重要的有机合成中间体，可用于生产口服青霉素、香兰素、乙基香兰素、扁桃酸和尿囊素等重要产品，是一种兼具醛、酸结构和性质的重要醛酸化合物。

6.9.4.4 甘氨酸

乙醇酸甲酯胺化后可制取甘氨酸。甘氨酸又称氨基乙酸，是最重要的基础氨基酸之一，广泛应用于农药、医药、食品及饲料等领域[38]。甘氨酸可用于生产有机磷类除草剂草甘膦，也可用于制备植物生长调节剂（如增甘膦）[39]。在医药领域，甘氨酸可用于合成降血压药（如盐酸地拉普利）和胃药（如碳酸钙制剂）[40]。在食品领域，甘氨酸可用作食品防腐剂，有效延长食品保质期，也可用作调味剂，提升食品风味[41]。在饲料领域，甘氨酸主要用作鸡、牛和羊饲料的添加剂，其不仅可为动物提供重要营养物质，而且能够防止饲料氧化变质，从而延长饲料保存期[42]。目前，我国是全球甘氨酸合成量（产能约为 74 万吨 / 年[38]）及消耗量最大的国家。近年来，随着下游农药、医药及食品产业的蓬勃发展，尤其是农药产业草甘膦市场需求的不断增大，相关行业对甘氨酸的需求持续上升。

6.9.4.5 乙二醇

乙二醇作为重要的大宗有机化工原料，在高分子材料、精细化工等领域发挥着关键作用。在聚酯工业领域，其作为合成聚酯纤维的核心单体，承担着涤纶纤维、聚酯切片及双向拉伸聚酯薄膜（BOPET）的聚合反应原料职能；在制冷系统中，常作为制冷剂与防冻液的主要成分，通过与水按不同比例混配调节凝固点；同时，在表面活性剂、增塑剂、涂料、胶黏剂、不饱和聚酯树脂、润滑添加剂、乙二醇醚类溶剂及含能材料等精细化工产品的生产中也不可或缺，其中聚酯行业消费量占其总产量的 90% 左右[43]。

在我国化工原料供应体系中，石油基乙二醇长期占据主导地位，但供需缺口显著，每年需大量进口以满足市场需求。由于该工艺对原油依赖度高，原油价格波动直接影响其生产成本与经济效益，致使产业抗风险能力较弱。基于我国“富煤、贫油、少气”的能源结构特点，开发以煤炭为原料的煤制乙二醇技术，保障国内乙二醇供应安全、提升产业经济性是重要的战略方向。近几年来，由于煤制乙二醇产能过剩、竞争激烈，行业连年亏损[44]。

当前，国内煤制乙二醇技术已形成煤基烯烃法和草酸二甲酯法两大主流工艺路线。

煤基烯烃法以煤炭为起始原料，经煤气化、变换、净化制得合成气，通过甲醇合成单元生成甲醇，再利用甲醇制烯烃技术将甲醇转化为乙烯，然后乙烯环氧化制环氧乙烷并经水合反应制得乙二醇。此工艺路线融合甲醇制烯烃技术和乙烯氧化、水合制乙二醇技术，成熟度高、产品质量稳定；但因流程长、投资大、能耗较高，生产成本相对偏高。

草酸二甲酯法以煤合成气为原料，分离提纯后获得 CO 与 H_2。其中，CO 通过催化偶联反应合成草酸二甲酯，经加氢反应后合成乙二醇。该工艺具有流程短、反应条件温和、原子经济性高、生产成本低等优势，尤其适用于煤炭资源丰富地区，是目前国内工业化推广程度最高、发展前景广阔的乙二醇技术路线。但煤制乙二醇产业虽产能快速增长，因其产品因醛含量高、紫外透光率不足等问题，难以完全满足聚酯级标准，导致开工率较低，产品质量仍制约下游应用。下游聚酯企业仅以一定比例和乙烯基乙二醇掺混使用。目前。煤基乙二醇主要应用于防冻液、树脂等低端领域。尽管部分企业通过精制技术提升纯度至 99.95%，但行业整体认可度有限，高端市场仍依赖石油路线。另外，区域供需失衡（产能集中于西北地区，需求于东南沿海）进一步加剧了应用瓶颈。

6.10 小结

乙醇酸 / 乙醇酸甲酯作为重要基础化工原料，既是生物可降解塑料 PGA 单体，也是医药化工与材料领域的关键中间体。但现有合成技术路线复杂、成本高，导致其市场价格长期居高不下，不仅限制自身应用，更制约 PGA 大规模产业化。中国科学院大连化学物理研究所低碳催化技术国家工程研究中心在分子筛催化甲缩醛羰基化反应领域取得重大突破，创新性提出“甲缩醛羰基化制甲氧基乙酸甲酯及其水解制备乙醇酸 / 乙醇酸甲酯”的全新技术路线。研制出高活性、高稳定性分子筛甲缩醛羰基化催化剂与分子筛甲氧基乙酸甲酯水解催化剂，各项指标达工业化要求。同时展开系统的工程化研究，成功解决了该技术从实验室向工业化放大过程中面临的各项关键技术和工程问题，为技术的工业化奠定了坚实基础，并成功编制了工艺包，形成了成套技术。目前正与国家能源集团合作，积极推进 40 万吨 / 年煤基乙醇酸甲酯工业示范项目。

该技术彻底颠覆了传统的乙醇酸 / 乙醇酸甲酯合成路径，可有效实现乙醇酸甲酯低成本规模化生产，为 PGA 可降解塑料推广奠定坚实基础；同时为煤化工产业高端化、多元化、低碳化发展提供了一条全新的煤制含氧化学品路线，对中国能源和产业结构低碳化转型及“双碳”目标的实现提供了有力的技术支撑。

参考文献

[1] Celik F E, Kim T I, Bell A T. Vapor-phase carbonylation of dimethoxymethane over H-Faujasite[J]. Angew Chem, 2010, 48(26): 4813-4815.

[2] Celik F E, Kim T, Mlinar A N, et al. An investigation into the mechanism and kinetics of dimethoxymethane carbonylation over FAU and MFI zeolites[J]. J Catal, 2010, 274(2): 150-162.

[3] Shapovalov V, Bell A T. Theoretical study of zeolite-catalyzed dimethoxymethane carbonylation to methyl methoxyacetate[J]. Journal of Physical Chemistry C, 2010, 114(41): 17753-17760.

[4] Chemspider search and share chemistry [2025-09-18]. https://www.chemspider.com/chemical・structure.60140.html

[5] Chen H M, Tan J J, Cui J L, et al. Promoting effect of boron oxide on Ag/SiO_2 catalyst for the hydrogenation of dimethyl oxalate to methyl glycolate[J]. Mol Catal, 2017, 433: 346-353.

[6] 周新军 . 乙醇酸的制备及应用研究进展 [J]. 乙醛醋酸化工 , 2016(7): 7.

[7] 田克胜 , 王保伟 , 许根慧 . 乙醇酸的合成及应用 [J]. 天然气化工 , 2006, 31(6): 5.

[8] 刘芳芳 . 乙醇酸甲酯制乙醛酸催化剂及工艺路线的研究 [D]. 上海 : 上海应用技术大学 .

[9] 苏文莉 , 刘长春 . 乙醛酸的生产及其下游产品的开发应用 [J]. 当代化工 , 2003, 32(1): 4.

[10] Lu Y, Swisher J H, Meyer T Y, et al. Chirality-directed regioselectivity: An approach for the synthesis of alternating poly(lactic-*co*-glycolic acid)[J]. J Am Chem Soc, 2021, 143(11): 4119-4124.

[11] 钢联资讯 . 盘点 2014 年中国煤化工技术的突破 . 2014-12-26 [2025-09-18]. https://news.mysteel.com/14/1226/15/99EBD9C035AA935B.html

[12] 浦景化工 . 草酸酯制乙醇酸技术 . [2026-01-16]. https://www.pjchem.com/coretechnology/info.aspx?itemid=416

[13] 国能榆林 5 万吨 PGA 示范项目拉开投产序幕 . 2022-05-19. [2025-09-18]. https://it.sohu.com/a/548766302_121123914
[14] 邹京林 . 表界面限域 Ag 基催化剂用于草酸二甲酯选择性加氢制乙醇酸甲酯的研究 . 厦门 : 厦门大学 , 2022.
[15] 尹安远 , 戴维林 , 范康年 . 草酸二甲酯催化加氢合成乙二醇过程的热力学计算与分析 . 石油化工 , 2008, 37(1): 5.
[16] Zhang Y W, Chen Y L, Fang X L, et al. Advances for the ruthenium complexes-based homogeneous catalytic hydrogenation of oxalates to ethylene glycol[J]. Chin J Org Chem, 2017, 37(9): 2275.
[17] Ye R P, Lin L, Wang L C, et al. Perspectives on the active sites and catalyst design for the hydrogenation of dimethyl oxalate[J]. ACS Catalysis, 2020, 10(8): 4465-4490.
[18] Zheng J W, Duan X Y, Lin H Q, et al. Silver nanoparticles confined in carbon nanotubes: on the understanding of the confinement effect and promotional catalysis for the selective hydrogenation of dimethyl oxalate[J]. Nanoscale, 2016, 8(11): 5959-5967.
[19] Huang Y, Ariga H, Zheng X I, et al. Silver-modulated SiO_2-supported copper catalysts for selective hydrogenation of dimethyl oxalate to ethylene glycol[J]. J Catal, 2013, 307: 74-83.
[20] Zheng J W, Fang H H, Duan X P, et al. Spatial ensembles of copper-silica with carbon nanotubes as ultrastable nanostructured catalysts for selective hydrogenation[J]. ACS Appl Mater Interfaces, 2020, 12(24): 27268-27276.
[21] Zheng J W, Lin H Q, Zheng X L, et al. Highly efficient mesostructured Ag/SBA-15 catalysts for the chemoselective synthesis of methyl glycolate by dimethyl oxalate hydrogenation[J]. Catal Commun, 2013, 40(19): 129-133.
[22] Zheng J, Lin H, Wang Y N, et al. Efficient low-temperature selective hydrogenation of esters on bimetallic Au-Ag/SBA-15 catalyst[J]. J Catal, 2013, 297(none): 110-118.
[23] Mcketta J J, Cunning W A. Encyclopedia of chemical processing and design[M]. New York: Marcel Dekker Inc., 1988.
[24] 孙颖 . 杂多化合物催化甲醛与一氧化碳羰基化反应研究 [D]. 大连 : 中国科学院大连化学物理研究所 , 2009.
[25] Wang Z B, Shimada T, Takagi H, et al. Carbonylation of formaldehyde with carbon monoxide over cation-exchange resin catalysts[J]. Bull Chem Soc Jpn, 2004, 72(8): 1935-1940.
[26] Lee S Y, Kim J C, Lee J S, et al. Carbonylation of formaldehyde overion-exchange resin catalysts .1. Batch reactor studies[J]. Ind Eng Chem Res, 1993, 32(2): 253-259.
[27] Witzemann E J. The preparation of glycolic acid[J]. J Am Chem Soc, 1917, 39(1): 109-112.
[28] Rakhmatullin R R, Gavrilov V I. Kinetics of reaction of sodium arsenite with chloroacetic acid in mixed solvents and effect of the nature of the cation of alkali metal hydroxide on the rate of Meyer reaction[J]. Russian J Gen Chem, 2012, 82(2): 190-193.

[29] 袁彩彩 . 乙醇酸及聚乙醇酸的合成研究 [D]. 郑州 : 郑州大学 , 2019.

[30] Li W Z, Chang S Q, Chen X, et al. Hydrolysis Kinetics of chloroacetic acid with sodium hydroxide under strong alkaline conditions[J]. Asian J Chem, 2014, 26(11): S95.

[31] Kirk R E, Othmer D F, Mann C A. Encyclopedia of Chemical Technology. Vol. II[J]. J Phys Chem, 1949, 53(4): 591.

[32] 雷良钊 . 滴流床反应器的特性和工业应用 [J]. 金山油化纤 , 1992, 11(2): 45-49.

[33] 王蓉 , 毛在砂 . 滴流床反应器的研究现状和展望 [J]. 化工进展 , 1992(3): 10-16.

[34] 肖琼 , Amanter, 程振民 , 等 . 滴流床反应器内典型流型的特征与实验确定 [J]. 华东理工大学学报：自然科学版 , 2000, 26(1): 4.

[35] 陈永福 , 秦怡生 . 乙二醇醚类的市场需求和生产技术进展 [J]. 精细石油化工进展 , 2002, 3(4): 7.

[36] Jakob B, Slimani I, Diehl A, et al. Palladium-catalyzed decarboxylative 1,2-addition of carboxylic acids to glyoxylic acid esters[J]. Eur J Org Chem, 2021, 2021(46): 6340-6346.

[37] Niu K K, Zhou P, Ding L, et al. Photoelectrochemical decarboxylative C—H alkylation of quinoxalin-2(1*H*)-ones. ACS Sustainable Chem Eng, 2021, 9(49): 16820-16828.

[38] 赵建平 , 李鸿雄 , 孙育滨 , 等 . 甘氨酸合成方法研究进展 [J]. Low-Carbon Chemistry & Chem Eng, 2024, 49(6): 2097-2547.

[39] 陈丹 , 李健 , 李国儒 , 等 . 草甘膦合成工艺研究进展 [J]. 化工进展 , 2013, 32(7): 7.

[40] 徐泽辉 , 刁春霞 , 黄亚茹 , 等 . 甘氨酸的生产现状及发展趋势 [J]. 石油化工技术与经济 , 2004, 20(5): 41-45.

[41] 侯方敏 , 王小敏 . 甘氨酸生产现状与发展前景研究 [J]. 中国氯碱 , 2019(5): 3.

[42] 程明立 , 史建公 , 张毅 , 等 . 甘氨酸合成方法研究进展 [J]. 中外能源 , 2022(10): 70-74.

[43] 李金金 . 煤制乙二醇技术及在聚酯纤维生产中的应用 [J]. 建筑工程技术与设计 , 2018 (34): 3708.

[44] 中化新网 2023 年中国石油和化工行业经济运行情况 [J]. 化工时刊 , 2024, 38(1): 11.

第 7 章　分子筛催化涉及羰基化路径的小分子转化反应

7.1　引言

羰基化反应作为重要的 C_1 化学转化路径，在制备含氧有机化合物方面具有核心地位，已广泛应用于乙酸、乙醇酸等基础平台分子的合成过程。传统均相羰基化体系常需贵金属催化剂和腐蚀性助剂（如碘化物），存在催化剂分离困难、设备腐蚀严重和工艺绿色性不足等问题，限制了其在绿色化工中的推广。

近年来，分子筛催化剂因其规整的孔道结构、可调节的 Brønsted 酸性位点及良好的热稳定性，逐渐成为实现羰基化反应绿色化和多相化的关键载体[1]。以 H-MOR、H-Y 为代表的酸性分子筛已成功用于二甲醚、甲缩醛等小分子的羰基化反应，不仅反应活性与选择性显著提升，还在一定程度上解决了传统均相体系的分离与再生难题，推动了羰基化反应从基础研究向工程应用的延伸。

除已实现或接近工业化的二甲醚与甲缩醛羰基化外，研究者也积极探索其他小分子（如甲醇、甲烷、卤代甲烷与甲醛）在分子筛催化下的转化潜力。这些反应体系的路径更为复杂，CO 既可能作为亲核试剂插入反应中间体生成含氧化合物，也可能在耦合反应中参与新碳骨架的构建、碳氢比的调节、芳构化路径的诱导。因此，在此类体系中，羰基化通常以可能的反应步骤或路径形式存在，而非单一主导反应机理。

本章聚焦于分子筛催化下的小分子转化反应，系统梳理其涉及羰基化路径的研究进展。重点讨论甲醇、甲烷、卤代甲烷与甲醛在 CO 参与下形成含氧中间体或通过耦合机制调控反应选择性的转化过程，结合最新的表征与理论研究成果，剖析反应路径中的关键中间体与构效关系。通过对这些“非典型”羰基化体系的深入挖掘，有望进一步拓展羰基化反应在碳资源梯级利用与高附加值分子构建中的应用边界。

7.2 分子筛催化甲醇羰基化反应

1984 年，Fujimoto 等[1]以 H-MOR、H-Y、H-ZSM-5 以及 ZrO_2/SO_4^{2-}等固体酸为催化剂研究甲醇气相羰基化反应，在 1.0 MPa、573 K 条件下，发现乙酸、乙酸甲酯等少量羰基化产物的生成，这是在无卤素、无贵金属条件下分子筛催化甲醇羰基化反应的首例报道。研究者认为，该反应遵循 Koch 反应机理：酸性位点上，甲醇吸附解离，形成表面甲基和水分子；表面甲基转化生成甲基碳正离子，CO 插入甲基碳正离子形成乙酰碳正离子；乙酰碳正离子与水分子生成乙酸，乙酸可进一步与甲醇反应生成乙酸甲酯。他们认为分子筛羰基化活性低是由乙酰基阳离子形成困难或分子筛酸中心被反应产生的水毒化导致的。

Ellis 等[2]在 623 K 高温下研究了 H-MOR 的甲醇羰基化反应性能，发现反应初期以甲醇制烃（MTH）反应为主，大量形成的多环芳烃积碳逐步抑制 MTH 反应，羰基化反应也逐步占主导。铜离子交换后的酸性丝光沸石（Cu/H-MOR）不仅缩短了 MTH 反应的时间，羰基化反应稳定性与产物选择性也明显提高，少量非零价的 Cu（Cu^+ 和 Cu^{2+}）而非聚集态单质 Cu（Cu^0）促进了羰基化反应，乙酰基物种的时空产率可高达 0.3 g/(g · h)。

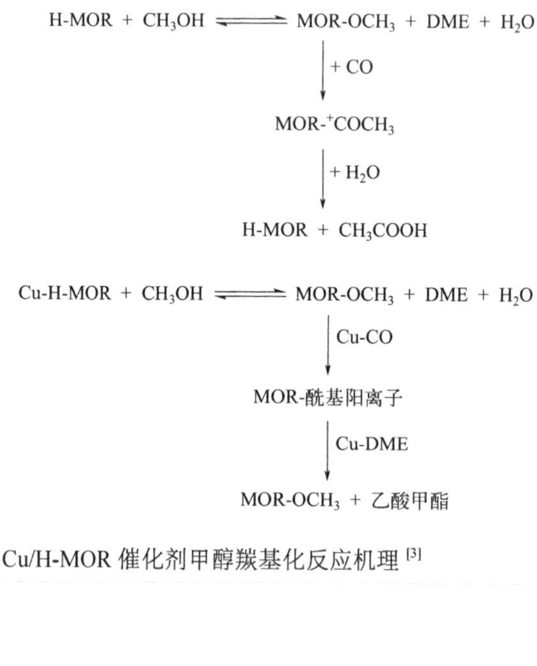

图 7.1 H-MOR 和 Cu/H-MOR 催化剂甲醇羰基化反应机理[3]

Blasco 等[3]通过傅里叶变换红外光谱（FTIR）和原位核磁表征技术检测了催化剂表面形成的中间物种，证实了甲醇在 H-MOR 催化剂上羰基化反应机理，并发现在 Cu/H-MOR 催化剂上甲醇羰基化具有不同的反应机理。结果表明，当甲醇在 H-MOR 催化剂上反应时，生成乙酸——一种初级乙酰化产物；而甲醇在 Cu/H-MOR 催化剂上反应时，则生成乙酸甲酯，且在 Cu/H-MOR 上的反应速率远高于 H-MOR。他们提出甲醇在 H-MOR 和 Cu/H-MOR 催化剂上羰基化反应的反应机理（图 7.1）。该反应机理涉及一个桥式羟基和一个相邻位点的 Cu^+ 组成的活性位点，Brønsted 酸性位点负责活化甲醇生成甲氧基，而 Cu^+ 可以活化 CO 并优先吸附二甲醚，二者的协同作用提升了催化剂甲醇羰基化性能。

2017 年，刘中民等通过吡啶改性的 MOR（py-MOR）分子筛催化甲醇羰基化反应，发现相较 H-MOR 分子筛（图 7.2），反应的稳定性和羰基化产物乙酸和乙酸甲酯的选择性大幅提高[4]。在 543 K 反应条件下，甲醇转化率、乙酸选择性和时空产率分别达到近 100%、95% 和 0.2 ～ 0.3 g/(g・h)。连续运行 145 h 后仍保持 90% 以上的乙酸选择性和约 98% 的乙酰基产物总选择性，仅观察到轻微失活。理论研究表明，吡啶在 H-MOR 分子筛中的吸附不利于多甲基苯中间体的稳定，从而抑制烃池物种的生成，提高了产物选择性和反应稳定性。

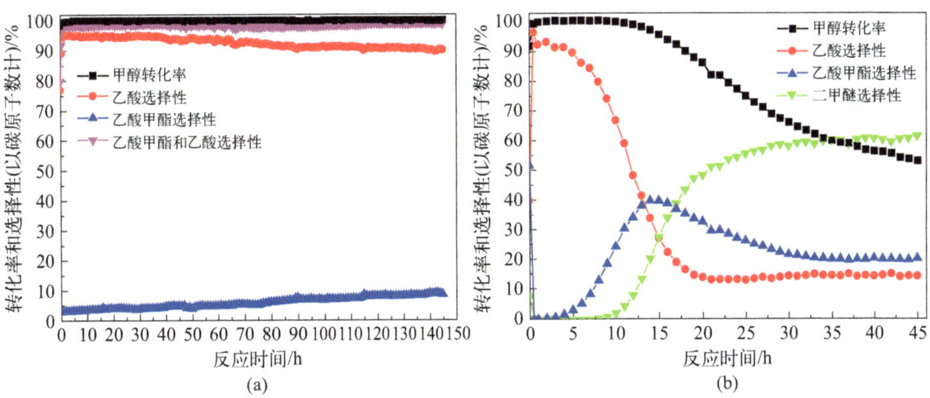

图 7.2　py-MOR（a）和 H-MOR（b）催化甲醇羰基化反应性能对比[4]

2021 年，厦门大学袁友珠团队[5]采用了 $CuCeO_x$/H-MOR 催化剂进行甲醇羰基化反应，发现该催化剂可通过原位水煤气变换反应（WGSR）大幅度消除水对羰基化的抑制作用，实现了 96.5% 的甲醇转化率和 87.4% 的乙酸甲酯选择性。粉末 X 射线衍射、透射电子显微镜及扫描电子显微镜表征表明，即使 $CuCeO_x$ 负载量高达 29%（质量分数），Cu 和 Ce 物种仍能高度分散在 H-MOR 上。FTIR 和 CO 化学吸附分析表明，当 $CuCeO_x$/H-MOR 在 500 ℃煅烧时，少量 Cu 物种可迁移至 H-MOR 孔道中，并在还原过程中转化为 Cu^+ 位点。这些 Cu^+ 位点不仅能促进 WGSR 反应，同时也是甲醇羰基化的活性中心。而 Ce 的引入能够抑制积碳形成，从而显著提升催化剂稳定性。

7.3 分子筛催化其他小分子羰基化反应

伴随全球能源体系向“低碳化”和“碳中和”方向的加速转型，以甲烷、卤代甲烷及甲醛为代表的小分子化合物经羰基化反应高效、精准地转化为乙酸、乙醇酸等高附加值含氧化合物成为当前研究热点。传统路线依赖贵金属、均相催化剂和碘助剂，致使催化剂成本昂贵、设备腐蚀严重，极大程度地限制了其工业应用。而分子筛催化剂廉价易得，且其限域催化的特征可显著提升产物的选择性。因此近年来，以分子筛催化剂催化小分子化合物经羰基化制备含氧化合物路线得到了广泛关注。

针对不同小分子化合物的特性，研究人员发展了差异化的分子筛催化策略：对于甲烷氧化羰基化，通过构建“金属-酸”双功能位点实现 C—H 键活化与 CO 插入的协同；对于卤代甲烷，利用强酸性位点促进 C—X 键解离并抑制卤素中毒；对于甲醛，则通过酸-碱协同催化实现羟醛缩合与水解的串联反应。这些创新性体系不仅突破了传统工艺的瓶颈，也为小分子资源化利用提供了全新的思路。本节将详细介绍甲烷、卤代甲烷以及甲醛为代表的小分子化合物经羰基化制备含氧化合物的研究进展。

7.3.1 甲烷氧化羰基化制乙酸

甲烷是天然气、页岩气和可燃冰的主要成分，是储量最丰富的低碳清洁资源，其高效转化对“双碳”背景下能源结构转型具有重要战略意义。目前，甲烷利用方式以直接燃烧供能为主，占总产量的 90% 左右。然而，该路径经济附加值较低，伴随较高的 CO_2 排放，难以满足现代化学工业对碳资源高效利用的要求。因此，近年来甲烷直接转化为高附加值化合物（如乙酸、甲醇）的研究逐渐受到关注[6]，其中，甲烷经氧化羰基化制乙酸，因其理论原子利用率高达 100% 被视为理想转化途径。

乙酸是一种重要的化工中间体，其全球年需求量超千万吨。目前，工业上乙酸主要通过甲烷经合成气的间接转化路径制备（图 7.3），包括甲烷蒸汽重整、合成气制甲醇以及甲醇羰基化等连续步骤。然而，前两步反应对温度和压力条件要求极为苛刻[7]。此外，现行商业化的 Monsanto（孟山都）工艺和 Cativa 工艺分别采用贵金属 Rh 和 Ir 为催化剂，并需使用腐蚀性强、毒性较大的助催化剂 HI 和 CH_3I，导致催化剂体系复杂、产品分离困难、设备腐蚀严重。因此，开发在温和条件下实现甲烷直接制备乙酸的新催化工艺，对于推动未来生产模式的转型具有重要意义。

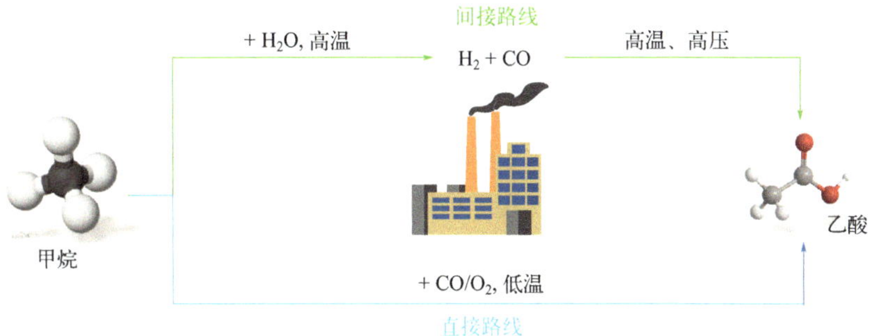

图 7.3 甲烷转化制乙酸路径示意图

甲烷氧化羰基化反应被认为是一种具有代表性的直接转化制乙酸的新路径（图 7.3）。该路径以甲烷、CO 和氧化剂（如 O_2 或 H_2O_2）为原料，在一定条件下协同生成乙酸［式（7.1）］。尽管其反应条件相对温和，但由于甲烷 C—H 键键能高（约 439 kJ/mol），且易生成过氧化副产物，使该反应在活性与选择性控制方面仍面临较大挑战。

$$2CH_4 + 2CO + O_2 \xlongequal{\quad} 2CH_3COOH \tag{7.1}$$

在催化体系方面，均相催化多采用贵金属 Rh、Pd 等作为活性中心，尽管其在羰基化反应中展现出优异性能，但仍面临催化剂难以分离、反应介质腐蚀性强等工程瓶颈。相比之下，非均相催化特别是基于酸性分子筛的单原子催化体系，如单原子 Rh/ZSM-5、Rh/MOF 以及 Fe/ZSM-5 等，因其结构可控性、高分散性与金属-酸协同效应而受到重视。

7.3.1.1 甲烷氧化羰基化制乙酸分子筛催化剂研究进展

分子筛因其丰富的孔道结构与高比表面积，能够有效锚定并分散金属原子，从而形成大量暴露的催化活性中心。其优异的水热稳定性和可调节的酸性，使其成为构建金属-酸协同催化中心的理想载体，在甲烷氧化羰基化反应中展现出显著优势。

2012 年，邓风团队[8] 利用固体核磁共振技术系统研究了 Zn 改性的 H-ZSM-5 分子筛在甲烷氧化羰基化反应中的催化机制（图 7.4），观察到在大约 δ173、δ187 处的羧基和羰基碳信号以及 δ21、δ6 处的甲基和亚甲基碳信号，证明在反应过程中会生成多种含氧碳物种和烷氧基中间体。据此，作者提出了两条“中间体依赖”的乙酸生成路径：一条经由 Zn—C—H 活化和 CO 插入形成 Zn—C(O)—CH_3 中间体，再经质子化生成乙酸；另一条则通过 Zn—O—CH_3 羰基化生成乙酰基中间体，继而水合得到乙酸。研究表明，该催化剂在相对温和的反应条件下可实现甲烷向乙酸的转化，并首次揭示了乙酸生成过程中存在两条平行且竞争的反应路径。更为关键的是，这两条反应路径可通过调节反应体系中的氧化还原条件加以控制，为后续催化体系优化提供了理论基础。

贵金属负载的分子筛催化剂，尤其是以 Rh、Pd 为活性组分的催化剂，在甲烷氧化羰基化反应中展现出优异的催化性能。Rh 被广泛认为是高效的羰基化反应活性组分，适用于甲烷、烯烃等多种底物的羰基化转化。2017 年，Maria Flytzani-Stephanopoulos 团队[9] 成功制备了 Rh 负载的 H-ZSM-5 单原子催化剂，并在 O_2 作为氧化剂的参与下，在较低温度实现了甲烷在液相中羰基化制乙酸的过程，乙酸产率高达 22000 μmol/g 催化剂，选择性为 60% ～ 100%。通过漫反射傅里叶变换红外光谱表征技术证实 CO 优先吸附于孤立 Rh^+ 位点上。结合同位素示踪技术揭示了甲烷在 O_2 环境下先在 Rh 位点上生成 Rh-CH_3 中间体，随后 CO 插入形成乙酰基，并最终生成乙酸。值得注意的是，H-ZSM-5 分子筛中的 Brønsted 酸性位点在促进 CO 插入过程中发挥了协同促进作用。

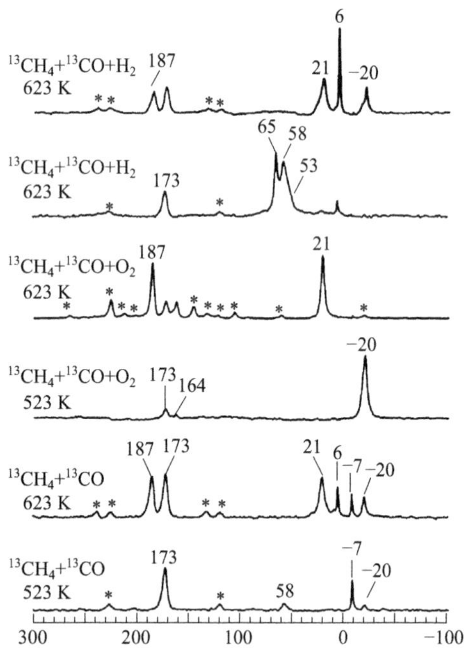

(a)

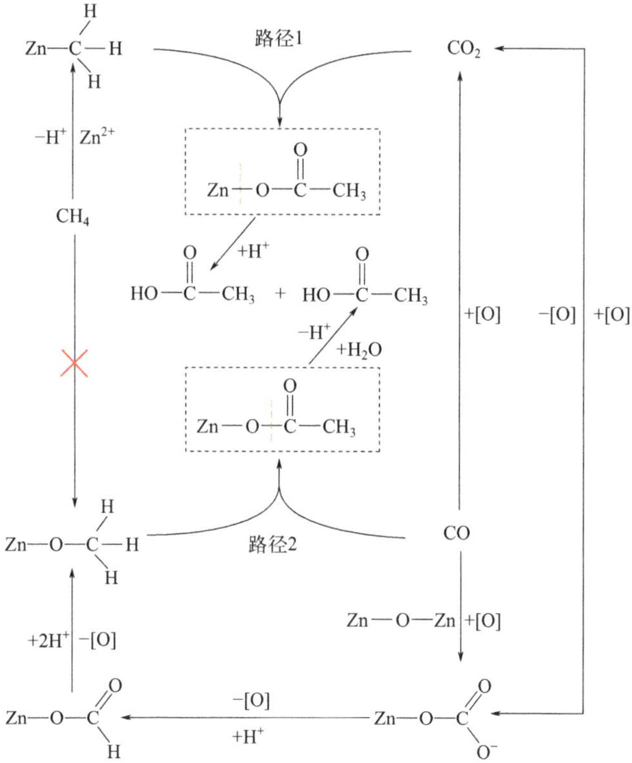

(b)

图 7.4　在 Zn 改性的 H-ZSM-5 催化剂上由甲烷和 CO 生成乙酸的反应途径 [8]

2018 年，陶丰团队 [10] 合成了高度单分散的 Rh_1O_5/ZSM-5 单原子催化剂，并将其用于甲烷氧化羰基化反应中。与传统的 Rh^+ 相比，该催化剂在温和条件下展现出超过 1000 倍的催化活性，乙酸选择性可达 70%。结合 DFT 计算，提出了甲烷、CO 和 O_2 在 Rh_1O_5/ZSM-5 上协同转化为乙酸的反应路径（图 7.5）。

2023 年，王晓东团队 [11] 通过原位合成策略制备了 Pd_1/ZSM-5 单原子催化剂，实现了在室温条件下高效催化甲烷氧化羰基化反应，最高转化频率可达 207 h^{-1}，含氧化合物选择性接近 100%。实验结合 DFT 分析表明，CO 的配位可显著提高 Pd_1—O 键的电子密度，增强对C—H键活化能力，从而使含氧化合物生成速率提高 3.2～11.3 倍（图 7.6）。

除了 Rh 系外，其他贵金属，如 Au、Pd 等，也在甲烷氧化羰基化反应中表现出良好的反应性能。2022 年，徐君与 Graham J. Hutchings 团队 [12] 开发了 Au/ZSM-5 催化剂体系，其中负载的 Au 纳米颗粒可有效催化甲烷氧化羰基化生成乙酸，反应过程中几乎不副产 CO_2，乙酸时空产率可达 7.3 mol/(mol · h)。DFT 计算表明，CH_3CO^* 中间体是生成 C_2 含氧化合物的关键活性物种（图 7.7）。

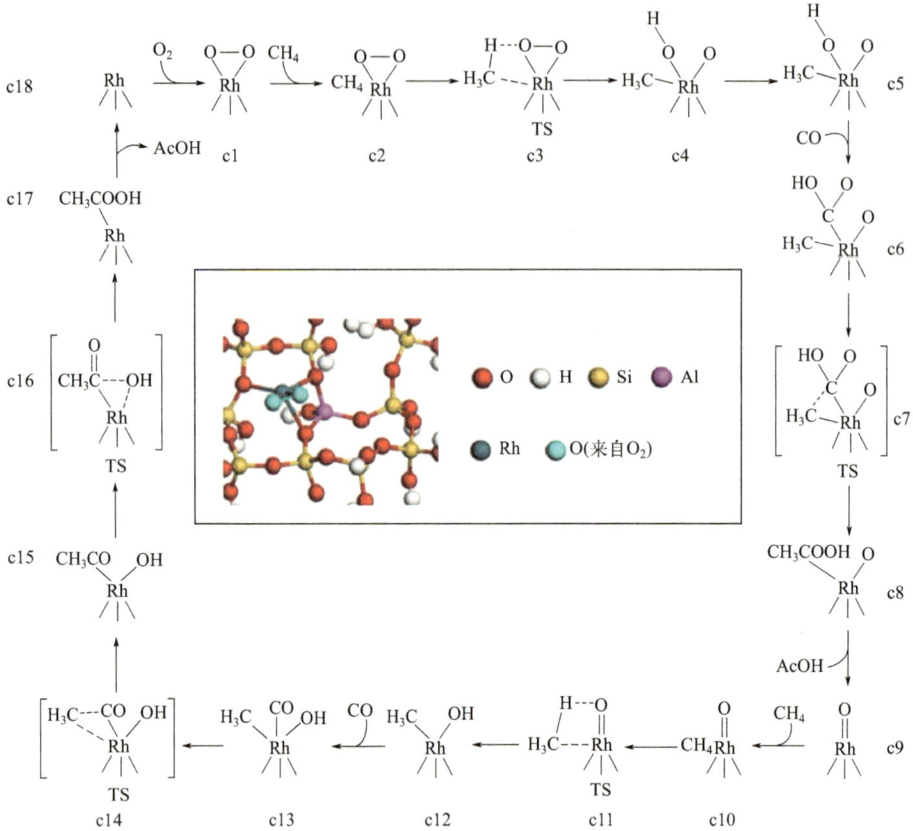

图 7.5 Rh_1O_5/ZSM-5 单原子催化剂催化甲烷氧化羰基化反应机理 [10]

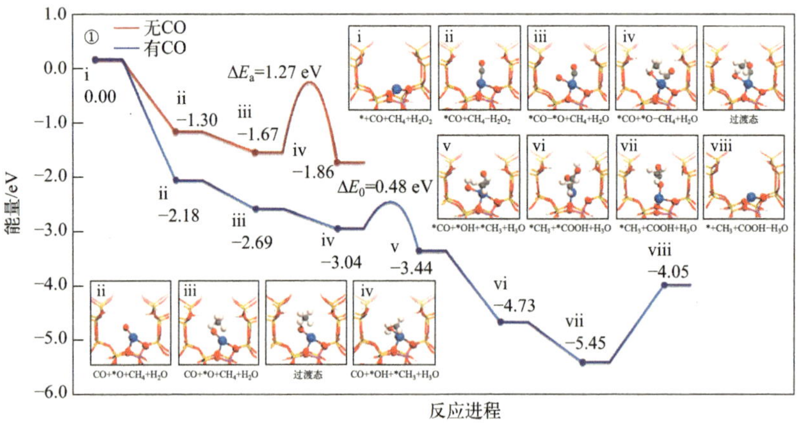

图 7.6 Pd_1/ZSM-5 单原子催化剂催化甲烷氧化羰基化反应能级图 [11]

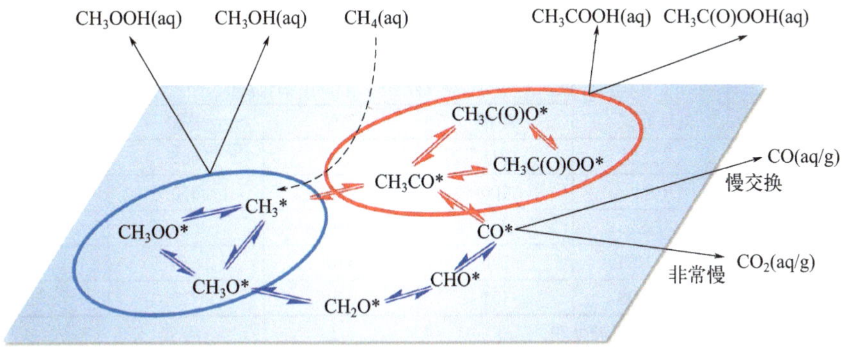

图 7.7 Au/ZSM-5 催化剂用于甲烷氧化羰基化及羰基化制乙酸反应过程[12]

作为载体，分子筛的本征性质在甲烷氧化羰基化反应中同样发挥着关键作用，相关研究已逐步揭示其在催化性能调控中的重要作用。2021 年，Golubev 等[13]系统研究了 H-ZSM-5 分子筛的硅铝比对 Rh/ZSM-5 催化剂性能的影响［图 7.8（a）］。实验结果表明，随着硅铝比的降低，乙酸产率显著提升，其中硅铝原子比为 33，Rh 负载量为 0.5%（质量分数）时，乙酸产率最高可达 0.53 mmol/g 催化剂［图 7.8（b）］。分析证明，分子筛中 Brønsted 酸性位点的密度与乙酸生成率呈正相关关系。2022 年，Olga V. Yashina 团队[14]探讨了分子筛孔隙率对催化性能的影响。研究首次证实，在液相体系中，提高 H-ZSM-5 分子筛孔隙率有助于提升 Rh/ZSM-5 催化剂的甲烷氧化羰基化活性，乙酸产率高达 570 μmol/g 催化剂（表 7.1）。X 射线吸收光谱（XAS）分析表明，催化甲烷羰基化的主要活性物种为单原子 Rh，而团簇状态 Rh 更倾向

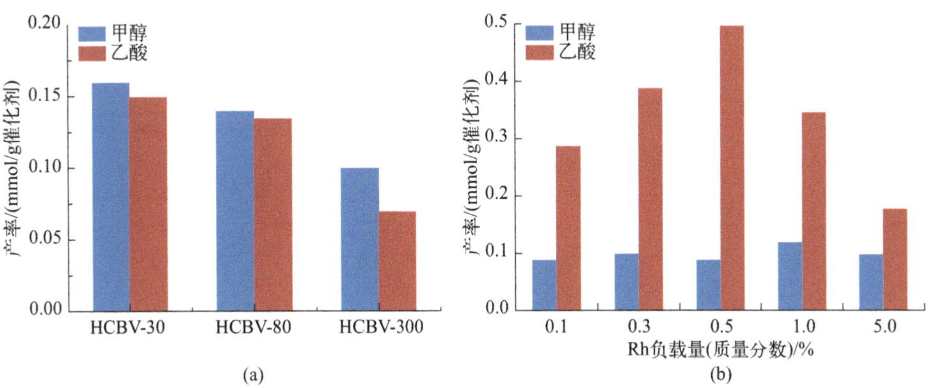

图 7.8 H-ZSM-5 分子筛的硅铝比（a）及 Rh 负载量（b）对 Rh/ZSM-5 催化剂性能的影响

于催化甲烷氧化生成甲醇。

表7.1 分子筛酸性及孔隙率对甲烷氧化羰基化制乙酸反应影响[14]

样品编号	分子筛处理方式①	产物产率/(μmol/g 催化剂)			甲醇/乙酸摩尔比
		甲醇	乙酸	总和	
1	未处理	211	394	605	0.5
2	UST	100	450	550	0.2
3	DS	440	250	690	1.8
4	DS, UST	240	410	650	0.6
5	UST, DS	151	570	721	0.3

① UST—超声处理；DS—脱硅处理。

尽管贵金属催化剂在甲烷氧化羰基化反应中表现出优异的活性和选择性，但其高昂的成本以及反应过程中的金属流失等问题限制了其大规模应用。因此，开发非贵金属基催化剂具有重要的研究意义和应用潜力。受到天然酶体系-甲烷单氧化酶对甲烷转化机制的启发，2015 年，Román-Leshkov 等[15]采用 Cu 改性的 H-MOR 分子筛催化剂，实现了甲烷在低温条件下氧化羰基化生成乙酸的反应，乙酸产率可达 22 μmol/g [图 7.9 (a)]。他们认为，Brønsted 酸性位点在 Cu/MOR 催化剂中的分布对反应性能具有决定性影响，且 Cu^{2+}—O—Cu^{2+} 双核结构为甲烷活化的关键位点，反应中间物种在酸位点上完成 CO 插入过程反应生成乙酸。钟良枢课题组[16]构筑了含有孤立 Ni 位点的 1.2Ni-ZSM-5 催化剂，在 50 ℃，H_2O_2 和 CO 共存条件下成功实现了甲烷氧化羰基化制备乙酸过程 [图 7.9 (b) 和 (c)]，乙酸产率高达 2920 μmol/g 催化剂，选择性达 82.3%。多种表征手段（包括同步辐射表征技术、TEM 等）证实，Ni 活性中心以及 NiO_6 配位结构稳定地分散于分子筛孔道内表面，是甲烷活化及后续转化的主要反应位点。

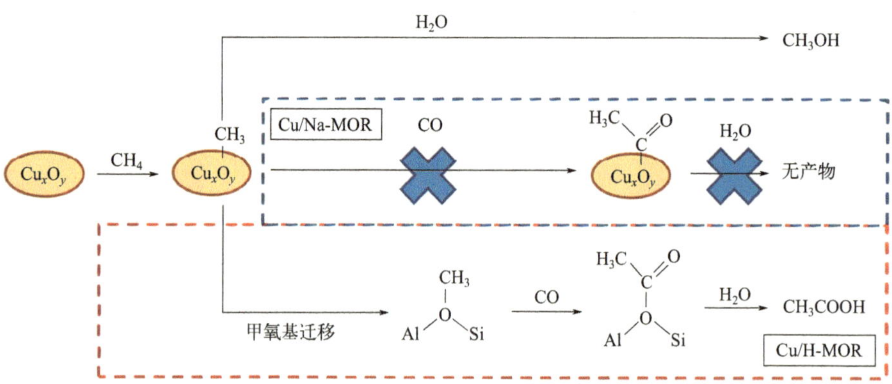

(a)

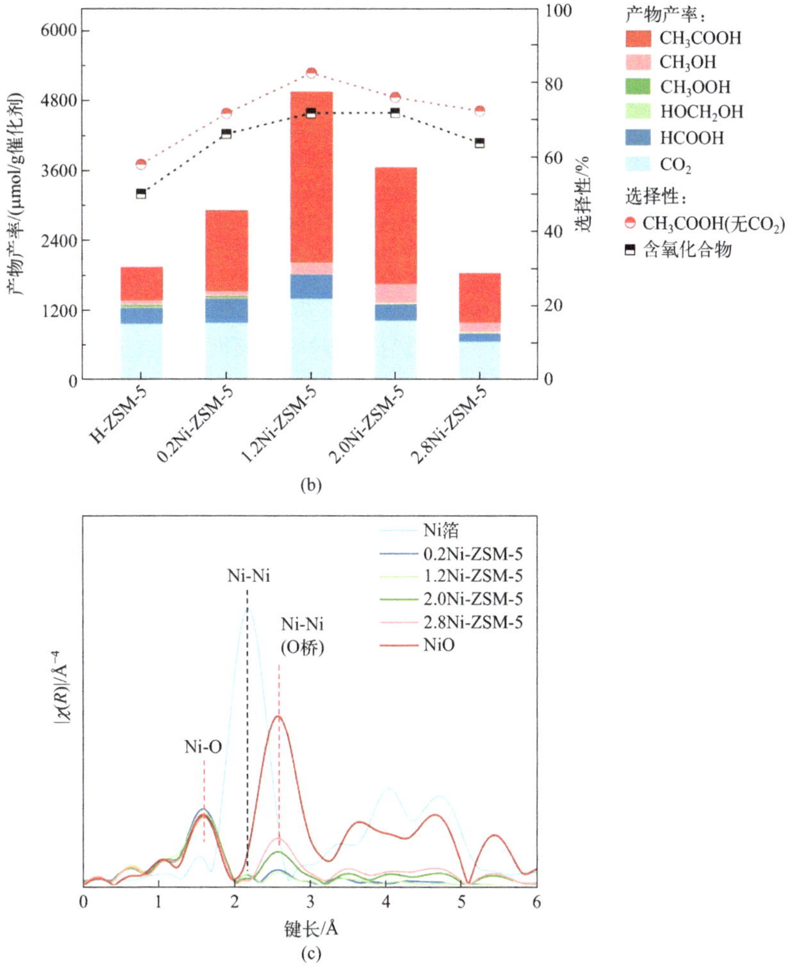

图 7.9 Cu 改性 MOR 分子筛（a）及 Ni 改性 ZSM-5 分子筛（b）（c）用于甲烷氧化羰基化反应 [15, 16]

近年来，Fe 负载的分子筛催化剂作为一类具有潜力的非贵金属催化体系，在甲烷氧化羰基化反应中表现出良好的催化性能，受到广泛关注。相关研究主要围绕 Fe 在分子筛上的结构特征与反应活性之间的构效关系展开。2022 年，孙予罕与钟良枢团队 [17] 通过浸渍法构筑了具有双核 Fe 活性物种的 Fe-BN/ZSM-5 催化剂，并将其用于甲烷低温羰基化制乙酸反应。在 30 ℃、CH_4、CO 和 H_2O_2 共存条件下，该催化剂可高效生成乙酸、甲醇等含氧有机产物，含氧化合物总时空产率为 199 mmol/(g Fe · h)，总选择性为 85%，其中乙酸选择性约 59%。结合同步辐射表征技术，明确了催化剂关键活性位的结构为 $[Fe^{III}(\mu\text{-}O)_2Fe^{III}(OH)_2]$ 双簇核。机理研究表明，· CH_3 自由基与 CO^* 和 OH^* 之间的偶联具有较低能垒，显著促进了乙酸的生成，整个反应遵循自由基反应路径（图 7.10）。2023 年，吴剑锋团队[18]合成了一种高效的 Fe/ZSM-5 催化剂，并将其用于甲烷氧化羰基化反应研究。在 50 ℃条件下，该催化剂实现了乙酸时空产率高达 12.01 mmol/(g · h)，乙酸选择性约为 63.2%。研究者对反应过程中的中间物种进行了深入追踪，首次观察到 Fe—OCH_3 物种的生成，并通过原位光谱技术成功捕捉到羟基自由基和甲基自由基，从而进一步验证了自由基机制在该反应体系中的存在。通过构建 TOF 和 Fe 活性物种之间的相关性图谱［图 7.11（a）和（b）］，发现含氧有机物的产率与单核六配位的 Fe^{3+} 物种含量呈显著线性关系，乙酸选择性则与单核四配位 Fe^{3+} 物种在总 Fe 物种中的相对比例密切相关。

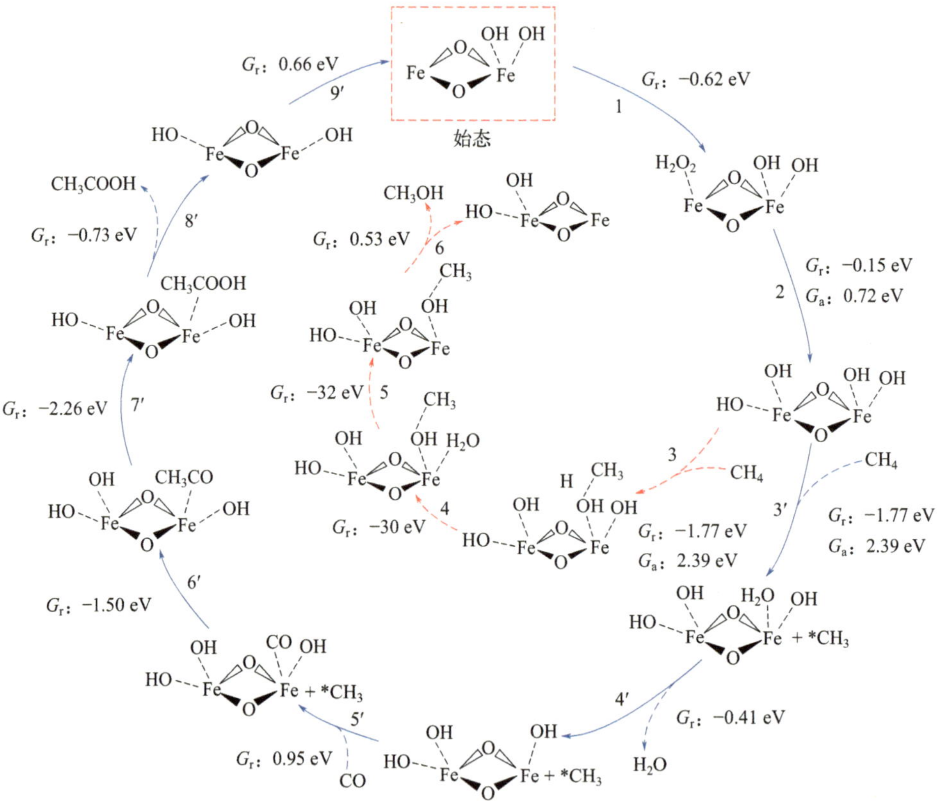

图 7.10　Fe-BN/ZSM-5 催化剂在 H_2O_2 溶液中催化 CH_4 与 CO 氧化羰基化生成乙酸的可能途径及每个反应步骤对应的能垒[17]

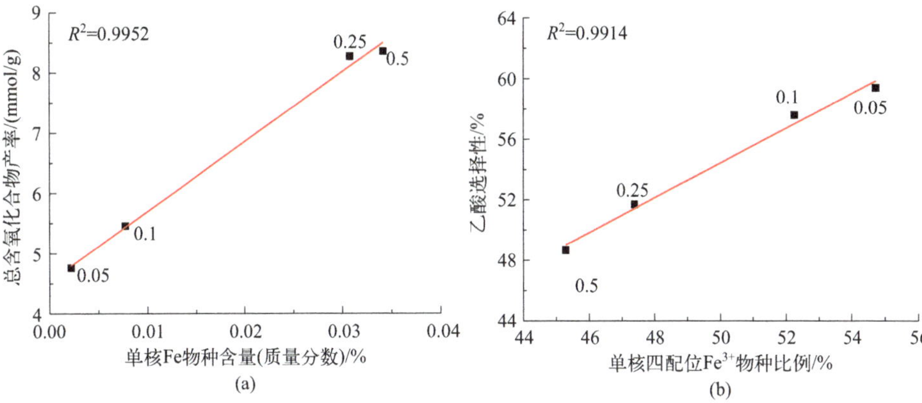

图 7.11　单核 Fe 物种与含氧化合物（a）及乙酸（b）选择性的关联关系 [18]

7.3.1.2　分子筛催化甲烷氧化羰基化制乙酸反应机理研究进展

甲烷作为最稳定的烷烃分子，其 C—H 键具有极高的键能（约 439 kJ/mol），为所有烷烃中最高。这一特性使得 C—H 键断裂成为氧化羰基化制含氧化合物的决速步骤。在均相催化体系中，甲烷活化主要依赖于具有空 d 轨道的过渡金属离子或配合物，通过 σ 键交换或氧化加成方式异裂 C—H 键，生成甲基中间体。而在多相催化体系中，甲烷的活化机制更为复杂，还可能涉及均裂路径和自由基链式反应，其具体过程强烈依赖于催化剂的结构特性与反应条件。

氧化剂的种类对甲烷的活化机制具有决定性影响。在非均相催化体系中，常用的氧化剂包括 H_2O_2、N_2O 和 O_2 等，不同氧化剂体系的活化路径存在显著差异。在 H_2O_2 体系中，C—H 键活化被广泛认为可通过三种主要机制实现：异裂机制、均裂机制以及类芬顿（Fenton）机制。Pidko 课题组 [19] 基于 DFT 计算系统研究了 Fe/ZSM-5 催化剂上这三类路径的能垒（图 7.12）。其催化核心为骨架外双核 Fe 配合物（$[(H_2O)_2Fe^{Ⅲ}(\mu\text{-}O)_2Fe^{Ⅲ}(H_2O)_2]^{2+}$）。$H_2O_2$ 首先吸附于其中一个 $Fe^{Ⅲ}$位点，转化为高价态 $Fe^{Ⅳ}$-O 物种，进而引发 CH_4 的均裂，生成 · CH_3 自由基与 $^*OH$ 物种。此外，体系中也可通过类芬顿反应机制实现 · OH 对 CH_4 的直接攻击而生成 · CH_3。计算表明，不同活性氧物种（如 Fe 端基氧、桥式氧、羟基氧）对 C—H 键活化能垒的影响有限，但 Fe 活性中心的几何构型对反应路径具有决定性调控作用。特别是 $Fe^{Ⅳ}$═O 端位点展现出双重功能：既有利于 H_2O_2 的解离，又能有效促进 CH_4 的氧化。其中，O—H 键断裂的能垒远低于 C—H 键，使得该位点更倾向于优先活化 H_2O_2，进而揭示了 H_2O_2 作为氧化剂在高价 Fe 体系中应用的适用性与局限性。

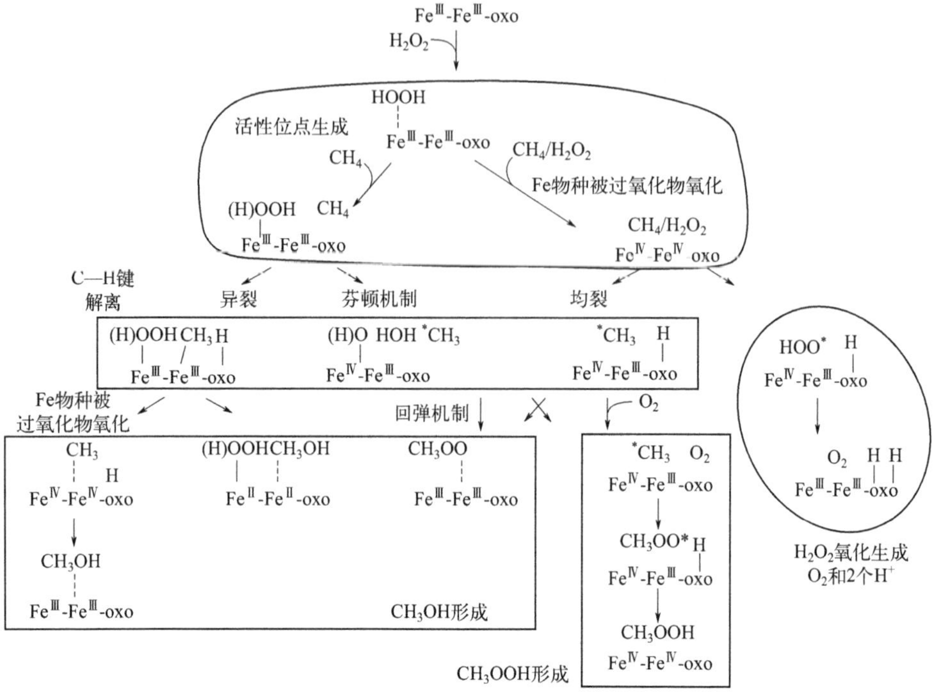

图 7.9 Fe/ZSM-5 分子筛上甲烷活化转化机制 [19]

相较而言，O_2 因其资源丰富、经济性好，在 CH_4 直接转化中具有显著优势。然而，O_2 分子处于三重态，而 CH_4 为单重态，其直接反应需克服自旋禁阻效应，导致活化能垒较高。因此，在实际情形中，O_2 通常先与还原态金属发生反应，裂解形成金属-氧活性物种，从而实现 CH_4 的间接活化。这些金属-氧物种（如端基氧、过氧基、超氧基等）能够突破自旋匹配障碍，进而实现高效 C—H 键断裂。以 Rh/ZSM-5 催化体系为例，研究表明 [20]，在 O_2 与 CO 共存条件下可形成 Rh═O 活性位点，实现 CH_4 的活化。实验证据显示，单独 Rh 金属中心并不具备 C—H 键断裂能力，Rh═O 物种是 CH_4 活化的必要前提（图 7.13）。CO 分子在该过程中发挥两个作用：一方面促进 Rh═O 活性位的形成；另一方面参与羰基插入与乙酸生成。当反应体系中缺乏 CO 时，Rh═O 物种难以生成，甲烷转化速率显著降低。在此反应中，C—H 键活化路径类似于均相体系中的 σ 键交换机理 [9,10]。最终，在 CH_4 被活化生成 · CH_3 与 *OH 后，CO 与其在 Rh 位点上协同吸附，通过碳氧偶联路径生成乙酸并脱附，从而完成整个氧化羰基化过程。

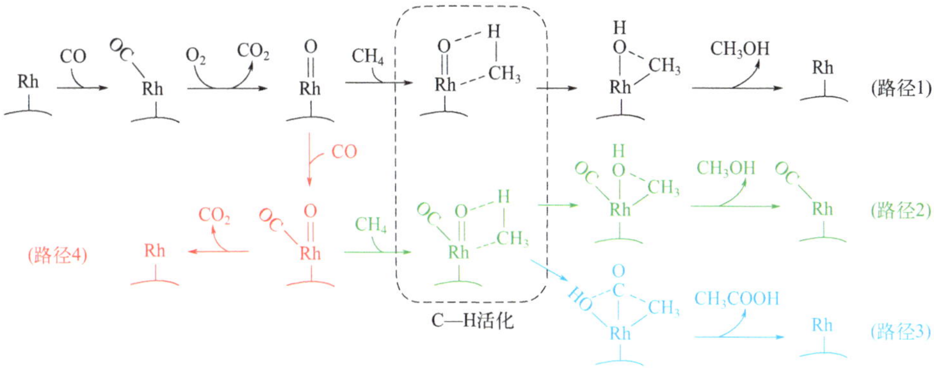

图 7.13　Rh 及 Rh-CO 上的活性氧物种活化 CH_4 反应机理 [19]

Yuriy Román-Leshkov 团队 [15] 通过对比实验揭示了沸石分子筛中 Brønsted 酸性位点对双核 Cu 活性位催化甲烷氧化羰基化路径的调控机制（图 7.14）。在 CH_4/CO/O_2 共进料体系中，当催化剂为含 Brønsted 酸性位点的 Cu/H-MOR 时，反应以乙酸为主要产物，表明甲烷优先发生羰基化反应；而在缺乏酸性位点的 Cu/Na-MOR 催化剂中，则主要生成甲醇，羰基化过程受限。为深入阐明路径差异，研究者结合 ^{13}C 同位素示踪技术与固体核磁共振对甲基中间体的迁移行为进行了跟踪分析。如图 7.11 所示，在 Cu/H-MOR 中，甲烷氧化后可检测到三个典型信号：物理吸附甲醇（δ 53.4）、铜位点上的甲氧基（δ 61.2）及 Brønsted 酸性位点上的甲氧基（δ 55.9）。引入 CO 后，甲氧基信号消失，同时在 δ 21.5 与 δ 188.5 处分别出现甲基和羰基信

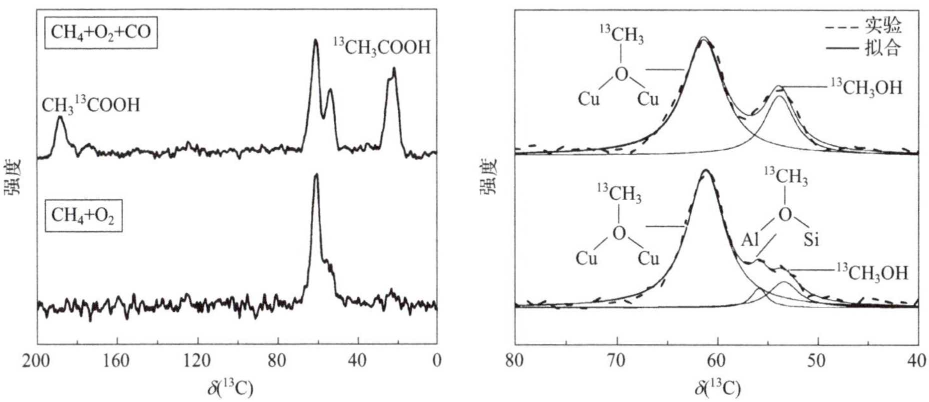

(a)

图 7.14

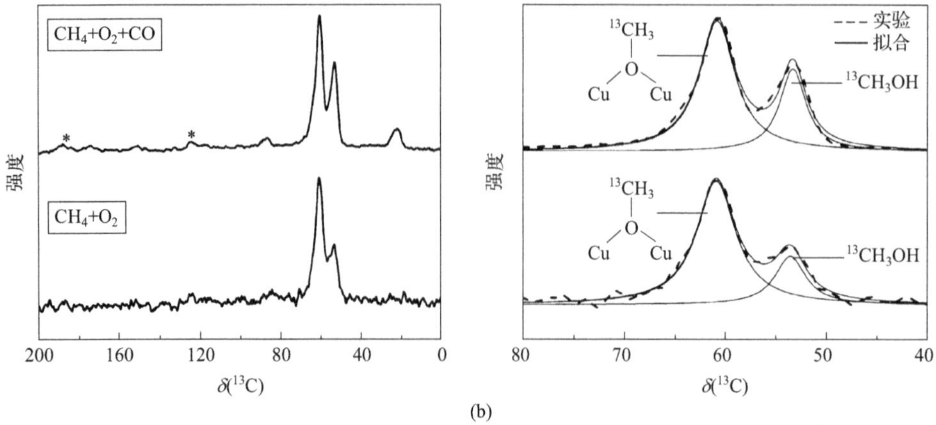

图 7.14 Cu/H-MOR（a）和 Cu/Na-MOR（b）催化甲烷氧化羰基化制乙酸的 ^{13}C 同位素示踪表征结果 [15]

（a）（b）图中，右图是左图 δ40 ～ 80 部分放大再分峰图

号，证实生成了乙酸。而在 Cu/Na-MOR 体系中，仅观察到前两个峰，且未检测到乙酸生成，进一步印证甲基物种迁移至 Brønsted 酸性位点是实现羰基化的关键步骤，明确了 Brønsted 酸性位点在该反应路径中的核心作用。

尽管金属改性分子筛在催化甲烷氧化羰基化制乙酸方面已取得显著进展，包括非贵金属催化剂的构建（如 Fe、Cu、Ni 基体系）、活性位点的精准调控（如杂原子掺杂、缺陷工程引导的酸性与金属配位调节）以及分子筛多级孔结构的优化等，但仍面临诸多挑战。特别是在限域空间中 C—H 键活化机制（异裂 / 均裂路径）、活性氧物种的动态演变规律及自由基与非自由基反应路径之间的竞争关系方面，仍缺乏系统的原位实验观测与理论建模支撑。

未来的研究应聚焦于绿色催化工艺的发展，如在低温低压条件下实现 O_2 对 H_2O_2 的替代应用，并推进反应-分离耦合策略与催化剂的可扩展制备工艺。同时，可通过光热协同催化、分子筛框架的动态结构演化调控及其原位再生策略，提升催化剂的稳定性与寿命。结合机器学习等数据驱动技术进行活性中心的理性设计，有望打破对贵金属的依赖，实现甲烷高效转化与催化剂高稳定性的“双突破”，推动天然气资源的高值利用与 CO_2 资源化路径的深度协同，构建面向碳中和目标的多尺度碳循环催化体系。

7.3.2 卤代甲烷羰基化制乙酸

卤代甲烷（如氯甲烷、溴甲烷）作为甲烷衍生的关键中间体，其高效转化在打通甲烷资源高值化利用路径中具有核心地位。相较于甲烷直接转化所面临的C—H键活化（约439 kJ/mol）与产物选择性控制难题，卤代甲烷因其C—X键更易解离（如C—Cl键能为327 kJ/mol，C—Br键能为276 kJ/mol），可在温和条件下实现高附加值含氧化合物（如乙酸）的定向合成，显著降低了对高温高压及贵金属催化剂的依赖。

工业上每年排放的数百万吨卤代甲烷副产物（如氯碱工业尾气、农药合成废液），为该路径提供了丰富原料基础。基于分子筛催化转化路径，可实现卤代烃的资源化与减排协同，不仅有效降低其对臭氧层的破坏与温室效应风险，还为构建“甲烷—卤代甲烷—含氧化合物”碳循环网络提供了可行技术方案。该策略可与CO_2高值化利用、光热协同催化等新兴路径耦合，进一步拓宽天然气和页岩气等低碳资源的精细化利用，为“双碳”目标背景下化石能源化工体系的绿色升级与循环发展提供关键技术支撑。

传统均相催化体系中，卤代甲烷的羰基化转化通常依赖于贵金属配合物（如Rh、Ir）在强酸性介质中协助活化C—X键，并促进CO插入。2006年，周小平团队[21]在该领域取得突破性进展，首次发现溴甲烷可在CO气氛下发生羰基化反应，生成乙酰溴，并经水解获得乙酸。在$RhCl_3$-PPh_3-KI三组分催化体系下，于423 K、26 bar反应条件下，乙酸产率高达99.7%。此后，包信和团队[22]系统考察了过渡金属催化剂在氯甲烷羰基化反应中的性能（表7.2），发现$RhCl_3$具有最佳催化效果，且PPh_3配体与KI助剂的协同作用是高选择性生成乙酸的关键因素。上述研究从实验角度证实了“卤代甲烷→酰卤→羧酸”的可行阶梯式转化路径，并指出该反应网络与甲醇羰基化反应的Rh基催化循环在结构和机理上的高度相似，为深入理解金属有机催化循环机制提供了理论基础。

表7.2 卤代甲烷羰基化制取乙酸典型催化剂的催化性能[22]

催化剂	金属盐用量 /mmol	PPh_3 用量 /mg	KI 用量 /mg	产率 /%
$RhCl_3$	0.019	0	0	1.0
	0.019	0	29.9	56.8
	0.019	20.0	0	51.3
	0.019	20.0	29.9	73.4
	0	20.0	40.3	2.4
H_2IrCl_6	0.020	0	0	7.1
	0.020	19.8	39.9	23.1
$PdCl_2$	0.020	0	0	0.3
	0.020	19.9	40.1	2.6
$CuCl_2$	0.021	0	0	1.5
	0.021	19.9	40.4	2.5
$NiCl_2$	0.020	0	0	0.3
	0.023	19.9	39.9	3.6

续表

催化剂	金属盐用量 /mmol	PPh_3 用量 /mg	KI 用量 /mg	产率 /%
$CoCl_2$	0.020	0	0	0.4
	0.020	20.0	39.9	2.4
$FeCl_3$	0.020	0	0	0.3
	0.020	20.0	40.5	1.8

尽管均相催化体系下卤代甲烷转化效率高，但催化剂腐蚀性强、易发生卤素中毒以及产物分离困难等问题，限制了其进一步工业化发展。为解决上述瓶颈，Fujimoto 团队[23]早在 20 世纪 80 年代即尝试将 Rh 催化剂负载于活性炭载体上，成功实现氯甲烷在 523 K 下的气相羰基化反应，乙酸及乙酸甲酯总选择性高达 94.6%。然而，该体系依然严重依赖贵金属 Rh，其高成本与资源可持续性问题始终未能根本解决，成为该技术产业化应用的关键障碍。

分子筛因其可调控的 Brønsted 酸性位点、独特的孔道限域效应以及优异的卤素耐受性，为卤代甲烷非均相羰基化提供了高效催化平台。作者团队创新性地采用酸性分子筛催化氯甲烷羰基化反应，在无贵金属参与的条件下高选择性合成乙酸和乙酸甲酯，显著拓展了低碳含卤原料的转化路径[24]。通过系统筛选不同拓扑结构的分子筛，发现具有一维 8 元环或 10 元环孔道的分子筛（如 MOR、ZSM-35、ZSM-22）在催化氯甲烷羰基化方面表现出显著优势。其中，H-MOR 分子筛作为催化剂时，乙酸及乙酸甲酯选择性高达 83.7%，乙酸生成速率达 1.85 mmol/(mmol H^+·h)。H-ZSM-35 与 H-ZSM-22 分子筛也展现出较好活性，对应产物选择性分别为 62.4% 与 29.5%，乙酸生成速率为 1.02 mmol/(mmol H^+ · h) 和 0.45 mmol/(mmol H^+ · h)。而对于含 10 元环孔道的 H-ZSM-5、H-MCM-22 以及具有笼状结构的 H-SAPO-34 与 H-Y 分子筛，几乎未检测到乙酸及其酯类产物的生成。该结果直接验证了分子筛拓扑结构对氯甲烷定向转化路径的决定性作用。

在进一步研究中发现，分子筛的酸性质，特别是 Brønsted 酸性位点的分布与落位，对羰基化反应具有重要影响。参考二甲醚羰基化研究中对 Brønsted 酸性位点的识别方法，作者采用吡啶吸附与有机阳离子选择交换方法对 H-MOR 分子筛中的 Brønsted 酸性位点进行调控。结果显示，仅保留 8 元环侧口袋中的酸性位点时，乙酸及其酯类选择性高达 99.3%；而仅保留 12 元环酸性位点时，几乎检测不到乙酸产物（选择性仅 0.5%）。这一发现明确指出，H-MOR 分子筛中 8 元环侧口袋的 Brønsted 酸性位点是氯甲烷羰基化的主活性位点，而 12 元环中酸性位点主要参与氯甲烷裂化制烃。

在催化性能优化方面，采用吡啶预吸附的 MOR-8（硅铝比为 14.7）为催化剂，在 250 ℃、2.0 MPa 和 3000 mL/（g · h）的条件下，乙酸和乙酸甲酯选择性高达 99.3%，氯甲烷转化率约为 12%，且在连续运行 100 h 内表现出良好的稳定性。为深入理解反应机理，作者进一步开展了原位漫反射傅里叶红外光谱与同位素标记实验，系统揭示了 H-MOR 分子筛催化氯甲烷羰基化生成乙酸的路径（图 7.15）：氯甲烷先在 Brønsted 酸性位点上吸附并断裂 C—Cl 键，生成表面甲氧基与氯化氢；随后，表面甲氧基与 CO 发生插入反应形成乙酰基，最终经水解得到乙酸。

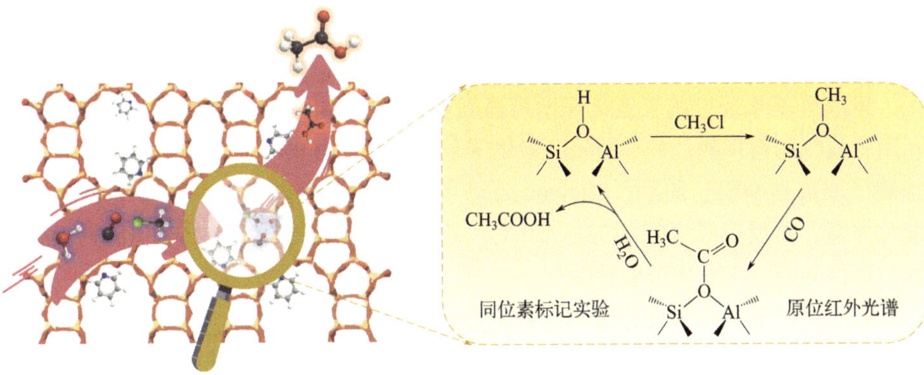

图 7.15 H-MOR 分子筛催化氯甲烷羰基化制乙酸反应机理验证 [24]

尽管该技术在催化体系构建及反应机理阐明方面已取得重要进展，但其工业化进程仍面临多重挑战。首先，氯甲烷转化率仍偏低（约 12%），可能受到孔道内中间体扩散限制、活性中心动态演变不明及卤素引发催化剂失活等因素影响。其次，副产物生成机理尚未明晰，乙酸选择性控制或涉及 Brønsted 酸性位点落位与自由基路径之间的复杂竞争关系，亟须借助原位表征与反应动力学建模进一步解析。此外，分子筛骨架的结构稳定性在卤素环境中仍存在潜在风险，长期运行中可能由于 Cl^- 诱导分子筛骨架脱铝而不可逆失活。

在工程层面，腐蚀性副产物（如 HCl）的高效捕集与资源化利用尚未形成成熟工艺，其在放大应用中可能导致设备腐蚀，并增加环保压力。更为关键的是，如何实现从实验室级（克级）向工业级（吨级）反应器的平稳放大，保持传质效率与催化选择性的协同稳定，是当前工程放大过程中的核心技术瓶颈。

综上所述，卤代甲烷羰基化技术要实现从实验室研究走向工业应用，需从催化剂活性中心调控、反应路径可视化解析、副产物管控与反应-分离耦合以及多尺度反应器设计等多个维度协同推进。未来，通过 AI 辅助催化剂设计、原位动态表征技术融合与绿色过程工艺开发，有望实现卤代甲烷资源化利用的低碳转型与技术落地。

7.3.3 甲醛羰基化制乙醇酸

甲醛作为结构最简单的 C_1 含氧分子，其高效转化是实现碳资源循环利用的关键路径之一。乙醇酸（羟基乙酸）作为重要的高附加值平台化合物，广泛应用于医药（如α-羟基酸类药物）、化妆品（皮肤修复成分）及可降解材料（如聚乙醇酸）等领域。传统乙醇酸制备方法主要包括氯乙酸水解与乙二醇氧化路线，其存在原料毒性强、能耗高及产物分离复杂等问题。相比之下，甲醛羰基化合成乙醇酸和乙醇酸甲酯具有原料绿色（甲醛、CO、水）、原子经济性高（理论原子利用率 100%）等优势，因而被视为新一代绿色合成技术的代表，反应方程式如式（7.2）所示。

$$HCHO + CO + H_2O \Longrightarrow HOCH_2COOH \tag{7.2}$$

甲醛羰基化反应的工业化探索可追溯至 20 世纪 40 年代。DuPont 公司[25]最早利用合成气制得甲醛，并在浓硫酸催化下于 200 ℃、70 MPa 下完成羰基化反应，乙醇酸产率高达 90%。随后，Chevron 公司[26]开发以氟化氢（HF）为催化剂的低温催化体系，将反应温度降至 22 ～ 50 ℃，乙醇酸选择性提升至 95%，但因其强腐蚀性与环保问题，工业化进展受限。

近年来，非均相催化体系成为研究热点。Lee 等[27]评估了 Amberlyst 系列酸性树脂在羰基化反应中的性能，发现 Amberlyst-15 在 135 ℃、24.13 MPa CO 条件下，2 h 内实现甲醛完全转化，乙醇酸甲酯产率达 81.2%。Sun 等[28]则通过比较不同 Keggin 型杂多酸，确定磷钨酸表现出最优催化活性，结合高极性溶剂环丁砜，产率提升至 89.3%。Song 等[29]开发的磺酸功能化离子液体催化体系，在 170 ℃、5 MPa 下反应 8 h，乙醇酸甲酯产率高达 97.6%，展现出离子液体在 C═O 键活化与中间体稳定化方面的独特优势。

分子筛因其规整孔道结构与可调酸性位点，在甲醛羰基化反应中展现出独特的催化潜力。以 H-ZSM-5 与 HY 分子筛为例[30]（表 7.3），在相同反应条件（180 ～ 200 ℃、8 MPa CO、2 h）下，H-ZSM-5 催化剂的乙醇酸甲酯产率为 47.7%，远高于 H-Y 分子筛的 27.8%。这一差异归因于两者酸性与孔道结构的显著差异：H-ZSM-5 具备较高硅铝比（如 55），提供更强的 Brønsted 酸强度，而 H-Y 分子筛因其酸强度较弱（硅铝比为 30），催化活性有限。实验证明，强酸性位点密度的增加可显著提升甲醛极化与活化效率。当 ZSM-5 的 SiO_2/Al_2O_3 比由 280 降至 55 时，强酸性位点密度提升 3.2 倍，乙醇酸甲酯产率提高 2.59 倍。这源于强酸性位点对甲醛 C═O 键的极化作用——通过质子化甲醛形成 $H_2C{=}O^+{-}H$ 中间体，有效降低 C—O 键解离能，从而促进 CO 插入生成羟基乙酰基（$HOCH_2CO$—）。

分子筛的空间结构对催化选择性也具有重要调控作用。H-ZSM-5 的 10 元环三维孔道（孔径 0.51 ～ 0.56 nm）能够有效约束反应物构型，稳定反应中间物种，从而抑制乙二酸酯等副产物生成。而 H-Y 分子筛的超大孔笼结构（孔径约 1.3 nm）缺乏限域效应，导致中间体易发生缩合以及副反应增加。此外，H-ZSM-5 的三维交叉孔道系统（直孔 0.53 mm × 0.56 nm，正弦孔 0.51 mm × 0.55 nm）增强了分子扩散与产物脱附效率，进一步提升了反应活性与选择性；相比之下，H-Y 分子筛中产物滞留易引发二次反应。

表7.3 分子筛催化剂在甲醛羰基化反应中的反应性能[30]

催化剂（硅铝比）	酸密度/(mmol/g)	选择性/%			乙醇酸甲酯产率/(mol/mol 酸性位点)
		乙醇酸甲酯	二甘醇酸二甲酯	甲氧基乙酸甲酯	
ZSM-5 (55)	0.64	47.7	＜0.1	＜0.1	120
ZSM-5 (280)	0.012	18.4	0.4	＜0.1	2500
Y (30)	0.54	27.8	＜0.1	1.9	86
Y (5)	2.8	1.8	＜0.1	1.2	1.1
Mordenite	2.2	5.3	＜0.1	3.9	4.0
HPW	15	65.1	33.7	＜0.1	6.3
Amberlyst-15	5.1	68.6	19.8	＜0.1	11
Amberlyst-70	3.0	53.5	31.4	＜0.1	8.9

甲醛羰基化反应通常遵循 Koch 机理（图 7.16）。在强酸环境下，甲醛先被质子化生成碳正离子，随后 CO 进攻碳正离子后形成酰基碳正离子，最终在水或醇作用下生成乙醇酸或其酯类产物。Sami[30] 在分子筛催化体系中观察到，中间体可进一步聚合生成低聚乙醇酸或乙交酯，随后经水解或醇解生成目标产物。这可能归因于分子筛独特的“酸-孔协同效应”的中间体富集与反应路径偏移。

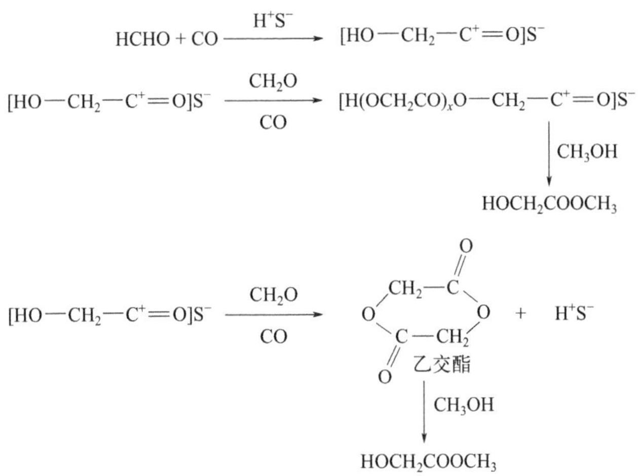

图 7.16 分子筛上甲醛羰基化制乙醇酸甲酯反应机理[30]

综上所述，通过调控酸性分子筛的 Brønsted 酸强度与孔道结构，实现了甲醛羰基化反应中“活化—偶联—扩散”过程的多尺度优化，展现出替代传统均相催化剂（如浓硫酸、HF）的广阔潜力。当前研究虽已奠定了基础，但仍存在诸多待解难题，包括反应路径中聚合 / 缩合副反应的竞争机制、孔道内中间体稳定性调控机制、催化剂在 CO/HCHO 环境中的长周期结构演化规律等。

7.4 分子筛催化小分子与CO耦合制芳烃反应

芳烃作为含苯环结构的芳香族化合物，在现代化工体系中占据基础性地位，其独特的共轭 π 电子体系赋予其特殊的化学稳定性与反应活性，因此被广泛地用于合成树脂、合成橡胶、合成纤维三大合成材料的制备以及医药、染料、杀虫剂的生产。芳烃中最为重要的是轻质单环芳烃（苯、甲苯、二甲苯，统称为 BTX），其用途最广、需求量最大。

目前，芳烃主要由石油催化裂解和催化重整制得。随着能源结构转型，研究者致力于开发新型芳构化技术，重点聚焦 $C_1 \sim C_4$ 低碳烷烃、含氧化合物（甲醇、二甲醚）及卤代烷烃的催化转化路径。分子筛催化剂（特别是 ZSM-5 分子筛）因其规整孔道结构和可调酸性位点，在小分子芳构化反应中展现出独特优势。然而，由于低碳烷烃（C_nH_{2n+2}）、甲醇 / 二甲醚（$C_nH_{2n}O$）、卤代烷烃（$C_nH_{2n+1}X$，X = Cl、Br、I）的 C/H 比相较于芳烃［$C_nH_{n-m}(CH_3)_m$］较高，通过这些小分子化合物制备芳烃时，需要脱掉一定量的氢，这些多余的氢会以氢气或者低碳烷烃的形式生成。因此，在酸性分子筛上进行以上反应，会不可避免地生成大量烷烃，导致芳烃理论选择性受到了制约[31, 32]。为突破选择性瓶颈，研究者普遍采用金属改性策略，通过负载 Zn、Ga 等脱氢活性组分构建催化剂[33-38]，进而提高催化剂的芳构化性能。然而，金属改性的 H-ZSM-5 仍然存在以下缺陷：金属成分容易团聚和流失[39, 40]，这造成催化剂活性迅速降低，并使催化剂失活后很难再生。

近年来的研究表明，在分子筛催化体系中引入 CO 可显著改善芳构化选择性，这一转化路径主要体现在两个方面：其一，CO 通过与小分子中间体（如烯烃、甲基等）形成酰基化合物，进而促进其环化脱水生成芳烃[41-43]，为芳烃构筑提供新的路径；其二，CO 作为缺氢物种，可有效调节反应物和产物间的 C/H 比，抑制氢转移反应中烷烃的过度生成，从而提高芳烃的选择性。此外，CO 在此类体系中的引入，也为打破传统芳构化选择性瓶颈提供了新思路，有助于构建以 CO 参与耦合为核心的新型芳构化催化路径，体现出羰基化反应在非含氧产物体系中的调控潜力，进一步拓宽其在碳资源高值转化中的应用边界。

7.4.1 分子筛催化低碳烷烃与 CO 耦合制芳烃反应

低碳烷烃（$C_1 \sim C_4$）的高效芳构化转化是提升化石能源利用价值的关键途径，

兼具碳资源梯级利用与化工产业链低碳化转型双重战略意义。传统烷烃芳构化技术受热力学平衡制约：原料烷烃（C/H 比为 0.25 ～ 0.5）与目标芳烃（C/H 比为 1.0）间的显著氢碳差异迫使反应需脱除过量氢，导致芳烃理论选择性被限制。近年来研究表明，引入 CO 作为耦合组分，能够在反应过程中重构体系的氢碳平衡，通过生成含氧中间体或诱导氢转移路径的重分布，显著提升芳构化反应的选择性与碳原子利用效率，从而突破传统脱氢芳构化路径对分子筛催化性能的限制。

甲烷作为天然气的主要成分，其分子正四面体构型和高键能 C—H 键（439 kJ/mol）导致化学活化难度极大。传统甲烷无氧芳构化（MDA）工艺需在 700 ℃以上高温进行，但面临严重积碳失活和选择性低下等技术瓶颈[44, 45]。作者团队以金属负载的 H-ZSM-5 催化剂催化甲烷芳构化[46]，发现引入 CO 以后，反应在 500 ℃左右即可发生，比 MDA 反应温度降低大约 200 ℃，实现反应条件温和化。随后作者以 Zn/ZSM-5 为催化剂[47]，详细研究了甲烷与 CO 耦合制备芳烃反应。在 550 ℃，2 MPa 条件下，芳烃选择性可达 80%。甲烷耦合 CO 制芳烃（以苯为例）的反应方程式如下：

$$3CH_4 + 3CO = C_6H_6 + 3H_2O \tag{7.3}$$

如图 7.17（a）所示，当体系中只存在甲烷时，甲烷几乎不转化，表明单一甲烷体系难以实现有效活化；随着 CO 比例的增加，甲烷转化率和芳烃选择性显著增大，而 C_2 ～ C_3 烃类选择性下降；通过 ^{13}C 同位素示踪实验和原位固体核磁表征可观察到乙酰基的存在，证明了乙酰基和芳烃中 50% 的 C 原子来自 CO，这也与式

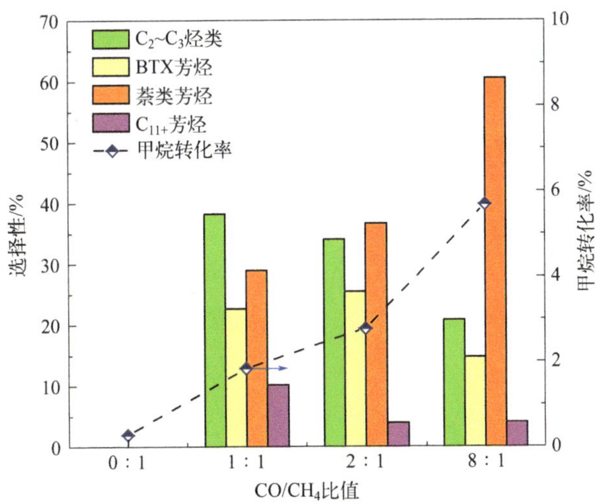

(a)

图 7.17

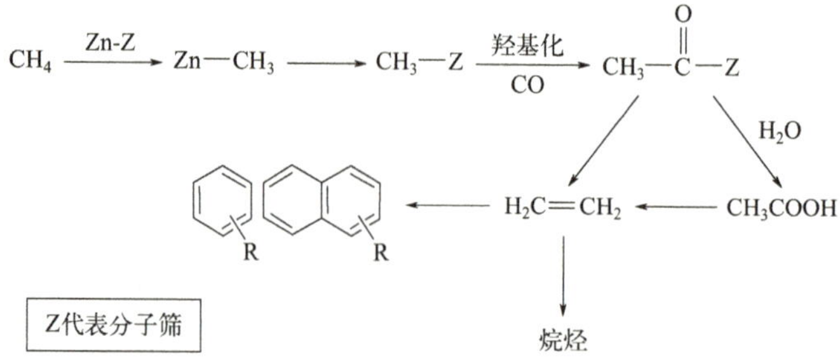

(b)

图 7.17　不同 CO/CH_4 比值下甲烷和 CO 耦合反应结果（a）及甲烷和 CO 耦合反应机理（b）[47]

（7.3）相符。基于此，提出了甲烷和 CO 耦合的反应机理［图 7.17（b）］，即甲烷在金属位点上解离吸附生成表面甲氧基，进而与 CO 发生羰基化反应得到乙酰基，乙酰基一方面可直接转化生成乙烯，另一方面可以经水解得到乙酸进而转化为乙烯，生成的乙烯经氢转移反应得到芳烃。

上海科技大学的杨波课题组根据 H-ZSM-5 催化甲烷和 CO 耦合制芳烃反应中发现的乙酰基物种，通过采用从头计算分子动力学方法，同时利用包括元动力法和慢增长法在内的多种结合自由能采样技术，分别对乙烯和乙烯酮 / 乙酰基阳离子作为氢负离子受体时，反应形成丁二烯的自由能面进行了模拟[48]。模拟结果显示（图 7.18），乙烯酮或乙酰基作为氢转移受体能够显著降低反应自由能垒，仅为 36.1 kJ/mol，远

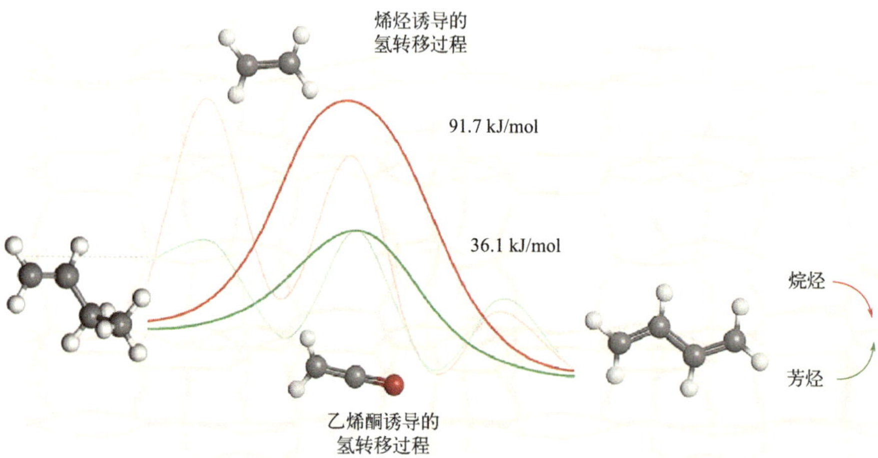

图 7.18　乙烯酮或乙酰基诱导的氢转移反应和烯烃诱导的氢转移反应能垒对比[48]

低于乙烯诱导的氢转移反应过程（91.7 kJ/mol）。相应途径在避免烷烃生成的同时还能促进不饱和烯烃（丁二烯）的形成。此外，在反应过程中生成的丁二烯和乙醛还能够参与进一步的成环反应，促进芳烃的形成。

正己烷-CO 耦合体系同样展现出优异的芳构化性能[49]，在 500 ℃，3 MPa 的反应条件下，芳烃选择性达到 80%，烷烃选择性仅为 20%。如图 7.19 所示，随着 CO 分压增大，芳烃选择性增大，C_1 ～ C_5 烷烃的选择性同时下降，正己烷的转化率接近 100%，基本不变。此外，CO 消耗量与正己烷消耗量的比值也随着 CO 分压的增大而增加，说明正己烷与 CO 发生了反应。对耦合反应后催化剂进行溶积碳分析，发现了环戊烯酮类含氧中间体。通过原位漫反射傅里叶变换红外光谱表征在耦合反应过程中发现酰基阳离子的信号。结合同位素示踪发现 CO 转化生成环戊烯酮类中间体，并进一步转化生成芳烃。

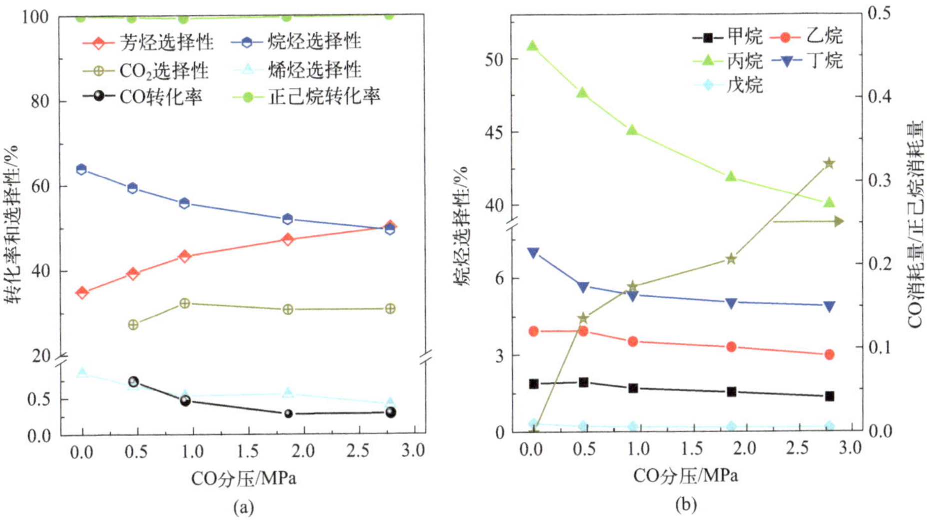

图 7.19 CO 分压对耦合反应的影响

(a) 原料转化率和产物选择性；(b) C_1 ～ C_5 烷烃的选择性、CO 消耗量 / 烷烃消耗量比值[49]

作者团队进一步将该过程拓展到 C_4 ～ C_6 烷烃的转化中[50]，发现不同轻质烷烃和 CO 之间均存在耦合效应。引入 CO 后，芳烃的选择性都会升高，烷烃生成会受到抑制。而 C_4 ～ C_6 烷烃与 CO 耦合制芳烃（以苯为例）的化学方程式如下所示:

$$9C_4H_{10} + 3CO = 2C_6H_6 + 3H_2O + 9C_3H_8 \tag{7.4}$$

$$9C_5H_{12} + 6CO = 4C_6H_6 + 6H_2O + 9C_3H_8 \tag{7.5}$$

$$3C_6H_{14} + 3CO = 2C_6H_6 + 3H_2O + 3C_3H_8 \tag{7.6}$$

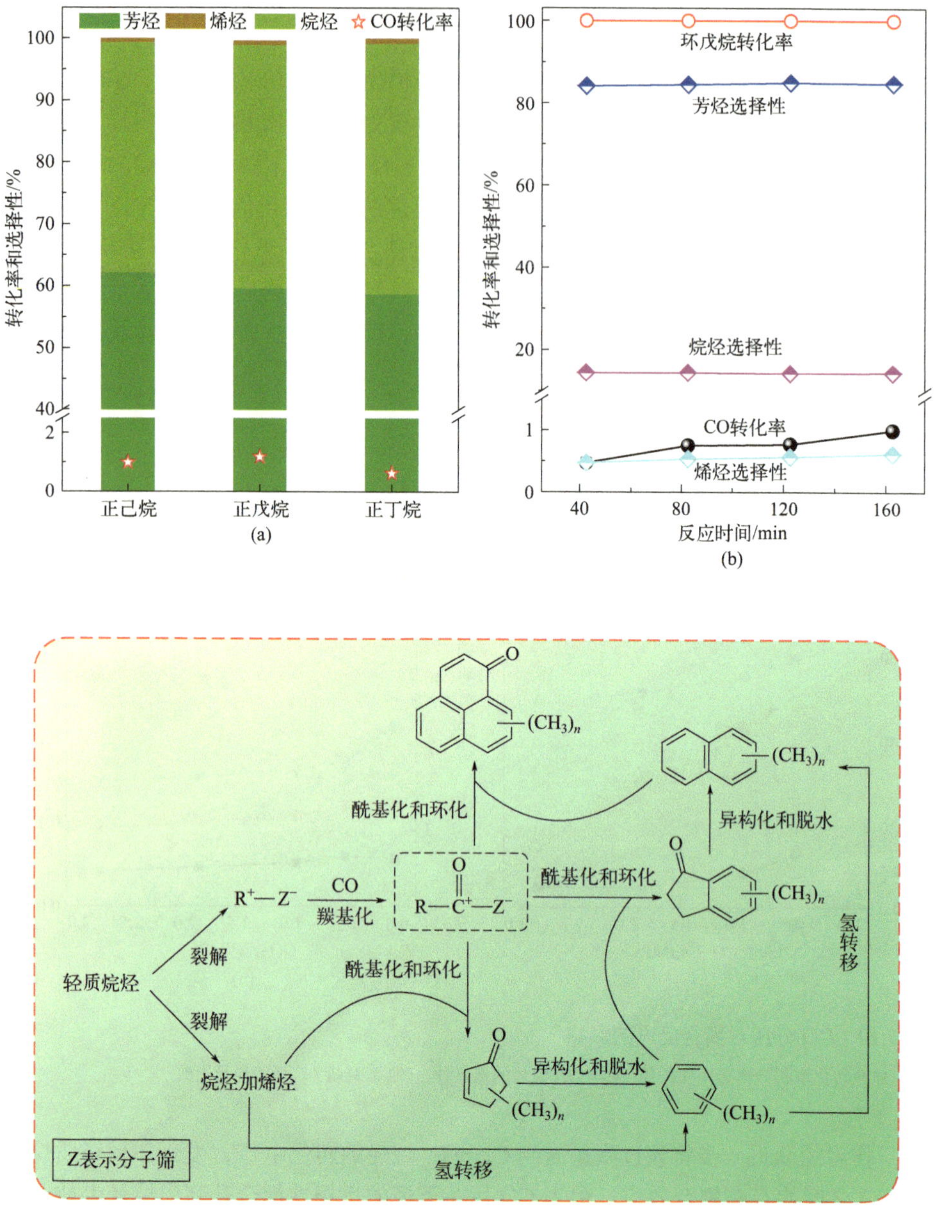

图 7.20　H-ZSM-5 催化烷烃与 CO 耦合制芳烃

(a) H-ZSM-5 催化环戊烷和 CO 耦合反应性能[49]；(b) 正己烷、正戊烷、正丁烷与 CO 耦合反应性能对比；(c) H-ZSM-5 催化轻质烷烃与 CO 耦合生成高选择性芳烃的反应机理[50]

在 450 ℃，3 MPa 的条件下，以 H-ZSM-5 为催化剂，环戊烷和 CO 为原料，芳烃选择性可达 85%［图 7.20（a）］[50]。进一步对比了正己烷、正戊烷、正丁烷与 CO 耦合反应性能［图 7.20（b）］发现，随着烷烃碳链的缩短，芳烃的选择性逐渐降低，烷烃的选择性逐渐升高。同位素示踪和原位固体核磁等表征证明了环戊烯酮类物种是重要的反应中间体，而茚酮类物种是生成稠环芳烃的积碳前驱体。基于以上研究，提出了轻质烷烃耦合 CO 制芳烃的反应机理［图 7.20（c）］。烷烃先在分子筛上的 Brønsted 酸性位点上裂解生成碳正离子，CO 进攻碳正离子生成酰基阳离子，酰基阳离子可以进一步与烯烃生成环戊烯酮，环戊烯酮可以转化为单环芳烃。此外，生成的酰基阳离子可以进一步与单环芳烃反应，生成酰基苯。酰基苯进一步环化生成茚酮，这些茚酮会导致稠环芳烃的生成。除此之外，烯烃也会通过氢转移反应生成单环芳烃以及稠环芳烃。

综合实验数据与反应机理分析表明，相较于传统工艺路径（如甲烷无氧芳构化、烷烃脱氢环化等），低碳烷烃在 CO 耦合条件下的芳构化反应在芳烃选择性与碳原子经济性方面表现出显著优势。其关键在于: CO 的引入能够调节反应体系的碳氢比，促进中间体转化路径重构，有效抑制深度脱氢等副反应的发生，从而使芳烃选择性显著提升至 80% 左右。实验结果表明，CO 参与生成的含氧中间体或其衍生物在反应物与产物之间构建了更为合理的氢碳转化通路，显著提升了碳资源利用效率。该 CO 耦合芳构化策略为低碳烷烃的高值化利用提供了新的研究方向，展现出良好的技术推广与工业应用潜力。

7.4.2 分子筛催化甲醇 / 二甲醚与 CO 耦合制芳烃反应

甲醇与二甲醚作为煤化工体系中的关键 C_1 平台分子，可通过煤、天然气或生物质合成气制备，其芳构化转化是实现煤炭资源清洁高值化利用的重要路径。在传统 H-ZSM-5 分子筛催化体系中，甲醇或二甲醚需经“甲醇制烯烃”机制生成低碳烯烃中间体，继而通过氢转移反应形成芳香族结构 [31, 32]。然而，该反应体系普遍面临碳氢比例失衡问题，导致芳构化过程副产大量饱和烷烃，限制了芳烃的理论选择性与碳原子利用效率。近年来的研究表明，引入 CO 作为反应调控组分，有助于重构反应体系的碳氢平衡，生成含氧中间体并诱导替代性芳构化路径，从而提升芳烃生成选择性与目标产物构型可控性。典型反应式如下所示:

$$8CH_3OH + CO \longrightarrow C_6H_6 + 9H_2O + C_3H_8 \tag{7.7}$$

2018 年，作者团队首次利用 H-ZSM-5 作为催化剂，发现甲醇与 CO 在 673 K、4 MPa 反应条件下耦合反应，可得到 80% 芳烃选择性和 65% BTX（苯、甲苯和二甲苯）选择性 [51]。以纳米 H-ZSM-5 分子筛为催化剂，在 100 h 内，甲醇转化率仍保持 100%，而芳烃的选择性也在 70% 以上。研究发现，随着 CO 分压的增加，芳烃的选择性上升，同时 $C_2\sim C_4$ 烷烃选择性有明显的下降［图 7.21（a）］，说明 CO 参与反应生成了羰基物种并可以促进芳构化。此外，当接触时间小于 0.15 s 时，在产物中检测到乙酸甲酯（MAc）和乙酸（HAc）等羰基物种；随着接触时间的增加，羰基物种和 $C_2\sim C_4$ 烯烃选择性降低，芳烃的选择性升高，说明羰基物种和烯烃是生成芳烃的中间物种。对反应后的催化剂进行溶积碳分析，发现大量甲基取代的环烯酮等含氧物种。^{13}C 同位素示踪表明［图 7.21（b）］，CO 的碳原子选择性进入了芳烃中，几乎不参与低碳烷烃的生成。^{13}C 液体核磁也表明了 CO 的碳原子选择性进入了环戊烯酮的羰基碳位点和芳烃的芳环结构中。

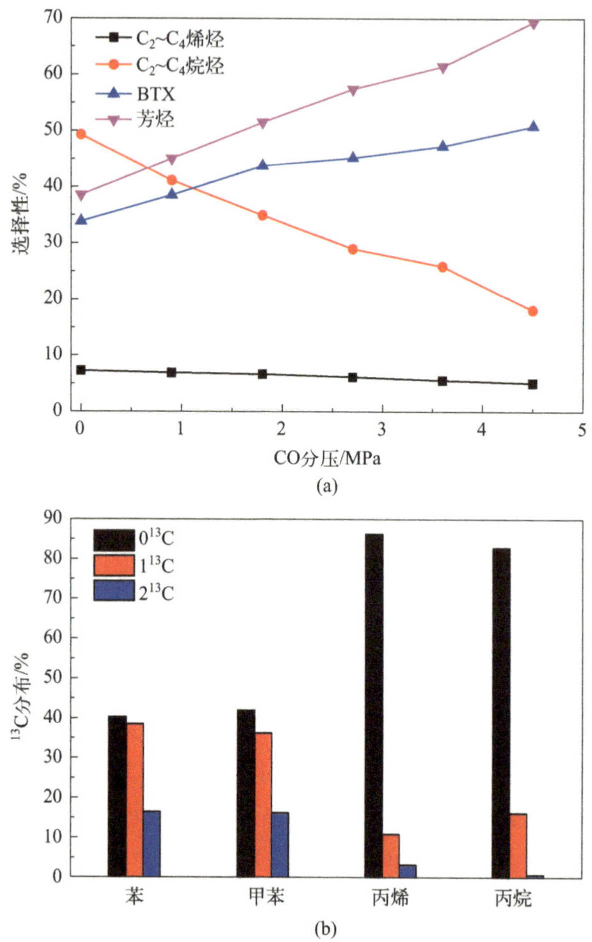

图 7.21　CO 分压对甲醇耦合 CO 制芳烃的影响（a）以及甲醇耦合 CO 制芳烃中产物的 ^{13}C 含量示意图[51]（b）

基于以上分析，提出了分子筛催化甲醇与CO耦合制芳烃的机理。如图7.22所示，甲醇首先与CO反应，经羰基化反应生成羰基物种（乙酸甲酯和乙酸）。随后这些羰基物种和烯烃（由MTO路径生成低碳烯烃）反应生成甲基环戊烯酮物种。5元环结构的甲基环戊烯酮物种经脱水反应生成了6元环结构的芳烃。此外，反应仍存在经由传统的烯烃经氢转移反应生成芳烃的路径，因此体系中仍有烷烃生成。从上述机理可以看出，在耦合反应中，烯烃的氢转移反应受到了抑制，减少了烷烃的生成，提高了芳烃的选择性。

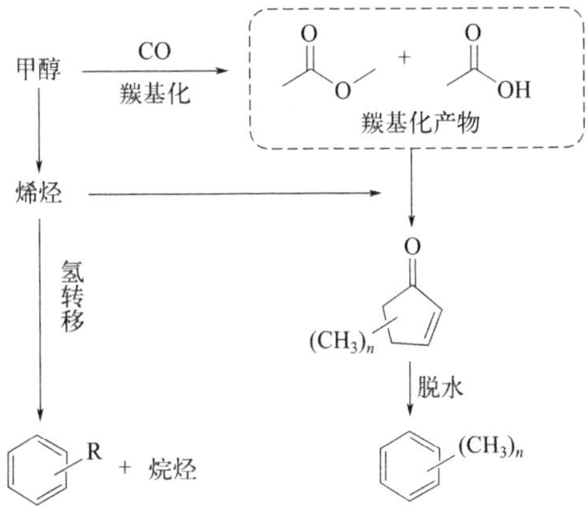

图7.22　H-ZSM-5分子筛上甲醇与CO耦合反应中芳烃的生成机理[51]

2022年，Shi和Bhan[52]研究了甲醇制烃类（MTH）反应引入CO后的产物变化，发现引入CO后，由于发生了羰基化反应，含氧化合物、乙烯和芳烃的选择性以及烯烷比都随之增加，这种产物分布重构源于羰基化与甲基化路径的竞争平衡，并发现H-ZSM-5的物化性质（粒径大小、酸量）和反应条件（接触时间、甲醇或CO分压）等因素调控了羰基化和甲基化速率；增加甲醇分压、催化剂粒径、接触时间和酸密度可以促进烯烃和芳烃对甲基的优先消耗（而非被CO消耗）。这种羰基化反应速率与MTH反应效率在时间和空间维度上的相对变化，最终决定了CO在MTH过程中所起的作用。

2025年，Li等通过化学液相沉积法制备了硅烷化处理的ZSM-5（硅铝比为85，Z85@15P）分子筛催化剂，其外部SiO_2涂层有效调控了催化剂的表面酸性和孔结构[53]，在此基础上创新性地设计了两段串联工艺［图7.23（a），模式3］，提升了烯烃和芳烃特别是对二甲苯（PX）的选择性：第一段（模式1）的装填方式采用Z50（ZSM-5，硅铝比为50）分子筛催化甲醇与CO耦合芳构化，提升芳烃产率；第二段（模式2）的装填方式采用Z85@15P催化剂强化烷基化反应。在两段强化烷基化的模式中，

C_2～C_4烯烃的选择性是模式 1（未改性 ZSM-50）的 7.9 倍，对二甲苯选择性是模式 1 的 2 倍。在 450 ℃、1.0 MPa、甲醇质量空速为 0.5 h^{-1} 的条件下，芳烃选择性达到 55.3%，对二甲苯 / 二甲苯比例从 25.02% 显著提升至 67.40%，同时联产大量低碳烯烃，C_2～C_4烯烃的选择性达到 42.72%。

二甲醚的分子式为 CH_3OCH_3，不存在 C—C 键，是结构最简单的醚类。二甲醚是甲醇脱水生成的产物，也可经分子筛催化与 CO 耦合制备芳烃[54, 55]。如图 7.24(a) 所示，以 H-ZSM-5 为催化剂，CO 的引入也提升了二甲醚芳构化性能。经研究表明，其耦合 CO 生成芳烃的机理与甲醇耦合 CO 反应类似，二甲醚先经羰基化生成乙酸甲酯，再环化生成甲基环戊烯酮物种，最后脱水生成芳烃。进一步研究对比表明：

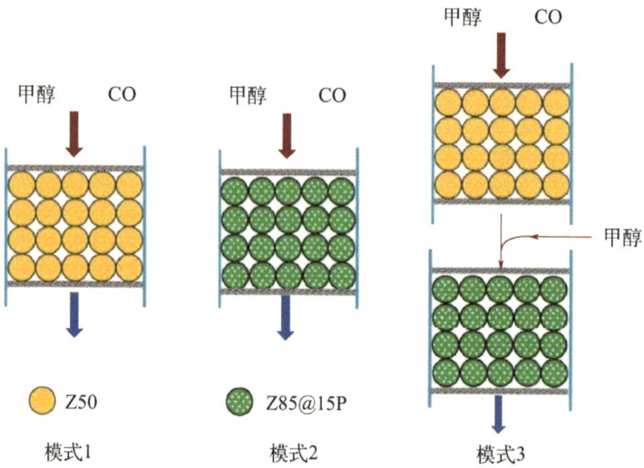

(a)

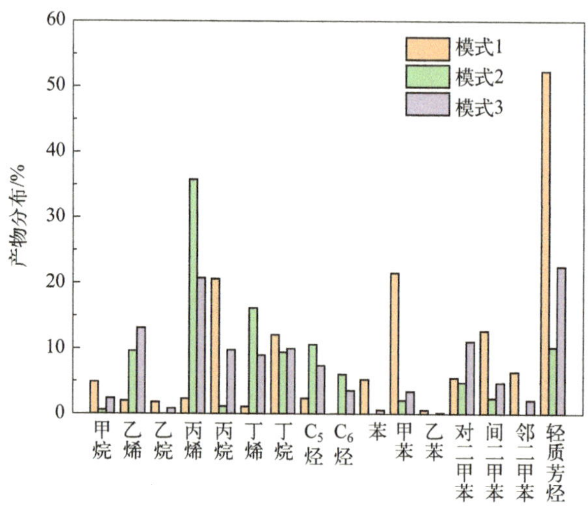

(b)

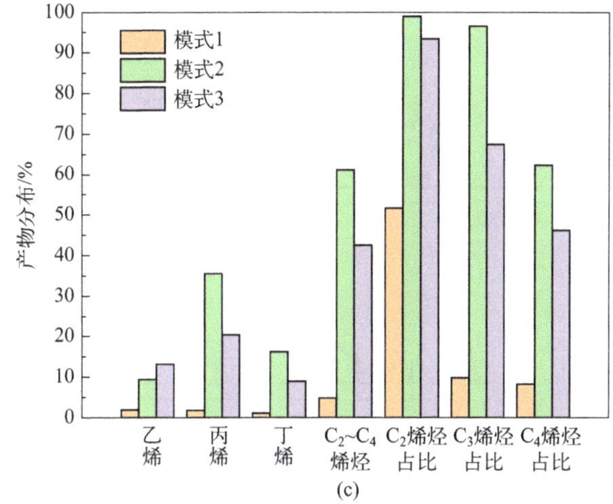

(c)

图 7.23 甲醇耦合 CO 反应模式（a）以及产物（b）和 $C_2 \sim C_4$ 烯烃（c）分布图

C_2（或 C_3、C_4）烯烃占比表示 C_2（或 C_3、C_4）烯烃占所有 C_2（或 C_3、C_4）化合物的比值

在氮气氛围中，甲醇体系因经历甲醛路径[56]导致芳烃选择性与积碳量均高于二甲醚；而 CO 介入后，因水副产物抑制羰基化进程，甲醇体系[57]的芳构化性能下降。“DME+CO”耦合体系较“甲醇 +CO”耦合体系具有更高的芳烃产率与更高积碳量。

甲醇与二甲醚作为典型的 C_1 平台分子，在分子筛催化剂上与 CO 耦合反应过程中展现出良好的芳构化潜力。研究表明，CO 的引入不仅调节了体系碳氢比，还促使一系列含氧中间体（如乙酸甲酯、环戊烯酮等）生成，并进一步转化为芳

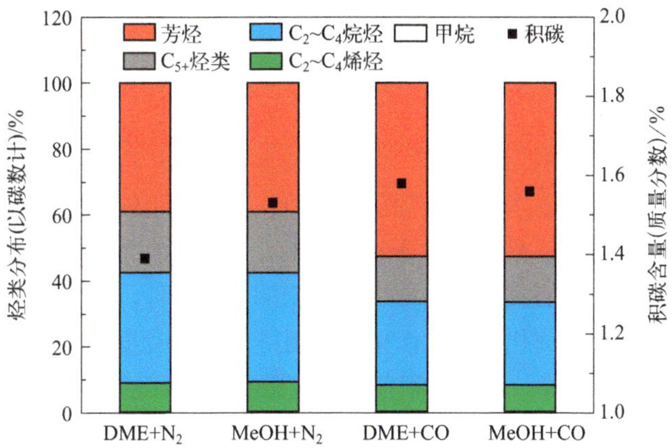

(a)

图 7.24

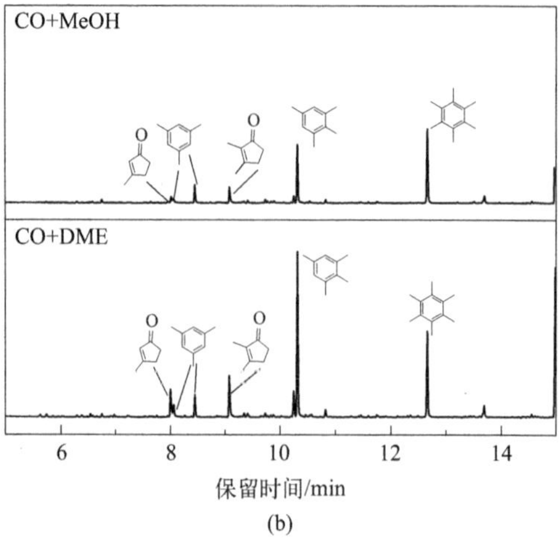

图 7.24　CO 对 H-ZSM-5 催化甲醇或二甲醚制芳烃的影响

(a) H-ZSM-5 上甲醇和二甲醚在 673 K 时 N_2 和 CO 氛围下反应的催化性能和积碳量对比；(b) 反应后 H-ZSM-5 催化剂上停留物种的分析

烃，有效提升了芳烃选择性，抑制了烷烃等副产物的生成。该路径在反应物转化、产物分布、芳构化效率等方面均优于传统 MTO 路径。与此同时，催化剂孔道结构、酸性分布及表面修饰等因素对反应行为具有显著调控效应，合理的结构设计与反应过程分段调控策略可进一步提升产物构型精度和芳烃种类定向合成能力。尽管 CO 参与路径的具体反应机制尚需进一步明晰，但当前研究已初步确立其在芳构化反应中的调控价值，为构建高效、可控的煤基芳烃转化技术提供了重要基础。

7.4.3　分子筛催化卤代烷烃与 CO 耦合制芳烃反应

天然气是一种高效清洁的能源，具有价格低廉、储量巨大等优势，其主要成分为甲烷和乙烷，目前其大多仅用来加热和发电，因此，甲烷和乙烷转化制高附加值化学品已成为研究热点。然而，由于这二者的 C—H 键能高和分子结构对称性高等固有属性，甲烷、乙烷直接转化需要极为苛刻的反应条件。而卤代烷烃可在温和条件下由甲烷、乙烷通过卤化或氧化卤化反应制得[58]，这克服了高温活化甲烷、乙烷 C—H 键的缺点，为甲烷、乙烷温和条件下高效定向转化创造了条件。尽管卤代烷烃具备较高反应活性，其芳构化反应仍然面临 C/H 比失衡所带来的芳烃选择性受限问题。近年来的研究表明，引入 CO 作为调控组分，可通过耦合反应调节体系的 C/H 比，引导反应网络中中间体的演化行为，从而在一定程度上提升芳烃生成选择性并优化产物分布。

作者团队发展了分子筛催化氯甲烷与CO耦合高选择性制备芳烃的新路线[59]。该过程反应方程式（芳烃以苯为例）如式（7.8）所示：

$$8CH_3Cl + CO \xlongequal{\quad} C_6H_6 + H_2O + 8HCl + C_3H_8 \tag{7.8}$$

可发现随着CO分压的增高，芳烃选择性明显增加，而低碳烯烃和烷烃选择性下降，说明CO参与芳烃的生成；并验证了分子筛催化氯甲烷与CO耦合反应策略的普适性，不同拓扑结构分子筛均表现出一定的耦合效果（表7.4）。其中，具有10元环孔道的分子筛展现了较优的耦合性能，特别地，具有三维H-ZSM-5具有最佳的耦合效果，表现出了极高的芳烃选择性。优化反应条件和催化剂后，H-ZSM-5在反应温度为400 ℃，反应压力为5.0 MPa的反应条件下，芳烃选择性可以达到82%左右，BTX选择性高达72%。

表7.4 不同拓扑结构分子筛对氯甲烷耦合CO反应性能影响

拓扑结构	氯甲烷转化率/%	CH_4选择性/%	$C_2 \sim C_4$烷烃选择性/%	$C_2 \sim C_4$烯烃选择性/%	C_{5+}烃类选择性/%	芳烃选择性/%	含氧化合物选择性/%
H-ZSM-5	99.89	12.01	3.05	5.55	0.10	79.27	0
H-ZSM-22	99.51	11.01	22.55	6.01	0.47	59.95	0
H-MCM-22	99.54	11.62	6.90	18.78	0	59.52	3.16
H-ZSM-35	78.74	10.75	17.68	32.76	0.22	25.54	13.01
H-MOR	99.74	25.60	60.01	4.26	0	6.87	3.25
H-BETA	99.89	34.973	48.05	9.52	0	4.92	2.52
H-Y	99.50	22.88	39.52	22.84	0	2.63	12.11
H-SAPO-34	99.66	9.69	43.20	40.46	0.20	1.80	4.63

通过原位漫反射傅里叶变换红叶光谱发现乙酰基是关键中间体，^{13}C同位素示踪实验则证明了甲基环戊烯酮物种是芳烃生成的重要前驱体。基于此，提出了H-ZSM-5催化氯甲烷和CO耦合制备芳烃的反应机理，如图7.25所示。氯甲烷会先在H-ZSM-5的Brønsted酸性位点上吸附生成表面甲氧基和氯化氢，进而经过烃池机理得到乙烯、丙烯等低碳烯烃，这些低碳烯烃经过氢转移反应得到芳烃。更为重要的是，CO会在分子筛表面插入甲氧基生成乙酰基物种，这些酰基物种会与低碳烯烃发生反应生成多甲基环戊烯酮，并经过脱水等一系列反应生成芳烃。除此之外，乙酰基也可直接转化为低碳烯烃，或者转化为丙酮、乙酸或乙酸甲酯等，这些羰基化合物经过羟醛缩合反应生成芳烃。上述芳烃生成路径显著抑制了氢转移反应，从而大幅提高了芳烃的选择性。

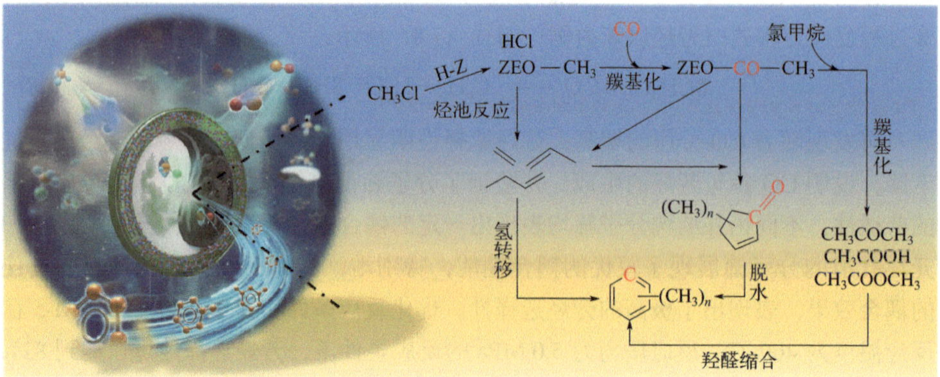

图 7.25　H-ZSM-5 催化氯甲烷与 CO 耦合制芳烃反应机理图[59]

在不改变表面形貌、孔结构参数、晶体结构等性质的前提下，可利用溶胶凝胶法通过在 H-ZSM-5 分子筛外表面原位合成 Silicate-1 实现了外表面酸性的定向修饰，解耦催化剂外表面酸性和表面阻力在氯甲烷耦合 CO 制芳烃中的影响[60]。改性后的 H-ZSM-5 分子筛样品晶内扩散系数基本不变，但表面渗透率发生变化，表面渗透率排序为 H-ZSM-5-M1 ＞ H-ZSM-5-P ＞ H-ZSM-5-M2 ＞ H-ZSM-5-M3，并发现同时降低外表面酸性和表面阻力可以有效提高 BTX 选择性和催化剂寿命，改性后的 H-ZSM-5-M1 催化剂具有最低的表面阻力和适宜的外表面酸性，在保持混合芳烃为 70% 的同时，BTX 选择性提高为原来的 1.3 倍，催化剂稳定性得到显著提高。

分子筛催化氯乙烷耦合 CO 制芳烃体系同样展现出优异的芳构化性能[61]，该过程反应方程式（芳烃以苯为例）如下：

$$4C_2H_5Cl + CO \xlongequal{\quad} C_6H_6 + H_2O + 4HCl + C_3H_8 \tag{7.9}$$

研究氯乙烷在 10 元环酸性分子筛为催化剂反应时，CO 的引入可以明显提高芳烃选择性，其中在 400 ℃、5 MPa 条件下，H-ZSM-5 上芳烃选择性超过 76%，芳烃中 BTX 选择性达到了 43%。利用原位漫反射傅里叶变换红外光谱、^{13}CO 同位素示踪和液相核磁等表征手段，证实了氯乙烷与 CO 经羰基化反应生成的环戊烯酮物种是制芳烃的重要中间体。此外，发现氯乙烷反应生成的乙烯可以在酸性分子筛上发生羰基化反应，并参与了芳烃的生成。

卤代烷烃作为甲烷与乙烷的衍生中间体，在分子筛催化体系中表现出良好的转化活性。研究表明，引入 CO 可显著提升其芳构化反应中的芳烃选择性，这一提升主要归因于 CO 调控反应碳氢比、诱导含氧中间体生成及参与碳链重构路径。通过拓扑结构优化、外表面酸性调控与中间体迁移路径设计，催化剂对反应物及中间体的约束与选择性转化能力显著增强，进一步提高了芳烃产率与反应稳定性。尽管其转化路径复杂且不属于典型羰基化体系，但在部分体系中观察到其可通过环状含氧中间体介导芳香化路径构建。整体来看，卤代烷烃-CO 耦合体系展现出良好的构效调控空间和工业放大潜力，为低碳资源的间接芳构化利用提供了可行技术路径。

7.5 小结

本章围绕分子筛催化小分子与 CO 的转化反应，系统梳理了其在合成含氧化合物方面的羰基化路径，涵盖甲醇、甲烷、卤代甲烷及甲醛等典型底物的反应过程与构效关系。通过引入金属中心、调控酸性位点密度与拓扑结构，以及结合原位表征与同位素示踪等手段，阐明了多种关键中间物种的生成路径与动态演化机制，初步建立了适用于分子筛催化羰基化反应的研究框架。此外，对于小分子与 CO 耦合形成芳烃的反应路径，尽管不属于传统羰基化反应范畴，但 CO 在调节反应体系碳氢比、诱导芳构化路径方面的功能性作用也得到明确体现，拓展了 CO 参与的反应机制在碳资源高值化利用的应用范畴。

未来，分子筛催化羰基化反应的发展将逐步拓展底物类型。除 C_1 小分子外，烯烃与醇类等更高碳数底物在酸性或金属改性分子筛上也具备实现 C═O 插入的潜力。例如，醇类 / 烯烃可经羰基化反应定向合成羧酸或酯类化合物，实现脂肪族或支链酰基结构的精准构建。分子筛的酸性调控、孔道限域效应及金属协同活化机制将在反应选择性调控中发挥核心作用。

进一步发展的关键还在于构建多路径协同耦合的反应体系。在分子筛催化体系中，羰基化反应不仅可作为独立步骤存在，也可与环化、还原、胺化等转化过程协同发生，形成更具合成效率和结构多样性的串联反应网络。将 CO 插入路径与多步转化过程耦合，有望突破目前羧酸与酯类合成的选择性与效率瓶颈。

从材料层面来看，如何实现活性位点的空间协同与构效精准匹配，将是推动催化性能进一步提升的关键。Brønsted 酸与 Lewis 酸、金属位点之间的协同机制，活性中心在孔道中的落位方式，以及限域环境对反应中间体稳定性的调节能力，均需在原子尺度上实现有序设计与构建。多尺度模拟与原位光谱技术的深度融合，将为揭示这些构效规律提供关键支撑。

在应用层面，分子筛催化羰基化反应的发展方向也需面向绿色化工工艺的整体要求。在保障高选择性与高稳定性的基础上，构建可低温运行、兼具反应-分离耦合能力的催化体系，将显著提升其在工业放大的可行性。同时，通过与数据驱动的催化剂设计技术结合，实现活性中心筛选与反应路径优化的快速迭代，也将为实现低碳资源向高附加值含氧产物的可持续转化提供有效路径支撑。

参考文献

[1] Fujimoto K, Shikada T, Omata K, et al. Vapor phase carbonylation of methanol with solid acid catalysts[J]. Chem Lett, 1984, 13(12): 2047-2050.

[2] Ellis B, Howard M J, Joyner R W, et al. Heterogeneous catalysts for the direct, halide-free carbonylation of methanol[J].Studies in Surface Science and Catalysis, 1996, 101: 771-779.

[3] Blasco T, Boronat M, Concepcion P, et al. Carbonylation of methanol on metal-acid zeolites: Evidence for a mechanism involving a multisite active center[J]. Angew Chem Int Ed, 2007, 46(21): 3938-3941.

[4] Ni Y M, Shi L, Liu H C, et al. A green route for methanol carbonylation[J]. Catal Sci Techn, 2017, 7(20): 4818-4822.

[5] Tong C L, Zuo J C, Wen D L, et al. Halide-free carbonylation of methanol with H-MOR supported $CuCeO_x$ catalysts[J]. Front Chem Sci Eng, 2021, 15: 1-13.

[6] Schwach P, Pan X, Bao X. Direct conversion of methane to value-added chemicals over heterogeneous catalysts: challenges and prospects[J]. Chem Rev, 2017, 117(13): 8497-8520.

[7] Caballero A, Pérez P J. Methane as raw material in synthetic chemistry: The final frontier[J]. Chem Soc Rev, 2013, 42(23): 8809-8820.

[8] Wang X M, Qi G D, Xu J, et al. NMR-spectroscopic evidence of intermediate-dependent pathways for acetic acid formation from methane and carbon monoxide over a Zn-ZSM-5 zeolite catalyst[J]. Angew Chem Int Ed, 2012, 51(16): 3850-3853.

[9] Shan J, Li M, Allard L F, et al. Mild oxidation of methane to methanol or acetic acid on supported isolated rhodium catalysts[J]. Nature, 2017, 551(7682): 605-608.

[10] Tang Y, Li Y T, Fung V, et al. Single rhodium atoms anchored in micropores for efficient transformation of methane under mild conditions[J]. Nat Commun, 2018, 9(1): 1231.

[11] Xu W, Liu H X, Hu Y, et al. Metal-oxo electronic tuning via in situ CO decoration for promoting methane conversion to oxygenates over single-atom catalysts[J]. Angew Chem, 2024, 136(16): e202315343.

[12] Qi G, Davies T E, Nasrallah A, et al. Au-ZSM-5 catalyses the selective oxidation of CH_4 to CH_3OH and CH_3COOH using O_2[J]. Nat Catal, 2022, 5(1): 45-54.

[13] Golubev K B, Yashina O V, Batova T I, et al. Direct low-temperature oxidative conversion of methane to acetic acid on rhodium-modified zeolites[J]. Petro Chem, 2021, 61(6): 663-669.

[14] Kolesnichenko N V, Snatenkova Y M, Batova T I, et al. Oxidative carbonylation of methane to acetic acid over micro-mesoporous rhodium-modified zeolites[J]. Microporous Mesoporous Mater, 2022, 330: 111581.

[15] Narsimhan K, Michaelis V K, Mathies G, et al. Methane to acetic acid over Cu-exchanged zeolites: mechanistic insights from a site-specific carbonylation reaction[J]. J Am Chem Soc,

2015, 137(5): 1825-1832.

[16] Liu J, Wei Y, Li R T, et al. Isolated Ni sites anchored on zeolites for direct synthesis of acetic acid from methane oxidative carbonylation[J]. Appl Catal B: Environ Energy, 2024, 350: 123951.

[17] Wu B, Lin T J, Lu Z X, et al. Fe binuclear sites convert methane to acetic acid with ultrahigh selectivity[J]. Chem, 2022, 8(6): 1658-1672.

[18] Wang C W, Sun Y, Wang L J, et al. Oxidative carbonylation of methane to acetic acid on an Fe-modified ZSM-5 zeolite[J]. Appl Catal B: Environ, 2023, 329: 122549

[19] Szécsényi Á, Li G, Gascon J, et al. Mechanistic complexity of methane oxidation with H_2O_2 by single-site Fe/ZSM-5 catalyst[J]. ACS Catal, 2018, 8(9): 7961-7972.

[20] Moteki T, Tominaga N, Ogura M. Mechanism investigation and product selectivity control on CO-assisted direct conversion of methane into C1 and C2 oxygenates catalyzed by zeolite-supported Rh[J]. Appl Catal B, 2022, 300: 120742.

[21] Wang K X, Xu H F, Li W S, et al. The synthesis of acetic acid from methane via oxidative bromination, carbonylation, and hydrolysis[J]. Appl Catal A: Gen, 2006, 304: 168-177.

[22] Fan Y F, Ma D, Bao X H. Acetic acid from the carbonylation of chloride methane over rhodium based catalysts[J]. Catal Lett, 2009, 130(3-4): 286-290.

[23] Shikada T, Yagita H, Fujimoto K, et al. Vapor-phase carbonylation of methyl-chloride with transition metal-active carbon catalysts[J]. Appl Catal, 1986, 22(2): 379-384.

[24] Fang X D, Wen F L, Ding X N, et al. Highly selective carbonylation of CH_3Cl to acetic acid catalyzed by pyridine-treated MOR zeolite[J]. Angew Chem Int Ed, 2022, 61(31): e202203859.

[25] John L D. Process for manufacture of glycolic acid: US2152852A[P]. 1939-04-04.

[26] Strickler G R, Landon V G, Lee G S J, et al. Process for the production of ethylene glycol: WO9931033A1[S]. 1999-06-24.

[27] Lee S Y, Kim J C, Lee J S, et al. Carbonylation of formaldehyde over ion exchange resin catalysts.1. Batch reactor studies[J]. Ind Eng Chem Res, 1993, 32(2): 253-259.

[28] Sun Y, Wang H, Shen J H, et al. Highly effective synthesis of methyl glycolate with heteropolyacids as catalysts[J]. Catal Commun, 2009, 10(5): 678-681.

[29] Song H, Li Z, Chen J, et al. Brönsted Acidic Ionic Liquids as Efficient and Recyclable Catalysts for the Carbonylation of Formaldehyde[J]. Catal Lett, 2012, 142(1): 81-86.

[30] Barri S A I, Chadwick D. Carbonylation of formaldehyde with zeolite catalysts[J]. Catalysis Lett, 2011, 141(6): 749-753.

[31] Sun X, Mueller S, Liu Y, et al. On reaction pathways in the conversion of methanol to hydrocarbons on HZSM-5[J]. J Catal, 2014, 317: 185-197.

[32] Ilias S, Bhan A. Mechanism of the catalytic conversion of methanol to hydrocarbons[J]. ACS Catal, 2012, 3(1): 18-31.

[33] Ni Y M, Sun A M, Wu X L, et al. The preparation of nano-sized H[Zn, Al]ZSM-5 zeolite and its

application in the aromatization of methanol[J]. Microporous Mesoporous Mater, 2011, 143(2-3): 435-442.

[34] Lopez-Sanchez J A, Conte M, Landon P, et al. Reactivity of Ga_2O_3 clusters on zeolite ZSM-5 for the conversion of methanol to aromatics[J]. Catal Lett, 2012, 142(9): 1049-1056.

[35] Zhang G Q, Bai T, Chen T F, et al. Conversion of methanol to light aromatics on Zn-modified Nano-HZSM-5 zeolite catalysts[J]. Ind Eng Chem Res, 2014, 53(39): 14932-14940.

[36] Wang N, Qian W Z, Shen K, et al. Bayberry-like ZnO/MFI zeolite as high performance methanol-to-aromatics catalyst[J]. Chem Commun, 2016, 52(10): 2011-2014.

[37] Inoue Y, Nakashiro K, Ono Y. Selective conversion of methanol into aromatic hydrocarbons over silver-exchanged ZSM-5 zeolites[J]. Microporous Mater, 1995, 4(5): 379-383.

[38] Ono Y, Adachi H, Senoda Y. Selective conversion of methanol into aromatic hydrocarbons over zinc-exchanged ZSM-5 zeolites[J]. Faraday Trans 1, 1988, 84(4): 1091-1099.

[39] Liang P, Zhang Y Q, Wei A F, et al. Cracking characteristics of simulated dust-containing coal pyrolysis volatiles over regenerated nickel-based catalysts[J]. Energy Fuels, 2015, 29(1): 70-77.

[40] Robinson B, Bai X, Samanta A, et al. Stability of Fe- and Zn-promoted Mo/ZSM-5 catalysts for ethane dehydroaromatization in cyclic operation mode[J]. Energy Fuels, 2018, 32(7): 7810-7819.

[41] Yang K, Li J Z, Zhang X, et al. Investigation of the coupled reaction of methyl acetate and *n*-hexane over HZSM-5[J]. Chin J Catal, 2018, 39(12): 1960-1970.

[42] Uslamin E A, Kosinov N, Filonenko G A, et al. Co-Aromatization of furan and methanol over ZSM-5: A pathway to bio-aromatics[J]. ACS Catal, 2019, 9(9): 8547-8554.

[43] Ni Y M, Zhu W L, Liu Z M. H-ZSM-5-catalyzed hydroacylation involved in the coupling of methanol and formaldehyde to aromatics[J]. ACS Catal, 2019, 9(12): 11398-11403.

[44] Bragin O V, Vasina T V, Preobrazhenskii A V, et al. Aromatization of methane on Pentasil-containing catalysts[J]. Bull Acad Sci USSR, Div Chem Sci, 1989, 38: 680.

[45] Wang L, Tao L, Xie M, et al. Dehydrogenation and aromatization of methane under non-oxidizing conditions[J]. Catal Lett, 1993, 21: 35-41.

[46] Wang H, Liu Z, Shen J, et al. High-throughput screening of HZSM-5 supported metal-oxides catalysts for the coupling of methane with CO to benzene and naphthalene[J]. Catal Commun, 2005, 6(5): 343-346.

[47] Wen F, Zhang J, Chen Z, et al. Coupling conversion of methane with carbon monoxide via carbonylation over Zn/HZSM-5 catalysts[J]. Catal Sci Techn, 2021, 11(4): 1358-1364.

[48] Guo Z, Chen Q, Liu J, et al. Discovery of ketene/acetyl as a potential receptor for hydrogen-transfer reactions in zeolites[J]. Nature Commun, 2025, 16(1): 1152.

[49] Wei C, Yu Q, Li J, et al. Coupling conversion of n-hexane and CO over an HZSM-5 zeolite: Tuning the H/C balance and achieving high aromatic selectivity[J]. ACS Catal, 2020, 10(7): 4171-4180.

[50] Wei C, Li J, Yang K, et al. Aromatization mechanism of coupling reaction of light alkanes with CO over acidic zeolites: cyclopentenones as key intermediates[J]. Chem Catal, 2021, 1(6): 1273-1290.

[51] Chen Z, Ni Y, Zhi Y, et al. Coupling of methanol and carbon monoxide over H-ZSM-5 to form aromatics[J]. Angew Chem Int Ed, 2018, 57(38): 12549-12553.

[52] Shi Z, Bhan A. The effects of CO co-feed on the catalytic performance of methanol-to-hydrocarbons conversion on HZSM-5[J]. Chem Eng J, 2023, 456: 140867.

[53] Li H, Yin Y, Wang Y, et al. Improving para-xylene and low olefins by coupling aromatization of methanol with CO[J]. Chem Eng J, 2025, 510: 161554.

[54] Fang Y, Tang J, Huang X, et al. Aromatization of dimethyl ether over Zn/H-ZSM-5 catalyst[J]. Chin J Catal, 2010, 31(3): 264-266.

[55] Kecskeméti A, Barthos R, Solymosi F. Aromatization of dimethyl and diethyl ethers on Mo_2C-promoted ZSM-5 catalysts[J]. J Catal, 2008, 258(1): 111-120.

[56] Martínez-Espín J S, De Wispelaere K, Janssens TVW, et al. Hydrogen transfer versus methylation: On the genesis of aromatics formation in the methanol-To-hydrocarbons reaction over H-ZSM-5[J]. ACS catal, 2017, 7(9): 5773-5780.

[57] Cheung P, Bhan A, Sunley G J, et al. Site requirements and elementary steps in dimethyl ether carbonylation catalyzed by acidic zeolites[J]. J Catal, 2007, 245(1): 110-123.

[58] Lin R, Amrute A P, Perez-Ramirez J. Halogen-mediated conversion of hydrocarbons to commodities[J]. Chem Rev, 2017, 117(5): 4182-4247.

[59] Fang X, Liu H, Chen Z, et al. Highly enhanced aromatics selectivity by coupling of chloromethane and carbon monoxide over H-ZSM-5[J]. Angew Chem Int Ed,2022, 134(13): e202114953.

[60] Fang X, Peng S, Xie M, et al. Cooperative external acidity and surface barriers of HZSM-5 in the coupling reaction of CH_3Cl and CO to aromatics[J]. ACS Sustain Chem Eng, 2023, 11(6): 2275-2282.

[61] Li B, Fang X, Liu H, et al. Highly efficient production of aromatics from C_2H_5Cl coupling with CO over H-zeolites[J]. Catal Sci Techn, 2024, 14(4): 878-884.

第 8 章　结语与展望

传统均相羰基化反应以贵金属或液体强酸为催化剂，在含氧化学品制备领域发挥了重要作用，并作出了卓越贡献。然而，均相反应体系存在着诸多不足，制约了其绿色化、规模化发展。分子筛催化羰基化反应实现了羰基化反应体系从“均相”向“多相”的跨越，突破了传统均相体系存在的问题，开辟了一条高效、低成本、可大规模制备含氧化学品的全新路线，展现出独特的技术优势与巨大的工业应用潜力。其中，二甲醚经乙酸甲酯制乙醇技术的成功工业化是这一优势的深刻体现，对羰基化技术的发展产生积极影响。本书围绕乙醇技术与乙醇酸甲酯技术的发展脉络，系统地阐述了分子筛催化羰基化反应机理研究、催化剂研制与放大、工艺开发、实验室小试、中试、工业性试验以及工程化研究等诸多方面的内容与成果，重点聚焦于学术及技术层面的探讨。

分子筛催化羰基化反应的快速工业化为我国煤化工产业的发展注入了全新动力。我国“富煤、贫油、少气”的能源资源禀赋决定了煤化工在能源化工领域的重要战略地位。近年来，我国煤化工产业迅猛发展，这与甲醇制烯烃、煤制乙二醇、煤制油、煤制气等关键技术的大规模工业化密不可分。然而，长期以来，煤化工产品主要集中于大宗基础化学品，在精细含氧化学品合成方面技术相对匮乏。由于煤化工主要以合成气 / 甲醇为基础原料，含氧化学品是煤化工的理想产品。分子筛催化羰基化技术的出现与发展，为高效制备各类含氧化学品提供了切实可行的技术方案，可有效促进煤化工产业向高端化、多元化、低碳化方向发展。例如，乙醇技术与乙醇酸甲酯技术的工业化，可以构建以乙醇和乙醇酸甲酯为平台的上下游产业链，有力推动了相关新兴战略产业的快速形成与发展。

分子筛催化羰基化反应为不同含氧化学品的制备提供了新的技术选择。以醇类、醚类、缩醛类、烯烃及烷烃等为代表的各种资源，均可通过分子筛催化羰基化反应转化为大宗有机化工原料与精细化学品。这一技术不仅拓宽了含氧化学品的原料来源，而且丰富了化工产品种类，有效缓解了部分含氧化学品的供应紧张局面，同时也为基础化学品的综合利用开辟了新途径，显著提升了产业链附加值，有力推动了化工产业向精细化、高端化方向转型升级。在环保领域，该技术同样具有重要意义。例如，乙醇酸甲酯是可降解材料聚乙醇酸的关键原料，其大规模生产有助于缓解日益严峻的塑料污染问题，实现经济发展与环境保护的良性互动；煤炭 / 钢厂煤气经分子筛催化羰基反应能够大规模化制备绿色燃料乙醇，实现了无水乙醇的大规模生产，促进了乙醇和粮食脱钩，保障了我国的粮食安全，并可解决燃料乙醇的短缺问题，为煤炭 / 钢厂煤气的清洁、低碳、高效利用提供了成功范例。

分子筛催化羰基化反应从发现到工业化应用，历经了近 40 年的不懈探索，近期二甲醚经乙酸甲酯制乙醇技术的成功工业化和大规模推广，充分验证了该技术的成熟性、先进性与可靠性。正如众多经典化工技术在首次工业应用后仍持续创新发展一样，分子筛催化羰基化反应目前尚处于起步阶段，在技术层面仍存在巨大的提升空间，亟须通过持续的科技创新实现跨越式发展。基于当前的认识，笔者提出以下几点发展建议：

① 强化基础研究。深入探究反应过程中 CO 的活化机制以及羰基化反应过程的微观反应路径，目前这些关键科学问题仍未完全明晰；进一步阐明分子筛空间限域效应对不同分子羰基化反应的作用规律与影响机制；精准厘清各反应步骤之间的内在联系；深入研究积碳的形成、演变及其对反应性能的影响机制。这些基础科学问题的解决，不仅将在学术层面推动催化科学的发展，更为含氧化学品的高效制备提供坚实的理论基础。

② 拓展应用研究。系统开展以不同原料为底物的分子筛催化羰基化反应研究，构建全新的含氧化学品合成技术体系。这一举措不仅有助于深入理解分子筛催化羰基化反应的普适性规律，更有望开发出具有独特优势的含氧化学品合成路线，为化工产业的创新发展提供更多的技术选项。

③ 精准控制分子筛结构。深入研究分子筛的晶化机理，通过精确调控合成过程中的温度、压力、反应物配比等关键参数，实现对分子筛组成、结构以及活性位点分布的精准控制，合成出具有特定孔径大小、孔道结构和活性位点分布的分子筛，以满足不同羰基化反应的个性化需求。同时，开发简便、高效、低成本的分子筛合成工艺，降低催化剂制备成本，提升经济性。

④ 优化现有工业技术。进一步优化现有技术的反应工艺条件，包括反应温度、压力、反应物浓度、空速等关键参数，以提高反应的转化率与选择性；充分利用反应精馏、膜分离等先进的过程强化技术，实现反应与分离过程的有机耦合，降低设备投资与能耗；通过优化反应流程，实现能量的梯级利用，进一步降低整体能耗，提升工艺的经济性与环保性。

⑤ 融合新兴技术。密切关注相关领域的新兴技术进展，如合成气直接制含氧化学品技术的突破可能对现有分子筛催化羰基化反应技术产生重要影响；新型材料科学、信息技术等领域的前沿技术，如纳米材料技术、人工智能技术在化工过程中的应用，也可能为分子筛催化羰基化技术的发展带来新的机遇。科研人员应积极将这

些新兴技术引入本领域，推动分子筛催化羰基化技术的持续创新与发展。

分子筛催化羰基化反应领域具有广阔的发展前景与重要的战略意义。通过持续加强基础研究、推动技术创新以及加速工业化应用，分子筛催化羰基化路线有望为我国煤炭资源的清洁高效转化以及“双碳”目标的实现提供强有力的技术支撑，为化工产业的可持续发展注入新的活力。作者相信，在科研工作者、工程技术人员与产业界的共同努力下，分子筛催化羰基化反应技术将不断取得突破性进展，为我国能源化工体系的绿色转型与高质量发展作出更大贡献。